中国石油和化学工业行业规划教材·高职高专化工技术类编审委员会名单

"十二五"职业教育国家规划教材
经全国职业教育教材审定委员会审定

HUAGONG
FENLI
JISHU

化工分离技术

第二版

◎潘文群　主编　◎曹克广　主审

化学工业出版社
·北京·

本教材主要是介绍化工生产中常用的分离方法，包括这些分离方法的基本原理、工艺计算、主要设备及设备的日常维护、操作及工业应用。教材以“过程的认识”“装备的感知”“基本理论知识”“过程的操作”“安全生产”及“工业应用”等全新的思路组织编写，倡导“能力本位”，更加突出“实用、实际和实践”的高职特色，力求体现对高职学生职业素质及学习能力的培养。本书内容包括：多组分精馏、多组分吸收及解吸、膜分离及层析四个模块，将特殊精馏及其它分离方法作为拓展内容供各学校自行选择学习。

本教材适用于石油化工技术、应用化工技术、制药技术、环保及相关专业的高职教材，也可用作其他各类化工及制药技术类职业学校参考教材和职工培训教材，亦可供化工及其相关专业工程应用型本科学生和其他相关工程技术人员参考阅读。

图书在版编目（CIP）数据

化工分离技术/潘文群主编．—2版．—北京：化学工业出版社，2014.11（2022.10重印）
“十二五”职业教育国家规划教材
ISBN 978-7-122-21818-6

Ⅰ.①化… Ⅱ.①潘… Ⅲ.①化工过程-分离-高等职业教育-教材 Ⅳ.①TQ028

中国版本图书馆CIP数据核字（2014）第209977号

责任编辑：窦臻 提岩　　文字编辑：李玥
责任校对：陶燕华　　装帧设计：刘剑宁

出版发行：化学工业出版社（北京市东城区青年湖南街13号　邮政编码100011）
印　　装：北京科印技术咨询服务有限公司数码印刷分部
787mm×1092mm　1/16　印张15¾　字数391千字　2022年10月北京第2版第5次印刷

购书咨询：010-64518888　　售后服务：010-64518899
网　　址：http://www.cip.com.cn
凡购买本书，如有缺损质量问题，本社销售中心负责调换。

定　　价：45.00元

前言

本教材自2009年出版以来，承广大读者及全国众多兄弟职业院校师生的厚爱，被选作石油化工及其相关专业核心课程教材或参考书，至今已重印数次，并经全国职业教育教材审定委员会审定，被教育部确定为“‘十二五’职业教育国家规划教材”。能为我国高等职业教育的发展和高职化工技术类及其相关专业的建设贡献微薄力量，我们感到由衷欣慰。

作为第二版教材，我们在力求保持原有教材特点的基础上，根据教育部《高等职业学校专业教学标准（试行）》目录和读者的反馈意见，针对化工技术类及相关专业人才培养目标及化工行业通用岗位职业标准，对原教材作了再次审定与必要的修订。

本教材以“过程的认识”“装备的感知”“基本理论知识”“过程的操作”“安全生产”及“工业应用”等全新的思路组织编写，倡导“能力本位”，更加突出“实用、实际和实践”的高职特色，力求体现对学生职业素质及学习能力的培养，并将特殊精馏及其它分离方法作为拓展内容供各学校自行选择学习。教材力求实现石油化工职业岗位典型工作任务与工作过程和课程教学内容与教学过程的有机融合，体现本课程教学目标和遵循学生职业成长规律。

本教材第二版，将其教学项目调整为：多组分精馏、多组分吸收及解吸、膜分离及层析四个项目。多组分精馏、膜分离、层析和绪论由常州工程职业技术学院潘文群老师负责编写；多组分吸收及解吸由南京化工职业技术学院的朱智清老师负责编写；全书的工业应用实例由常州工程职业技术学院李雪莲老师负责编写。全书由潘文群老师统稿，承德石油高等专科学校曹克广校长主审，中国石化总公司齐鲁分公司的蔡祥军高级工程师参与了审稿。常州工程职业技术学院化工原理教研室的刘媛、蒋晓帆、姚培等老师参与了书稿审定。

第二版教材配有完善的电子课件，包括教材的数字化资源，并在进一步完善过程中，争取建设成为包含教材、数字资源、习题等内容的立体化教材，以提供给教师和学生更为丰富便捷的学习素材。

本书在编写过程中，还得到了化学工业出版社及有关单位领导和老师的大力支持与帮助，参考借鉴了大量国内各类院校的相关教材和文献资料，并将参考文献名录列于书后。在此谨向上述各位领导、专家及参考文献的作者表示衷心的感谢。

由于编者水平有限，加之时间仓促，不妥之处在所难免，敬请读者批评指正。

编者

2014年6月

第一版前言

本教材是在全国化工高等职业教育教学指导委员会化工技术类专业委员会的指导下编写完成的，是化工技术类专业教学改革的产物。整本教材以“过程的认识”“装备的感知”“基本理论知识”“过程的操作”“安全生产”及“工业应用”等全新的思路组织编写，倡导“能力本位”，更加突出“实用、实际和实践”的高职特色，力求体现对学生职业素质及学习能力的培养，同时还增加了其它分离方法。

全书力求强调学生能力、知识、素质培养的有机统一。以“能”做什么、“会”做什么，明确学生的能力目标；以“掌握”“理解”“了解”三个层次，明确了学生的知识目标；并从注重学生的学习方法与创新思维的养成，情感价值观、职业操守的培养，安全节能环保意识的树立和团队合作精神等渗透，明确了学生的素质培养目标。

为便于教学和学生对所学内容的掌握理解，章后列出了复习思考题或习题。

本教材中，除特别指明以外，计量单位统一使用我国的法定计量单位。物理量符号的使用是以在 GB 3100～3102—93 规定的基础上，尊重习惯表示方法为原则，并在每模块开始前列有“本模块主要符号说明”，以供查询。设备与材料的规格、型号尽可能采用最新标准，以利于实际应用。

本教材包括：多组分精馏、特殊精馏、多组分吸收及解吸、膜分离、层析及其它分离方法［本书模块二特殊精馏技术、模块五项目四其它层析分离法、模块六其它分离技术（加星号），作为拓展内容介绍，各学校可以根据具体情况选择讲授］。多组分精馏及特殊精馏中的前三部分内容及绪论和附录由常州工程职业技术学院潘文群编写；特殊精馏中的后两部分及多组分吸收及解吸由贵州科技工程职业学院的厉刚编写；膜分离由河北化工医药职业技术学院郝宏强编写；层析由辽宁石化职业技术学院尤景红编写；其它分离方法由漯河职业技术学院张东军编写。全书由常州工程职业技术学院潘文群统稿。本书由承德石油高等专科学校的曹克广教授主审，中国石化总公司齐鲁分公司的蔡祥军高级工程师参与了审稿。

本书可用作化工、生物、制药、环保及其相关专业的高职教材，也可用作其它各类职业学校参考教材和职工培训教材，还可供化工及其相关专业工程应用型本科学生和其它相关工程技术人员参考阅读。

本书在编写过程中，得到了化学工业出版社及有关单位领导和老师的大力支持与帮助；也参考借鉴了国内各类院校的相关教材和文献资料，参考文献名录列于书后。在此谨向上述各位领导、专家及文献资料的作者们表示衷心的感谢。

由于编者水平有限，加之时间仓促，不妥之处在所难免，敬请读者批评指正。

编者

2009 年 6 月

目录

绪论 1

模块一　多组分精馏 8

模块二　多组分吸收及解吸

模块三　膜分离　135

模块四　层析　180

绪论

化工分离技术是现代化工生产中的重要环节之一，它不仅在化学工业，同时在石油炼制、矿物资源的利用、海洋资源的利用、医药工业、食品工业、生物化工、环境工程等中得到了广泛的应用。随着现代工业的发展，人们对分离技术提出了越来越高的要求。例如高纯产品的提取、各类物质的深加工、各种资源的综合利用，全球对环境保护的严格要求等对分离提出了更新更高的要求。

一、化工分离技术的发展

地球上的物质绝大多数是以混合物的状态存在的，要得到纯净的物质，就要将混合物进行分离和提纯。例如将金属从矿物中提纯出来、放射性铀的同位素的分离、净化水和空气等为科学发展和生产技术提供了广阔的发展空间，也促使了分离技术的发展。

化工分离技术是随着化学工业的发展而逐渐形成和发展的。化学工业具有悠久的历史，现代化学工业开始于18世纪产业革命的欧洲，当时纯碱、硫酸等无机化学工业成为现代化学工业的开端。19世纪以煤为重要原料的有机化工在欧洲也发展起来，主要是苯、甲苯、酚等各种化学产品的开发。在这些化工生产中应用了吸收、蒸馏、过滤、干燥等操作。到了19世纪末20世纪初，人类发现了石油，开始了大规模的石油化工、石油炼制，促进了化工分离技术的成熟与完善。到了20世纪30年代美国出版了《化学工程原理》一书，这也是第一部反映化学工业生产的图书。然而，化工产品的种类之多、工艺之复杂，且性质各异，要一一去了解是比较困难的。但归纳起来，各个产品的生产工艺都遵循相同的规律，都是由分离过程的基本操作和化学反应过程所组成。图0-1列出了化工产品的生产工艺流程。

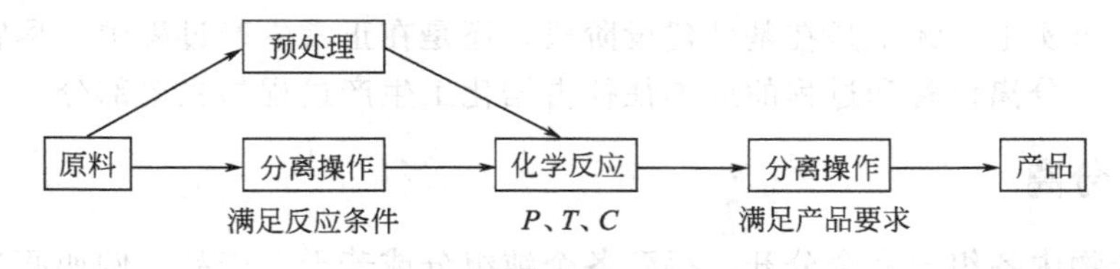

图0-1 化工产品的生产工艺流程

除特定的化学反应过程外，分离操作过程或预处理过程所包含的物理过程并不是很多，而且有相似性。例如，流体输送不论用来输送何种物料，其目的都是将流体从一个设备输送至另一个设备；加热或冷却的目的均是为了得到需要的工作温度；分离提纯的目的均是为了得到指定浓度的物质等。把包含在不同化工产品生产过程中，采用相似的设备、具有相同的功能、遵循相同的物理学规律的基本操作，称为单元操作。对于原料的预处理过程或分离操作实际是对原料进行一定的处理。原料中有生产过程中需要的物质，也有生产过程中不需要的物质，一些不需要的物质可能会影响化学反应或反应器、催化剂等使化学反应无法进行，所以预处理过程是必不可少的，例如合成氨中的氢气和氮气都要进行预处理；而反应后的产物也需要分离操作，主要是对它们进行分离和提纯以及未反应物的回收利用，例如石油是碳氢化合物组成的混合液体，经过分离操作得到乙烯、丙烯等高纯度的单体。

20 世纪 50 年代中期，把单元操作进一步解析成三种基本传递过程，即动量传递、热量传递和质量传递。质量传递是工业生产中普遍存在的，例如水向空气中蒸发、盐的溶解、用活性炭来吸附某些物质、从茶叶中提取茶多酚等都是质量传递过程。在流体力学和传热学中都涉及了动量和热量的传递过程。

到了 20 世纪 70 年代，化工分离技术与其它科学技术交叉渗透产生了一些边缘分离技术，例如，生物分离技术、膜分离技术、环境化学分离技术、纳米分离技术、超临界萃取技术等。近几年来，科技人员在分离技术方面做了许多工作，也取得了一些成果。例如对板式塔的研究已深入到塔内气、液两相流动的动量传递及质量传递的本质上，在填料塔的研究方面已开发了新型填料和复合塔，为火箭提供具有极大推动力的高能燃料，海水的淡化等；在萃取、离子交换、吸附、膜分离等领域已都做出了有意义的研究和开发工作。通过这些成果的工业应用，改进和强化了现有的生产设备，在降低能耗、提高效率等方面发挥了巨大的作用，促进了化学工业的进一步发展。

到了 21 世纪，化工分离技术一方面对传统的分离过程加以变革，如基于萃取的超临界流体萃取、液膜萃取以及基于吸附的色谱分离等；另一方面科学的发展而出现的新型分离技术，如反渗透、超滤等膜分离技术，与膜结合的膜吸收、膜萃取、膜蒸馏等分离技术。分离技术如何更好地在化工、医药、能源、环境、农业、食品、交通等领域的应用，这将是化工分离技术将面临的更新的挑战。

中国是世界文明古国之一，中国古代的劳动人民在长期的生产实践中，在科学技术和化学化工等方面也有不少的发明和创造。如陶瓷、冶金、火药、燃料、酿酒、染色、造纸和无机盐等生产技术，都走在世界的前列。现代许多化工生产都是在古代化学工艺的基础上发展起来的。

二、化工分离技术的应用

大多数的化工生产过程中都会涉及分离技术，包括无机化工、有机化工、石油化工、精细化工等。事实上，无论是在基础建设阶段，还是在正常生产过程中，尽管反应器是至关重要的设备，但分离设备和过程的成本往往占据化工生产过程的主要部分。

（一）分离

将混合物中各组分完全分开，得到各个纯组分或若干个产品。例如原油的分离，地下原油依据其沸点的不同，通过蒸馏等方式得到汽油、煤油、柴油、润滑油和乙烯、丙烯等基础化工产品；从空气中分离出氧气、氮气和各种稀有气体。

（二）提取和回收

从混合物中提取出某种或某几种有用组分。例如从矿石中提取金、银、铜、镍、钴、铀及稀土金属等；从天然油料和植物籽中浸取豆油、花生油等各种植物油；从甜菜中提取糖等；从放射性废水中回收钴、锆、铌、锶等金属物质。

（三）纯化

除去混合物中所含的少量杂质。例如合成氨生产中除去原料气中的少量二氧化碳和一氧化碳等有害气体，以制取纯净的氮气和氢气。

（四）浓缩

将含有有用组分很少的稀溶液浓缩，提高产品中有用组分的含量。例如一些果汁、乳品的浓缩，利用吸附等工艺除去物料的水分。

随着现代化工工业的发展，分离技术除了化工生产中得到广泛的应用外，在冶金、食品、生化、环境等工业中也广泛应用分离技术，如矿物中提取金属，食品的脱水，抗生素的净制，病毒的分离，同位素的分离，废气、废水、废渣的分离与综合利用等。由于能源的紧张，对分离过程的要求及能耗的要求也越高，分离技术的应用要求越来越得到人们的重视。

三、化工分离过程的分类

化工分离过程可以分为机械分离和传质分离两大类。

（一）机械分离过程

机械分离过程是指被分离的混合物是一个非均相混合物，用机械的方法将混合物中两种物质相互分离的过程，分离时两相中无物质传递发生。其力可以是重力、离心力、压差等。例如前面课程中所介绍的过滤、沉降等。表 0-1 列出几种典型的机械分离过程。

表 0-1　几种典型的机械分离过程

名称	原料相态	力(分离剂)	产物相态	分离原理	应用实例
过滤	液-固	压力	液＋固	粒径＞过滤介质孔径	浆状颗粒的回收
沉降	液-固	重力	液＋固	密度差	浑浊液澄清
离心分离	液-固	离心力	液＋固	固-液相颗粒尺寸	结晶物分离
旋风分离	气-固(液)	惯性力	气＋固(液)	密度差	催化剂微粒收集
电除尘	气-固	电场力	气＋固	微粒的带电性	合成氨原料气除尘

（二）传质分离过程

传质分离过程主要针对均相混合物，在分离过程中有物质传递过程，即依靠物质的分子移动来实现混合物中各组分的分离。例如湿固体物料中的水分汽化传递到气相中实现了物料的干燥，水分也从固相转移到了气相；矿物中的有用组分溶解到溶剂中，从而从矿石中分离出来等，这些都属于传质分离过程。根据其分离机理，又可分为平衡分离过程和速率分离过程。

1. 平衡分离过程

平衡分离过程是依据混合物中各组分在两相间的平衡分配不同来实现混合物的分离的过程。如蒸馏、吸收、萃取、吸附等。表 0-2 列出几种典型的平衡分离过程。

表 0-2　几种典型的平衡分离过程

名称	原料相态	力(分离剂)	产物相态	分离原理	应用实例
蒸馏	液或气	热	液+气	相对挥发度	酒精增浓
吸收	气	液体吸收剂	液+气	溶解度	盐酸的制取
萃取	液	不互溶萃取剂	二液相	溶解度	芳烃抽提
吸附	气或液	固体吸附剂	液或气	吸附平衡	活性炭吸附苯
离子交换	液	树脂吸附剂	液体	吸附平衡	水的软化
蒸发	液	热	液+气	物质的沸点	稀溶液浓缩
结晶	液	热	液+固		糖液脱水

2. 速率分离过程

速率分离过程是依据混合物中各组分在某种力场作用下扩散速率不同的性质来实现分离的过程。可以利用溶液中分子、离子等粒子的迁移速率、扩散速率等的不同来进行分离。在固-液相或固-气相系统中，当固体颗粒较小、两相密度相近时，颗粒上浮或下沉速率会很低，借助于离心力或通过渗透膜强化其速率差来实现分离，如膜分离、电泳等。表 0-3 列出几种典型的速率控制分离过程。

表 0-3　几种典型的速率控制分离过程

名称	原料相态	分离方式	产物相态	分离原理	应用实例
气体渗透	气	压力、膜	气	浓度差、压差	富氧、富氮
反渗透	液	压力、膜	液	渗透压	海水淡化
渗析	液	多孔膜	液	浓度差	血液透析
泡沫分离	液	表面能	液	界面浓度差	矿物浮选
色谱分析	气或液	固相载体	液或气	吸附浓度差	难分离体系的分离
电渗析	液	电场、膜	液或气	电位差	氨基酸脱盐
电解	液	膜电场	液	电位差	液碱生产

这在其它课程的“双组分的精馏和吸收”部分有所介绍。本书主要介绍是传质分离过程。

四、化工分离过程的选择

一个化工生产过程不是一个化工分离过程即可完成的，而往往是由若干分离操作联合使用而实现的，在此过程中，如何来选择分离操作是至关重要的。分离过程的选择也受到许多因素的制约。归纳起来，可以从以下几个方面来进行考虑。

（一）可行性

分离过程在给定条件下的可行性分析能筛选掉一些显然不合适的分离方法。若分离丙酮和乙醚二元混合物，由于它们是非离子型有机化合物，因此可以断定用离子交换、电渗析和电泳等方法是不合适的。同时也需考虑分离过程所使用的工艺条件，在常温常压下操作的分离过程，相对于要求很高或很低的压力和温度要求的过程，应优先考虑。

对大多数分离过程，按分子性质及其宏观性质的差异来选择分离过程是十分有用的。例如对吸收和萃取而言，主要是溶解度的差异；精馏反映为蒸气压，表现为分子间力的强弱；结晶反映各种分子聚在一起的能力，其分子的大小和形状等几何因素很重要。根据需分离物质的性质来选择分离方法是十分可行的，例如若混合物各组分的挥发度相差较大，可采用精馏的方法来分离；若各组分的挥发度相差不大，可采用萃取的方法来分离等。

（二）待处理混合物的物性

分离过程得以进行分离的关键是混合物中各组分的物性的差异，如物理、化学等性质方面的不同。物理性质是指分子量、分子大小与形状、熔点、沸点、密度、黏度、蒸气压、渗透压、溶解度、临界点等；力学性质是指其表面张力、摩擦力等，还有电磁性质、化学特性常数等。

利用混合物中各组分的性质的差异来选择分离方法是最为常用的。若溶液中各组分的挥发度相差较大，则可考虑精馏的方法来分离；若混合物中各组分在某一溶剂中的溶解度的差异比较大，则可考虑用吸收的方法来分离；若极性大的组分的浓度很小，则用极性吸附来分离是合适的。

（三）分离产物的价值与处理规模

生产规模通常是指产物或产品的量的大小，通常将生产规模分为超大型、大型、中型、小型几种，它们之间没有明显的界限。目前由投资额度的大小来表示其工程规模的大小。

分离过程的生产规模与分离方法的选择密切相关。对廉价产物，常用低能耗的大规模的生产过程，如海水的淡化、合成氨的生产、聚乙烯的生产、聚丙烯的生产等；而高附加值的产物可采用中小规模生产，如药物中间体的生产。规模的大小也与所采用的过程有关，如很大规模的空气分离装置，采用低温精馏过程最为经济；而小规模的空气分离装置，往往采用变压吸附或中空纤维气体膜分离等方法更为经济；又如小规模海水淡化时，反渗透比蒸发更为经济。

（四）分离产物的特性

分离产物的特性是指产物的热敏性、吸湿性、放射性、氧化性、分解性、易碎性等一系列物理化学特征。这些物理化学特征常是导致产物变质、变色、损坏等的根本原因。

对热敏性物料而言，当采用常压精馏使其因热而损坏时，可采用减压精馏的方式来避免其受热损坏；对于某些产物而言，在提取、浓缩与纯化的过程中，不能将有关的溶剂带到产物中，否则会严重影响产物质量；对于易氧化的产物需要考虑解吸过程中所用的气体是否有氧气存在；对生物制品而言，若深度冷冻的话，会导致生物制品的不可逆的组织破坏，应加以避免。

（五）分离产物的纯度与回收率

产物的纯度与回收率二者之间存在一定的关系。在选择分离过程中，首先要规定其分离产物的纯度和回收率，产物的纯度取决于它的用途，而回收率的规定反映了过程的经济性。一般情况下，纯度越高，提取成本越大，而回收率也会随之降低。因此在选用分离方法时常需综合考虑。

（六）分离过程的经济性

选择分离过程最基本的原则是经济性，然而经济又受到许多因素的制约。分离过程能否商业化，取决于其过程的经济性是否优于常规分离方法，如膜分离虽具有特色，但还不能取代某些常规分离过程，若将膜分离与某些分离方法相结合，使分离过程得到优化，从而具有更好的经济效益的话，这样结合的分离过程会越来越得到广泛的应用。

分离过程的经济性在很大程度上要看分离产物所要求的纯度和回收率，前面已述，回收率是反映了分离过程的经济性的主要指标；而产物的纯度越高，产物的质量就越好，其产物的经济价值也就越高。

分离过程中，能耗也是一个非常重要的经济指标。如酒精的生产，其发酵液中酒精的浓度仅为3%～7%，若用精馏的方法制取90%以上的浓度的酒精的话，需要脱除大量的水，能耗极大；若采用萃取或恒沸精馏的方法制取的话，能耗要少很多；若选择新型的渗透汽化膜技术，对稀酒精段采用透醇膜将酒精提浓，而在浓酒精段采用透水膜将少量的水除去，既降低了能耗，又提高了产物的质量。

五、化工分离过程的物料衡算平衡关系和过程速率

（一）物料衡算

将质量守恒定律应用到化工生产过程，以确定过程中物料量及组成的分布情况，称为物料衡算。其通式为：

$$\sum F=\sum D+A$$

式中 $\sum F$——t时间内输入系统的物料量；

$\sum D$——t时间内输出系统的物料量；

A——t时间内系统中物料的积累量。

衡算时，方程两边计量单位应保持一致。在物料衡算时，首先要选择衡算范围（可以框出）和衡算基准（时间基准和物质基准），然后再列方程计算。

化工分离技术不涉及化学反应变化，全部物质的总量是平衡的，其中任何一个组分也是平衡的。

对于定态连续操作，过程中没有物质的积累，输入系统的物料量等于输出系统的物料量，在物料衡算时，物质的量通常以单位时间为计算基准；对于间歇操作，操作是周期性的，物料衡算时，常以一批投料作为计算基准。

在化工生产中，物料衡算是一切计算的基础，是保持系统物质平衡的关键，能够确定原料、中间产物、产品、副产品、废弃物中的未知量，分析原料的利用及产品的产出情况，寻求减少副产物、废弃物的途径，提高原料的利用率。

在很多化工过程中主要涉及物料温度与热量的变化，所以热量衡算是化工计算中最常用的能量衡算。热量衡算的基础是能量守恒定律，通式为：

$$\sum H_F+q=\sum H_D+A_q$$

式中 $\sum H_F$——单位时间内输入系统的物料的焓总和；

$\sum H_D$——单位时间内输出系统的物料的焓总和；

q——单位时间内系统与环境交换的热量；

A_q——单位时间内系统中热量的积累量。

上式中，当系统获得热量时，系统与环境交换的热量取正值，否则取负值。

衡算时，方程两边计量单位应保持一致。与物料衡算相似，进行热量衡算时首先也要划

定衡算系统和选取衡算基准。但是与物料衡算不同，进行热量衡算时除了选取时间基准外，还必须选取物态与温度基准，因为反映物料所含热量的焓值是温度与物态的函数。计算基准通常以简单方便为准，通常包括基准温度、压力和相态。比如，物料都是气态时，基准态应该选气态；都是液态时，应该选择液态。基准温度常选0℃，基准压力常选100kPa。还要考虑数据来源，应尽量使基准与数据来源一致。

对于定态连续操作，过程中没有焓的积累，输入系统的物料的焓与输出系统的物料的焓之差等于系统与环境交换的热量，通常以单位时间为计算基准；对于间歇操作，操作是周期性的，热量衡算时，常以一批投料作为计算基准。

在化工生产中，热量衡算主要用于保持系统能量的平衡，能够确定热量变化、温度变化、热量分配、热量损失、加热或冷却剂用量等，寻求控制热量传递的办法，减少热量损失，提高热量利用率。

（二）平衡关系

平衡是过程进行的极限状态。平衡状态下，各参数是不随时间变化而变化的，并保持特定的关系。平衡时各参数之间的关系称为平衡关系。平衡是动态的，当条件发生变化时，旧的平衡将被打破，新的平衡将建立。

在化工生产中，平衡关系用于判定过程能否进行以及进行的方向和限度。操作条件确定后，可以通过平衡关系分析过程的进行情况，以确定过程方案、适宜设备等，明确过程限度和努力方向。

例如在传热过程中，当两物质温度不同时，热量就会从高温物质向低温物质传递，直到两物质的温度相等为止，此时过程达到平衡，两物质间再也没有热量的净传递。又如吸收过程，在一定条件下，含氨的空气与水接触，氨在两相间呈不平衡状态，空气中的氨将溶解进入水中，当水中的氨含量增加到一定值时，氨在气、液两相间达到平衡，氨在空气与水两相间再没有净传递，水吸收氨达到了极限，反过来，也能根据所要得到的氨水的浓度或尾气中氨的浓度，分析需要的吸收条件。

（三）过程速率

当实际状态偏离平衡状态时，就会发生从实际状态向平衡状态转化的过程，过程进行的快慢，称为过程速率。影响过程的因素很多，如物料性质、操作条件设备结构及性能、自然条件等，况且，不同过程影响因素也不一样，因此，没有统一的解析方法计算过程速率。工程上，仿照电学中的欧姆定律，认为过程速率正比于过程推动力，反比于过程阻力，即

$$\text{过程速率} \propto \frac{\text{过程推动力}}{\text{过程阻力}}$$

过程推动力是实际状态偏离平衡状态的程度，如传热过程的过程推动力就是温度差，传质过程的过程推动力就是浓度差等。显然，在其它条件相同的情况下，推动力越大，过程速率越大。

过程阻力是阻碍过程进行的一切因素的总和，与过程机理有关。阻力越大，速率越小。

在化工生产中，过程速率用于确定过程需要的时间或需要的设备大小，也用于确定控制过程速率的办法。比如，通过研究影响过程速率的因素，可以确定改变哪些条件，以控制过程速率的大小，达到预期目的。这一点，对于一线操作人员来说非常重要。

多组分精馏

学习目标

知识目标

1. 掌握多组分精馏的基本知识；掌握多组分精馏的相平衡；掌握多组分溶液的泡点和露点的计算；掌握多组分精馏的物料衡算、理论塔板数的计算、最小回流比的计算；掌握蒸馏过程的操作、常见事故及其处理。

2. 理解非理想溶液的相平衡关系；理解特殊精馏的操作特点；理解精馏塔的控制与调节；理解精馏塔的节能。

3. 了解精馏操作的常见事故及其处理；了解精馏设备的日常维护及保养；了解精馏的安全环保要求。

能力目标

1. 能够根据生产任务对精馏塔实施基本的操作。

2. 能对精馏操作过程中的影响因素进行分析，并运用所学知识解决实际工程问题。

素质目标

1. 树立工程观念，培养学生严谨治学、勇于创新的科学态度。

2. 培养学生安全生产的职业意识，敬业爱岗、严格遵守操作规程的职业准则。

3. 培养学生团结协作、积极进取的团队精神。

本模块主要符号说明

英文字母

x　液相中任一组分的摩尔分数；

y　气相中任一组分的摩尔分数；

L　塔内的回流液体量，kmol/h；

V/F　汽化率；

F　进料混合物的流量，kmol/h；

V　塔内的上升蒸汽流量，kmol/h；

D　塔顶产品流量，kmol/h；

W　塔底产品流量，kmol/h；

p_i　任一组分 i 的分压力，N/m^2 或 Pa；

f　气体的逸度，N/m^2 或 Pa；

p_i^0　任一组分 i 的饱和蒸气压，N/m^2 或 Pa；

K_i　任一组分 i 的相平衡常数；

x_{W_i}　任一组分 i 塔底产品的摩尔分数；

P　压强，kPa；

x_{F_i}　任一组分 i 进料中的摩尔分数；

T　温度，K；

x_{D_i}　任一组分 i 塔顶产品的摩尔分数；

N　独立的组分数；

x_{D_l}、x_{D_h}　分别表示轻、重关键组分在塔顶产品中的摩尔分数；

$F_自$　自由度数；

x_{W_l}、x_{W_h}　分别表示轻、重关键组分在塔釜产品中的摩尔分数；

f_{i_L}、f_{i_V}　分别表示液相和气相混合物中组分 i 的逸度，N/m^2；

$f_{i_L}^0$、$f_{i_V}^0$　分别表示液态和气态纯组分 i 在压强 P 及温度 T 下的逸度，N/m^2。

希腊字母

α_{ij}　任一组分 i 对基准组分的相对挥发度；

α_{l_h}　表示轻关键组分对重关键组分的相对挥发度，其值取塔顶、进料和塔釜的几何平均值；

Φ　相数；

ϕ　逸度系数；

γ　活度系数；

α　相对挥发度。

下标

F　原料液；

i、j　任一组分；

W　表示塔底；

D　表示塔顶；

h　重关键组分；

l　轻关键组分；

V　气相；

L　液相。

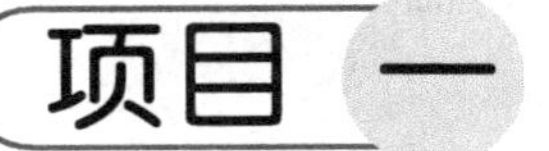

认识多组分精馏

被分离的混合物中含有两个以上组分的精馏过程，称为多组分精馏。多组分精馏所依据的原理及使用的设备与双组分溶液的精馏基本相同。

一、多组分精馏概述

在乙苯脱氢制苯乙烯的工艺中，脱氢产物粗苯乙烯（也称为脱氢液和炉油），除含有产物苯乙烯以外，还含有没有反应的乙苯和副产物苯、甲苯及少量焦油。脱氢产物的组成因脱氢方法和操作条件的不同而不同。表 1-1 列出粗苯乙烯的组成及各组分的沸点。

表 1-1　粗苯乙烯的组成及各组分的沸点

组分		苯乙烯	乙苯	苯	甲苯	焦油
含量/%（质量分数）	等温反应器脱氢	35～40	55～60	1.5	2.5	少量
	二段绝热反应器脱氢	60～65	30～35	5	5	少量
	三段绝热反应器脱氢	80～90	14.66	0.88	3.15	少量
沸点/℃		146.2	136.2	80.1	110.6	少量

粗苯乙烯的分离和精制流程采用图 1-1 所示的精馏流程。粗苯乙烯先进入乙苯蒸出塔，将没有反应的乙苯、副产物苯和甲苯与苯乙烯进行分离。塔顶蒸出的乙苯、苯和甲苯经过冷凝后，一部分回流，其余送入苯、甲苯回收塔，将乙苯与苯、甲苯分离，塔底分出的乙苯可循环作脱氢原料用。塔顶分出的苯和甲苯，送入苯、甲苯分馏塔，将苯和甲苯进行分离。乙苯蒸出塔塔底液体主要是苯乙烯，还含有少量焦油，送入苯乙烯精馏塔，塔顶蒸出聚合级成

品苯乙烯，纯度为99.6%（质量）。塔底液体为焦油，焦油里面含有苯乙烯，可进一步进行回收。

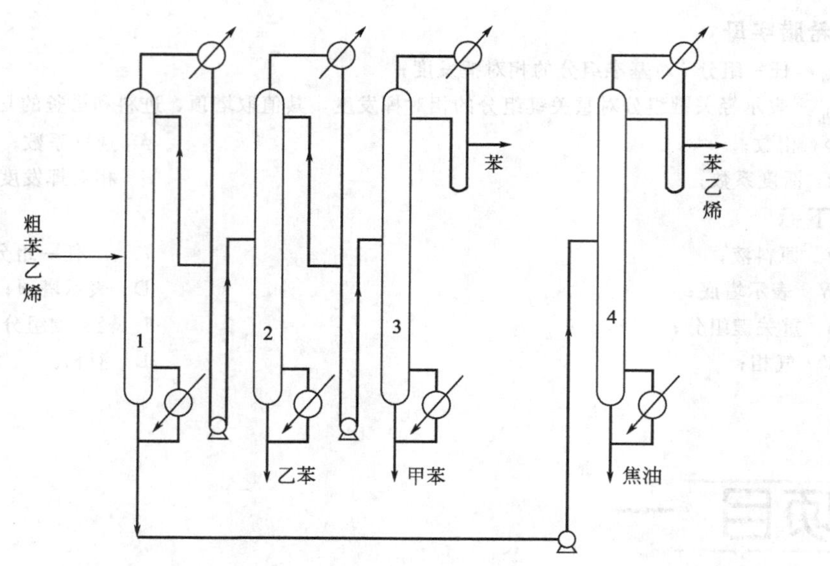

图 1-1　粗苯乙烯的精馏流程

1—乙苯蒸出塔；2—苯、甲苯回收塔；3—苯、甲苯分离塔；4—苯乙烯精馏塔

这种将多个组分组成的混合物，根据其沸点的不同而一一将它们分离出来的过程就是多组分精馏。

二、多组分精馏的特点

（一）平衡物系的自由度多

自由度是指在不改变相变的条件下，可以变动的独立变量数。气、液两相平衡共存时的自由度，根据相律，平衡物系的自由度为：

$$F_{自}=N-\Phi+2 \tag{1-1}$$

式中　$F_{自}$——自由度数；

N——独立的组分数；

Φ——相数。

双组分物系，$N=2$、$\Phi=2$，则代入得 $F_{自}=2$。即双组分物系气-液平衡的自由度为2。

三组分物系，$N=3$、$\Phi=2$，则代入得 $F_{自}=3$。即三组分物系气-液平衡的自由度为3。

（二）操作线方程较多

多组分溶液精馏也是以恒摩尔汽化和恒摩尔溢流的概念为依据的。对于多组分系统，组分数若为 n 个，那么就有 n 个精馏段操作线方程和 n 个提馏段操作线方程。

（三）需要进行流程方案的选择

双组分溶液的精馏，用一个塔可以得到两个接近纯净的组分。对多组分溶液而言，则必须根据组分数和分离要求，采用两个或两个以上的塔。就出现了第一个塔先分离出何种组成，然后在其它塔内再分离何种组分比较合理的问题。

（四）分离程度不能规定

在两组分溶液的精馏中，可以根据需要，把馏出液和釜液的组成全部规定下来。在多组分溶液的精馏中，人们通常规定其中某几个组分分离的特定程度，其余组分的分离程度则由分离流程与操作情况等条件所决定。

（五）设计计算复杂

多组分溶液精馏过程的复杂致使设计计算也相当复杂。多组分溶液精馏的计算，通常采用逐板计算法和简捷计算法两种方法。

三、多组分精馏流程的选择

在化工生产中，多组分精馏的流程方案是多样的。例如有 A、B、C 三组分组成的溶液，即使在不存在恒沸物的情况下，在一个塔内也不可能同时得到三个纯组分，则需要多个精馏塔。分离三组分溶液需要两个塔，四组分溶液需要三个塔，n 个组分需要 $n-1$ 个塔。但若采用具有侧线出料的塔时，此时的塔数可以减少。

（一）多组分精馏流程选择的基本要求

如何确定分离的方案是分离多组分溶液的一个关键。一般较好的分离方案应满足以下要求。

（1）保证产品质量，满足工艺要求，生产能力大　特别是一些在加热时易发生分解和聚合的物料，在分离方案的确定过程中注意避免分解或聚合的发生。若物料中含有易燃、易爆的组分，应确保生产的安全。

（2）流程短、设备投资费用少　塔径的大小与气、液相负荷有关，同时也影响着再沸器、冷凝器的传热面积，从而影响着设备投资。例如物料中某一组分的含量较高时，应先将其分离出来，以减少后续塔的负荷，减少其投资费用。

（3）消耗低、收率高、操作费用少　精馏过程所消耗的能量，主要是再沸器所需的热量和冷凝器所需的冷量。

（4）操作管理方便。

（二）多组分精馏流程选择的方案类型

以分离三组分的流程方案为例作简单的分析。

1. 挥发度递减的顺序

有 A、B、C 三组分组成的溶液，挥发度的顺序依次递减。采用图 1-2 所示的流程方案，先蒸出 A 组分，再蒸出 B 组分，最难挥发的组分 C 从最后一塔的塔釜分离出来。在这一方案中，组分 A 和 B 各被汽化了一次，而 C 组分既没有被汽化也没有被冷凝。可节省更多的能源，在能量消耗上来说是合理的。

2. 挥发度递增的顺序

有 A、B、C 三组分组成的溶液，挥发度的顺序依次递增。采用图 1-3 所示的流程方案，易挥发组分 A 从最后一塔的塔顶蒸出。在这一方案中，组分 A 被汽化和冷凝各两次，组分

B被汽化和冷凝各一次，组分C没有被汽化和冷凝。从冷凝和汽化的次数看，图1-3方案中因加热和冷却介质消耗量大，操作费用高；同时方案图1-3中上升蒸汽量要多，因此所需的塔径和再沸器及冷凝器的传热面积大，投资费用也高。

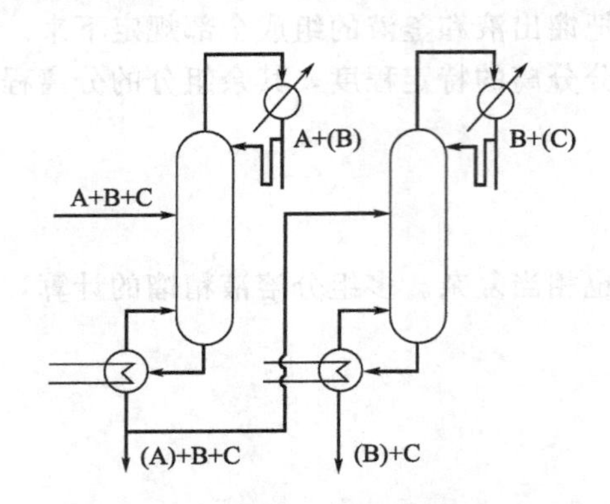

图1-2 挥发度递减的精馏方法

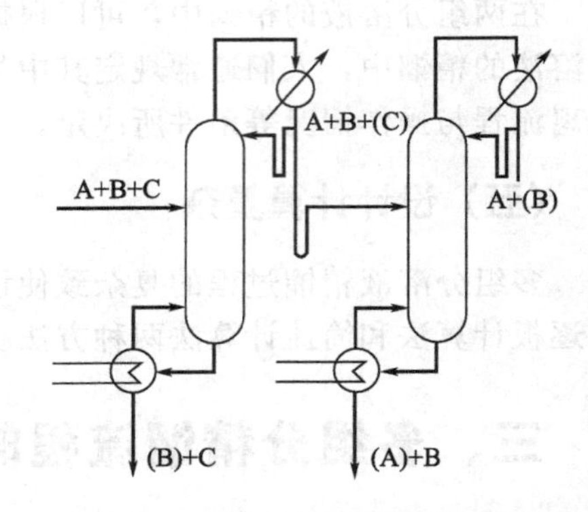

图1-3 挥发度递增的精馏方法

可见，确定多组分精馏的最佳方案时，通常先要以满足工艺要求、保证产品质量和生产能力为主，同时还应考虑多组分溶液的性质、能量的消耗及生产的成本等方面。

多组分精馏的技术理论与必备知识

一、多组分溶液的相平衡

与双组分精馏一样，气-液平衡是多组分理论计算的基础。多组分溶液的气-液平衡分为理想系统和非理想系统。

理想系统是指气相为理想气体，液相为理想溶液的物系；非理想系统是指与理想系统有偏差的物系。

(一) 理想溶液的气-液平衡

多组分溶液的气-液平衡关系一般采用平衡常数法或相对挥发度来表示。

1. 平衡常数法

对于理想物系，拉乌尔定律和分压定律完全适用。对于液相中的任一组分i，得：

$$p_i = p_i^0 x_i \tag{1-2}$$

式中 p_i——任一组分i在混合液上方的蒸气分压，N/m^2；

p_i^0——任一组分i的饱和蒸气压，N/m^2；

x_i——任一组分i在混合液中的摩尔分数。

对于气相中的任一组分，得：

$$p_i = Py_i \tag{1-3}$$

式中　P——气相总压，N/m^2；

y_i——任一组分 i 在混合气体中的摩尔分数。

气、液两相平衡时，得：$p_i^0 x_i = Py_i$，对于任一组分 i，得：

$$y_i = \frac{p_i^0}{P} x_i = K_i x_i \tag{1-4}$$

式中　K_i——任一组分 i 的相平衡常数。

即任一组分的气-液平衡常数就是任一组分的气相组成与液相组成之比。此定义适用于任何平衡关系。

有：

$$K_i = \frac{y_i}{x_i} \tag{1-5}$$

因为在气相或液相中所有组分的摩尔分数总和为 1，则有：

$$\sum y_i = \sum K_i x_i = 1 \tag{1-6}$$

$$\sum x_i = \sum \frac{y_i}{K_i} = 1 \tag{1-7}$$

平衡常数 K 值，可利用图 1-4 和图 1-5 查取。应注意的是，该图忽略了组分之间的相互影响，所以所查 K 值只是一个近似值。

2. 相对挥发度

由于任一组分的平衡常数 K 是随物系的平衡温度和总压而变化的，而在精馏塔中，各处的温度又是不相同的，故 K 值也不相等。从二元溶液的相对挥发度的讨论可知，理想溶液的相对挥发度 α 随温度变化的幅度较小。在多组分精馏中，两组分（i 对 j）的挥发度如下：

$$\alpha_{ij} = \frac{\dfrac{y_i}{x_i}}{\dfrac{y_j}{x_j}} = \frac{K_i}{K_j} \tag{1-8}$$

在多组分系统中，可以任选一组分作为基准组分，其它各组分的相对挥发度均与它比较。

对于有 n 个组分所组成的完全理想物系，由各组分对基准组分的相对挥发度及基本关系式导出下式：

$$y_i = \frac{\alpha_{ij} x_i}{\sum_{i=1}^{n} \alpha_{ij} x_i} \tag{1-9}$$

$$x_i = \frac{y_i}{\alpha_{ij} \sum_{i=1}^{n} \frac{y_i}{\alpha_{ij}}} \tag{1-10}$$

式中　x_i——任一组分 i 在液相中的摩尔分数；

y_i——任一组分 i 在气相中的摩尔分数；

α_{ij}——任一组分 i 对基准组分的相对挥发度。

在精馏塔中，由于各层板上的温度是不相等的，因此平衡常数也是变量，利用 K 值计算多组分溶液的平衡关系就比较麻烦。但由于相对挥发度随温度变化较小，全塔可取定值或平均值，故采用相对挥发度表示平衡关系可使计算大为简化。若相对挥发度的变化较大，则

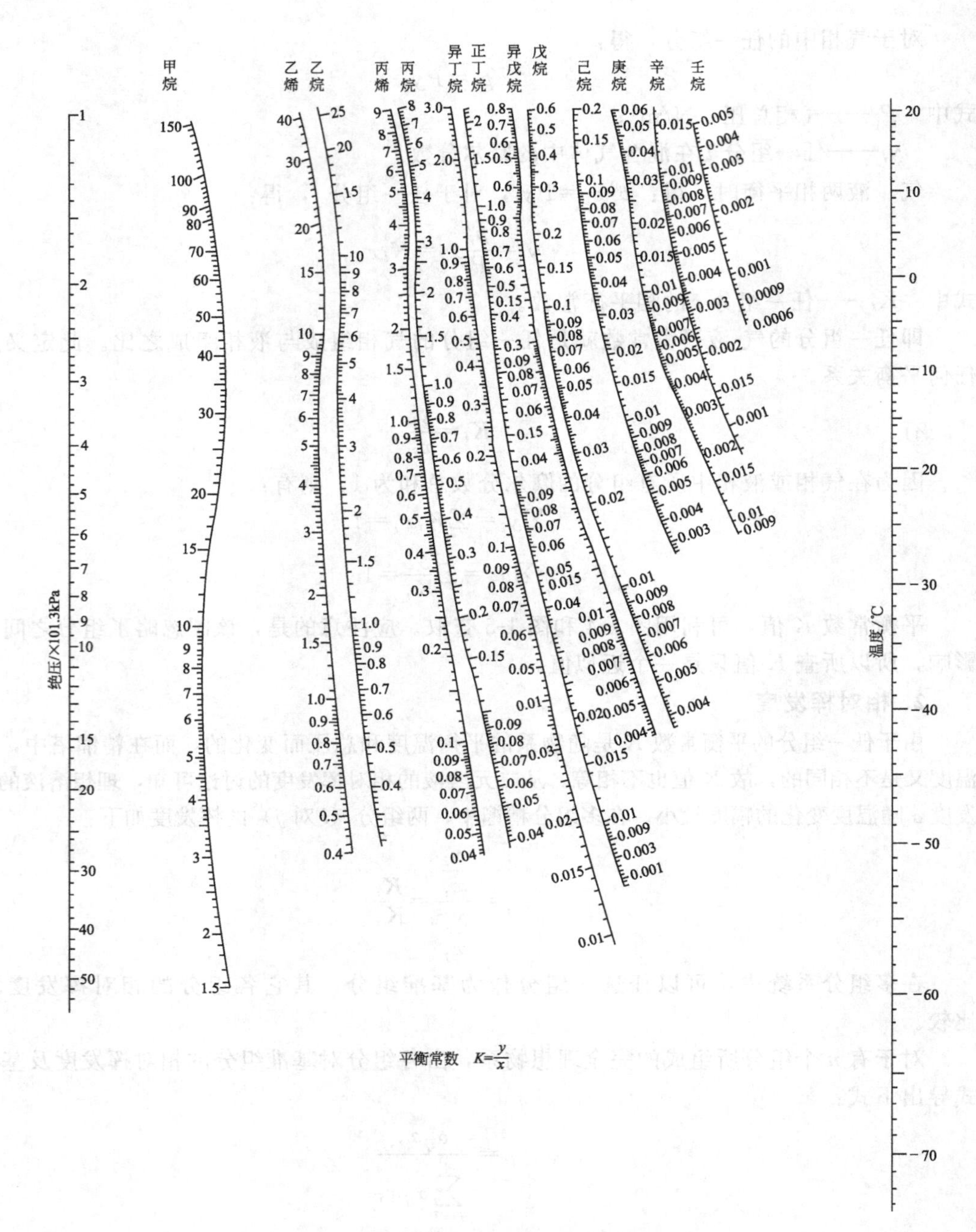

图 1-4 烃类的 P-T-K 图（低温段）

用平衡常数法计算较为准确。

（二）非理想溶液的气-液平衡

1. 逸度

逸度就是用来表示实际物质的状态偏离理想状态的程度。物质的状态可以是液体也可以是气体，用 f 来表示。

$$f=p\phi \tag{1-11}$$

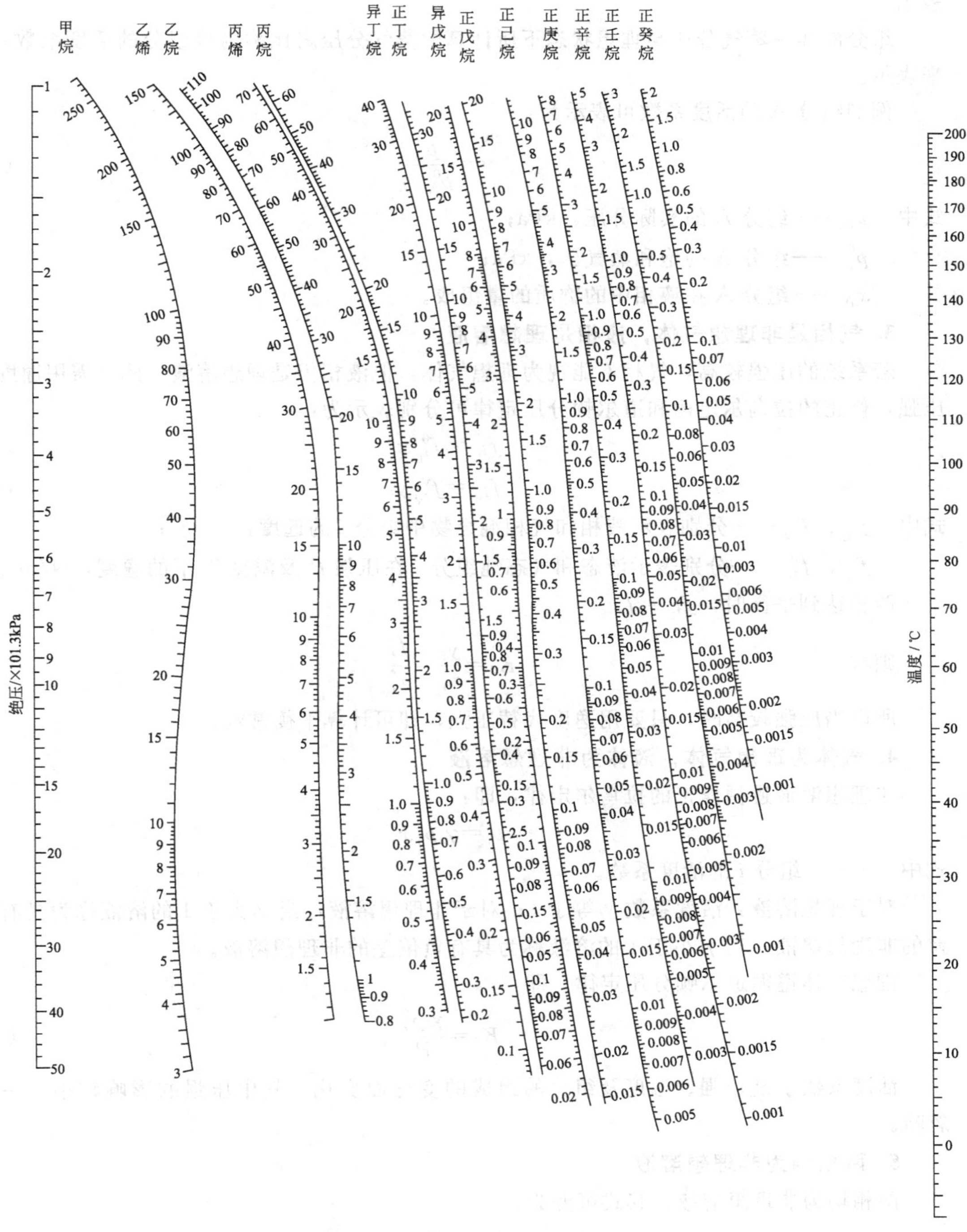

图 1-5 烃类的 P-T-K 图（高温段）

式中 p——组分的压力，kPa；

ϕ——逸度系数。

理想气体的逸度等于其压强。

2. 活度

实际溶液对理想溶液的行为偏差，认为是实际溶液对理想溶液的校正浓度，用 a 来表示。

组分的实际蒸气分压与理想状态下所计算的蒸气分压之比称为该组分的活度系数，用 γ 来表示。

例如组分 A 的活度系数可表示为：

$$\gamma=\frac{p_A}{p_A^0 x_A} \tag{1-12}$$

式中 p_A——组分 A 的实际分压，kPa；

p_A^0——组分 A 的饱和蒸气压，kPa；

x_A——组分 A 在液相中的物质的量组成。

3. 气相是非理想气体，液相是理想溶液

若系统的压强较高，气相不能视为理想气体，但液相仍是理想溶液，此时需用逸度代替压强，修正的拉乌尔定律和道尔顿分压定律可分别表示为：

$$f_{i_L}=f_{i_L}^0 x_i \tag{1-13}$$

$$f_{i_V}=f_{i_V}^0 y_i \tag{1-14}$$

式中 f_{i_L}、f_{i_V}——分别表示液相和气相混合物中组分 i 的逸度，N/m^2；

$f_{i_L}^0$、$f_{i_V}^0$——分别表示液态和气态纯组分 i 在压强 P 及温度 T 下的逸度，N/m^2。

两相达到平衡时，$f_{i_L}=f_{i_V}$

则有：

$$K_i=\frac{y_i}{x_i}=\frac{f_{i_L}^0}{f_{i_V}^0} \tag{1-15}$$

所以当压强较高时，只要用逸度代替压强，即可计算平衡常数。

4. 气体为理想气体，液体为非理想溶液

非理想溶液遵循修正的拉乌尔定律，即：

$$p_i=\gamma_i p_i^0 x_i \tag{1-16}$$

式中 γ_i——组分 i 的活度系数。

对于理想溶液，活度系数 γ_i 等于 1；对于非理想溶液，当 γ_i 大于 1 的溶液称为具有正偏差的非理想溶液，当 γ_i 小于 1 的溶液称为具有负偏差的非理想溶液。

理想气体遵循道尔顿分压定律，即：

$$K_i=\frac{\gamma_i p_i^0}{P} \tag{1-17}$$

活度系数 γ_i 随压强、温度及组分的组成的变化而变化，其中压强的影响较小，一般可忽略。

5. 两相均为非理想溶液

两相均为非理想溶液，其式可变为：

$$K_i=\frac{f_{i_L}^0}{f_{i_V}^0}\gamma_i \tag{1-18}$$

二、相平衡常数的应用

相平衡常数可用来计算泡点温度、露点温度和汽化率等。

1. 泡点的计算

当混合液处于泡点时，各组分服从 $y_A+y_B+y_C+\cdots+y_n=1$。

则
$$K_Ax_A+K_Bx_B+K_Cx_C+\cdots+K_nx_n=1$$

或
$$\sum_{i=1}^{n}K_ix_i=1$$
$$\sum_{i=1}^{n}y_i=1$$

计算时用试差法，式中 x_A、x_B、x_C、…、x_n 均为已知。在试差时，先假定一个泡点温度，查出各组分在假设温度下的 K 值，如果 $\sum_{i=1}^{n}K_ix_i=1$，即所假定的温度是正确的，否则重新假定，直到 $\sum_{i=1}^{n}K_ix_i=1$ 为止。

2. 露点的计算

当混合液处于露点时，服从 $x_A+x_B+x_C+\cdots+x_n=1$。

则
$$\frac{y_A}{K_A}+\frac{y_B}{K_B}+\frac{y_C}{K_C}+\cdots+\frac{y_n}{K_n}=1$$

或
$$\sum_{i=1}^{n}\frac{y_i}{K_i}=1$$
$$\sum_{i=1}^{n}x_i=1$$

计算时也用试差法，式中 y_A、y_B、y_C、…、y_n 均为已知。在试差时，先假定一个露点温度，查出各组分在假设温度下的 K 值，如果 $\sum_{i=1}^{n}\frac{y_i}{K_i}=1$，即所假定的温度是正确的，否则需重新假定，直到 $\sum_{i=1}^{n}\frac{y_i}{K_i}=1$ 为止。

3. 多组分溶液的部分汽化

将多组分溶液部分汽化，两相的量和组成随压强和温度的变化而变化，它们之间的关系可用下式表示：

$$F=V+L$$
$$Fx_{F_i}=Vy_i+Lx_i$$
$$y_i=K_ix_i$$

三式联立求解：

$$y_i=\frac{x_{F_i}}{\frac{V}{F}\left(1-\frac{1}{K_i}\right)+\frac{1}{K_i}} \tag{1-19}$$

式中 x_{F_i}——液相混合物中任意组分的组成；

F——进料混合物的流量，kmol/h；

V——塔内的上升蒸汽流量，kmol/h；

L——塔内的回流液体量，kmol/h；

V/F——汽化率。

当物系的温度和压强一定时，利用上式可计算汽化率及相应的气、液相组成。

【例 1】 有一含正丁烷 0.2、正戊烷 0.5 和正己烷 0.3（以上均为摩尔分数）的混合物，试计算压强在 10×101.3kPa 下的泡点温度？

解： 这类问题的计算采用试差法。假设该混合物的泡点温度为 130℃，则由图 1-5 查得 10×101.3kPa 下各组分的平衡常数如下：

正丁烷 $K_1=2.05$

正戊烷 $K_2=0.96$

正己烷 $K_3=0.50$

由 $\sum_{i=1}^{n} K_i x_i = 1$ 得：

$$K_1x_1+K_2x_2+K_3x_3=2.05\times0.2+0.96\times0.5+0.50\times0.3=1.04>1$$

故假设不符。再假设泡点温度为 127℃，查得相平衡常数为：

正丁烷 $K_1=1.95$

正戊烷 $K_2=0.92$

正己烷 $K_3=0.49$

由 $\sum_{i=1}^{n} K_i x_i = 1$ 得：

$$K_1x_1+K_2x_2+K_3x_3=1.95\times0.2+0.92\times0.5+0.49\times0.3=0.997\approx1$$

则此混合物的泡点温度为 127℃。

【例 2】 某厂氯丙烯精馏二塔的塔顶馏出液的组成如表 1-2 所示。

表 1-2 【例 2】中塔顶馏出液的组成

组分	2-氯丙烯	2-氯丙烷	3-氯丙烯	1,2-二氯丙烷	1,3-二氯丙烯
组成(摩尔分数)	0.006	1.15	93.30	0.348	0.196

已知塔顶采用全凝器，常压操作，求塔顶温度。

解： 由于塔顶为全凝器，故馏出液的组成为塔顶第一块塔板上的蒸汽组成。

设塔顶温度为 319K，由图 1-6 查得其饱和蒸气压，列于表 1-3。

表 1-3 【例 2】中查得的各项饱和蒸气压（Ⅰ） 单位：mmHg

名称	2-氯丙烯	2-氯丙烷	3-氯丙烯	1,2-二氯丙烷	1,3-二氯丙烯
319K 的饱和蒸气压	227	146	120	18.7	12.3

由 $\sum_{i=1}^{n} x_i = 1$ 得：

$$\sum_{i=1}^{n} x_i = \sum_{i=1}^{n}\frac{y_i}{K_i} = \sum_{i=1}^{n}\frac{y_i}{\dfrac{p_i^0}{p}} = \sum_{i=1}^{n}\frac{py_i}{p_i^0}$$

$$\sum_{i=1}^{n} x_i = \frac{101.3\times0.006}{227}+\frac{101.3\times1.15}{146}+\frac{101.3\times93.3}{120}+\frac{101.3\times0.348}{18.7}+\frac{101.3\times0.196}{12.3}$$

$$=83.07$$

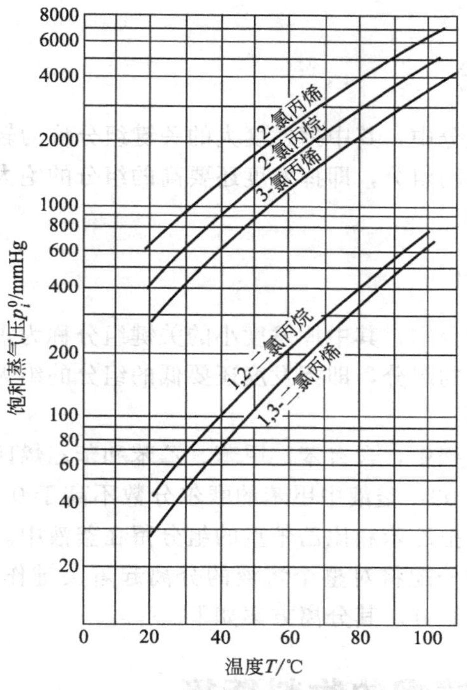

图 1-6 氯丙烯及氯丙烷的饱和蒸气压

(1mmHg＝133.3Pa)

设塔顶温度为 318K，由其蒸气压表查得其饱和蒸气压，列于表 1-4。

表 1-4 【例 2】中查得的各项饱和蒸气压（Ⅱ） 单位：mmHg

名称	2-氯丙烯	2-氯丙烷	3-氯丙烯	1,2-二氯丙烷	1,3-二氯丙烯
318K 的饱和蒸气压	215	140	101	16.8	12.0

$$\sum_{i=1}^{n} x_i = \frac{101.3\times0.006}{215}+\frac{101.3\times1.15}{140}+\frac{101.3\times93.3}{101}+\frac{101.3\times0.348}{16.8}+\frac{101.3\times0.196}{12.0}=0.0029+0.8321+93.5771+2.098+1.6546=98.16$$

则塔顶温度为 318K。

三、多组分精馏的关键组分的确定

在多组分精馏中，对塔顶或塔底产品的组成一般只能规定馏出液中某一组分的组成不能低于某一限值，釜液中某一组分的组成不能高于某一限值，而对于其它组分的组成是不能任意规定的。由于组分数的增加，要确定产品各组分的浓度就较困难，为了简化多组分溶液的计算，通常用“关键组分”的概念。

在多组分溶液中，选取工艺中最关心的两个组分（一般选定挥发度相邻的两个组分），规定它们在塔顶和塔底产品中的组成或回收率要求。那么在一定的分离条件下，所需的塔板数和其它组分的组成也随之确定。选取挥发度大小相邻（有时也可以是不相邻）的两个组分，它们对多元物系的分离起着控制作用，它们在塔顶与塔底产品中的含量通常是规定了的，故称为“关键组分”。

（一）轻关键组分

在规定的两关键组分中，其中挥发度大的关键组分称为轻关键组分。在多组分精馏中就是指进料中比其还要轻的组分，即挥发度还要高的组分的绝大部分进入馏出液中，而它在釜液中的组成应加以限制。

（二）重关键组分

在规定的两关键组分中，其中挥发度小的关键组分称为重关键组分。在多组分精馏中就是指进料中比其还要重的组分，即挥发度还要低的组分的绝大部分进入釜液中，而它在馏出液中的组成应加以限制。

例如精制苯乙烯过程中，含有苯、甲苯、乙苯和苯乙烯四个组分，若规定馏出液中乙苯的摩尔分数不应高于0.03，釜液中甲苯的摩尔分数不高于0.02，同时要求把甲苯和比甲苯轻的组分从塔顶分出，把乙苯和比乙苯重的组分留在釜液中。可见，甲苯和乙苯这两个组分在塔顶和塔底产品中的分配将对整个溶液的分离起着关键作用。其中甲苯可看作轻关键组分，而乙苯看作重关键组分。其分离方案如下。

四、多组分精馏的物料衡算

在多组分精馏中，一般先规定关键组分在塔顶和塔底产品中的组成或回收率，其它组分的分配通过物料衡算或近似估算得到。与双组分精馏类似，n 组分精馏的全塔物料衡算式有 n 个。

（一）物料衡算

总物料衡算式：

$$F=D+W \tag{1-20}$$

任一组分 i 的物料衡算：

$$Fx_{F_i}=Dx_{D_i}+Wx_{W_i} \tag{1-21}$$

式中 F——进料混合物的流量，kmol/h；

D——塔顶产品流量，kmol/h；

W——塔底产品流量，kmol/h；

x_{F_i}——任一组分 i 进料中的摩尔分数；

x_{D_i}——任一组分 i 塔顶产品的摩尔分数；

x_{W_i}——任一组分 i 塔底产品的摩尔分数。

在多组分精馏中，组分的回收率定义如下。

$$塔顶回收率=\frac{Dx_{D_l}}{Fx_{F_l}}\times 100\% \tag{1-22}$$

$$塔釜回收率=\frac{Wx_{W_h}}{Fx_{F_h}}\times 100\% \tag{1-23}$$

式中 下标 l——表示轻关键组分；

下标 h——表示重关键组分。

通常，进料量 F 和组成 x_{F_i} 是给定的，为了确定任一组分 i 在塔顶、塔底中的组成以及

在塔顶和塔底的量 D 和 W，一般采用两种方法确定。

（二）清晰分割法

若选取的关键组分是两个相邻组分，且两者的挥发度差异较大，则可认为比轻关键组分还要轻的组分（简称轻组分），全部从塔顶蒸出，在塔釜中的含量可以忽略；比重关键组分还重的组分（简称重组分），在塔顶产品中的含量可以忽略。

【例 3】 某混合物中含有甲烷 5%、乙烷 35%、丙烯 15%、丙烷 20%、异丁烷 10%、正丁烷 15%（以上均为摩尔分数），在精馏塔中进行操作，要求馏出液中丙烯浓度不高于 2.5%（摩尔分数），釜液中乙烷浓度不高于 5%（摩尔分数），假设馏出液中不含比丙烯沸点更高的组分，釜液中不含比乙烷沸点更低的组分。试确定馏出液和釜液的产物组成。

解：根据题意选乙烷为轻关键组分，丙烷为重关键组分：

$$x_{W_l}=0.05, \quad x_{W_h}=0.025$$

以 100kmol 作为计算基准。

甲烷：进料量 $F_{甲}=100\times0.05=5\text{kmol}$

釜液中不含有甲烷 $W_{甲}=0$

由物料衡算得

$W_{甲}=0$，$D_{甲}=5\text{kmol}$。

乙烷：进料量 $F_{乙}=100\times0.35=35\text{kmol}$

釜液中乙烷含量 $W_{乙}=0.05\times W=0.05W$

由物料衡算得

$F_{乙}=D_{乙}+W_{乙}$ $\qquad 35=D_{乙}+W_{乙}$

$F_{乙}x_{F_i}=D_{乙}x_{D_i}+W_{乙}x_{W_i}$ $\qquad 35\times0.35=D_{乙}x_{D_i}+W_{乙}\times0.05$

丙烯：进料量 $F_{丙}=100\times0.15=15\text{kmol}$

由物料衡算得

$F_{丙}=D_{丙}+W_{丙}$ $\qquad 15=D_{丙}+W_{丙}$

$F_{丙}x_{F_i}=D_{丙}x_{D_i}+W_{丙}x_{W_i}$ $\qquad 15\times0.15=D_{丙}\times0.025+W_{丙}x_{W_i}$

丙烷：进料量 $F_{丙烷}=100\times0.20=20\text{kmol}$

馏出液中不含有丙烷 $D_{丙烷}=0$

由物料衡算得

$D_{丙烷}=0$，$W_{丙烷}=20\text{kmol}$。

异丁烷：进料量 $F_{乙}=100\times0.10=10\text{kmol}$

馏出液中不含有异丁烷 $D_{异}=0$

由物料衡算得

$D_{异}=0$，$W_{异}=10\text{kmol}$。

正丁烷：进料量 $F_{正}=100\times0.15=15\text{kmol}$

馏出液中不含有正丁烷 $D_{正}=0$

由物料衡算得

$D_{正}=0$，$W_{正}=15\text{kmol}$。

总物料衡算：

设塔顶馏出液为 Dkmol/h，釜液为 Wkmol/h。则有：

$$F=D+W \quad 100=D+W \tag{1}$$

塔顶总量：$D=D_{甲}+D_{乙}+D_{丙}=40-0.05W+0.025D$

丙烯在塔顶中的含量为0.025：$\dfrac{0.025D}{40-0.05W+0.025D}=0.025$ (2)

(1)、(2) 两式联合求解：$W=62.16\text{kmol/h}$，$D=37.84\text{kmol/h}$

则可得出

乙烷：釜液中乙烷含量 $W_{乙}=0.05W=3.108\text{kmol}$

馏出液中乙烷含量 $D_{乙}=35-0.05W=31.892\text{kmol}$

丙烯：馏出液中丙烯含量 $D_{丙}=0.025D=0.946\text{kmol}$

釜液中丙烯含量 $W_{丙}=15-0.025D=14.054\text{kmol}$

将结果列于表1-5中。

表1-5 【例3】中的馏出液与釜液的组成

组分(物质的量)	甲烷	乙烷	丙烯	丙烷	异丁烷	正丁烷	Σ值
馏出液的组成	0.132	0.843	0.025	0	0	0	1.0
釜液的组成	0	0.05	0.226	0.322	0.161	0.241	1.0

乙烷在釜液中的含量：$W_{乙}/W=0.05$。

(三) 非清晰分割法

当选取的关键组分不是挥发度相邻的两组分，或虽是相邻的两组分，但进料中含有与关键组分挥发度差别较小的邻近组分，且含量也不太小，则挥发度位于两关键组分之间的组分，或上述的与关键组分邻近的组分会分布在塔两端的产品中，即这些组分在残液或蒸馏液中有一定的量。

在非清晰分割时，组分在塔顶和塔底的分配不能用物料衡算求得，但可用芬斯克全回流公式进行估算。在计算中作如下假设。

(1) 在任何回流比下操作时，各组分在塔顶和塔底产品中的分配情况与全回流操作时的相同。

(2) 非关键组分在产品中的分配情况与关键组分相同。

非清晰分割法的估算方法有两种，一种是亨斯特别法，另一种是图解法。

1. 亨斯特别法

多组分精馏时，全回流时的芬斯克公式如下：

$$N_{\min}=\frac{\lg\left[\left(\dfrac{x_{D_l}}{x_{D_h}}\right)\left(\dfrac{x_{W_h}}{x_{W_l}}\right)\right]}{\lg\alpha_{lh}}-1 \tag{1-24}$$

式中 x_{D_l}、x_{D_h}——分别表示轻、重关键组分在塔顶产品中的摩尔分数；

x_{W_l}、x_{W_h}——分别表示轻、重关键组分在塔釜产品中的摩尔分数；

α_{lh}——轻关键组分对重关键组分的相对挥发度，其值取塔顶、进料和塔釜的几何平均值。

假设它适用于任何组分。

一个溶液中两组分的摩尔分数之比可以用其摩尔流量之比来代替，即：

$$\left(\frac{x_l}{x_h}\right)_D=\left(\frac{D}{W}\right)_l \qquad \left(\frac{x_h}{x_l}\right)_W=\left(\frac{W}{D}\right)_h$$

$$N_{min}=\frac{\lg\left[\left(\frac{D}{W}\right)_l\left(\frac{W}{D}\right)_h\right]}{\lg\alpha_{lh}}-1 \tag{1-25}$$

对任一组分 i 而言，与重组分之间的分配关系也可表示为：

$$N_{min}=\frac{\lg\left[\left(\frac{D}{W}\right)_i\left(\frac{W}{D}\right)_h\right]}{\lg\alpha_{ih}}-1 \tag{1-26}$$

则有：

$$\frac{\lg\left[\left(\frac{D}{W}\right)_l\left(\frac{W}{D}\right)_h\right]}{\lg\alpha_{lh}}=\frac{\lg\left[\left(\frac{D}{W}\right)_i\left(\frac{W}{D}\right)_h\right]}{\lg\alpha_{ih}} \tag{1-27}$$

$$\frac{\lg\left(\frac{D}{W}\right)_i-\lg\left(\frac{W}{D}\right)_h}{\lg\alpha_{ih}-\lg\alpha_{hh}}=\frac{\lg\left(\frac{D}{W}\right)_l-\lg\left(\frac{W}{D}\right)_h}{\lg\alpha_{lh}-\lg\alpha_{hh}} \tag{1-28}$$

上式表示了全回流下任意组分在两产品中的分配关系，根据前面的假设同样可适用于任意回流比下两组分在产品中的分配。

再利用物料衡算即可求出任一组分 i 在馏出液和釜液中的分配。

2. 图解法

（1）在坐标图上，以 α_{ih} 或 $\lg\alpha_{ih}$ 为横坐标，以 $\left(\frac{D}{W}\right)_i$ 或 $\lg\left(\frac{D}{W}\right)_i$ 为纵坐标。

（2）根据 $\left[\alpha_{lh},\left(\frac{D}{W}\right)_l\right]$ 或 $\left[\lg\alpha_{lh},\lg\left(\frac{D}{W}\right)_l\right]$，$\left[\alpha_{hh},\left(\frac{D}{W}\right)_h\right]$ 或 $\left[\lg\alpha_{hh},\lg\left(\frac{D}{W}\right)_h\right]$ 定出相应的两点。

（3）连接两点，其它组分的分配点必落在该线及其延长线上。

需注意以下几点。

（1）相对挥发度应取塔顶和塔底或塔顶、进料位置、塔底的几何平均值。

（2）开始估算时，塔顶和塔底的温度均为未知数，需要用示差法。先假设各处的温度，算出平均相对挥发度，再用亨斯特别法求出馏出液和釜液的组成，再校核所设的温度是否正确。

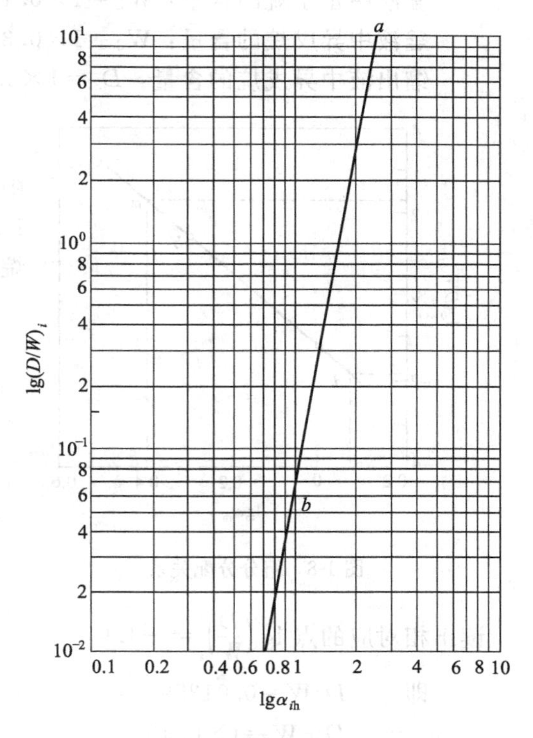

图 1-7　组分在两产品中的分配与相对挥发度的关系

（3）为了减少试差次数，初试时可按清晰分割得到的组分来计算。见图 1-7。

【例 4】 在连续精馏塔中，对异丁烷、正丁烷、异戊烷及正戊烷进行分离。要求馏出液中回收原料液中 95％的正丁烷，釜液中回收原料液中 95％的异戊烷，试计算各组分在馏出液和釜液中的组成？原料可视为理想系统。其相平衡常数如表 1-6 所示。

表 1-6 【例 4】中各组分的组成和平衡常数

组分	异丁烷	正丁烷	异戊烷	正戊烷
组成/%(摩尔分数)	6	17	32	45
平衡常数 K_i	2.17	1.67	0.84	0.71

解：以下标 1、2、3、4 分别表示异丁烷、正丁烷、异戊烷、正戊烷。用亨斯特别法来估算馏出液和釜液的组成。

取正丁烷为轻关键组分，异戊烷为重关键组分。

各组分对重关键组分的相对挥发度：$\alpha_{ih}=K_i/K_h$

相对挥发度如表 1-7 所示。

表 1-7 【例 4】中各组分的平衡常数与各组分对重组分的相对挥发度

组分	异丁烷	正丁烷	异戊烷	正戊烷
平衡常数 K_i	2.17	1.67	0.84	0.71
各组分对重关键组分的 α_{ih}	2.58	1.99	1.0	0.845

以 1kmol 为基准

馏出液中正丁烷的含量：$D_2=1\times0.17\times0.95=0.1615\text{kmol/h}$

釜液中正丁烷的含量：$W_2=1\times0.17-0.1615=0.0085\text{kmol/h}$；$(D/W)_2=19$

釜液中异戊烷的含量：$W_3=1\times0.32\times0.95=0.304\text{kmol/h}$

馏出液中异戊烷的含量：$D_3=1\times0.32-0.304=0.016\text{kmol/h}$；$(D/W)_3=0.0526$

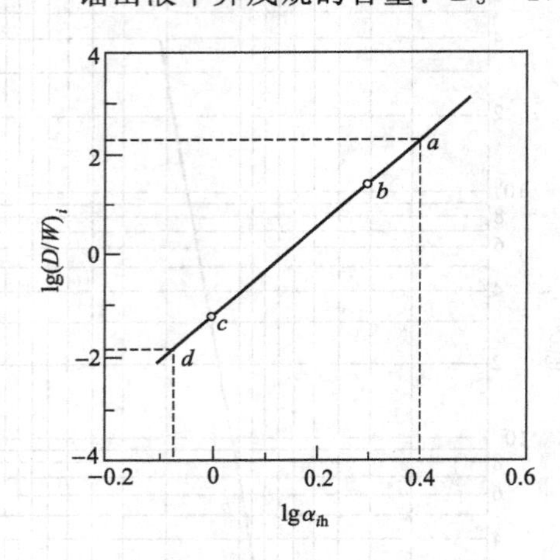

图 1-8 组分分配关系

以 $\lg\alpha_{ih}$ 为横坐标，以 $\lg\left(\frac{D}{W}\right)_i$ 为纵坐标在直角坐标系中绘直线，两点为正丁烷点（lg1.99，lg19），即（0.299，1.279）；同理，异戊烷的分配点为（0，−1.279），异丁烷的物质的量：

$$\lg\alpha_{ih}=\lg2.58=0.411$$

从图 1-8 中可读出相对应的点 $\lg\left(\frac{D}{W}\right)_i=2.24$

$$D/W=174$$

解得： $D_1=0.05966\text{kmol/h}$

$D+W=1\times0.06$

$W_1=0.00034\text{kmol/h}$

正戊烷的物质的量：$\lg\alpha_{ih}=\lg0.845=-0.0782$，读出相对应的点 $\lg\left(\frac{D}{W}\right)_i=-1.9$

即 $D/W=0.01259$

$D+W=1\times0.45$

解得： $D_4=0.0056\text{kmol/h}$

$W_4=0.4444\text{kmol/h}$

结果列于表 1-8。

表 1-8 【例 4】中各组分的计算结果

组分	原料		馏出液		釜液	
	组分量/kmol	摩尔分数	组分量/kmol	摩尔分数 D_i/D	组分量/kmol	摩尔分数 W_i/W
异丁烷 A	0.06	0.06	0.05966	0.246	0.00034	0.0004
正丁烷 B	0.17	0.17	0.1615	0.665	0.0085	0.0112
异戊烷 C	0.32	0.32	0.0160	0.0659	0.304	0.04015
正戊烷 D	0.45	0.45	0.0056	0.0231	0.4444	0.5869
合计	1.00	1.00	0.2428	1.0000	0.7572	1.0000

五、多组分精馏的回流比的确定

（一）最小回流比

在多组分精馏的计算中，当塔顶与塔釜产品中关键组分的浓度或回收率指定后，相应此分离要求有一个最小回流比。准确地计算最小回流比是比较困难的。其计算方法有两种，柯尔本法和恩德伍德法。现介绍恩德伍德法（Underwood）。

恩德伍德公式的应用条件为：①塔内气、液相作恒摩尔流动；②各组分的相对挥发度为常量。

当系统中各组分的相对挥发度可以近似取为常数，又符合恒摩尔流动的要求时，其计算步骤如下。

1. 用试差法解出 θ

$$\sum_{i=1}^{n}\frac{\alpha_{ij}x_{F_i}}{\alpha_{ij}-\theta}=1-q \tag{1-29}$$

即

$$\frac{\alpha_A x_{F_A}}{\alpha_A-\theta}+\frac{\alpha_B x_{F_B}}{\alpha_B-\theta}+\frac{\alpha_C x_{F_C}}{\alpha_C-\theta}+\cdots=1-q \tag{1-30}$$

式中　x_{F_A}、x_{F_B}、x_{F_C}——进料中组分 A、B、C 的摩尔分数；

α_{ij}——组分 i 对基准组分 j 的相对挥发度，可取塔顶、塔釜的几何平均值，或用进料泡点温度下的相对挥发度；

α_A、α_B、α_C——组分 A、B、C 对进料中某组分（常取最重关键组分或重关键组分）的相对挥发度；

q——原料的液化分数或进料状态参数。

应注意，θ 是介于轻、重关键组分的相对挥发度之间的值，即 $\alpha_{lh}>\alpha>\alpha_{hh}$，对 n 个组分，θ 有 n 个根。若轻、重关键组分是相邻组分，θ 仅有一个；若要轻、重关键组分间有 p 个组分，则 θ 将有 $p+1$ 个根。

2. 最小回流比 R_{min}

$$R_{min}=\sum_{i=1}^{n}\frac{\alpha_{ij}x_{F_i}}{\alpha_{ij}-\theta}-1 \tag{1-31}$$

即

$$R_{min}=\frac{\alpha_A x_{D_A}}{\alpha_A-\theta}+\frac{\alpha_B x_{D_B}}{\alpha_B-\theta}+\frac{\alpha_C x_{D_C}}{\alpha_C-\theta}+\cdots-1 \tag{1-32}$$

式中　x_{D_A}、x_{D_B}、x_{D_C}——塔顶产品中组分 A、B、C 的摩尔分数。

【例 5】 在**【例 4】**中的连续精馏塔的操作中是泡点进料，由之外得到的塔顶和塔釜的产物的组成，用恩德伍德公式求出最小回流比。表 1-9 中列出条件。

表 1-9 【例 5】中各组分的组成

组　分	原料液中各组分的组成/%(摩尔分数)	馏出液中各组分的组成/%(摩尔分数)	各组分对重关键组分的 α_{ih}
异丁烷	6.00	24.60	2.58
正丁烷	17.00	66.50	1.99
异戊烷	32.00	6.59	1.0
正戊烷	45.00	2.31	0.845
∑值	100.00	100.00	

求 θ 值，因泡点进料，则 $q=1$

利用示差法求 θ 值，示差列表见表 1-10。

表 1-10 【例 5】的示差列表

组分	x_{F_i}	α_{ih}	$\theta=1.5$	$\theta=1.6$	$\theta=1.603$
			$\frac{\alpha_{ih}x_{F_i}}{\alpha_{ih}-\theta}$	$\frac{\alpha_{ih}x_{F_i}}{\alpha_{ih}-\theta}$	$\frac{\alpha_{ih}x_{F_i}}{\alpha_{ih}-\theta}$
异丁烷	0.06	2.58	0.143	0.158	0.1586
正丁烷	0.17	1.99	0.690	0.867	0.8733
异戊烷	0.32	1.0	−0.64	−0.533	−0.5306
正戊烷	0.45	0.845	−0.58	−0.503	−0.5013
Σ值	1.00		−0.387	−0.011	0

将 $\theta=1.603$ 代入求最小回流比，列表 1-11。

表 1-11 【例 5】由条件得到的最小回流比

组分	x_{D_i}	α_{ih}	$x_{D_i}\alpha_{ih}$	$\alpha_{ih}-\theta$	$\frac{\alpha_{ih}x_{D_i}}{\alpha_{ih}-\theta}$
异丁烷	0.246	2.58	0.635	0.977	0.650
正丁烷	0.665	1.99	1.323	0.337	3.419
异戊烷	0.0659	1.0	0.066	−0.603	−0.104
正戊烷	0.0231	0.845	0.019	−0.758	−0.025
Σ值	1.00				3.94

即最小回流比为 3.94。

注意：用恩德伍德公式求最小回流比，计算简单，误差不大，能满足工业设计要求，但公式是在相对挥发度不变的情况下导出的，仅适用于塔内相对挥发度变化不大的场合，并取全塔的平均值。若相对挥发度变化较大时，则需要用其它方法来计算最小回流比。

（二）操作回流比

适宜回流比的确定，同双组分精馏的回流比的选择相同。一般是经济衡算来确定。即操作费用和设备折旧费用的总和为最小时的回流比为适宜的回流比。

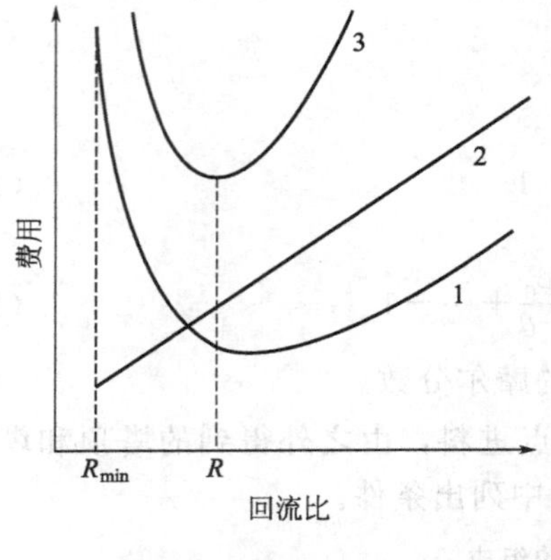

图 1-9 最适宜回流比的确定
1—设备费用线；2—操作费用线；
3—总费用线

精馏的操作费用，主要取决于再沸器的加热蒸汽消耗量及冷凝器的冷却水的消耗量，而这两个量均取决于塔内上升蒸汽量 V 和 V'。而上升蒸汽量又随着回流比的增加而增加，当回流比 R 增加时，加热和冷却介质消耗量随之增多，操作费用增加。见图 1-9。设备的折旧费是指精馏塔、再沸器、冷凝器等设备的投资乘以折旧率。当 $R=R_{min}$，达到分离要求的理论塔板数为 $N=\infty$，相应的设备费用也为无限大；当 R 稍稍增大，N 即从无限大急剧减少，设备费用随之降低；当 R 再增大时，塔板数减少速率缓慢。另一方面，随着 R 的增加，上升蒸汽量也随之增加，从而使塔径、再沸器、冷凝器尺寸相应增加，设备费用反而上升。见图 1-9。将这两种费用综合起来考虑总费用值随 R 变化也是一个最低点的曲线，以最低点的 R 操作最经济。

在精馏塔的设计中，一般并不进行详细的经济衡算，而是根据经验选取。通常取操作回流比为最小回流比的 1.1～2 倍。$R=(1.1\sim2)R_{\min}$。有时要视具体情况而定，对于难分离的混合物应选用较大的回流比；有时为了减少加热蒸汽的消耗量，可采用较小的回流比。

六、多组分精馏的塔板数的确定

多组分连续精馏塔理论塔板数的计算，通常采用逐板法和简捷法两种方法计算。

（一）简捷法

1. 最少理论塔板数

多组分精馏所需的最少理论塔板数也可用芬斯克公式求解：

$$N_{\min}=\frac{\lg\left[\left(\frac{x_{D_l}}{x_{D_h}}\right)\left(\frac{x_{W_h}}{x_{W_l}}\right)\right]}{\lg\alpha_{lh}}-1 \tag{1-33}$$

2. 理论塔板数

多组分连续精馏塔所需理论塔板数的求取用吉利兰图（图 1-10）。

3. 简捷法的计算步骤

简捷法的计算步骤归纳如下。

（1）进行初步物料衡算，假定塔顶不出现比重关键组分还重的组分，塔釜不出现比轻关键组分还轻的组分，估算塔顶和塔底产品的组分分布。

（2）由进料的组成和状况求出塔顶、塔釜的组成，计算进料、塔顶和塔釜的温度。

（3）计算进料、塔顶和塔釜各点温度下的 α_{lh} 及平均的 α_{lh}。

（4）计算塔顶和塔底产品中的分布。

（5）求最小回流比和操作回流比。

（6）计算最少理论塔板数及塔板数。

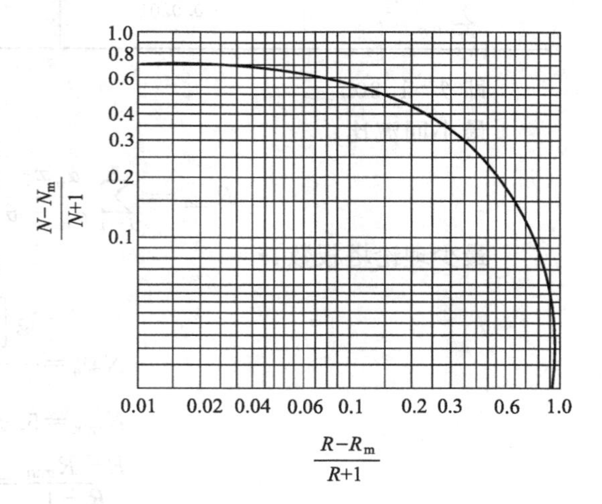

图 1-10 吉利兰图

（7）用芬斯克公式和吉利兰图计算理论塔板数，确定加料位置时，若为泡点进料，也可用下面的半经验公式计算：

$$\lg\frac{n}{m}=0.206\lg\left[\left(\frac{W}{D}\right)\left(\frac{x_{h_F}}{x_{l_F}}\right)\left(\frac{x_{l_W}}{x_{h_D}}\right)^2\right] \tag{1-34}$$

式中 n——精馏段的理论塔板数；

m——提馏段的理论塔板数（包括再沸器）。

简捷法求理论塔板数虽然简单，但因没有考虑其它组分存在的影响，计算结果误差较大，简捷法计算理论塔板数一般适用于初步估算或初步设计中。

【例 6】 在连续精馏塔中分离某多组分溶液。已知进料为饱和液体，其进料和产品的组成以及平均操作条件下的各组分对重关键组分的相对挥发度如表 1-12 所示。求：

（1）最小回流比？

（2）若 $R=1.5R_{\min}$，用简捷法求理论塔板数。

表 1-12 【例 6】的条件附表

组分	A	B 轻关键组分	C 重关键组分	D
进料组成	0.25	0.20	0.50	0.25
馏出液组成	0.5	0.48	0.02	0
釜液组成	0	0.02	0.48	0.5
相对挥发度	5	2.5	1	0.2

解：饱和液体进料，$q=1$，用示差法求 θ。

$$R_{\min}=\sum_{i=1}^{n}\frac{\alpha_{ij}x_{F_i}}{\alpha_{ij}-\theta}-1$$

示差式：

$$\frac{\alpha_A x_{F_A}}{\alpha_A-\theta}+\frac{\alpha_B x_{F_B}}{\alpha_B-\theta}+\frac{\alpha_C x_{F_C}}{\alpha_C-\theta}+\cdots=1-q$$

将计算结果列于表 1-13。

表 1-13 【例 6】的计算值

假设的 θ	1.3	1.31	1.306	1.307
$\sum_{i=1}^{n}\frac{\alpha_{ij}x_{F_i}}{\alpha_{ij}-\theta}$	−0.0201	0.0125	0.00031	−0.00287

即 $\theta=1.306$。

最小回流比：

$$R_{\min}=\sum_{i=1}^{n}\frac{\alpha_{ij}x_{F_i}}{\alpha_{ij}-\theta}-1=0.62；R_{\min}=0.93$$

最少理论塔板数：

$$N_{\min}=\frac{\lg\left[\left(\frac{x_{D_l}}{x_{D_h}}\right)\left(\frac{x_{W_h}}{x_{W_l}}\right)\right]}{\lg\alpha_{lh}}-1$$

$$N_{\min}=5.9$$

$$\frac{R-R_{\min}}{R+1}=0.161$$

查吉利兰图得：

$$\frac{N-N_{\min}}{N+2}=0.47$$

$$N=13（不包括塔釜）$$

（二）逐板法

逐板法计算理论塔板数，在双组分的精馏中已经介绍过了。就是以某一塔板为起点（常为塔顶的第一块塔板），利用物料衡算、相平衡关系等逐一计算出各板上的气、液相组成，从而确定出塔板数。在多组分精馏中，逐板计算有多种计算方法，这里就介绍较简单的路易斯-麦提逊（Lewis-Matheson）逐板计算法。简称 L-M 法。

计算步骤如下。

（1）根据进料组成及分离要求，估算塔顶和塔底产品的组成，再由物料衡算求得 W 和 D。

（2）计算出最小回流比，确定适宜回流比。

（3）由进料状态和回流比确定精馏段和提馏段的气、液相流量，并初步估算出塔顶和塔底的气、液相组成，求出精馏段和提馏段的操作线方程。

(4) 精馏段的逐板计算。以塔顶冷凝器为全凝器为例，则塔顶第一块塔板上上升蒸汽中的组成 y_{1_i} 等于馏出液的组成 x_{D1_i}，即 $y_{1_i}=x_{D1_i}$；第一块塔板的液相组成可由平衡方程求得，$x_{1_i}=\frac{y_{1_i}}{K_{1_i}}$；也可利用相平衡方程 $y_i=\frac{\alpha_{ij}x_i}{\sum\limits_{i=1}^{n}\alpha_{ij}x_i}$ 求取。即第一块塔板上的气、液相组成都已求出。

第二块塔板与第一块塔板之间的组成关系满足精馏段操作线方程，由 $y_{2_i}=\frac{R}{R+1}x_{1_i}+\frac{1}{R+1}x_{D_i}$，求出 y_{2_i}，由 $x_{2_i}=\frac{y_{2_i}}{K_{2_i}}$ 求得 x_{2_i}，也可利用相平衡方程 $y_i=\frac{\alpha_{ij}x_i}{\sum\limits_{i=1}^{n}\alpha_{ij}x_i}$ 求取。即第二块塔板上的气、液相组成已求出。

依次逐板计算第 n 块及第 $n-1$ 块板上的液相中的轻、重关键组分比直至达到以下条件为止。

$$\left(\frac{x_l}{x_h}\right)_{n-1}\geqslant\left(\frac{x_l}{x_h}\right)_{F_i}\geqslant\left(\frac{x_l}{x_h}\right)_n \tag{1-35}$$

式中 $\left(\frac{x_l}{x_h}\right)_{F_i}$——进料中液体部分的轻、重关键组分的组成比。

(5) 提馏段的逐板计算。从塔釜开始计算，组成 x_W 就是釜液的液相组成，表示为 x'_{0_i}，塔釜的气相组成为 $y'_{0_i}=x'_{0_i}K_{0_i}$，也可利用相平衡方程 $y_i=\frac{\alpha_{ij}x_i}{\sum\limits_{i=1}^{n}\alpha_{ij}x_i}$ 求取。即塔釜的气、液相组成都已求出。

倒数第一块塔板上的液相组成与釜液的气相组成满足提馏段的操作线方程 $y'_{0_i}=\frac{L'}{L'-W}x'_{1_i}+\frac{W}{L'-W}x_{W_i}$，求出 x'_{1_i}，再由相平衡方程 $y'_{1_i}=x'_{1_i}K_{1_i}$，求出 y'_{1_i}。即倒数第一块塔板上的气、液相组成都已求出。

依次往上逐板计算，直至第 m 块塔板和第 $m+1$ 块塔板上的液相中的轻、重关键组分比达到以下条件为止。

$$\left(\frac{x_l}{x_h}\right)_{m'}\leqslant\left(\frac{x_l}{x_h}\right)_{F_i}\leqslant\left(\frac{x_l}{x_h}\right)_{m+1'} \tag{1-36}$$

在此逐板计算的过程中，所使用的平衡方程的次数即为所求的理论塔板数。

需要指出的是，从精馏段开始计算得到的 x_{n_i} 和从提馏段开始计算得到的 x'_{mi} 应能基本吻合，则第 n 块塔板和第 m 块重合。当进料状态参数 $q>0$ 时，第 n 块塔板为加料板；当 $q<0$时，第 $n+1$ 板为加料板。若上述两块塔板上的组成不能重合，则需调整塔顶和塔底产品中非关键组分的组成或调整回流比，然后重复上面的计算，直到精馏段开始计算得到的 x_{n_i} 和从提馏段开始计算得到的 x'_{m_i} 应能基本吻合为止。

【例 7】 在连续精馏塔中，要对丙烷、丁烷、异戊烷及正戊烷进行分离，已知原料液为泡点液体进料，原料液中的组成如表 1-14 所示，塔压为 1.38MPa。要求馏出液中回收原料液中 98%的丙烷，且丙烷在馏出液中的浓度为 98%（摩尔分数），回流量与进料量之比为 2。塔顶冷凝器为全凝器。假设该精馏操作中满足恒摩尔流假设，而且相对挥发度可看作常数，试求完成分离任务所需的理论塔板数和适宜的加料位置？

表 1-14 【例 7】中原料液的组成

组分	丙烷	丁烷	异戊烷	正戊烷	Σ值
组成(摩尔分数)	0.40	0.40	0.10	0.10	1.00

解：假定为清晰分割，进行物料衡算

$$F=D+W$$

$$Fx_F=Dx_D+Wx_W \quad 回收率=\frac{Dx_{D_1}}{Fx_{F_1}}\times100\%$$

丙烷：$1=D+W$　　得：$D=0.4\text{kmol}$

$1\times0.4=D\times0.98+W\times x_W$　　$W=0.6\text{kmol}$

$\frac{D\times0.98}{0.4}\times100\%=0.98$　　$x_{W_丙}=0.013$

丁烷：$1=D+W$　　得：$x_{D_丁}=0.02$

$1\times0.4=0.4\times(1-0.98)+0.6\times x_W$　　$x_{W_丁}=0.653$

异戊烷：$1=D+W$　　得：$x_{D_异}=0$

$1\times0.1=0+0.6x_W$　　$x_{W_异}=0.167$

正戊烷：$1=D+W$　　得：$x_{D_正}=0$

$1\times0.1=0+0.6x_W$　　$x_{W_正}=0.167$

利用 P-T-K 图求塔顶温度和塔釜温度（示差法），结果如下。

塔顶温度为 43.5℃，丙烷和丁烷在塔顶中的分配如表 1-15 所示。

表 1-15 丙烷和丁烷在塔顶中的分配

组分	y_i(摩尔分数)	K_i	$y_iK_i=x_{D_i}$	α_i
丙烷	0.98	1.043	0.940	2.80
丁烷	0.02	0.372	0.054	1.00
异戊烷	0	0.155	0	0.42
正戊烷	0	0.128	0	0.34
Σ值	1.00		0.994	

塔釜温度为 110℃，异戊烷和正戊烷在塔釜中的分配如表 1-16 所示。

表 1-16 异戊烷和正戊烷在塔釜中的分配

组分	K_i	$y_i=K_ix_i$	α_i
丙烷	2.42	0.031	2.10
丁烷	1.154	0.754	1.00
异戊烷	0.638	0.107	0.55
正戊烷	0.550	0.092	0.48
Σ值		0.984	

用近似算术平均值来计算相对挥发度，见表 1-17。

表 1-17 用近似算术平均值计算的相对挥发度

组分	丙烷	丁烷	异戊烷	正戊烷
α_i	2.45	1.00	0.49	0.41

理论塔板数的计算如下。

① 提馏段的逐板计算

以 1kmol 为基准，前面的物料衡算有 $D=0.4\text{kmol}$，$W=0.6\text{kmol}$。

泡点进料，全凝器有：$L'=L+F \quad L'=RD+F=2\times0.4+1=1.8$

提馏段操作线方程为：

$$y_{n+1_i}=\frac{L'}{L'-W}x_{n_i}-\frac{W}{L'-W}x_{W_i} \qquad \text{即得：} y_{n+1_i}=1.5x_{n_i}-0.5x_{W_i}$$

相平衡方程为：$y_i=\dfrac{\alpha_{ij}x_i}{\sum\limits_{i=1}^{n}\alpha_{ij}x_i}$

② 塔釜组成

丙烷组成为：$x=0.013$

$$y=\frac{2.45\times0.013}{2.45\times0.013+1.0\times0.653+0.49\times0.167+0.41\times0.167}=0.0381$$

丁烷组成为：$x=0.653$

$$y=\frac{1.0\times0.653}{2.45\times0.013+1.0\times0.653+0.49\times0.167+0.41\times0.167}=0.7818$$

异戊烷组成为：$x=0.167$

$$y=\frac{0.49\times0.167}{2.45\times0.013+1.0\times0.653+0.49\times0.167+0.41\times0.167}=0.098$$

正戊烷组成为：$x=0.167$

$$y=\frac{0.41\times0.167}{2.45\times0.013+1.0\times0.653+0.49\times0.167+0.41\times0.167}=0.082$$

③ 倒数第一块上的气相组成

丙烷的液相组成为：

$$y_{n+1_i}=1.5x_{n_i}-0.5x_{W_i} \quad 0.0381=1.5x_{n_i}-0.5\times0.013 \quad x=0.0297$$

丁烷的液相组成为：

$$y_{n+1_i}=1.5x_{n_i}-0.5x_{W_i} \quad 0.7818=1.5x_{n_i}-0.5\times0.653 \quad x=0.7387$$

异戊烷的液相组成为：

$$y_{n+1_i}=1.5x_{n_i}-0.5x_{W_i} \quad 0.098=1.5x_{n_i}-0.5\times0.167 \quad x=0.1203$$

正戊烷的液相组成为：

$$y_{n+1_i}=1.5x_{n_i}-0.5x_{W_i} \quad 0.082=1.5x_{n_i}-0.5\times0.167 \quad x=0.1103$$

丙烷的气相组成为：

$$y=\frac{2.45\times0.0297}{2.45\times0.0297+1.0\times0.7387+0.49\times0.1203+0.41\times0.1103}=0.080$$

丁烷的气相组成为：

$$y=\frac{1.0\times0.7387}{2.45\times0.0297+1.0\times0.7387+0.49\times0.1203+0.41\times0.1103}=0.8094$$

异戊烷的气相组成为：

$$y=\frac{0.49\times0.1203}{2.45\times0.0297+1.0\times0.7387+0.49\times0.1203+0.41\times0.1103}=0.0614$$

正戊烷的气相组成为：

$$y=\frac{0.41\times0.1103}{2.45\times0.0297+1.0\times0.7387+0.49\times0.1203+0.41\times0.1103}=0.0495$$

同理，提馏段其它塔板的气、液相组成如表 1-18 所示。

表 1-18　提馏段的塔板的气、液相组成

倒数第 1 块			倒数第 2 块			倒数第 3 块		
丙烷	$y=0.080$	$x=0.0297$	丙烷	$y=0.1439$	$x=0.0577$	丙烷	$y=0.2332$	$x=0.1003$
丁烷	$y=0.8094$	$x=0.7387$	丁烷	$y=0.7709$	$x=0.7573$	丁烷	$y=0.6942$	$x=0.7316$
异戊烷	$y=0.0614$	$x=0.1203$	异戊烷	$y=0.0481$	$x=0.0966$	异戊烷	$y=0.0413$	$x=0.0887$
正戊烷	$y=0.0495$	$x=0.1103$	正戊烷	$y=0.0371$	$x=0.0887$	正戊烷	$y=0.0313$	$x=0.0804$
Σ值	1.0003	0.9999	Σ值	1.0000	1.0003	Σ值	1.0000	1.0010
倒数第 4 块			倒数第 5 块			倒数第 6 块		
丙烷	$y=0.3749$	$x=0.1598$	丙烷	$y=0.4769$	$x=0.2543$	丙烷	$y=0.5693$	$x=0.3223$
丁烷	$y=0.5947$	$x=0.6805$	丁烷	$y=0.4701$	$x=0.6141$	丁烷	$y=0.3829$	$x=0.5311$
异戊烷	$y=0.0357$	$x=0.0832$	异戊烷	$y=0.0299$	$x=0.0795$	异戊烷	$y=0.0267$	$x=0.0756$
正戊烷	$y=0.0274$	$x=0.0765$	正戊烷	$y=0.0232$	$x=0.0739$	正戊烷	$y=0.0211$	$x=0.0711$
Σ值	1.0327	1.0000	Σ值	1.0001	1.0218	Σ值	1.027	1.0001
倒数第 7 块			倒数第 8 块			倒数第 9 块		
丙烷	$y=0.6364$	$x=0.3839$	丙烷	$y=0.680$	$x=0.4286$	丙烷	$y=0.7063$	$x=0.4577$
丁烷	$y=0.3199$	$x=0.4729$	丁烷	$y=0.2790$	$x=0.4309$	丁烷	$y=0.2543$	$x=0.4037$
异戊烷	$y=0.0244$	$x=0.0735$	异戊烷	$y=0.0228$	$x=0.0719$	异戊烷	$y=0.0219$	$x=0.0709$
正戊烷	$y=0.0193$	$x=0.0697$	正戊烷	$y=0.0182$	$x=0.0685$	正戊烷	$y=0.0175$	$x=0.0678$
Σ值	1.000	1.0000	Σ值	1.0000	0.9999	Σ值	1.0000	0.9994
倒数第 10 块			倒数第 11 块			倒数第 12 块		
丙烷	$y=0.7999$	$x=0.5695$	丙烷	$y=0.8484$	$x=0.7099$	丙烷	$y=0.9029$	$x=0.7826$
丁烷	$y=0.2071$	$x=0.3714$	丁烷	$y=0.1466$	$x=0.3006$	丁烷	$y=0.0956$	$x=0.2030$
异戊烷	$y=0.0089$	$x=0.0328$	异戊烷	$y=0.0032$	$x=0.0133$	异戊烷	$y=0.0011$	$x=0.0048$
正戊烷	$y=0.0059$	$x=0.0262$	正戊烷	$y=0.0018$	$x=0.0088$	正戊烷	$y=0.0004$	$x=0.0027$
Σ值	1.0218	0.9999	Σ值	1.0000	1.0326	Σ值	1.0000	0.9931
倒数第 13 块			倒数第 14 块			倒数第 15 块		
丙烷	$y=0.9403$	$x=0.8643$	丙烷	$y=0.9661$	$x=0.9204$	丙烷	$y=0.9829$	$x=0.9592$
丁烷	$y=0.0592$	$x=0.1334$	丁烷	$y=0.0338$	$x=0.0788$	丁烷	$y=0.0171$	$x=0.0407$
异戊烷	$y=0.0004$	$x=0.0016$	异戊烷	$y=0.00013$	$x=0.0006$	异戊烷	0	0
正戊烷	$y=0.0001$	$x=0.0006$	正戊烷	$y=0.00004$	$x=0.0002$	正戊烷	0	0
Σ值	1.0000	0.9999	Σ值	1.0000	1.0000	Σ值	1.0000	0.9999

$$\left(\frac{x_l}{x_h}\right)_{n-1}\geqslant\left(\frac{x_l}{x_h}\right)_{F_i}\geqslant\left(\frac{x_l}{x_h}\right)_{n}\ \text{得：}\left(\frac{x_l}{x_h}\right)_{9}\geqslant\left(\frac{x_l}{x_h}\right)_{F_i}\geqslant\left(\frac{x_l}{x_h}\right)_{8}\ \text{得：}1.134>1>0.999$$

则倒数第 8 块板为加料板。

同理，精馏段的理论塔板数的计算应在精馏段操作线方程和相平衡关系之间进行。

精馏段的操作线方程为：

$$y_{n+1_i}=\frac{R}{R+1}x_{n_i}+\frac{1}{R+1}x_{D_l}\quad \text{即为：}y_{n+1_i}=0.6667x_{n_i}+0.3333x_{D_l}$$

相平衡方程求取：

$$y_i=\frac{\alpha_{ij}x_i}{\sum_{i=1}^{n}\alpha_{ij}x_i}$$

即理论塔板数为 15 块，第 8 块为加料板。

项目三

板式塔

板式塔早在1813年已应用于工业生产，是目前使用量最大、应用范围最广的气液传质设备。其结构如图1-11所示，它是由圆柱形壳体、塔板、降液管、受液盘等部件组成的。在操作时，塔内液体依靠重力作用，由上层塔板的降液管流到下层塔板的受液盘，然后横向流过塔板，从另一侧的降液管流至下一层塔板。气体则在压力差的推动下，自下而上穿过各层塔板上的升气道，分散成小股气流，鼓泡通过塔板的液层。在塔板上，气液两相密切接触，进行质量和热量的交换。

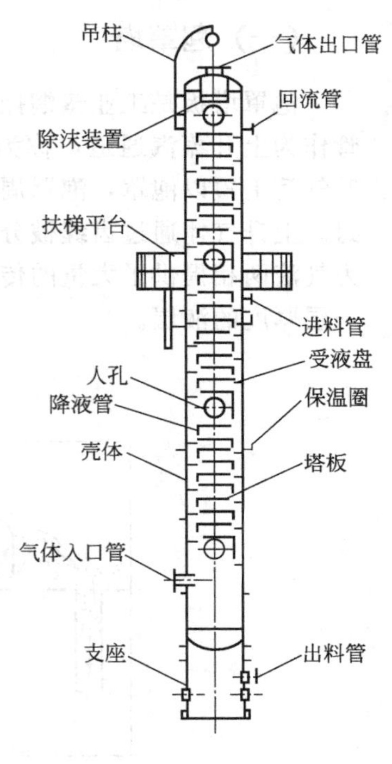

图1-11　塔板结构

一、塔板类型

按塔内液体流动情况，板式塔可分为有溢流装置和无溢流装置（图1-12）；根据塔板结构特点，分为泡罩塔、浮阀塔、筛板塔等。

1. 有溢流塔板（溢流塔板）

板间有专供液体流通的“降液管”，又称“溢流管”。适当地安排降液管的位置及堰的高度，可以控制板上液体的流动路径与液层厚度，从而获得较高的效率。但是，由于降液管要占去塔板面积的20%，从而影响了塔的生产能力。而且，液体横过塔板时要克服各种阻力，因而使板上液层出现位差，称为“液面落差”。液面落差大，会引起板上液体分布不均匀，降低分离效率。

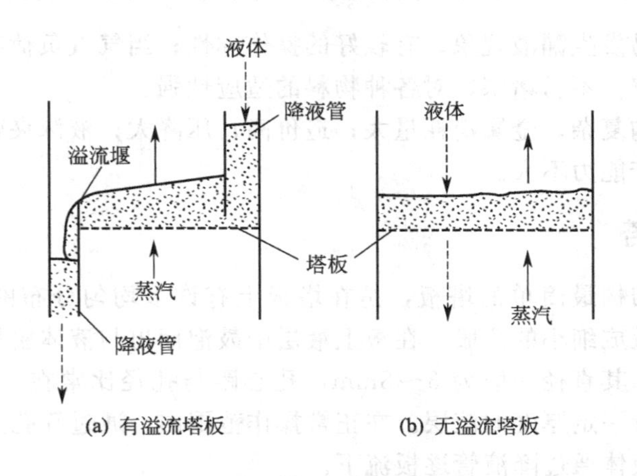

图1-12　塔板按塔内液体流动情况分类

2. 无溢流塔板（穿流塔板）

板间不设降液管，气液两相同时由板上孔道穿流而过，这种塔板结构简单、板上无液面落差、气体分布均匀、板面利用率充分、可增大处理量及减少压力降。但需要较高的气速才能维持板上液层。操作弹性差，效率低。

二、几种典型的溢流塔板

（一）泡罩塔

泡罩塔板是工业蒸馏操作最常采用的塔板，如图 1-13 所示，每层塔板上装有若干个短管作为上升蒸汽通道，称为“升气管”。由于升气管高出液面，故板上液体不会从中漏下。升气管上覆以泡罩，泡罩周边开有许多齿缝，操作条件下，齿缝浸没于板上液体中，形成液封。上升气体通过齿缝被分散成细小的气泡进入液层。板上的鼓泡液层或充分的鼓泡沫体，为气液两相提供了大量的传质界面，液体通过降液管流下，并依靠溢流堰以保证塔板上存有一层厚度的液层。

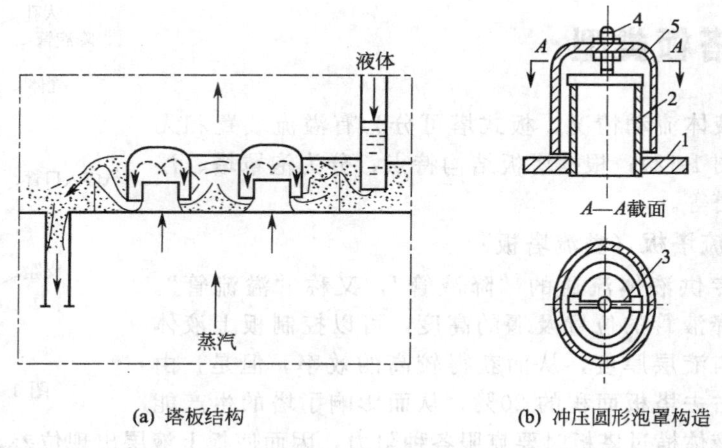

(a) 塔板结构　　(b) 冲压圆形泡罩构造

图 1-13　泡罩塔

1—塔板；2—蒸汽通道；3—窄平板；4—螺栓；5—泡罩

其优点：不易发生漏液现象；有较好的操作弹性；当气液负荷有较大波动时，仍能维持几乎恒定的板效率；不易堵塞；对各种物料的适应性强。

其缺点：结构复杂；金属消耗量大；造价高；压降大；液沫夹带现象比较严重；限制了气速的提高，生产能力不大。

（二）筛板塔

筛孔塔板是结构最简单的塔板，是在塔板上有许多均匀分布的筛孔，见图 1-14。上升气速通过筛孔分散成细小的流股，在板上液层中鼓泡而出与液体密切接触。筛孔在塔板上有一定的排列方式。其直径一般为 3～8mm，孔心距与孔径比常在 2.5～4。塔板上设置溢流堰，以使板上维持一定厚度的液层。在正常操作范围内，通过筛孔上升的气流，应能阻止液体经筛孔泄漏，液体通过降液管逐板流下。

优点：结构简单；金属耗量少；造价低廉；气体压降小，板上液面落差也较小；其生产

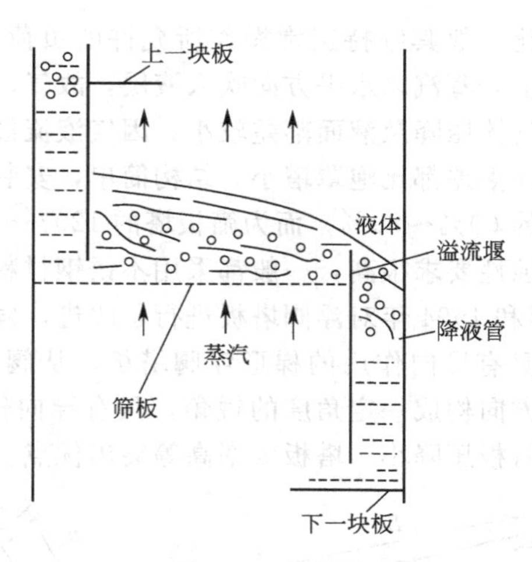

图 1-14　筛板塔

能力及板效率比泡罩塔高。缺点：操作弹性范围较窄，小孔筛板容易堵塞。

（三）浮阀塔

20 世纪 50 年代才在工业上广泛应用，是在带有降液管的塔板上开有若干大孔（标准孔径为 39mm），每孔装有一个可以上、下浮动的阀片，由孔上升的气流经过阀片与塔板的间隙，而与板上横流的液体接触，目前常用的型号有：F-1 型、V-4 型、T 型，见图 1-15。

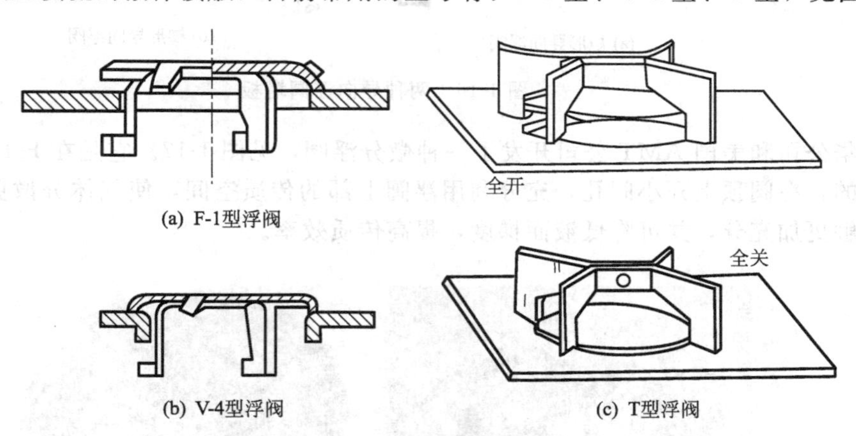

(a) F-1型浮阀　(b) V-4型浮阀　(c) T型浮阀

图 1-15　几种浮阀形式

（1）F-1 型浮阀　阀片本身有三条腿，插入阀孔后将各腿底脚扳转 90°，用以限制操作时阀片在板上上升的最大高度（8.5mm），阀片周边又冲出三块略向下弯的定距片，使阀片处于静止位置时仍与塔板留有一定的缝隙（2.5mm）。这样当气量很小时，气体仍能通过缝隙均匀地鼓泡，而且由于阀片与塔板板面是点接触，可以防止阀片与塔板的黏着与腐蚀。

（2）V-4 型浮阀　阀孔被冲压成向下弯曲的文丘里形，用于减少气体通过塔板时的压力降。V-4 型浮阀适用于减压系统。

（3）T 型浮阀　结构复杂，借助于固定在塔板的支架以限制拱形阀片的运动范围。T 型浮阀适用于易腐蚀、含颗粒或易聚合的介质。

浮阀的优点：生产能力大，由于浮阀安排比较紧凑，塔板上的开孔面积大于泡罩塔板，其生产能力比泡罩塔板大 20%～40%，而与筛板塔相似。操作弹性大，由于阀片可以自由地伸缩以适应气量的变化，故其维持正常操作所允许的负荷波动范围比泡罩塔和筛板塔都宽。塔板效率高，由于上升蒸汽以水平方向吹入液层，故气、液接触时间较长，而液沫夹带量较小，板效率较高。气体压降及液面落差较小，因气液流经塔板时所遇到的阻力较小，故气体的压力降及板上液面落差都比泡罩塔小。结构简单，安装方便，浮阀塔的造价约为具有同等生产能力的泡罩塔的60%～80%，而为筛板塔的120%～130%。

浮阀对材料的抗腐蚀性要求很高，一般都采用不锈钢材料。

天津大学在1992年和1994年对浮阀塔板进行了改进，发明了具有导向作用的梯形浮阀塔板，见图1-16。这种具有导向作用的梯形浮阀塔板，从阀片两侧喷射出的气体的流动方向与塔板上的液体主流方向构成一定角度的锐角，具有导向作用，这种结构具有操作稳定、弹性高、处理能力大、塔板压降小、塔板效率高等突出优点。

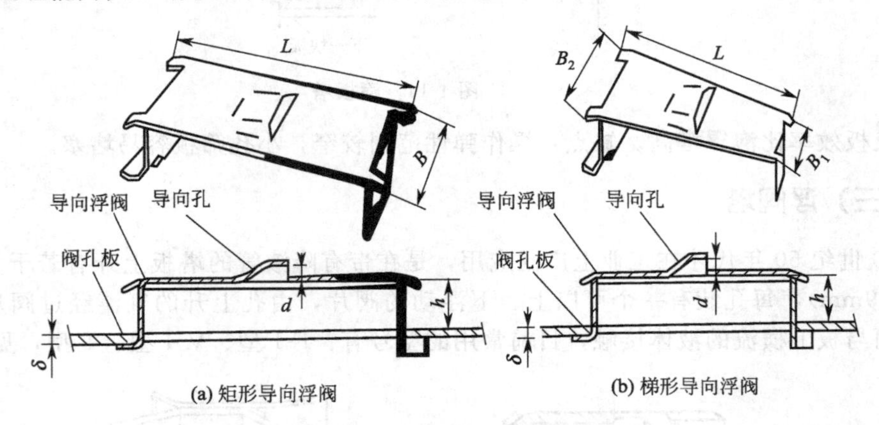

图1-16 两种导向浮阀塔板

泽华公司和美国AMT公司开发了一种微分浮阀，见图1-17。它是在F-1型浮阀的基础上开发的，在阀顶上开小阀孔，充分利用浮阀上部的传质空间，使气体分散更加细密均匀，气液接触更加充分，并可降低液面梯度，提高传质效率。

(a) ADV微分浮阀

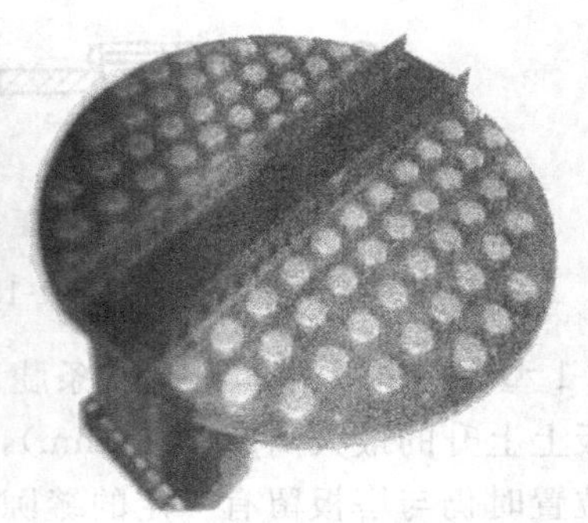

(b) ADV微分浮阀塔盘

图1-17 微分浮阀

(四) 喷射型塔板

喷射型塔的特点是蒸汽以喷射状态斜向通入液层，使气液两相接触加强。主要有舌形塔、浮动舌形塔和浮动喷射塔等。

1. 舌形塔板

如图 1-18 所示，主要特点是在塔板上冲出一系列的舌孔，舌片与塔板呈一定倾角(一般为 20)，舌形尺寸一般为 25mm×25mm。另一个特点是塔板上不设溢流堰，但保留降液管。操作时，蒸汽以较大的速度通过舌孔喷出，将液体分散成液滴或流束，形成了很大的接触界面，并造成了流向的湍动，大大强化了传质过程。由于气流在水平方向的分速度推动着液体向降液管方向流动，因而加大了液体的处理量。没有溢流堰，板上的液层较薄，压力降减少。由于气流从倾斜方向喷出，气流中雾沫夹带减少，其分离效率高。舌形塔的优点是气液相的处理量都比较大，压强降小，一般只有泡罩塔的$\frac{1}{3}\sim\frac{1}{2}$，结构简单，金属耗用量小，在一定负荷范围内效率较高。缺点是操作弹性小，稳定性较差。

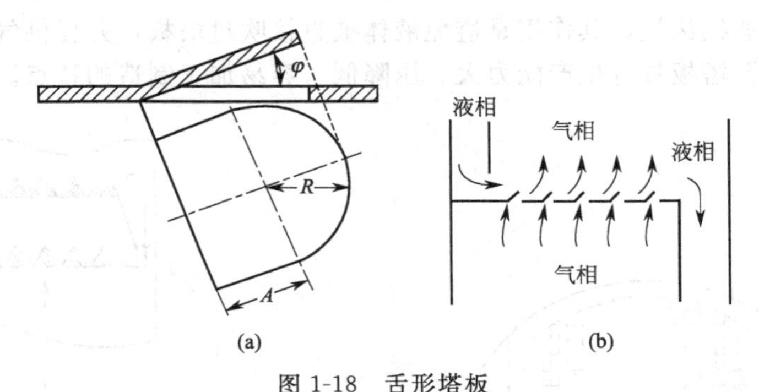

图 1-18　舌形塔板

2. 浮动舌形塔板

浮动舌形塔是将固定的舌形板改成可以浮动的舌片，如图 1-19 所示。浮动舌片的开启度可以随着气相负荷的变化进行自动调节，气相负荷较大时，浮舌全开，此时就相当于一个舌形塔；气相负荷较小时，它又可以随着舌片的浮动而自动调整气流通道的大小，又类似于浮阀塔。因而它兼有浮阀塔和喷射塔的优点。

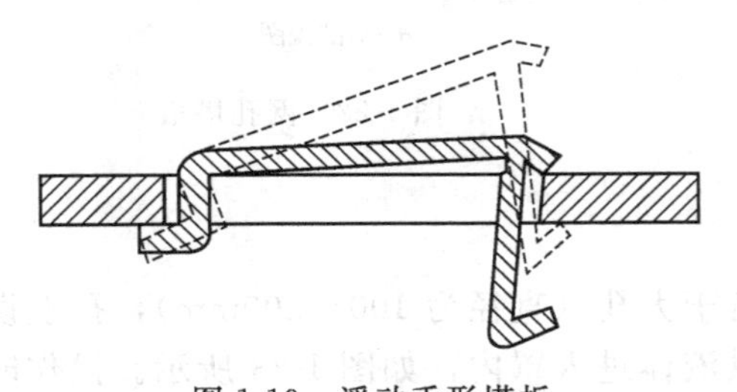

图 1-19　浮动舌形塔板

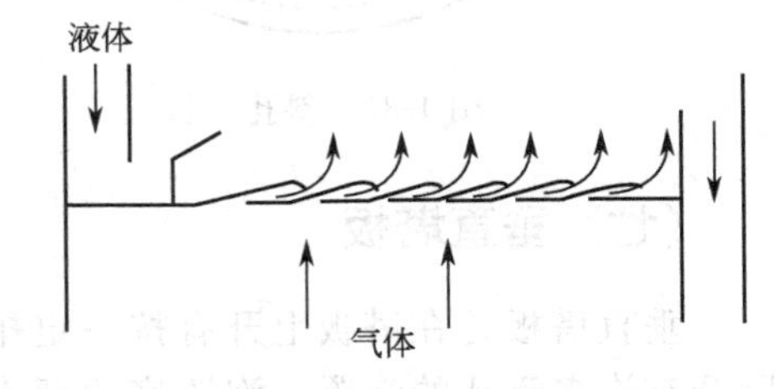

图 1-20　浮动喷射塔板

3. 浮动喷射塔板

浮动喷射塔也是综合了舌形塔和浮阀塔特点的新塔型。如图 1-20 所示。每层塔板上由一组组彼此平行的浮动板相互重叠组成，如同百叶窗一样。浮动板依靠两端的突出部分作支架，装在两条平行支架的三角形槽内，当气流通过时，浮动板以其后缘为支点可以转动一定角度，前缘上带有下弯的齿缝成 45°×5 的臂，以防止相邻板之间黏结或完全关闭。由上层板降液管流下来的液体，在百叶窗式浮动板上面流过，上升气流则沿浮动板间的缝隙喷出，喷出方向与液流方向一致。由于浮动板的张开程度能随上升蒸汽的流量而变化，使气流喷出速度保持在较高的适宜值，因而扩大了操作弹性范围。浮动喷射塔的优点是生产能力大，操作弹性大，压力降小，对不同物料适应性强等优点。其缺点是结构复杂，浮动板易磨损，各浮板易互相重叠，互相牵制。

（五）斜孔塔板

如图 1-21 所示，也是在舌形塔板上发展的塔板，舌孔的开口方向与液流垂直且相邻两排开孔方向相反，既保留了气体水平喷出，气液高度湍动的优点，又避免了液体连续加速，可维持板上均匀的低液面，从而既能获得大的生产能力，又能达到好的传质效果。

（六）网孔塔板

网孔塔板由冲有倾斜开孔的薄板制成，具有舌形塔板的优点，如图 1-22 所示。这种塔板上装有倾斜的挡沫板，其作用是避免液体被直接吹过塔板，并提供气、液分离和气、液接触的表面。网孔塔板具有生产能力大、压降低、容易加工制造的特点。

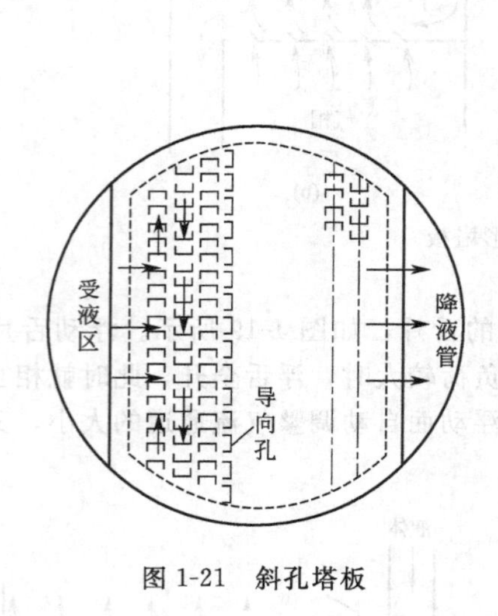

图 1-21　斜孔塔板

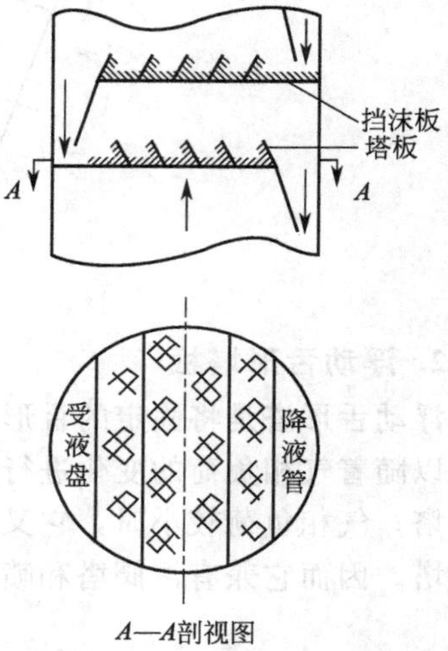

图 1-22　网孔塔板

（七）垂直塔板

垂直塔板是在塔板上开有按一定排列的若干大孔（直径为 100～200mm），孔上设置侧壁开有许多筛孔的泡罩，泡罩底边留有间隙供液体进入罩内，如图 1-23 所示。操作时，上

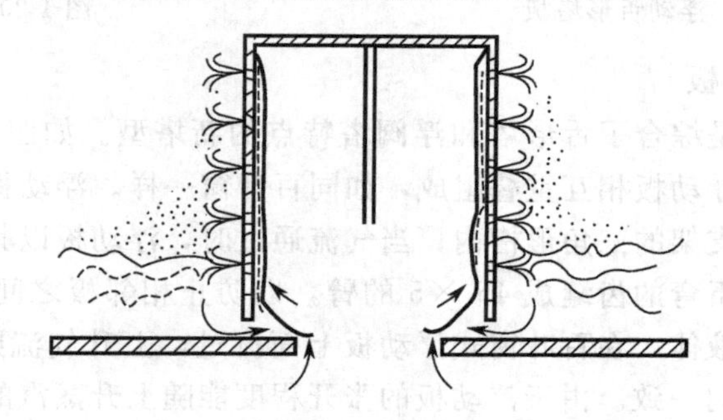

图 1-23　垂直塔板

升的气流将由泡罩底隙进入罩内的液体拉成液膜形成两相上升流动，经泡罩侧壁筛孔喷出后两相分离，即气体上升，液体落回塔板。液体从塔板入口流至降液管将多次经历上述过程。

三、溢流塔板结构

（一）溢流装置

板式塔的溢流装置包括溢流堰、降液管和受液盘等几部分，其结构和尺寸对塔的性能有着重要的影响。

降液管是塔板间流体流动的通道，也是使溢流液中所夹带的气体得以分离的场所。降液管有圆形与弓形两类。通常圆形降液管制造方便，但流通截面积较小，一般只用于小直径塔，对于直径较大的塔，常用弓形降液管。

受液盘有凹形和平形两种形式。对易聚合或含悬浮粒子的物系，为避免形成死角，应采用平形受液盘。采用平形受液盘时，为了减少降液管中液体的水平冲击力，可设进口堰。对于直径为 1m 以上的塔或液流量小而造成液封，或需抽出液体时，常用凹形受液盘。采用凹形受液盘时，可不设进口堰。

溢流方式与降液管的布置有关。常用的降液管布置方式有 U 形流、单溢流、双溢流及阶梯流等。见图 1-24。

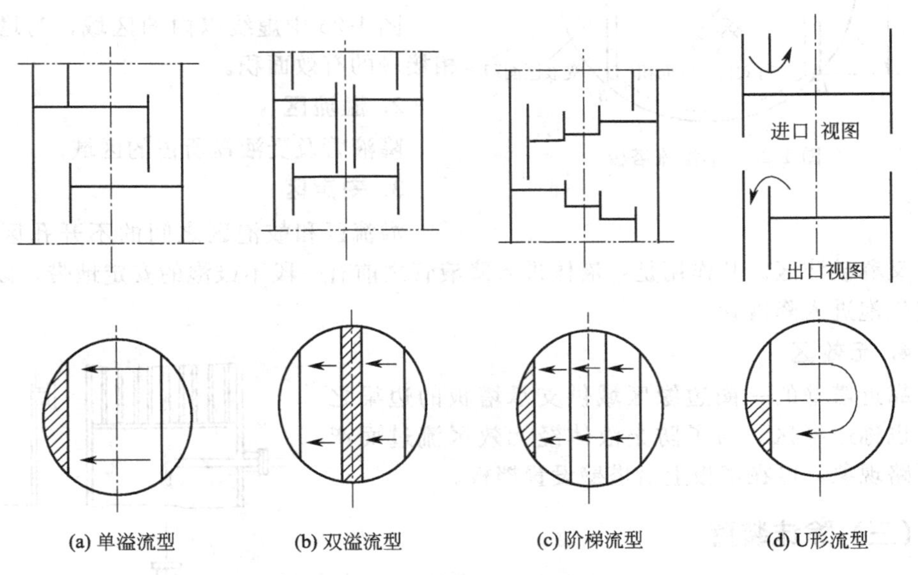

图 1-24　有溢流塔板上的溢流形式

1. U 形流

U 形流也称回转流，其结构是将弓形降液管用挡板隔成两半，一半作受液盘，另一半作降液管，降液和受液装置安排在同一侧。此种溢流方式液体流径长，可以提高板效率，只适用于小塔及液体流量小的场合。

2. 单溢流

单溢流又称直径流，液体自受液盘横向流过塔板至溢流堰，这种方式液体流径长，塔板效率高，塔板结构简单，加工方便，在<2.2m 的塔径中被广泛采用。

3. 双溢流

双溢流又称半径流，其结构是降液管交替设在塔截面的中部和两侧，来自上层塔板的液体分别从两侧的降液管进入塔板，横过半块塔板而进入中部降液管，到下层塔板则液体由中央向两侧流动。这种溢流方式液体流动的路程短，可降低液面落差，但塔板结构复杂，板面利用率低，一般用于直径大于 2m 的塔中。

4. 阶梯流

阶梯式双溢流的塔板做成阶梯形式，每一阶梯均有溢流。这种方式可在不缩短液体流径的情况下减少液面落差，结构最为复杂，只适用于塔径很大、液体流量很大的特殊场合。

(二) 塔板及布置

塔板有整块式和分块式两种，整块式即塔板为一整块，多用于直径小于 1m 的塔。当塔径较大时，整块式的塔板刚性差，安装检修不便，为便于通过人孔装拆塔板，故多采用由几块板合并而成的分块式塔板。

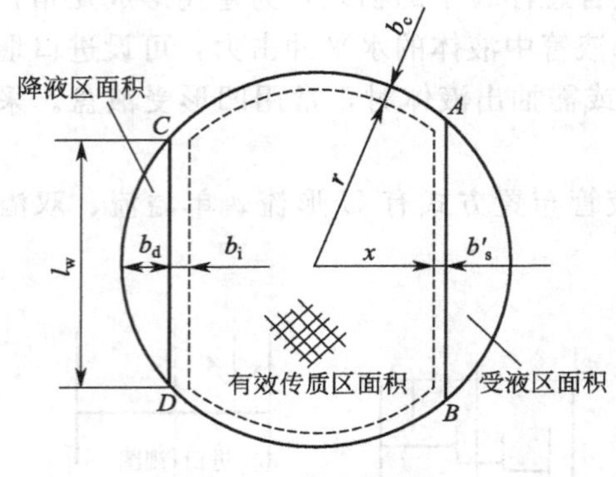

图 1-25　单溢流塔板

以单溢流塔板为例，塔板板面根据所起作用不同分为四个区域，如图 1-25 所示。

1. 鼓泡区

图 1-25 中虚线以内的区域，为塔板上气液两相接触的有效面积。

2. 溢流区

降液管及受液盘所占的区域。

3. 安定区

溢流区和鼓泡区之间的不开孔区域称为安定区，又称破沫区。其作用是在液体进入降液管之前有一段不鼓泡的安定地带，以免液体大量夹带气泡进入降液管。

4. 无效区

靠近塔壁的一圈边缘区域供支承塔板的边梁之用，也称边缘区。为了防止液体经无效区流过而产生短路现象，可在塔板上沿塔壁设置挡板。

(三) 除沫装置

在精馏设备中，通常在设备的顶部设有除沫装置，用于分离出口气中夹带的液沫和液滴，以提高产品质量，减少夹带损失。

除沫装置的结构形式较多，按材料分为板式、填料、丝网除沫器；按气体流动方式分为折流、旋流、离心除沫器；按安装形式分为立式、平放和斜放三种。

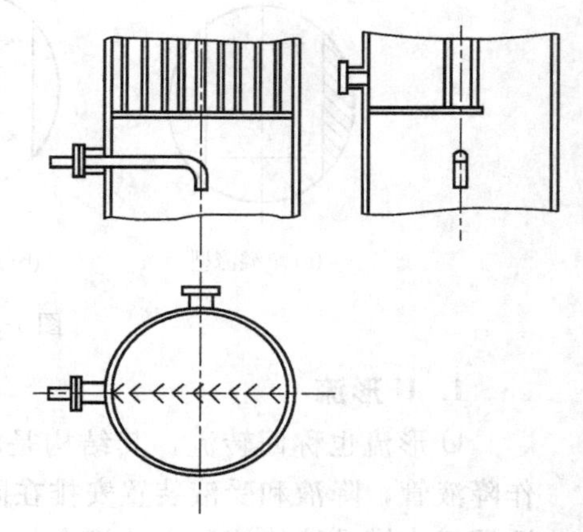

图 1-26　折流式除沫器

常用的除沫器有折流式除沫器、旋流板式除沫器、丝网除沫器。

1. 折流式除沫器

折流式除沫器是一种利用惯性使液滴得以分离的装置，其结构见图 1-26，其结构简单，除沫效率低，主要用于大液滴和要求不严格的分离场合，能除去 50μm 以上的液滴。

2. 旋流板式除沫器

该除沫器由几块固定的旋流板片组成，见图 1-27。气体通过旋流板时，产生旋转流动，造成了一个离心力场，液滴在离心力作用下，向塔壁运动，实现了气液分离。这种除沫器，效率较高，但压降稍大，适用于大塔径、净化要求高的场合。

3. 丝网除沫器

丝网除沫器是最常用的除沫器，由金属丝网卷成盘状使用，也是利用惯性使液滴得以分离的装置，其安装方式有多种，见图 1-28。气体通过除沫器的压降稍大，丝网除沫器的直径由气体通过丝网的最大气速决定。

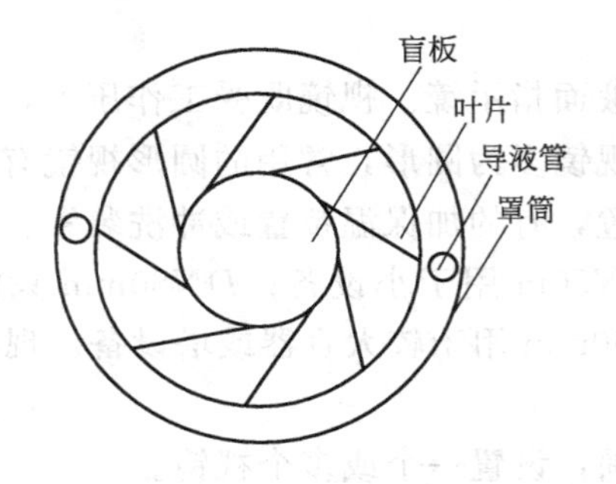

图 1-27 旋流板式除沫器

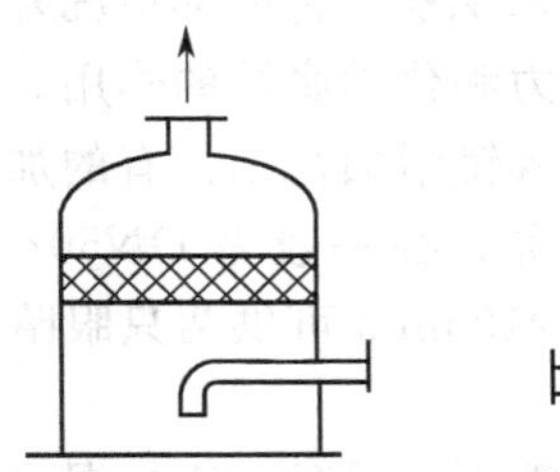

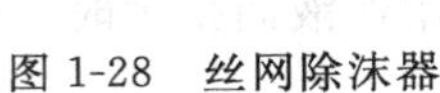

图 1-28 丝网除沫器

四、容器接管

化工容器的接管是连接容器与工艺管线的附件，还可以安装测量仪表，设置分析取样口等。

(一) 流体进出口接管

接管直径的大小，由输送流体的流量和管内常用流速确定。根据物料的流量、密度、黏度等选择安全适宜的流速，由流量和流速计算出所需的管径，根据管径的计算值，查管材手册确定管的规格。

接管的结构形式，根据不同用途而有所差异。液体进料管往往伸入容器内，以避免液体沿内壁流下；对易腐蚀或堵塞的流体应采用可拆卸结构；底部出料口要使液体毫无困难地排出，若有气体时，还需防止气体倒流，有时需装防涡流挡板等。

接管长度与接管连接方式有关，一般用途的接管一端焊上法兰，另一端焊接在设备上。接管长度为设备外壁至法兰密封面之间的距离，该距离的长度要便于上紧螺栓，要考虑设备保温层的厚度。位于靠近设备法兰的接管，应将接管伸长到设备法兰外，使设备法兰和接管法兰互不影响安装。对于倾斜接管，应按法兰最外缘与壳体外壁或保温层外壁之间的距离不少于 25mm 来决定接管长度。

(二) 仪表接口管

设备内部的压力或温度需要测量时，要慎重选择位置，测点位置要能真正反映设备内部的情况，同时要操作、维修方便。

1. 压力计接口管

压力计接口管一般都是带法兰的接管，并附带法兰盖。其接管较小，大多为 *DN*10～40mm。低压情况下，可采用刚性较好的 *DN*25mm 接管；中压以上多采用 *DN*10mm 的接管；在衬胶、衬铅设备上，或易堵塞的物系，就采用 *DN*40mm 的接管。

2. 温度计接口管

安装温度计时，可以用法兰连接固定，也可以用螺纹连接固定，视具体情况而定。

五、视镜或液位计

（一）视镜

视镜除用来观察设备内部情况外，也可用作液面指示镜。视镜既受工作压力，还要能承受高温、热应力和化学腐蚀的作用。压力容器的视镜多为圆形，常用的圆形视镜有带颈和不带颈的，有的视镜附加衬膜，有的加安全保护装置，有的加保温装置或冲洗装置。

视镜的公称直径一般为 *DN*50～150mm。*DN*50m 用于小设备；*DN*80mm 只能供一只眼睛窥视；*DN*125mm 可供两只眼睛窥视；*DN*150mm 用于较大容器或塔设备。现有视镜已标准化。

视镜用作液面指示时，应根据要求的指示范围，设置一个或多个视镜。

（二）液位计

液位计是用来观察设备内部液位变化的一种装置。一般塔设备底部需要控制液位起液封作用时可设液位计。

化工生产中常用的液位计，按结构形式可分为玻璃管液位计、玻璃板液位计、浮标液位计、浮子液位计、磁性浮子及防霜液位计等。塔设备内采用的是玻璃管的玻璃板液位计。

玻璃管液位计有反射式和透光式两种。反射式使气液之间有明显的界面，适用于稍有色泽的液体，且环境光线较好的场合；透光式又叫双平板式，适用于无色透明液体，要求有较好的观察位置及光线较好的场合，光线较差时可在背后加照明装置。这类液面计都可带加热或冷却装置，板式液面计的强度好，但制造麻烦，适用于高压或制造严格的场合。玻璃管液位计是一种直读式液位测量仪表，两端各装有一个针形阀，将液位计与设备隔开，以便清洗检修，更换零件，常用于低压设备。液位计玻璃管不得任意增长，否则会降低玻璃管的耐压能力。常用的玻璃管为 *DN*15～40mm。

液位计的选用应根据操作温度、压力、物系的性质、安装位置及环境条件等因素确定。玻璃管液位计与设备可采用法兰或螺纹连接，连接时要保证液位计的垂直与同心度，避免安装应力。

六、人孔与手孔

由于工艺过程和安装、检修的需要，在容器简体或封头上需要开孔和安装接管。在设备上允许开孔的尺寸也有一定的限制。

（一）人孔或手孔允许开孔的范围

在设备筒体上开孔的最大直径 d 不得超过以下数值：

（1）设备内径 $D\leqslant1500$mm 时，则 $d\leqslant D/2$，且 $d\leqslant500$mm；

（2）设备内径 $D>1500$mm 时，则 $d\leqslant D/3$，且 $d\leqslant1000$mm；

（3）在凸形封头和球壳上开孔的最大直径为 $d\leqslant D/2$。

（二）允许不另外补强的最大开孔直径

在筒体、球体和凸形封头上开孔时，满足下述要求时，可不进行补强。

（1）两相邻开孔中心的间距不小于两孔径之和的两倍；

（2）当壳体壁厚大于 12mm 时，接管公称直径$\leqslant$80mm；当壳体壁厚$\leqslant$12mm 时，按管公称直径$\leqslant$50mm。

（三）人孔与手孔的类型

在化工设备中，为了便于设备内部附件的安装、修理、防腐、检查和清洗，往往要开设人孔或手孔。

按压力可分为常压人孔与受压人孔；按形状分为圆形、椭圆形和矩形人孔；按法兰结构分为平焊法兰人孔与对焊法兰人孔；按开启难易分为一般人孔与快开人孔；按盖的结构分为平盖人孔与拱形盖人孔等。

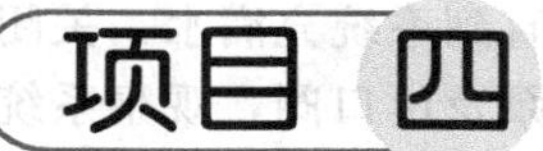

精馏塔的操作

一、精馏塔的开工准备

在精馏塔的装置安装完成后，需经历一系列投运准备工作后，才能开车投产。精馏塔在首次开工或改造后的装置开工，操作前必须做到设备检查、试压、吹（清）扫、冲洗、脱水及电气、仪表、公用工程处于备用状态，盲板拆装无误，然后才能转入化工投料阶段。

（一）设备检查

设备检查是依据技术规范、标准要求、检查每台设备安装部件。设备安装质量的好坏直接影响开工过程和开工后的正常运行。

1. 塔设备

塔设备的检查包括设备的检查和试验，分别在设备的制造、返修或验收时进行。通常用的检查法有磁粉探伤仪、渗透探伤法、超声波探伤法、X射线探伤法和 γ 射线探伤法。试验方法也有煤油试验、水压试验、气压试验和气密性试验。

首次运行的塔设备，必须逐层检查所有塔盘，确认安装正确，检查溢流口尺寸、堰高等，确保其符合要求。所有阀也要进行检查，确认清洁，例如浮阀要活动自如，舌型塔板、舌口要清洁无损坏。所有塔盘紧固件正确安装，能起到良好的紧固作用。所有分布器安装定位正确，分布孔畅通。每层塔板和降液管清洁无杂物。

所有设备检查工作完成后，马上安装人孔。

2. 机泵、空冷风机

机泵经过检修和仔细检查，可以备用；泵、冷却水畅通，润滑油加至规定位置，检查合格；空冷风机，润滑油或润滑脂按规定加好，空冷风机叶片调节灵活。

3. 换热器

换热器安装到位，试压合格，对于检修换热器，抽芯、清扫、疏通后，达到管束外表面清洁和管束畅通，保证开工后换热效果，换热器所有盲板拆除。

（二）试压

精馏塔设备本身在制造厂做过强度试验，到工厂安装就位后，为了检查设备焊缝的致密性和机械强度，在试用前要进行压力试验。一般使用清洁水做静液压试验。试压一般按设计图上的要求进行，如果设计无要求，则按系统的操作压力进行，若系统的操作压力在5×101.3kPa下，则试验压力为操作压力的1.5倍；若操作压力在5×101.3kPa以上，则试验压力为操作压力的1.25倍；若操作压力不到2×101.3kPa，则试验压力为2×101.3kPa即可。一般塔的最高部位和最低部位应各装一个压力表，塔设备上还应有压力记录仪表，可用于记录试验过程并长期保存。首先需关闭全部放空阀和排液阀，试压系统与其它部分连接管线上的阀门当然也关死。打开高位放空阀，向待试验系统注水，直到系统充满水，关闭所有放空阀和排液阀，利用试验泵将系统压力升至规定值。关闭试验泵及出口阀，观察系统压力应在1h内保持不变。试压结束后，打开系统排液阀放水，同时打开高位通气口，防止系统形成真空损坏设备。还应注意检验设备对水压的承受能力。静水试压以后，开工前还必须用空气、氮气或水蒸气对塔设备进行气体压力试验，以保证法兰等静密封点气密性，并检查静液压试验以后设备存在的泄漏点。加压完毕后，注意监测系统压力的下降速率，并对各法兰、人孔、焊口等处，用肥皂水等检查，观察有无鼓泡现象，有泡处即漏处。注意当检查出渗漏时，小漏大多可通过拧紧螺栓来消除，或对系统进行减压，针对缺陷进行修复。在加压试验时，发现问题，修理人员应事先了解试验介质的性质，像氮气对人有窒息作用，需做好相应的防范措施。同时也要注意超压的危险。用水蒸气试压就需注意水蒸气引入设备的注意点，注意防止系统停气后造成负压而损失设备。

对于减压精馏系统，一般可先按上述方法加压，因为加压时容易发现。随后再对系统抽真空，抽至正常操作真空度后关闭真空发生设备，监控压力的回升速率，判断是否达到要求。在抽真空试验前，应将设备中积液和残留水排除，否则在真空下汽化升压，影响判断。

（三）吹（清）扫

试压合格后，需对新配管及新配件进行吹扫等清洁工作，以免设备内的铁锈、焊渣等杂物对设备、管道、管件、仪表造成堵塞。

管线清扫一般从塔向外吹扫，首次将各管线与塔相连接处的阀门关死，将仪表管线拆除，接管处阀门关死，只将指示清扫所需的仪表保留。开始向塔内充以清扫用的空气或氮气，塔作为一个“气柜”，当达到一定压力后停止充气，接着对各连接管路逐根进行清扫。

清扫时需注意以下问题。

(1) 将管线中的调节阀和流量计等拆除，临时用短管代替。

(2) 管线中的清扫气速应足够大，才能有效地实现清扫，有人推荐气速为60m/s。

(3) 扫线时要防止塔压下降过快，塔都有一定的设计气速，过大的气速将引起过大的压降，过大的压降可能会造成塔板等变形。

(4) 仪表管线在物料和水、气等管线清扫完毕后，先将接口清扫，再接上仪表管进行清扫。

塔的清扫，一般用称为“加压和卸压”的方法，即通过多次重复对设备加压和卸压来实现清扫。开车前的清扫先用水蒸气，再用氮气清扫；在停车的清扫时，其水蒸气易产生静电而造成危险，故先吹氮气，再吹水蒸气。清扫排气应通过特设的清扫管；在进行塔的加压和卸压时，要注意控制压力的变化速度。清扫时需注意以下问题。

(1) 用于清扫的惰性气体的纯度，其中含氧或可燃物都是十分不利的。

(2) 清扫时，管路的阀门应打开，排液阀也打开，使排液阀和放空阀能排放，以防塔中存在未清扫到的死角。

(3) 用水蒸气清扫前，应将冷凝器和各换热器中积有的冷却水排掉，以节省水蒸气用量和清扫时间，一般情况下，水蒸气清扫时，当放空阀排放干气半小时左右，可认为此清扫已完成。

(4) 当塔中有水会发生严重腐蚀的场合，应避免水蒸气清扫。

(5) 向塔内吹扫时应打开塔顶、塔底放空，缓慢给气，防止冲翻塔盘。

(6) 注意安全，防止烫伤或杂物飞溅伤人。

(四) 盲板

盲板是用于管线、设备间相互隔离的一种装置。塔停车期间，为了防止物料经连接管线漏入塔中而造成危险，一般在清扫后于各连接管线上加装盲板。在试运行和开车前，这些加装的盲板又需拆除。有时试运行仅在流程部分范围内进行，为防止试运行物料漏入其余部分，在与试运行部分相连的管线上也需加装盲板，全流程开车之前再拆除。还有那些专用的冲洗水蒸气、水等管线，在正常操作时塔中不能有水或塔中物料漏入，若有漏入则这种管线将会出现危险，在塔开车前对这些管线则需加上盲板，在清扫或试运行中用到它们时则又需拆除这些盲板。总之，在该杜绝连接管线与设备之间的物流流动时，不能依靠阀门关闭来完成，因为很可能阀有渗漏，这时需加装盲板；当要恢复物流流动时，又应拆除盲板。在实际操作时，可以利用醒目的彩色油漆或盲板标记牌帮助提醒已安装的盲板位置。

(五) 塔的水冲洗、水联运

1. 水冲洗

塔的冲洗主要用来清除塔中污垢、泥浆、腐蚀物等固体物质，也有用于塔的冷却或为入塔检修而冲洗的。在塔的停车阶段，往往利用轻组分产物来冲洗，例如催化裂化分馏系统的分馏塔，其进料中含有少量催化剂粉末，随塔底油浆排出塔外。冲洗液大多数情况下用水，有的需用专用清洗液。

装置吹扫试压工作已完成，设备、管道、仪表达到生产要求；装置排水系统通畅，应拆法兰、调节阀、仪表等均已拆完；应加的盲板均已加好；与冲洗管道连接的蒸汽、风、瓦斯等与系统有关的阀门关闭。有关放空阀都打开，没有放空阀的系统拆开法兰以便排水。

一般从泵入口引入新鲜水，经塔顶进入塔内，当水位到达后，最高水位为最上抽出口(也可将最上一个人孔打开以限水位)，自上而下逐条管线由塔内向塔外进行冲洗，并在设备进出口、调节阀处及流程末端放水。必须经过的设备如换热器、机泵、容器等，应打开入口放空阀或拆开入口法兰排水冲洗，待水干净后再引入设备。冲洗应严格按流程冲洗，冲洗干净一段流程或设备，才能进入下一段流程或设备。冲洗过程尽量利用系统建立冲洗循环，以节约用水，在滤网持续12h保持清洁时，可判断冲洗已完成。需要注意的问题如下。

(1) 在对塔进行冲洗前，应尽量排除塔中的酸碱残液。

(2) 冲洗水需不含泥沙和固体杂物。

(3) 冲洗液不会对设备有腐蚀作用。

(4) 仪表引线在工艺管道冲洗干净后才能引水冲洗。

(5) 在冲洗连接塔设备的管线以前，安装法兰连接短管和折流板，这种办法能够防止异物冲洗进塔。

(6) 冲洗水的水管系统应先用水高速循环冲洗，以除去管壁上的腐蚀物、水垢等杂物，当冲洗泥浆、固体沉淀等堵塞物时，宜从塔顶蒸气出口管处向塔中冲洗，使固体杂物从上冲向下由塔底排出，当塔壁上黏着铁锈、固体沉淀等物时，应注意反复冲洗，直至冲洗掉为止。

(7) 当处理有害物系的塔停车时，为了塔的检修必须进行冲洗时，注意冲洗彻底，不能有未冲洗到的死区，所有的阀门、排液口全部打开。

(8) 冲洗液在冲洗完成后一般要彻底清除。

2. 水联运

水联运主要是为了暴露工艺、设备缺陷及问题，对设备的管道进行水压试验，打通流程，考察机泵、测量仪表和调节仪表性能。

水冲洗完毕，孔板、调节阀、法兰等安装好，泵入口过滤器清洗干净重新安装好，塔顶放空打开，改好水联运流程，关闭设备安全阀前闸阀，关闭气压机出入口阀及气封阀、排液阀。从泵入口处引入新鲜水，经塔顶冷回流线进入塔内，试运过程中对塔、管道进行详细检查，无水珠、水雾、水流出为合格；机泵连续运转8h小时以上，检查轴承温度、振动情况，运行平稳无杂声为合格；仪表尽量投用，调节阀经常活动，有卡住现象及时处理；水联运要达2次以上，每次运行完毕都要打开低点排液阀把水排净，清理泵入口过滤器，加水再次联运；水联运完毕后，放净存水，拆除泵入口过滤网，用压缩空气吹净存水。还应注意控制好泵出口阀门开度，防止电流超负荷烧坏电机。严禁水窜入余热锅炉体、加热炉体、冷热催化剂罐、蒸汽、风、瓦斯及反应再生系统。

(六) 脱水操作 (干燥)

对于低温操作的精馏塔，塔中有水会影响产品质量，造成设备腐蚀，低温下水结冰还可造成堵塞，产生固体水合物，或由于高温塔中水存在会引起压力大的波动，因此需在开车前进行脱水操作。

1. 液体循环

液体循环可分为热循环和冷循环，所用液体可以是系统加工处理的物料，也可以是水。在进行水循环时要求各管线系统尽可能参与循环，有水经过的仪表要尽可能启动，并进行调试，为了防冻，必要时可加热升温。水循环结束后要彻底排净设备中的积水，对于机泵应打开底部旋塞排水，或者用风吹干。

2. 全回流脱水

应用于与水不互溶的物料，它可以是正式运行的物料，也可以是特选的试验物料，随后再改为正式生产中物料，最好其沸点比水高。水汽蒸到塔顶经冷凝器冷凝到回流罐，水从回流罐的最低位处的排液阀排走。

3. 热气体吹扫

用热气体吹扫将管线或设备中某些部位的积水吹走，从排液阀排出。开始时排液阀开放，当连续吹出热气体时关闭，随后周期性地开启排放。热气体吹扫除水速率快，但很难彻底清除。

4. 干燥气体吹扫

靠干燥气体带走塔内汽化的水分。该方法一般用于低温塔的脱水，并在装置中有产生干燥气体的设备。为了加快脱水，干燥气体温度应尽量高些，吹扫气体循环的方法可以是开环的，也可以是闭环的。

5. 吸水性溶剂循环

应用乙二醇、丙醇等一类吸湿性溶剂在塔系统中循环，吸取水分，达到脱水的目的。此法费用较高。

（七）置换

在工业生产中，被分离的物质绝大部分为有机物，它们具有易燃、易爆的性质，在正式生产前，如果不驱除设备内的空气，就容易与有机物形成爆炸混合物。因此，先用氮气将系统内的空气置换出去，使系统内含氧量达到安全规定（0.2%）以下，即对精馏塔及附属设备、管道、管件、仪表凡能连通的都连在一起，再从一处或几处向里充氮气，充到指定压力，关氮气阀，排掉系统内空气，再重新充气，反复3～5次，直到分析结果含氧量合格为止。

（八）电、仪表、公用工程

（1）电气动力　新安装（或检修后）电机试车完成，电缆绝缘、电机转向、轴承润滑、过流保护、与主机匹配等均要符合要求。新鲜水、蒸汽等引进装置正常运行，蒸汽管线各疏水器正常运行，工业风、仪表风、氮气等引进装置正常运行。

（2）仪表　仪表调校对每台、每件、每个参数都重要，所有调节阀经过调试，全程动作灵活，动作方向正确。热电偶经过校验检查，测量偏差在规定范围内，流量、压力和液位测量单元检测正常。其中特别要注意塔压力、塔釜温、回流、塔釜液面等调节阀阀位核对尤为重要，设料前全部仪表处于备用状态。

（3）公用工程　精馏塔所涉及的公用工程主要是冷却剂、加热剂，冷却水可以循环使用，加热剂接到再沸器调节阀前备用。

所有的消防、灭火器材均配备到位，所有的安全阀处于投运状态，各种安全设备备好待用。

二、精馏塔的开停车操作

（一）精馏塔的开车

一般包括下列步骤。

（1）制订出合理的开车步骤、时间表和必需的预防措施，准备好必要的原材料和水、电、汽供应，配备好人员编制，并完成相应的培训工作等，编妥有关的操作手册、操作记录表格。

（2）完成相关的开车准备工作，此时塔的结构必须符合设计要求，塔中整洁，无固体杂物，无堵塞，并清除了一切不应存在的物质，例如塔中含氧量和水分含量需符合要求，机泵和仪表调试正常，安全设施已调试好。

（3）对塔进行加压或减压，达到正常操作压力。

（4）对塔进行加热或冷却，使其接近操作温度。

（5）向塔中加入原料。

（6）开启再沸器和各加热器的热源，开启塔顶冷凝器和各冷却器的冷源。

（7）对塔的操作条件和参数逐步调整，使塔的负荷、产品质量逐步又尽快地达到正常操作值，转入正常操作。

对于停车后的开车，一般是指检修后的开车，需检查各设备、管道、阀门、各取样点、电气及仪表等是否完好正常；然后对系统进行吹扫、冲洗、试压及对系统置换，一切正常合格后，按开车操作步骤进行。

精馏塔开车时，进料要平稳。当塔釜中见到液位后，开始通入加热蒸汽使塔釜升温，同时开启塔顶冷凝器的冷却水。升温一定要缓慢，因为这时塔的上部分开始还是空的，没有回流，塔板上没有液体，如果蒸汽上升太快，没有气、液接触，就可能把过量的难挥发组分带到塔顶，塔顶产品很长时间会达不到要求，造成开车时间过长，要逐渐将釜温升到工艺指标。随着塔内压力的升高，应当开启塔顶通气口，排除塔内空气或惰性气体，进行压力调节。等到回流液槽中的液面达到1/2以上，就开始回流，并保持回流液槽中的液面。当塔釜液面维持1/2～2/3时，可停止进料，进行全回流操作。同时对塔顶、塔釜产品进行分析，待达到预定的分离要求，就可以逐渐加料，从塔顶和塔釜采出馏出液和釜残液，调节回流量，选择适宜的回流比，调节好加热蒸汽量，使塔的操作在一平衡状态下稳定而正常地进行，即可转入正常的生产。

（二）精馏塔的停车

一般步骤如下。

（1）制定一个降负荷计划，逐步降低塔的负荷，相应地减少加热剂和冷却剂用量，直至完全停止；如果塔中通有直接蒸汽，为避免塔板漏液，漏出些合格产品，降负荷时也可先适当增加些直接蒸汽量。

（2）停止加料。

（3）排放塔中残液。

（4）实施塔的降压或升压、降温或加温，用惰性气体清扫或水冲洗等，使塔接近常温常压，打开人孔通大气，为检修做好准备。

紧急停车：生产中一些想象不到的特殊情况下的停车称为紧急停车。如某些设备损坏、某部分电气设备的电源发生故障、某一个或多个仪表失灵等，都会造成生产装置的紧急停车。发生紧急停车时，首先停止加料，调节塔釜加热蒸汽和凝液采出量，使操作处于待生产的状态，及时抢修、排除故障，待停车原因消除后，按开车的程序恢复生产。

全面紧急停车：当生产过程中突然发生停电、停水、停汽或发生重大事故时，则要全面紧急停车。这种停车操作者事前是不知道的，一定要尽力保护好设备，防止事故的发生和扩大。有些自动化程度较高的生产装置，在车间内备有紧急停车按钮，当发生紧急停车时，应以最快的速度按下此按钮。

三、精馏的操作与调节

精馏塔要正常而稳定地连续操作，应维持一定的平衡关系，即物料平衡、气-液平衡和热量平衡等，尤其是一些参数的调节。

(一) 压力

精馏塔的压力是最主要的因素之一。塔压的波动会影响到塔内的气-液平衡和物料平衡，进而影响操作的稳定和产品的质量。稳定塔压力是操作的基础，塔压稳定，与此相应的参数调整到位后，精馏塔的操作就正常了。

对于常压塔，只要在塔顶（一般在冷凝器出口），塔内压力等于大气压，不需另设控制回路；对于大多数加压塔和减压塔，常取温度作被控变量，设置塔压控制。

1. 塔压的扰动

由于塔的热量平衡受到干扰，例如供热量增加，会使塔压上升；不凝性气体的积累，压力也将上升。采出量少，塔压升高；反之，采出量大，塔压降低。设备问题也会引起塔压变化。

2. 塔压的控制

(1) 调节冷凝器

① 改变冷却水用量　调节冷凝器的冷却器流量可以控制塔压，取冷却剂流量作为操纵变量，它是塔压控制的基本控制方案。一般使用冷却水作为冷却剂。

② 改变冷凝的传热面积　对于生产液体产品的全凝器，这是一种最通用的方法。调节冷凝器排出的冷凝液量，可直接或间接地改变冷凝器浸没区域。例如，当冷凝器排出的冷凝液流量减小时，可增大冷凝器中浸没的区域，使暴露在蒸汽中进行冷凝传热的面积减小，从而减小了冷凝速率，使塔压升高。

③ 采用热气体旁路　通过改变冷凝器旁路的热气体量来控制塔压。当冷却剂采用空气的空冷器时，因空气量一般不作调节，这种方案成为空冷器控制塔压的最常用的控制方式。

(2) 调节气相出料的比例控制塔压

当产品是气相时，可采用此方案控制塔压。

① 改变产品流量（加压塔）　当塔内有蒸汽产品时，最简单又直接的方法是压力控制器直接调节蒸汽产品流量，从而控制了塔压。有时也可增加气相产品流量副回路，并和塔压控制构成串级控制，会有更好的效果。

② 改变蒸汽量（减压塔）　对于减压精馏塔可利用压力控制器来改变流向喷射泵的蒸汽量来达到控制压力的目的。

(3) 具有气、液两相产品时塔压的控制

当进料中存在不凝性组分时，采用全凝器生产液相产品时，不凝性气体会在塔内积聚，使塔压不断升高。当不冷凝气体量较少时，可在冷凝器出口处直接排放；当不凝性气体含量大时，可把它看成气相出料来处理，这时必须增加一个被控变量冷凝液温度，其目的是适当分割气相产品，测量点应尽量接近冷凝器。塔压和冷凝温度可分别用冷却剂流量和气相出料来控制。

（二）温度

在一定的压力下，被分离混合物的汽化程度取决于温度。塔釜温度是由塔釜再沸器的蒸汽量来控制；塔顶温度则随进料量、进料组成等的变化而变化，也随操作压力和塔釜温度变化而变化。

1. 精馏塔提馏段的温度控制

采用以提馏段温度作为衡量质量指标的间接变量，以改变加热量作为控制手段的方案，就称为提馏段温度控制。有五个辅助控制回路，分别列举如下。

（1）塔釜的液位控制回路　通过改变塔底采出量的流量，实现塔釜的液位定值控制。

（2）回流罐的液位控制回路　通过改变塔顶馏出物的流量，实现回流罐液位的定值控制。

（3）塔顶压力控制回路　通过控制冷凝器的冷剂量维持塔压的恒定。

（4）回流量控制回路　对塔顶的回流量进行定值控制，设计时应使回流量足够大，即使在塔的负荷最大时，也能使塔顶产品的质量符合要求。

（5）进料量控制回路　对进塔物料的流量进行定值控制，若进料量不可控，可采用均匀控制系统。

2. 精馏塔精馏段的温度控制

采用以精馏段温度作为衡量质量指标的间接变量，以改变回流量作为控制手段的方案，就称为精馏段温度控制。该方案也有五个辅助控制回路。

对进料量、塔压、塔底采出量与塔顶馏出液的四个控制方案和提馏段温控方案基本相同；不同的是对再沸器加热蒸汽流量进行了定值控制，且要求有足够的蒸汽量供应，以使精馏塔在最大负荷时仍能保证塔顶产品符合规定的质量指标。

3. 灵敏板的温度控制

所谓灵敏板，就是当塔的操作受干扰或控制作用后，塔内各板的浓度都将发生变化，温度也将同时变化，但变化程度各板是不相同的，当达到新的稳态后，温度变化最大的那块板被称为灵敏板。灵敏板的位置可以通过静态模型逐板仿真计算。粗看起来，塔顶或塔底的温度似乎最能代表塔顶或塔底产品的质量，其实当分离的产品较纯时，在邻近塔顶或塔底的各板之间，温度差已经很小，产品质量可能已超出容许范围。因此，对温度检测仪表的灵敏度和控制精度都提出了很高的要求，但实际上却很难满足。为了解决这个问题，通常在提馏段或精馏段中，选择灵敏度较高的板（又称灵敏板）上温度作为产品的质量指标。

（三）平衡控制

1. 物料平衡控制

（1）直接物料平衡控制　操纵 D 或 W，而 V 固定不变的控制称为直接物料平衡控制。控制器直接控制一股产品物流，另一股产品物流则由液位或压力控制。成分控制的是馏出量的称为精馏段直接物料平衡控制；成分控制的是塔底采出量的称为提馏段直接物料平衡控制。例如，回流过冷突然增大（暴风雨冷却了回流罐），则塔压下降，压力控制器将减少冷凝速率，储罐液位将下降，从而通过液位控制器使回流减少。就维持了塔的正常操作。需要注意的是，气、液两相接触和质量交换是在塔内各塔板上进行的，调整 D 或 W 的流量并不能立即影响到塔内，只有在 D 或 W 的变化影响了塔釜或储罐液位时，才会调整载热体流量，从而影响上升蒸气量或回流液量，使塔内的情况发生变化。如果液位响应不快或液位控制回路的响应不迅速，塔内的物料平衡关系不能迅速有所调整，整个控制方案就不能奏效。

（2）间接物料平衡控制　操纵 V 而 L 固定不变的控制称为间接物料平衡控制。间接物料平衡控制时，成分控制器不是直接调节产品流量，而是用回流量、蒸发量或冷凝速率作用操纵变量，产品流量由液位或压力来控制。物料平衡的调整是通过液位或压力间接实现的。

2. 能量平衡控制

由能量平衡的变化控制产品成分。操纵 V 而 W 或 D 固定不变的控制称为能量平衡控制。例如，原料液中轻组分浓度升高，塔底部温度将下降，温度控制器将增大蒸发量以使温度上升，于是塔压升高，压力控制器增大冷凝速率，储罐液位上升，液位控制器使流入塔内的回流增加。这样又引起控制板温度的下降，再增大蒸发量，即物料平衡变化与控制相互影响。如此继续直到回流和蒸发量升高后的综合效应，使控制板上温度升高，而保持原控制点温度为止。同时在整个调整过程中系统中的轻组分会产生积累，这将引起回流和蒸发量的进一步加大，此时操作人员将人工干预放出更多的产品，制止回流和蒸发量的上升，就形成半连续方式操作。

四、精馏的操作故障及处理

精馏操作中，常见操作故障及处理方法归纳于表 1-19 中。

表 1-19　精馏操作中常见操作故障及处理方法

异常现象	原　因	处 理 方 法
液泛	①负荷高 ②液体下降不畅，降液管局部被污垢物堵塞 ③加热过猛，釜温突然升高 ④回流比大 ⑤塔板及其它流道冻结堵塞	①调整负荷 ②加热 ③调加料量，降釜温 ④降回流，加大采出 ⑤注入适量解冻剂
釜温及压力不稳	①蒸汽压力不稳 ②疏水器不畅通 ③加热器漏液	①调整蒸汽压力至稳定 ②检查疏水器 ③停车检查漏液处
釜温突然下降而提不起温度	①疏水器失灵 ②回水阀未开 ③再沸器内冷凝液未排除，蒸汽加不进去 ④再沸器内水不溶物多 ⑤循环管堵塞，列管堵塞 ⑥排水阻气阀失灵 ⑦塔板堵塞，液体回不到塔釜	①检查疏水器 ②打开回水阀 ③吹凝液 ④清理再沸器 ⑤通循环管，通列管 ⑥检查阀 ⑦停车检查情况
塔顶温度不稳定	①釜温太高 ②回流液温度不稳 ③回流管不畅通 ④操作压力波动 ⑤回流比小	①调节釜温至规定值 ②检查冷凝液温度和用量 ③疏通回流管 ④稳定操作压力 ⑤调节回流比

续表

异常现象	原因	处理方法
系统压力增高	①冷凝液温度高或冷凝液量少 ②采出量少 ③塔釜温度突然上升 ④设备有损或有堵塞	①检查冷凝液温度和用量 ②增大采出量 ③调节加热蒸汽 ④检查设备
塔釜液面不稳定	①塔釜排出量不稳定 ②塔釜温度不稳定 ③加料成分有变化	①稳定釜液排出量 ②稳定釜温 ③稳定加料成分
加热故障	①加热剂的压力低 ②加热剂中含有不凝性气体 ③加热剂中的冷凝液排出不畅 ④再沸器泄漏 ⑤再沸器的液面不稳(过高或过低) ⑥再沸器堵塞 ⑦再沸器的循环量不足	①调整加热剂的压力 ②排除加热剂中含有的不凝性气体 ③排除加热剂中排出不畅的冷凝液 ④检查再沸器 ⑤调整再沸器的液面 ⑥疏通再沸器 ⑦调整再沸器的循环量
泵的流量不正常	①过滤器堵塞 ②液面太低 ③出口阀开得过小 ④轻组分太多	①清洁过滤器 ②调整液位 ③打开阀门 ④控制轻组分量
塔压差增高	①负荷升高 ②回流量不稳 ③冻塔或堵塞 ④液泛	①减负荷 ②调节回流比 ③解冻或疏通 ④按液泛情况处理
夹带	①气速太大 ②塔板间距过小 ③液体在降液管内的停留时间过长 ④破沫区不当	①调节气速 ②调整板间距 ③调整液体在降液管内的停留时间 ④调整破沫区的大小
漏液	①气速太小 ②气流的不均匀分布 ③液面有落差 ④人孔和管口等连接处焊缝有裂纹、腐蚀、松动 ⑤气体密封圈不牢固或腐蚀	①调节气速 ②调节流体阻力的结构均匀 ③减少液面落差 ④保证焊缝质量、采取防腐措施,重新固定拧紧、修复或更换 ⑤更换密封圈
污染	①灰尘、锈迹、污垢沉积 ②反应生成物、腐蚀生成物积存于塔内	①进料塔板和降液管之间要留有一定的间隙,以防积垢 ②停工时彻底清理塔板
腐蚀	①高温腐蚀 ②磨损腐蚀 ③高温、腐蚀性介质引起设备焊缝处产生裂纹和腐蚀	①严格控制操作温度 ②定期进行腐蚀检查和测量壁厚 ③流体内加入防腐剂,器壁包括衬里涂防腐层

五、精馏塔的日常维护和检修

1. 精馏塔的日常维护

为了确保塔设备安全稳定运行，必须做好日常检查，并记录检查结果，以作为定期停车检查、检修的依据。日常维护和检查内容有：原料、成品及回流液的流量、温度、纯度、公用工程流体（如水蒸气、冷却水、压缩空气等）的流量、温度及压力，塔顶、塔底等处的压力及塔的压力降，塔底的温度，安全装置、压力表、温度计、液面计等仪表，保温、保冷材料，检查联结部位有无松动的情况，检查紧固面处有无漏泄，必要时采取增加夹紧力等措施。

2. 精馏塔的停车检修

塔设备在一般情况下，每年定期停车检查1～2次，将设备打开，对其内构件及壳体上大的损坏进行检查、检修。通常停车检查项目有：检查塔盘水平度、支持件、连接件的腐蚀、松动等情况，必要时取出塔外进行清洗或更换；检查塔底腐蚀、变形及各部位焊缝的情况，对塔壁、封头、进料口处筒体、出入口接管等处进行超声波探伤仪探测，判断设备的使用寿命；全面检查安全阀、压力表、液面计有无发生堵塞现象，是否在规定的压力下动作，必要时重新进行调整和校验；检查塔板的磨损和破坏情况；如在运行中发现异常振动现象，停车检查时一定要查明原因，并妥善处理。应当注意的是，为防止垫片和紧固用配件之类的损坏和遗失，有必要准备一些备用品；当从板式塔内拆出塔板时，应将塔板一一做上标记，这样在复原时就不至于装错。

六、精馏塔的节能

由于精馏工艺和操作比较复杂，干扰影响因素较多，在一般塔的操作中，通常为了获得合格的产品，大多数都是以牺牲过多的能量进行“过分离”操作，换取在一个较宽的操作范围内获得合格的产品，这就使精馏塔消耗能量过大。在精馏塔中涉及的能量有：再沸器的加热量、料液带进的热量、塔顶产品带出去的热量、塔顶冷凝器中的冷却量、塔底产品带出去的热量。精馏过程的主要能量损失是流体阻力、不同温度的流体间的传热和混合及不同浓度的流体间的传质与混合。精馏塔的节能就是如何回收带出去的热量和减少精馏塔的能量损失。

近年来，人们对精馏过程节能问题进行了大量的研究，大致可归纳为两大类：一是通过改进工艺设备达到节能；二是通过合理操作与改进精馏塔的控制方案达到节能。

(一) 预热进料

精馏塔的馏出液、侧线馏分和塔釜液在其相应组成的沸点下由塔内采出，作为产品或排出液，但在送往后道工序使用、产品储存或排弃处理之前常常需要冷却，利用这些液体所放热量对进料或其它工艺流程进行预热，是最简单的节能方法之一。

(二) 塔釜液余热的利用

塔釜液的余热除了可以直接利用其显热预热进料外，还可将塔釜液的显热变为潜热来利用。例如，将塔釜液送入减压罐，利用蒸汽喷射泵，把一部分塔釜液变为蒸汽以作它用。

(三) 塔顶蒸汽的余热回收利用

塔顶蒸汽的冷凝热从量上讲是比较大的，通常用以下几种方法回收。

(1) 直接热利用　在高温精馏、加压精馏中，用蒸汽发生器代替冷凝器塔顶蒸汽冷凝，可以得到低压蒸汽，作为其它热源。

(2) 余热制冷　采用吸收式制冷装置产生冷量，通常能产生高于0℃的量。

(3) 余热发电　用塔顶余热产生低压蒸汽驱动透平发电。

(四) 热泵精馏

热泵精馏类似于热泵蒸汽，就是将塔顶蒸汽加压升温，再作为塔底再沸器的热源，回收其冷凝潜热。这种称为热泵精馏的操作虽然能节约能源，但是以消耗机械能来达到的，未能得到广泛采用。目前热泵精馏只用于沸点相近的组分的分离，其塔顶和塔底温差不大。

(五) 增设中间冷凝器和中间再沸器

在没有中间冷凝器和中间再沸器的塔中，塔所需的全部再沸热量均从塔底再沸器输入，塔所需移去的所有冷凝热量均从塔顶冷凝器输出。但实际上塔的总热负荷不一定非得从塔底再沸器输入，从塔顶冷凝器输出，采用中间再沸器方式把再沸器加热量分配到塔底和塔中间段，采用中间冷凝器把冷凝器热负荷分配到塔顶和塔的中间段，这就是节能的措施。

此外，在精馏塔的操作中，还可以通过多效精馏和减小回流比等方式来达到节能的目的，这里就不再叙述。

七、精馏操作的安全技术

化工生产具有易燃、易爆、易中毒、高温、高压、有腐蚀性等特点，生产工艺复杂多样，生产过程中潜在的不安全因素很多，危险性很大，因此对安全生产的要求很严格。

(一) 生产安全技术

就蒸馏操作来说，应注意以下几点。

1. 常压操作

(1) 正确选择再沸器　蒸馏操作一般不采用明火作为热源，采用水蒸气或过热蒸汽等较为安全。

(2) 注意防腐和密闭　为了防止易燃液体或蒸汽泄漏，引起火灾爆炸，应保持系统的密闭性。对于蒸馏具有腐蚀性的液体，应防止塔壁、塔板等被腐蚀，以免泄漏。

(3) 防止冷却水进入塔内　对于高温蒸馏系统，一定要防止塔顶冷凝器的冷却水突然漏入蒸馏塔内，否则水会汽化导致塔压增加而发生冲料，甚至引起火灾爆炸。

(4) 防止堵塔　防止因液体所含高沸物或聚合物凝结造成堵塞，使塔压升高引起爆炸。

(5) 防止塔顶冷凝　塔顶冷凝器中的冷却水不能中断，否则，未凝易燃蒸汽逸出可能引起爆炸。

2. 减压操作

(1) 保证系统密闭　在减压操作中，系统的密闭性十分重要，蒸馏过程中，一旦吸入空气，很容易引起燃烧爆炸事故。因此，真空泵一定要安装单向阀，防止突然停泵造成空气倒吸进入塔内。

(2) 保证开车安全　减压操作开车时，应先开真空泵，然后开塔顶冷却水，最后开再沸蒸气。否则，液体会被吸入真空泵，可能引起冲料，引起爆炸。

(3) 保证停车安全　减压操作停车时，应先冷却，然后通入氮气吹扫置换，再停真空泵。若先停真空泵，空气将吸入高温蒸馏塔，引起燃烧爆炸。

3. 加压操作

(1) 保证系统密闭　加压操作中，气体或蒸汽容易向外泄漏，引起火灾、中毒和爆炸等事故。设备必须保证很好的密闭性。

(2) 严格控制压力和温度　由于加压蒸馏处理的液体沸点都比较低，危险性很大，因此，为了防止冲料等事故发生，必须严格控制蒸馏的压力和温度。并应安装安全阀。

（二）开车与停车安全技术

生产装置的开车过程，是保证装置正常运行的关键，为保证开车成功，必须遵循以下安全制度。

1. 开车安全技术

（1）生产辅助部门和公用工程部门在开车前必须符合开车要求，投料前要严格检查各种泵、材料及公用工程的供应是否齐备、合格。

（2）开车前严格检查阀门开闭情况、盲板抽加情况，要保证装置流程通畅。

（3）开车前要严格检查各种机电设备及电器仪表等，保证处于完好状态。

（4）开车前要检查落实安全、消防措施完好，保证开车过程中的通信联络畅通，危险性较大的生产装置及过程开车，应通知安全、消防等相关部门到现场。

（5）开车过程中各岗位要严格按开车方案的步骤进行操作，要严格遵守升降温、升降压、投料等速率与幅度要求。

（6）开车过程中应停止一切不相关作业和检修作业，禁止一切无关人员进入现场。

（7）开车过程中要严密注意工艺条件的变化和设备运行情况，发现异常要及时处理，紧急情况时应中止开车，严禁强行开车。

2. 停车安全技术

（1）停车　执行停车时，必须按上级指令，并与上下工序取得联系，按停车方案规定的停车程序进行。

（2）泄压　若该设备是加压操作，就必须泄压操作，泄压时应缓慢进行，在压力未泄尽排空前，不得拆动设备。

（3）排放　在排放残留物料时，不能使易燃、易爆、有毒、有腐蚀性的物料任意排入下水道或排放到地面上，以免发生事故或造成污染。

（4）降温　降温的速率应按工艺要求的速率进行，要缓慢，以防设备变形、损坏等事故发生，不能用冷水等直接降温，以强制通风、自然降温为宜。

（三）检修的安全技术

化工设备及其管道、阀门等附件在运行过程中腐蚀、磨损等严重，要进行日常的维护保养乃至停车检修，化工生产的危险性决定了化工检修的危险性。因此必须加强检修的安全管理，具体要注意以下几点。

（1）安全用具的准备　为了保证检修的安全，检修前必须准备好安全及消防用具。如安全帽、安全带、防毒面具、测氧、测爆等分析化学仪器和消防器材、消防设施等。

（2）抽堵盲板　抽堵盲板属危险性作业，应办理作业许可证和审批手续，并指定专人制订作业方案和检查落实相应的安全措施。抽堵多个盲板时，按盲板位置图和编号作业。严禁在一条管路上同时进行两处或两处以上抽堵盲板作业。

（3）置换和中和　为了保证检修的安全，设备内的易燃、易爆、有毒气体应进行置换，酸、碱等腐蚀性液体应进行中和处理。

（4）吹扫　对可能积附易燃易爆、有毒介质残留物、油垢或沉淀物的设备，用置换方法不能彻底清除时，还应进一步进行吹扫作业，以便清除彻底。

（5）清洗和铲除　经置换和吹扫无法清除的沉积物，采用清洗的方法，若清洗无效时，可采用人工铲除的方法予以清除。

(6) 检验分析　清洗后的设备必须进行检验分析，以保证安全要求。

(7) 切断电源　对一切需要检修的设备，要切断电源，并在启动开关上挂上“禁止合闸”的标志牌。

(8) 整理场地和通道　凡是与检修无关的、妨碍通行的物体都要挪开，无用的坑沟要填平，地面上、楼梯上的积雪冰层、油污等都要清除，不牢构筑物旁要设置标志，孔、井、无栏平台要加标志。

项目五 特殊精馏

在化工生产过程中，常常会遇到被分离混合物组分之间的相对挥发度接近于1的物系，或相对挥发度等于1的物系。一般相对挥发度在±0.05左右的物系，或沸点差小于3℃的物系，被认为普通的精馏方法进行分离是不经济的，为了更为有效而经济地分离此类物系，可用特殊蒸馏的方法。本模块主要介绍几种特殊蒸馏方法。

一、恒沸精馏

(一) 恒沸精馏原理

恒沸精馏就是在沸点相近或互相重叠的混合物中加入专门选择的溶剂（称为恒沸剂或挟带剂），使溶剂与被分离混合物中的一个或几个组分形成新的恒沸混合物，从而使各组分间沸点差增加，达到分离的目的。恒沸精馏为多组分非理想溶液的精馏过程。一般要求恒沸剂形成的新的恒沸物与另一组分之间的沸点差不小于10℃。

在恒沸精馏中所组成的新的混合物（恒沸物），一般较原来任一组分的沸点为低。加入的恒沸剂与原混合物所形成的最低恒沸点的恒沸物，若与原溶液冷凝后液相分层，即为非均相混合物，称为非均相恒沸物的恒沸精馏；若与原溶液冷凝后液相不分层，即为均相混合物，称为非均相恒沸物的恒沸精馏。要进行恒沸蒸馏，所加入的溶剂量必须保证塔内在分离过程终结之前始终有溶剂存在。

(二) 恒沸精馏的应用实例

1. 非均相恒沸物的恒沸精馏

以乙醇与水为例，见图1-29，加入适量的溶剂苯于工业酒精中，即形成了三元恒沸物（沸点为64.85℃，组成为：$x_{C_6H_6}=0.539$，$x_{H_2O}=0.233$，$x_{C_2H_5OH}=0.288$）。只要加入适量的苯，可使工业酒精中的水全部转移到三元恒沸物中去，则塔顶可得到三元恒沸物，塔底可得到几乎纯态的无水乙醇。又称无水酒精。塔顶的三元混合物经冷凝后，部分回流，余下的引入分层器，分为轻相和重相。轻相为$x_{C_6H_6}=0.745$，$x_{H_2O}=0.038$，$x_{C_2H_5OH}=0.217$。全部作为回流液。重相送入苯回收塔，塔顶仍得到三元混合物，塔底得到的为稀乙醇，进入乙醇回收塔，塔顶得到的乙醇与水作为原料液加入，塔底得到的几乎为纯的水。而苯在操作中是循环使用的。但由于损耗，间隔一段时间后，还需进行补充。

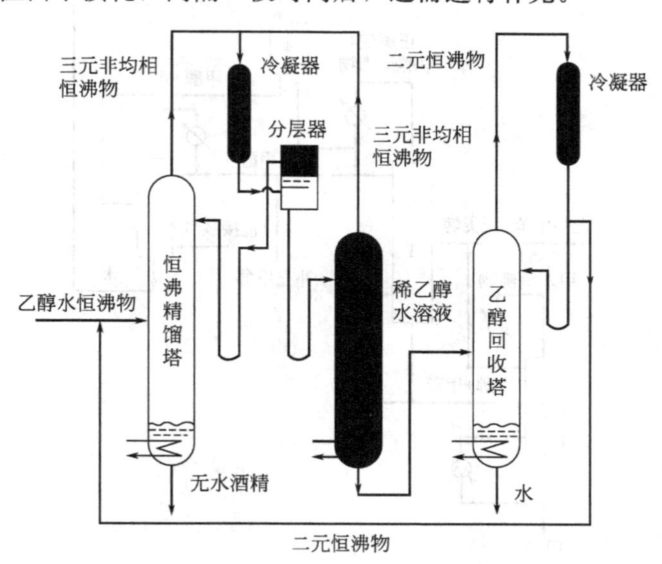

图 1-29 形成非均相恒沸物的恒沸精馏

2. 均相恒沸物的恒沸精馏

以甲醇为恒沸剂来分离正庚烷-甲苯的流程如下：甲醇加入正庚烷-甲苯的溶液中后，与正庚烷形成沸点为 58.8℃的恒沸物（最低共沸点），与甲苯形成沸点为 63.3℃的恒沸物。甲醇与正庚烷的恒沸物在恒沸精馏塔 1 的顶部蒸出，其冷凝液一部分回流，另一部分引入水洗塔 4，其中的甲醇与水完全互溶，形成甲醇-水溶液，进入甲醇脱水塔 2，塔顶得到的甲醇回到恒沸精馏塔 1 循环使用，塔底为水。而正庚烷几乎不溶于水，故通过水洗塔后可得到正庚烷产品。恒沸精馏塔的塔底得到的是甲醇-甲苯的混合物，该混合物进入脱甲苯精馏塔 3，塔顶得到甲苯产品，塔底得到甲醇-甲苯恒沸物，该恒沸物回到恒沸精馏塔 1 作为加料。图 1-30 所示为形成均相恒沸物的恒沸精馏流程。

在恒沸精馏操作中，形成均相恒沸物的恒沸精馏操作，由于分离恒沸剂比较困难，而使操作流程复杂。一般采用形成非均相恒沸物的恒沸精馏流程。

同时恒沸剂的引入位置是根据恒沸剂的性质决定的，其原则是保持塔内各块上都能有一定浓度的恒沸剂。如果恒沸剂的相对挥发度小于原溶剂的两个组分，则可在塔顶的部位加入，可使各块上均保持一定的恒沸剂浓度。如果恒沸剂仅与原溶液中的一个组分形成恒沸物，且恒沸温度比原溶液任一组分的沸点都低，则至少应有一部分恒沸剂在进料口以下的地方引入，才能保证进料口以下有足够大的恒沸剂浓度。若恒沸剂与原溶液中的两个组分都形成恒沸物，也就是塔顶和塔釜均出恒沸物，则恒沸剂在塔的任一块板上引入均可，这一情况一般较少。

（三）恒沸剂的选择

这种恒沸蒸馏，主要是溶剂的选择，有以下几点要求。

（1）溶剂应能与被分离组分形成新的恒沸物，其恒沸点要比纯组分的沸点为低，一般沸点差不小于 10℃。

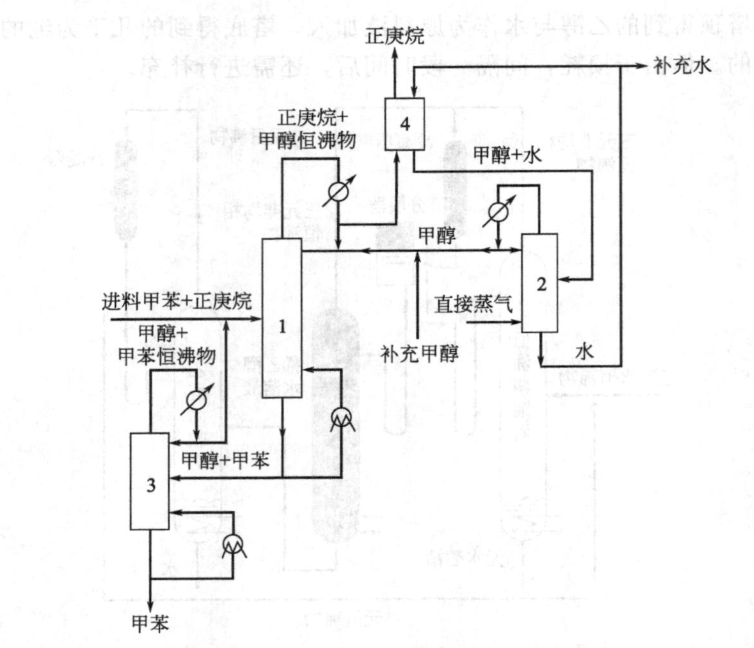

图 1-30 形成均相恒沸物的恒沸精馏

1—恒沸精馏塔；2—甲醇脱水塔；3—脱甲苯精馏塔；4—水洗塔

(2) 新的恒沸物所含溶剂用量越低越好，以便减少溶剂用量及汽化回收时所需热量。

(3) 新的恒沸物最好为非均相混合物，以便用分层的方法来分离。

(4) 无毒性、无腐蚀性、热稳定性好。

(5) 来源容易、价格低廉。

二、萃取精馏

(一) 萃取精馏

萃取精馏与恒沸蒸馏相似，在被分离的混合物中加入专门选择的第三组分——萃取剂，而此萃取剂有选择地与混合物中的某一组分完全互溶，所形成的互溶混合物的相对挥发度要比被分离混合物中所含组分的相对挥发度小得多。即增大了被分离的各组分的相对挥发度，从而使混合物得以分离的操作。

在丁烯与丁二烯的分离过程中，丁烯在常压下的沸点为－6.5℃，丁二烯在常压下的沸点为－4.5℃，丁烯对丁二烯的相对挥发度为1.029，当进料组成为0.5（摩尔分数）的丁烯时，欲使丁烯和丁二烯分离，如果分离纯度要求是99%的话，采用普通精馏方法，需要的回流比为65.3，所需最少理论塔板数为318块。若选择乙腈为萃取剂进行萃取精馏操作，乙腈在溶液中的浓度为0.8时，改变了组分之间的相对挥发度，此时丁烯对丁二烯的相对挥发度变为1.79，如果要满足上面的分离要求，那么此时的最小回流比为2.46，最少理论塔板数为14.9块。可见，在某些分离过程中，采用萃取精馏使分离变得更容易。

(二) 萃取精馏的应用实例

以甲苯和甲基环乙烷为例加以说明：蒸馏时，将甲苯和甲基环乙烷混合物与萃取剂糠醛，经预热后送入精馏塔（甲苯和甲基环乙烷由加料板进入，而糠醛则由加料板以上的部分进入）。所用的第三组分都是沸点高的物质，被它溶解后的某一组分将形成难挥发的混合物，要保证这一组分被全部溶解，就需要塔中每一块塔板上都有第三组分存在。这样甲苯和苯酚形成了难挥发组分，由塔顶得到甲基环乙烷，塔底得到甲苯和糠醛的混合物。再送入苯回收塔，塔顶得到甲苯，塔底得到糠醛。图1-31所示为萃取精馏的流程。

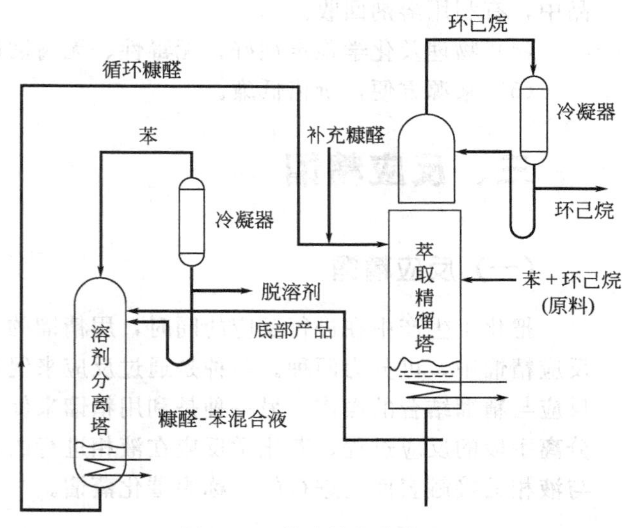

图 1-31 萃取精馏的流程

在萃取精馏中，在某一区域浓度范围内，加入溶剂可提高其相对挥发度，而在另一区域浓度范围内，加入溶剂反而降低了相对挥发度。此时，可采用在萃取精馏塔的某一中间部位采出物料的方法。其流程如图1-32所示，从萃取精馏塔中间引出的物料送入溶剂回收塔，蒸出的馏出液再送回萃取精馏塔的中部。回收塔的釜液为循环的萃取剂，这样可使萃取精馏塔的下部没有萃取剂存在，萃取精馏塔的塔釜可得到重组分。

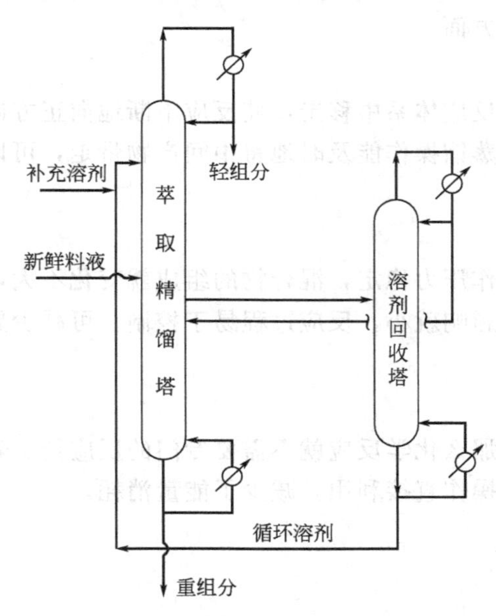

图 1-32 中间部位采出物料的萃取精馏流程

对于萃取剂的引入，由于萃取剂的沸点高于原溶液各组分的沸点，为了在塔的绝大部分塔板上均能维持较高的溶剂浓度，萃取剂的加入一定要在原料进入口以上。但一般情况下，它又不从塔顶加入，萃取剂入口以上必须有若干块塔板，组成萃取剂回收段，使馏出液从塔顶引出之前将萃取剂全部分离出来。当物料为液相进料时，萃取剂除了从萃取剂进料口引入外，还将部分萃取剂随料液一起加入，使提馏段的萃取剂浓度与精馏段萃取剂浓度相接近，以维持塔内萃取剂浓度基本恒定。

由于萃取精馏的溶剂属于重组分，从塔底排出，不会引起高的能耗，而溶剂的加入提高了进料中各组分间的相对挥发度，增加了传质的推动力，使设备费用下降。所以萃取精馏是一个比较简单的且能降低精馏成本的一个特殊蒸馏过程。在工业上有着广泛的应用。

（三）萃取剂的选择

对于萃取剂的选择也有以下几点要求。

（1）选择性强，萃取剂应使原组分之间相对挥发度发生显著变化。

（2）溶解度大，能与进料中的各组分以任意比例互溶。

（3）萃取剂的沸点应高于进料中组分的沸点，以避免形成共沸物，防止溶剂进入塔顶产品中，有利用溶剂回收。

（4）物理及化学稳定性好，无毒性、无腐蚀性，使用安全。

（5）来源方便，价格低廉。

三、反应精馏

（一）反应精馏

把化工生产中在进行反应的同时，用精馏的方法分离产物的过程称为反应蒸馏。目前在反应精馏中，可分为两种。一种是通过反应来促进精馏分离，即为了提高精馏分离效率而将反应与精馏结合的操作；另一种是利用精馏来促进反应，即为了提高反应收率而借助于精馏分离手段的反应过程。若化学反应在液相进行的，称为反应蒸馏；若化学反应在固体催化剂与液相的接触表面上进行的，称为催化蒸馏。

（二）反应精馏的特点

反应精馏与常规精馏一样，都是在普通的精馏塔中进行。但精馏和反应结合在一起后，相互之间就有一定的影响，主要表现在以下几个方面。

1. 提高反应物的转化率和选择性

若该反应为可逆反应，蒸馏操作把生成物从反应体系中移走，使反应不断地向正方向进行，可提高反应的转化率；若反应为连串反应，蒸馏操作能及时地将中间产物带走，可以避免副产物的产生，提高反应物的选择性。

2. 控制化学反应过程

在精馏的操作过程中要控制压力，系统的操作压力稳定，混合物的组成就变化不大，则系统的温度分布基本保持不变，反应速率所受的影响就小，反应过程易于控制，可减少副反应的产生。

3. 设备的投资费用和操作费用可减少

由于化学反应和精馏操作在同一塔内进行，那么化学反应就不需要专门的反应器。若化学反应是放热反应，则产生的反应热可以被蒸馏操作直接利用，减少了能量消耗。

4. 设备紧凑

设备紧凑可减少操作所需要占据的空间。

5. 减少共沸物的影响

在反应精馏中，由于化学反应的存在，在常规精馏中存在的共沸体系在反应精馏中可能会消失。

6. 获得纯净的目的产物

对于一些用普通精馏难以分离的物系，利用反应精馏可以得到较为纯净的产物。例如，间二甲苯和对二甲苯的分离，用普通精馏，需要较多的塔板和较大的回流比才能将它们分离；而采用反应精馏的话，只需要六块塔板就能将它们分离出来。

7. 催化剂的填充可加速化学反应速率和传质

对于催化精馏，催化剂的填充可加速化学反应速率和传质过程。而且不同的催化剂结构组成的床层可以有效地防止出现旁通和沟流现象。催化剂一般都用其它物质包裹起来，减轻了催化剂对设备的腐蚀，降低了催化剂的磨损，延长了催化剂的使用寿命。

8. 比单一的反应过程或精馏过程复杂

反应精馏是同一设备中精馏和化学反应同时进行，化学反应和分离效果同时得到提高，其分离原理、过程特性及过程设计均要比单一的反应过程或精馏过程复杂。

（三）反应精馏的反应类型

反应精馏既可用于可逆反应，也可用于连串反应。

1. 可逆反应

对于可逆反应，当反应产物与反应物之间存在着挥发度的差异时，由于精馏的作用，反应物将离开反应区，从而破坏了原来的化学平衡，使反应向着反应物的方向进行，从而提高了反应的转化率。

例如乙醇和醋酸的酯化反应：

$$CH_3COOH + C_2H_5OH \xrightleftharpoons{H_2SO_4} CH_3COOC_2H_5 + H_2O$$

此反应为可逆反应。由于生成的醋酸乙酯不断地从塔顶蒸出，使反应向着醋酸乙酯的方向进行，增加了反应的转化率。

再例如以甲醇和异丁烯为原料合成甲基叔丁基醚（MTBE），在催化精馏塔中进行的典型的可逆反应，其反应方程式如下：

$$CH_3OH + CH_3C(CH_3)CH_2 \rightleftharpoons CH_3OC(CH_3)_3$$

这个催化精馏塔共有 14 块塔板，上面 8 块板装有离子交换树脂催化剂。异丁烯与甲醇一起进入预反应器，完成大部分反应，接近于化学平衡的反应物进入催化精馏塔，使剩余的异丁烯完全反应。加上精馏塔的分离作用，生成的甲基叔丁基醚（MTBE）被不断地移出反应段，成为塔釜产物，塔顶为丁烷和甲醇形成的最低共沸物。

若在进料时，甲醇的量大于异丁烯的话，异丁烯几乎全部转化，塔釜可得到 95%的甲基叔丁基醚（MTBE）。而且催化精馏塔内所放出的热量可全部用在精馏分离上，节能效果明显。其水、电、汽的消耗仅为非催化精馏工艺的 60%。目前几乎所有新建的甲基叔丁基醚（MTBE）装置都采用催化精馏工艺。

2. 连串反应

连串反应将根据反应目的产物的不同，采用不同的工艺和控制。

$$A \xrightarrow{k_1} R \xrightarrow{k_2} S$$

（1）目的产物 S　很多化工产品是经过一中间产物而得到目的产物的。以香豆素生产工艺为例，先由水杨醛与醋酸酐反应生成水杨醛单乙酯，然后由水杨醛单乙酯重排生成香豆素，其反应方程式如下：

$$\text{C}_6\text{H}_4(\text{OH})(\text{CHO}) + (CH_3CO)_2O \xrightarrow{160℃} \text{C}_6\text{H}_4(\text{OCOCH}_3)(\text{CHO}) + CH_3COOH$$

$$\text{C}_6\text{H}_4(\text{OCOCH}_3)(\text{CHO}) \xrightarrow[200\sim220℃]{\text{催化剂}} \text{香豆素} + H_2O$$

传统工艺中，这两个反应分别在两个反应器内进行，其反应转化率在 65%～75%；反应时间大约需 6h。如果采用反应精馏技术，通过控制反应压力，选择反应介质，为反应精馏提供合理的温度分布。这样的反应精馏塔可采用三段形式：上段为精馏段，作用是让醋酸蒸出而不让醋酐蒸出；中段为反应段，主要是水杨醛与醋酐反应生成水杨醛单乙酯，并不断地使醋酸从塔顶蒸出；下段有两个作用，一个是对醋酸起提馏作用，使醋酸不断地进入塔釜，另一个作用是促使水杨醛单乙酯的重排反应进行。而且利用这种反应精馏技术，反应时间只需几十分钟，反应转化率可达85%～95%。

（2）目的产物R 对于这种连串反应中要得到中间产物，只要将中间产物不断地移出，不仅可以得到中间产物，而且还避免了反应的进一步进行。以氯丙醇皂化工艺为例，其反应方程式如下：

$$CH_3-\underset{OH}{\underset{|}{CH}}-\underset{Cl}{\underset{|}{CH_3}} + Ca(OH)_2 \xrightarrow{k_1} \underbrace{CH_2-CH}_{O}-CH_3 + CaCl_2 + H_2O$$

生成的环氧丙烷在碱性介质中水解为丙二醇。反应式为：

$$\underbrace{CH_2-CH}_{O}-CH_3 + H_2O \xrightarrow{k_2} CH_3-\underset{OH}{\underset{|}{CH}}-\underset{OH}{\underset{|}{CH_2}}$$

在传统工艺中，这两个反应都是一级反应。在皂化釜内进行反应时，环氧乙烷在碱性介质中的水解反应很严重。环氧乙烷的转化率只有90%左右。

利用反应精馏技术，将目的产物环氧丙烷迅速从精馏塔中蒸出，减少它在反应中的停留时间，也就是减少了水解反应的程度。而且通过这种反应精馏技术的操作，环氧丙烷的转化率可达98%。

（四）反应精馏的要求

反应精馏是化学反应和精馏操作结合的一个过程。反应和精馏是相互促进和相互限制的。一个化工生产过程，要使反应精馏得到所需要的目的产物，需满足以下基本要求。

（1）化学反应必须在液相中进行。

（2）在操作压力下，主反应的反应温度和目的产物的泡点温度比较接近，使得目的产物能及时地从反应体系中移出。

（3）主反应不能是强吸热反应，否则会影响精馏操作的传质和传热过程，使精馏的分离效率降低，严重的会使精馏操作无法进行。

（4）主反应的时间与精馏的时间相比，主反应的时间不能过长，否则会影响精馏塔的分离效果。

（5）对于具有催化剂的催化精馏操作，要注意的是催化剂的使用寿命，若经常更换催化剂，会影响反应精馏操作，降低生产效率，增加生产成本等。

（6）对于具有催化剂的催化精馏操作，催化剂的填装也会影响精馏操作。

（五）反应精馏塔的形式

在使用反应精馏塔时，要选用精馏塔的形式。例如，中间加热或冷却、塔顶冷凝器、塔底再沸器等，要通过选择精馏塔的形式，使某些双组分体系、三组分体系或者四组分体系得到合格的产品而不需要其它的辅助精馏过程。

1. 带有循环的反应器和蒸馏塔

反应形式 $A_1 \rightleftharpoons A_2$ 或 $A_1 \rightleftharpoons 2A_2$。这种反应形式中，其中 A_2 的挥发性高于 A_1。在反

应再沸器中，随着组分A_2的生成，A_2不断地被精馏塔汽化而提纯，从塔顶出来。塔底产品中未反应的A_1又被循环到反应器中。如图1-33所示。

2. 带有反应型再沸器的蒸馏塔

反应形式$A_1 \rightleftharpoons A_2$或$A_1 \rightleftharpoons 2A_2$。其中$A_2$的挥发度高于$A_1$。在这种情况下，反应蒸馏塔只需带再沸器的精馏塔。这种反应形式在再沸器中进行，物料也由此引入，随着组分A_2的生成，A_2不断地被精馏塔汽化而提纯，从塔顶出来。如图1-34所示。

3. 带有反应型全凝器和再沸器的蒸馏塔

反应形式$A_1 \rightleftharpoons A_2$或$2A_1 \rightleftharpoons A_2$。这种反应形式，其$A_1$为低沸点或挥发度较高的组分，组分$A_1$就从塔顶进料，在向下流动的过程中，反应生成$A_2$，该塔需要有全凝器和再沸器，产品$A_2$从再沸器中引出。如图1-35所示。

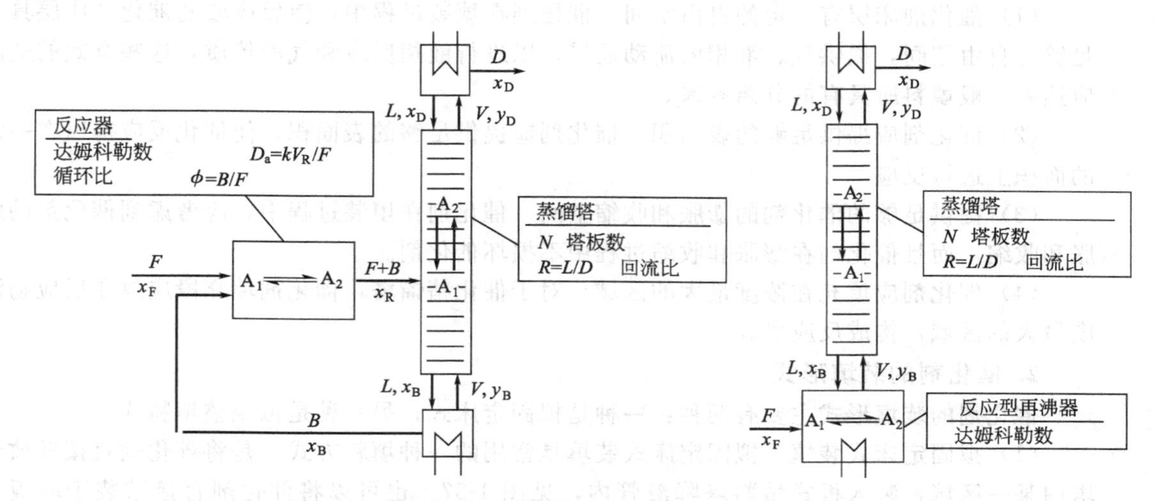

图1-33 带有循环的反应器和精馏塔　　图1-34 带有反应型再沸器的蒸馏塔

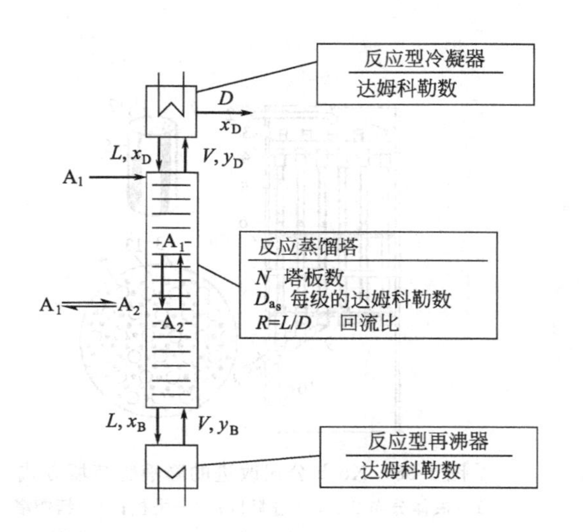

图1-35 带有反应型全凝器和再沸器的蒸馏塔

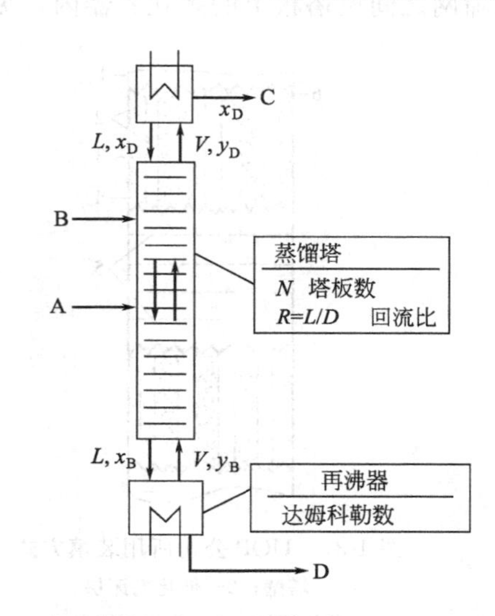

图1-36 带有冷凝器和再沸器的蒸馏塔

4. 带有冷凝器和再沸器的蒸馏塔

对于反应$A+B \rightleftharpoons C+D$，若反应物的挥发度介于两产物之间，即$\alpha_C > \alpha_A > \alpha_B > \alpha_D$，则组

分B在塔上部进料，A在塔下部进料。B以上的部分为精馏段，A以下的部分为提馏段，A和B之间为反应段。对于此类反应，A和B也在塔中同时进料。如图1-36所示。

对于反应A+B$\rightleftharpoons$C+D，相对挥发度的顺序为$\alpha_A>\alpha_B>\alpha_C>\alpha_D$，组分B在塔顶进料，组分A在塔的下部进料。如图1-36所示。

（六）催化精馏塔催化剂的装填

在催化精馏过程中，由于催化剂既起催化剂的作用，又起到传质表面的作用。这就要求催化剂结构既要有较高的催化效率，又要有较好的分离效率，因此催化剂在塔内的填装需具备以下条件。

1. 催化剂的装填要求

（1）催化剂床层有一定的自由空间　催化剂在填装过程中，使反应段的催化剂床层具有足够的自由空间，提供气、液相的流动通道，以进行液相反应和气液传质，这些有效的空间应达到一般填料所具有的分离效果。

（2）催化剂应提供足够的表面积　催化剂应提供足够的表面积，使催化反应得以在一定的面积上进行反应。

（3）提供足够的催化剂的膨胀和收缩空间　催化剂在填装过程中，应考虑到催化剂的膨胀和收缩，而且催化剂在膨胀和收缩过程中不损坏催化剂。

（4）催化剂应填充在浓度最大的区域　对于催化精馏塔，催化剂填充段应放在反应物浓度最大的区域，构成反应段。

2. 催化剂的装填形式

催化剂的装填形式主要有两种：一种是拟固定床式，另一种是拟规整填料式。

（1）拟固定床式装填　拟固定床式装填是常用的一种填料方式，是将催化剂直接散放于塔内某一区域，装入板式填料塔降液管内，见图1-37。也可以将催化剂直接散装于塔板上两筛网之间或塔板上的多孔容器内，见图1-38。

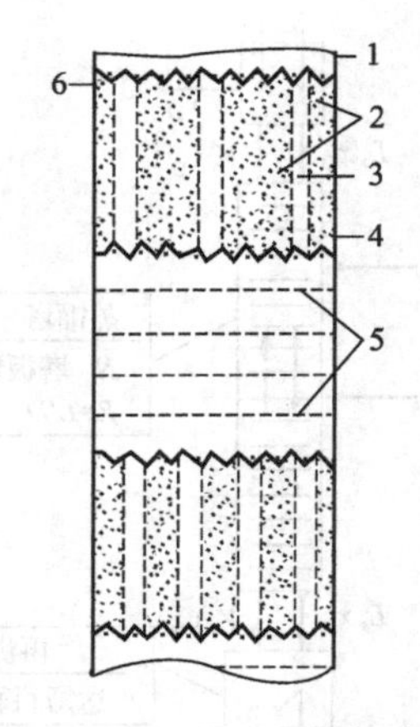

图1-37　UOP公司所用装填方式

1—塔壁；2—催化剂床层；3—蒸汽通道；4—催化剂卸出口；5—普通塔板；6—催化剂装入口

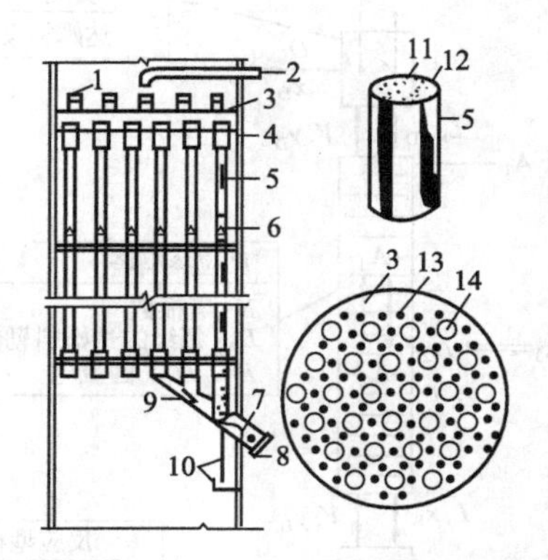

图1-38　Koch公司改进的降液管装填方式

1—液体分布器；2—进料口；3—塔板；4—精馏塔；5—降液管；6—管内液体分布器；7—塞子；8—催化剂装入管；9—连接管；10—液体收集装置；11—催化剂床层；12—催化剂；13—筛孔；14—降液管口

（2）拟规整填料式装填　拟规整填料式装填通常采用以下方法进行填料填充。

① 将粒状催化剂与惰性粒子混合装入塔内，见图 1-39。

② 将催化剂装在金属网框间的空隙中，见图 1-40。

③ 采用催化剂捆扎包的形式，见图 1-41。

④ 将催化剂粒子放入两块波纹网板之间，见图 1-42。

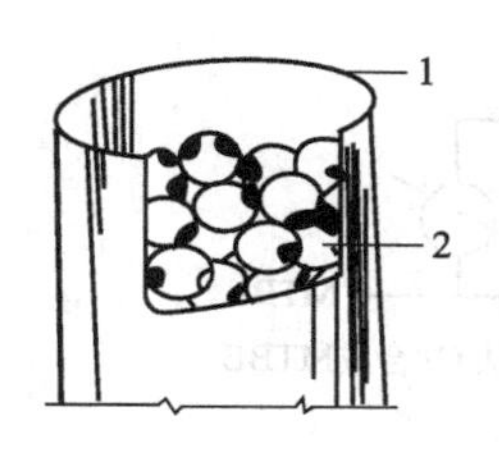

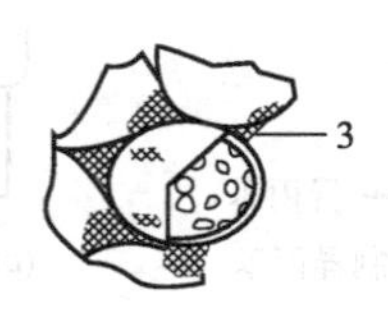

图 1-39 粒状催化剂与惰性粒子混装

1—塔壁；2—筛网包裹的惰性粒子；3—催化剂

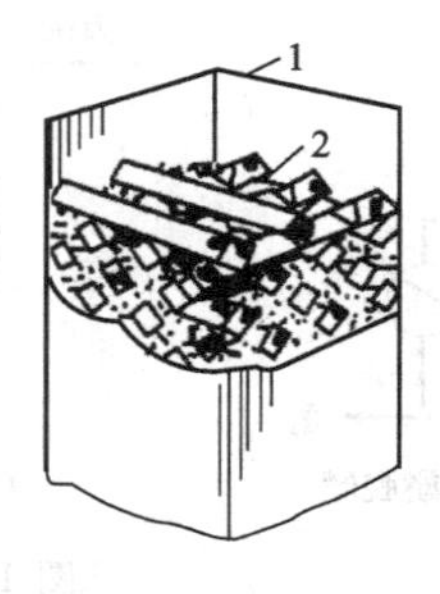

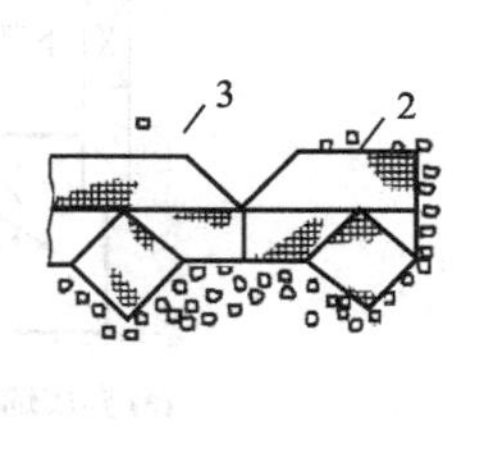

图 1-40 催化剂装在金属网框间的空隙中

1—塔壁；2—金属网箱；3—催化剂

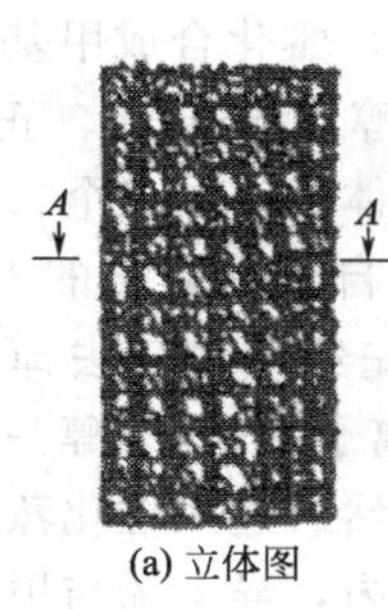

(a) 立体图

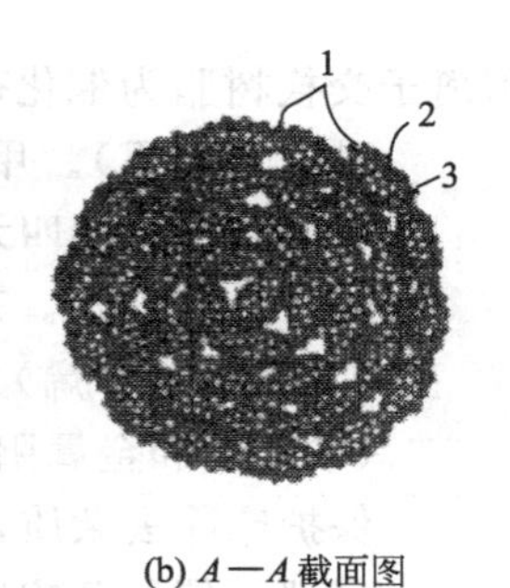

(b) $A-A$ 截面图

图 1-41 催化剂捆扎包结构

1—催化剂小袋；2—波纹丝网；3—催化剂

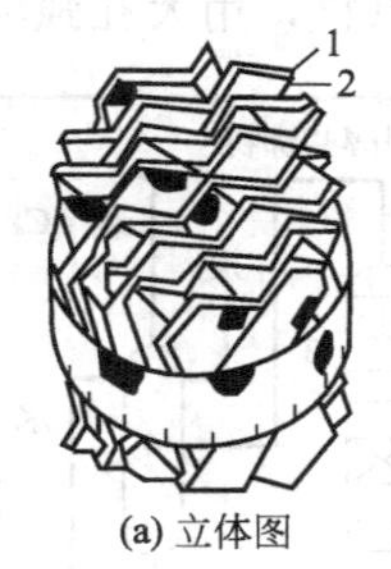

(a) 立体图

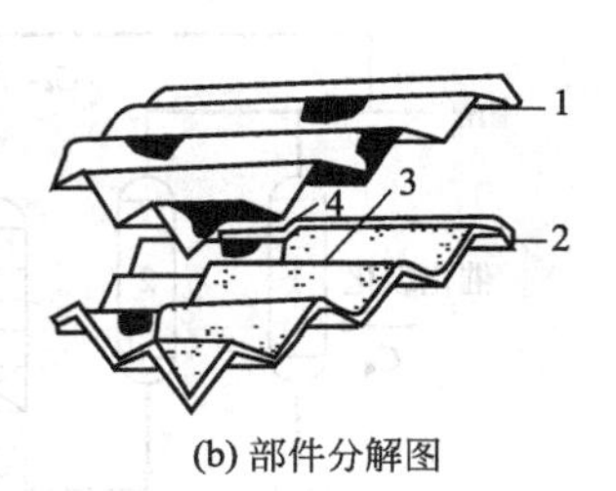

(b) 部件分解图

图 1-42 复合波纹网板结构

1,2—波纹网板；3—催化剂；4—网板间距调节棒

3. 催化剂的装填部位

对于催化精馏塔，催化剂填充段应放在反应物浓度最大的区域，构成反应段。

如在异戊烯醚脱醚的催化精馏过程中，为了使产物异戊烯尽快离开反应区域，异戊烯在此反应精馏中的沸点最低，且难以与醇和醚分离出来，也就是说，要分离需要的塔板数较多，而沸点较高的醇却较容易分离出来，所需的塔板数较少，为了保证能将低沸点的异戊烯分离出来，所需的精馏段的塔板数要多，而提馏段相对较少。为此将催化剂装填于塔的下部，见图 1-43(a)。

如生产异丙苯的反应精馏正好与异戊烯醚脱醚的催化精馏相反，也就是说催化剂应装填在塔的顶部。见图 1-43(b)。

在以异丁烯和甲醇为原料，醚化合成甲基叔丁基醚（MTBE）的反应精馏过程中，为了使沸点最高的甲基叔丁基醚（MTBE）尽快从反应区域分离出来，而又希望过量的甲醇也能移走，以防副产物二甲醚的生成，所以催化剂装在了反应精馏塔的中部，保证有一定的精馏段和提馏段以分离甲醇和甲基叔丁基醚（MTBE）。见图 1-43(c)。

（七）反应精馏的工业应用实例

反应精馏已得到了广泛的应用。重要的反应精馏有酯化反应、水解反应、异构化反应、

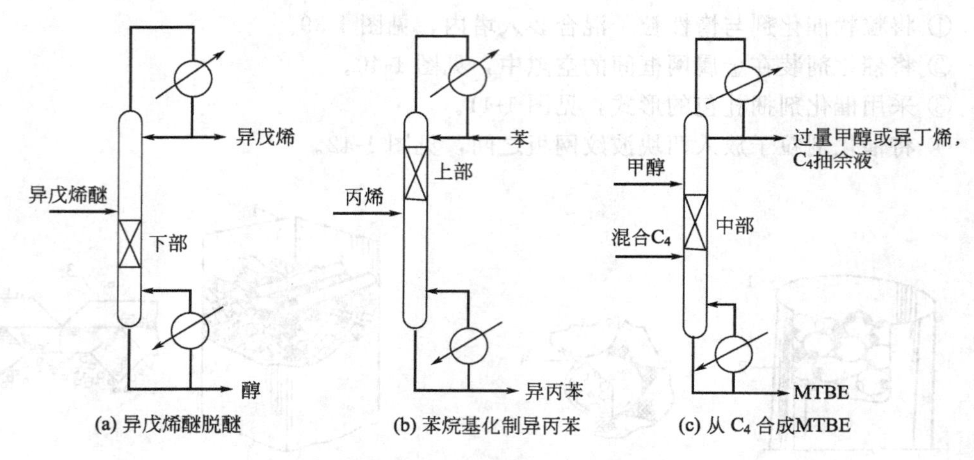

图 1-43 催化精馏塔流程

醇解反应、氨基化作用、氯化作用、缩醛化作用等。

1. 醚化反应蒸馏

以异丁烯和甲醇为原料，用大孔强酸性阳离子交换树脂为催化剂，醚化合成甲基叔丁基醚（MTBE）。甲醇、异丁烯、正丁烷、甲基叔丁基醚四元体系存在三个二元恒沸物。见图 1-44。来自催化裂化的 C_4 馏分（主要是异丁烯）先经水洗塔去掉阳离子（铵离子和金属阳离子），与甲醇一起进入保护床除去杂质，然后进入催化蒸馏塔的底部，催化蒸馏塔内，异丁烯与甲醇反应生成沸点较高的甲基叔丁基醚（MTBE），通过蒸馏使产物快速离开反应区，蒸馏所需热量由反应所放出的热量提供在催化蒸馏塔顶部得到未反应的 C_4 与甲醇形成的低沸物，塔底为产品甲基叔丁基醚（MT-BE）。当进料中甲醇与异丁烯配比大于 1（摩尔比）时，即在甲醇过量的情况下，异丁烯几乎全部转化，可得到纯度大于 95% 的甲基叔丁基醚（MTBE）。为了进一步利用未反应的甲醇，将催化蒸馏塔顶部得到的 C_4 和甲醇共沸物送入 C_4 分离塔（甲醇萃取塔），用水萃取甲醇而将 C_4 分离出来。然后进入甲醇回收塔回收甲醇，塔顶甲醇循环使用，塔底的水去 C_4 分离塔作萃取剂。所用的催化精馏塔如图 1-45 所示，塔下部置捆扎式放置的树脂催化剂，在 0.69～1.38MPa 下操作，发生醚化反应，而上部是在0～0.69MPa 下进行精馏操作，这种结构保证催化蒸馏能在最佳的条件下进行。目前乙基叔丁基醚（ETBE）、甲基仲丁基醚（MSBE）和叔戊基甲醚（TAME）均采用该技术。

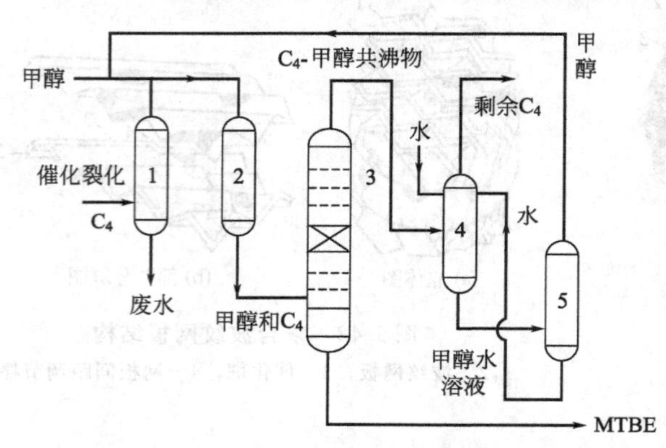

图 1-44 反应器和精馏塔的循环系统

1—水洗塔；2—保护床；3—催化蒸馏塔；4—甲醇萃取塔；5—甲醇回收塔

2. 酯化反应蒸馏

醋酸和甲醇经酯化反应合成醋酸甲酯，同时生成水，该反应的平衡常数与温度无关，为 5.2。在醋酸、水、甲醇、醋酸甲酯四元体系中有两个低沸点共沸物，分别是醋酸甲酯和水的共沸物及醋酸甲酯和甲醇的共沸物。反应过程中有大量的水生成，使反应物的分离十分困难，常规的分离过程中有一个反应器，9 个塔，还要用萃取精馏和恒沸精馏。

利用反应精馏，工艺流程如图 1-46 所示，塔被各进料位置分成四个不同的区间，自下而上分别为简单蒸馏段、反应段、萃取蒸馏段、精馏段。反应段位于催化剂（H_2SO_4）进料口和低沸点组分甲醇进料口之间。甲醇进口靠近塔釜，由于该处温度高，甲醇进入后很快汽化，并向上运动，在催化剂存在下，甲醇被醋酸选择性吸收和反应，生成醋酸甲酯和水，水为液态并向下运动，而醋酸甲酯为沸点最低的组分，汽化，向上运动。

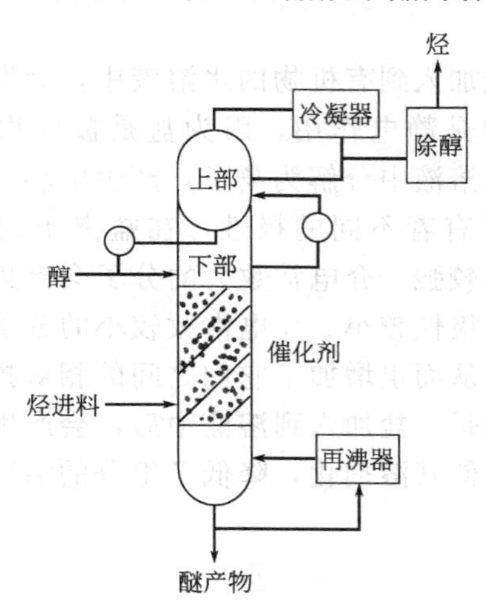

图 1-45 生产 MTBE 的催化蒸馏塔

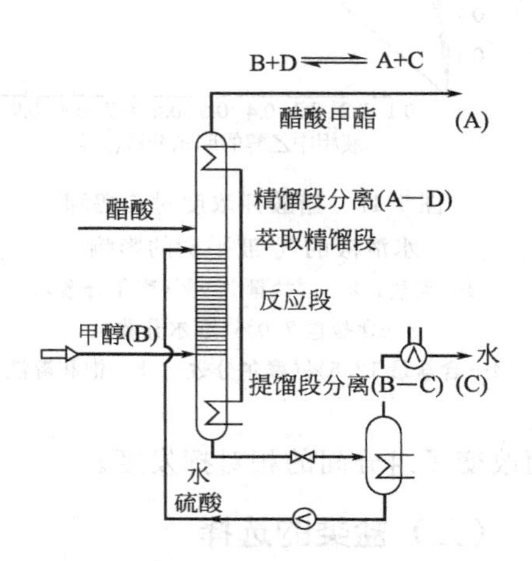

图 1-46 醋酸甲酯反应精馏工艺流程

反应区上面的萃取蒸馏段里甲醇被醋酸物理吸收，在萃取段之上的精馏段，醋酸甲酯和醋酸之间的分离，仅需要很少的塔板数即可完成分离。在塔底经简单蒸馏将水和甲醇分离，由于 H_2SO_4 的存在，该分离就更容易了。此反应精馏工艺过程是一个带有蒸发器的反应精馏塔。

四、加盐精馏

把盐加入到水溶液中，会导致水溶液的溶解度发生变化。发生溶解度下降的现象称为“盐析”，发生溶解度增加的现象称为“盐溶”，这两种现象统称为“盐效应”。

把利用盐效应来实现过程强化的特殊精馏过程称为加盐精馏。对于大多数含水有机物，当加入第三组分盐后，可以改变有机物的相对挥发度，从而使精馏操作更容易进行。

（一）加盐精馏

当非挥发性盐溶解在待分离的混合物中，盐和混合物的各组分发生相互作用，会产生缔合现象或形成络合物，从而影响了各组分的活度，改变了它们之间的气-液平衡关系。图 1-47 是在 101.3kPa 下加入的盐（醋酸钾）对乙醇和水溶液的气-液平衡关系的影响。其中曲线 1 表示无盐存在下的乙醇和水溶液的气-液平衡关系，可以看出，有最低共沸点，其组成为乙醇 89.43%（摩尔分数）；其它曲线是在不同的醋酸钾含量下得到的。从图中可以看出，随着物系中盐的含量的增加，乙醇对水的相对挥发度是增加的，乙醇和水溶液的恒沸点消失，容易实现分离而得到无水乙醇。以醋酸钾为饱和溶液时的相对挥发度最大。

将盐溶解在水中，水溶液蒸汽压就会下降，沸点上升。而将盐溶解于双组分混合溶液

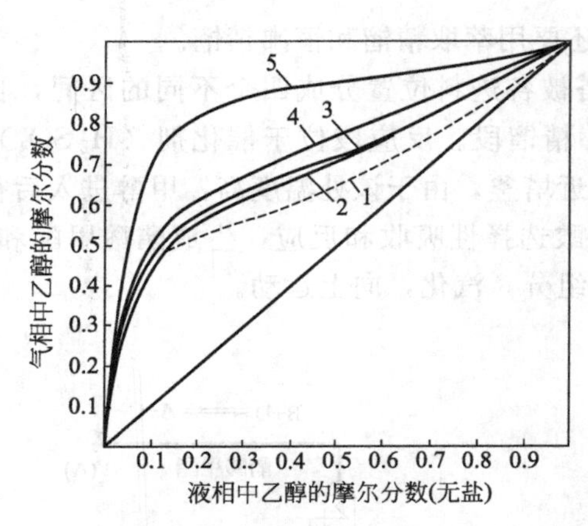

图 1-47 醋酸钾浓度对乙醇和水溶液的气-液平衡的影响

1—无盐；2—含盐量 5.9%(摩尔分数)；3—含盐量 7.0%(摩尔分数)；4—含盐量 12.5%(摩尔分数)；5—饱和溶液

中，因不同组分对盐的溶解度不同，所以各组分的蒸气压下降的程度有差别。例如对于乙醇和水物系，加入氯化钙后，因其在水中和乙醇中的溶解度分别为 27.5%（摩尔分数）和 16.5%（摩尔分数），所以水的蒸汽压下降较多于乙醇，因此乙醇对水的相对挥发度也就提高了，提高了分离的效果。

将盐加入到有机物的水溶液中，会发生两种作用。一种是静电作用，因为盐是极性很强的电解质，在水溶液中分解为离子，产生电场，溶液中的各种分子有着不同的极性，在盐离子的电场作用下，极性较强、介电常数大的分子会聚集在离子的周围，而极性较小、介电常数较小的分子会排斥出离子区，从而也增加了它们之间的相对挥发度。另一种作用是，盐加入到溶液中后，会产生不稳定的络合物，使其溶剂化，降低了组分的活度系数，从而改变了组分间的相对挥发度。

（二）盐类的选择

不同种类的盐对同一体系的盐效应不同，有的作用显著，有的作用不显著。但所加入的盐在组分中的溶解度越大，则该组分的蒸气压下降也越大。因此在选择盐的种类时，要选那些在挥发度较小的组分中溶解度较大的盐，从而使相对挥发度增加得更大。盐对物系中不同组分的溶解度差异越大，对气-液平衡的影响也越大，越有利于加盐精馏。例如大多数盐在水中比在乙醇中更容易溶解，从而显著地改变了乙醇和水之间的相对挥发度，得以加盐精馏分离。

同一种盐在不同浓度下对同一物系的盐效应也不同。一般来说，随着浓度的增加，盐效应也越强。在比较不同盐的盐效应时，都倾向于饱和溶液，以便获得最大程度的盐效应。

需要考虑的是，在选择盐的种类时，还应考虑到盐的回收和循环利用，以及在操作过程中是否会出现结晶等现象。

（三）加盐精馏过程

加盐精馏过程有溶盐精馏和加盐萃取精馏过程。

1. 溶盐精馏

采用盐作为溶剂的精馏过程称为溶盐精馏。溶剂是盐，而不是液体，而盐又是不挥发的，因而在溶盐精馏过程中，盐可从塔顶加入，而从塔釜产品中排出，然后用蒸发或结晶的方法加以回收并重复使用。

工业上生产无水乙醇的主要方法是恒沸精馏和萃取精馏，但所需回流比大，塔板数也比较多。如果采用溶盐精馏，用氯化钙作为溶剂，可使塔板数降低 4/5，能量消耗减少 25%左右，而盐的含量只需溶液的 1.5%左右，显示出明显的优势。

目前溶盐精馏过程采用的几种方法如下。

(1) 将固体盐加入到回流液中，溶解后由塔顶得到纯的产品，塔底得到盐的溶液，其中的盐可回收再用。盐的回收困难，热量消耗大。

(2) 将盐溶液和回流混合，此方法应用较为方便，但盐溶液含有塔底组分，在塔顶得不到高纯产品。

(3) 把盐加到再沸器中，盐仅起破坏恒沸液的作用，然后用普通蒸馏进行分离。这种方法只适用于盐效应很大或纯度要求不高的场合。

溶盐精馏中，盐类完全不挥发，只存在于液相，没有液体溶剂那样部分汽化和冷凝问题，能耗较少；盐效应改变组分相对挥发度显著，盐用量少，仅为萃取精馏的百分之几，可节约设备投资和降低能耗。不过溶盐精馏为了回收盐，需对塔底的蒸馏液进行再生处理；盐具有一定的腐蚀性，对塔体设备的材质要求高。

2. 加盐萃取精馏

利用溶解有盐的混合液作为溶剂的精馏过程称为加盐萃取精馏过程。使用有盐的混合物作为溶剂，既提高了溶剂的选择性，增强了萃取精馏作用，又克服了固体盐的回收和输送的困难。

加盐萃取精馏与萃取精馏相似，将固体盐作为溶剂加入到精馏塔中（一般从塔顶加入），塔内每一层塔板的液相中都含有盐的三组分体系。由于盐的不挥发性，塔顶可得到高纯度的产品，塔底则为盐溶液。盐的回收可利用蒸发或干燥的方法来完成。

加盐萃取精馏的首要条件是盐应溶于待分离的混合物溶液，除了低级的醇和酸外，盐在有机液体中的溶解度不大，所以目前的研究工作以醇-水物系为多。

（四）加盐精馏的应用实例

如图 1-48 所示的利用加盐萃取精馏分离乙醇水溶液生产无水乙醇的生产装置的生产规模为 5000t/a，叔丁醇-水物系分离的生产装置的生产规模已达 3500t/a。

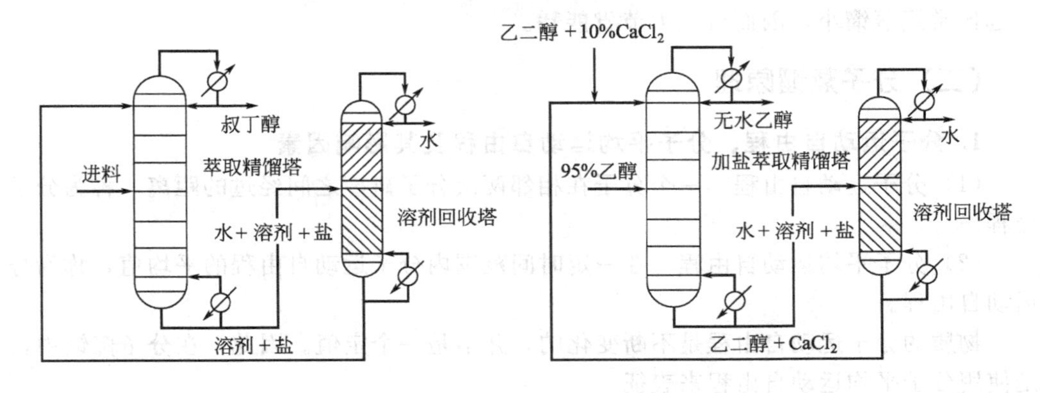

图 1-48　加盐萃取精馏流程

五、分子蒸馏

（一）分子蒸馏

分子蒸馏是一种特殊的液-液分离技术，它依据分子平均运动自由程的差别实现物质的分离，克服了常规蒸馏操作温度高、受热时间长的缺点，特别是对于高沸点、热敏性及易氧化物的分离，具有常规蒸馏方法所不可比拟的优点，可解决大量用常规蒸馏技术所不能解决的问题。

1. 分子蒸馏的特点

(1) 操作温度低　普通蒸馏在沸点温度下进行分离，分子蒸馏可以在低于沸点的温度下进行，只要混合液中的分子能挥发汽化，且分子平均运动自由程不同，就能实现分离。

(2) 分离程度和分离效率高　普通蒸馏是蒸发与冷凝的可逆过程，液相和气相间可以形成相平衡状态。而分子蒸馏过程中，从蒸发表面逸出的分子飞出后，返回蒸发面的可能性很小。因此分子蒸馏过程是非平衡态，操作过程中液体分子不断挥发，不会达到平衡极限，从而使得分子蒸馏过程的分离程度和分离效率高。

(3) 加热时间短　分子蒸馏过程中，垂直于加热面方向，被分离的物质只是从加热面向冷凝面流动时受热。而加热面与冷凝面之间的距离必须小于轻分子的平均自由程，一般很短。因此，蒸馏物料受热时间短，在蒸馏温度下停留时间一般在几秒至几十秒之间。

(4) 操作压力低　分子蒸馏装置其内部可以获得很高的真空度，通常分子蒸馏在很低的压力下进行。

2. 分子蒸馏的优点

(1) 由于分子蒸馏在远低于物料沸点的温度下操作，而且物料停留时间短，对于高沸物、热敏性及易氧化物质，分子蒸馏提供了最佳分离方法。尤其对于天然物质的提取，能较好地保证物料的天然品质，同时还能有效地去除物料中的低分子物质及带有臭味和色素的杂质。

(2) 无毒、无害、无污染、无残留，可得到纯净安全的产物，且操作工艺简单，设备少。

(3) 分子蒸馏可以选择蒸出的目的产物，能分离常规蒸馏不易分离的物质。

(4) 产品耗能小，由于分子蒸馏操作温度低于沸点，分离热损失少，内部压强极低，阻力远比常规蒸馏小，因而可大大节省能耗。

(二) 分子蒸馏原理

1. 分子运动自由程、分子平均运动自由程及其影响因素

(1) 分子运动自由程　一个分子在相邻两次分子碰撞之间经过的距离，称为分子运动自由程。

(2) 分子平均运动自由程　在一定时间范围内分子运动自由程的平均值，称为分子平均运动自由程。

物质的分子运动自由程是不断变化的，并不是一个定值。因此，在分子蒸馏中，一般都是使用分子平均运动自由程来表征。

分子平均运动自由程的计算式为：

$$\sigma_m = u_m / f \tag{1-37}$$

式中　σ_m——分子平均运动自由程，m；

u_m——分子的平均运动速率，m/s；

f——分子碰撞频率，s^{-1}。

根据热力学原理，有：

$$f = \sqrt{2} u_m \frac{\pi d^2 p}{kT} \tag{1-38}$$

式中　d——分子平均直径，m；

p——分子所处环境的压力，Pa；

k——玻耳兹曼常数；

T——分子所处环境的温度，K。

将式(1-38) 代入式(1-37)，可得：

$$\sigma_{\mathrm{m}}=\frac{kT}{\sqrt{2}\pi d^{2}p} \tag{1-39}$$

(3) 分子平均运动自由程的影响因素　由式(1-39) 可知，影响分子平均运动自由程的因素为分子所处环境的温度、压力及分子本身的有效直径大小三个方面。温度增加，分子平均运动自由程增大；压力增加，分子平均运动自由程减小；分子的有效直径越大，分子平均运动自由程越小。

物质的分子不同，其分子的有效直径亦不同，因此不同分子的分子平均运动自由程不同。有效直径小的分子，分子平均运动自由程大；有效直径大的分子，分子平均运动自由程小。若大分子（重分子）有效直径为小分子（轻分子）有效直径的一倍，在相同温度和压力下，小分子的分子平均运动自由程是大分子的四倍。简言之，小分子可以达到更远的空间位置。

2. 分子蒸馏的原理和步骤

(1) 分子蒸馏原理　根据分子运动理论，只要液体分子获得足够的能量，液体分子就会逸出液体表面，成为气相分子。如图 1-49 所示，当液体混合物沿加热面以液膜方式流动时，由于有热量加入，液体混合物中的不同分子会逸出液面而进入气相。进入气相后，轻、重分子的自由程不同，因此轻、重分子从液面逸出后移动距离不同。在此过程中，恰当地设置一冷凝面，该冷凝面距加热面的距离大于重分子的平均运动自由程，小于或等于轻分子的平均运动自由程。如此，则轻分子能达到冷凝面被冷凝成液相，轻分子与体系的平衡被打破，轻分子源源不断地从液相中逸出。而重分子达不到冷凝面，很快与液相中的重分子达到平衡。结果是液膜中的轻分子数量不断减少，轻组分的浓度不断降低，而重组分的浓度不断增加。因此，从加热面流出的液体主要是重组分，从冷凝面流出的液体基本是纯的轻组分。这样，利用轻、重组分分子的不同平均运动自由程，恰当地选择一个冷凝面的位置，就能达到分离物质的目的。

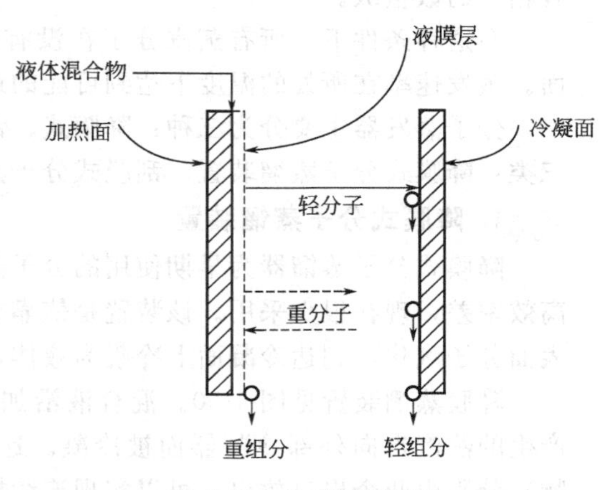

图 1-49　分子蒸馏原理

(2) 分子蒸馏步骤及影响因素　通过对分子蒸馏原理的认识，可将分子蒸馏过程划分为四个步骤，并定性说明各步骤的影响因素。

第一步：分子从液相主体向蒸发表面扩散

在此步骤中，液相中物质分子的扩散速率是控制步骤。因此，要提高扩散速率，应设法减少加热面的液膜层厚度，并促使液膜更新。

第二步：分子在液层表面上的自由蒸发

一般而言，蒸发速率随着温度的升高而上升，因此适当提高加热面的温度，可提高分离效率。但是由于物质本身的性质与设备的因素，有时分离效率却随着温度的升高而降低。所以，应以被加工物质的热稳定性为前提，选择经济合理的加热温度。

第三步：分子从加热面向冷凝面迁移

轻组分分子从加热面向冷凝面迁移的过程中，可能彼此相互碰撞。由于轻组分分子大都具有相同的运动方向，所以它们自身碰撞对迁移方向和汽化速率影响不大。而未被冷凝的气体分子在加热面与冷凝面间呈杂乱无章的热运动状态，因此未被冷凝的气体分子数目是影响迁移方向和汽化速率的主要因素。

第四步：分子在冷凝面上冷凝

只要保证加热面和冷凝面间有足够的温度差、冷凝表面的形式合理，一般认为冷凝步骤可以在瞬间完成，所以该步骤的关键是选择合理冷凝的形式。

（三）分子蒸馏设备的选用

一套完整的分子蒸馏设备主要包括分子蒸发器、脱气系统、进料系统、加热系统、冷却真空系统和控制系统。

分子蒸馏装置的核心装置是分子蒸发器，分子蒸发器的设计必须达到以下两个要求。

(1) 残余气体的分压必须很低，使残余气体的平均自由程长度是蒸馏器和冷凝器表面之间距离的倍数。

(2) 在饱和压力下，蒸汽分子的平均自由程长度必须与蒸发器和冷凝器表面之间距离具有相同的数量级。

在这种条件下，所有蒸汽分子在没有遇到其它分子和返回到液体过程中到达冷凝器表面。蒸发速率在所处的温度下达到可能的最大值。

分子蒸发器主要分为三种：降膜式、刮膜式和离心式，因此相应的分子蒸馏设备也分为三类：降膜式分子蒸馏装置、刮膜式分子蒸馏装置和离心式分子蒸馏装置。

1. 降膜式分子蒸馏装置

降膜式分子蒸馏器为早期使用的分子蒸馏装置，优点是结构简单。但由于液膜厚，故分离效率差，现在很少采用。该装置是依靠重力使加热面上的物料变为液膜。通过加热，液膜表面分子汽化，到达冷凝面上冷凝为液体，实现了分子蒸馏。

降膜蒸馏装置见图 1-50。混合液沿加热壁下流，依靠重力及自身黏度成膜，被加热后产生的蒸汽走向外部冷凝器而被冷凝。这样，重组分（也称蒸余物）和轻组分（也称蒸出物）分别由两个出口放出，可以实现连续操作。但是该类装置存在液膜仍然较厚而且厚薄不均匀、会产生局部过热点而造成某些物质的聚合或裂解等明显缺点。

2. 刮膜式分子蒸馏装置

刮膜式分子蒸馏装置形成的液膜薄，分离效率高，但较降膜式结构复杂。它采取重力使蒸发面上的物料变为液膜降下的方式，但为了使蒸发面上的液膜厚度小且分布均匀，在蒸馏器中设置了一个转动刮板。该刮板不但可以使下流液层得到充分搅拌，还可以加快蒸发面液层的更新，从而强化了物料的传热和传质过程。其优点是：液膜厚度小，并且沿蒸发表面流动；被蒸馏物料在操作温度下停留时间短，热分解的危险性较小，蒸馏过程可以连续进行，生产能力大。缺点是：液体分配装置难以完善，很难保证所有的蒸发表面都被液膜均匀覆盖；液体流动时常发生翻滚现象，所产生的雾沫也常溅到冷凝面上。但由于该装置结构相对简单，价格相对低廉，现在的工业生产中，采用该装置的较多。刮膜式分子蒸馏装置见图 1-51。

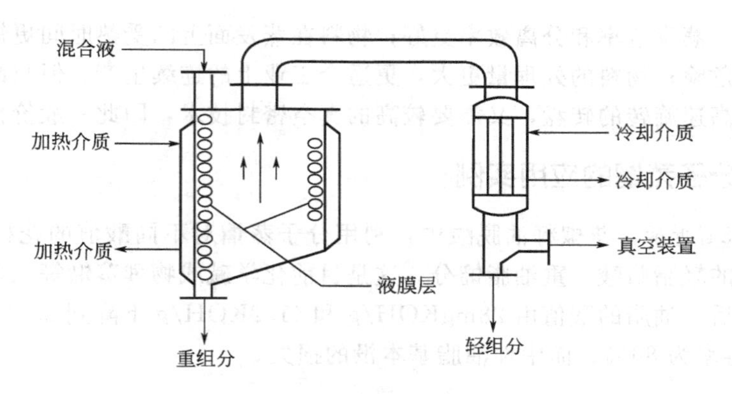

图 1-50 降膜式分子蒸馏器

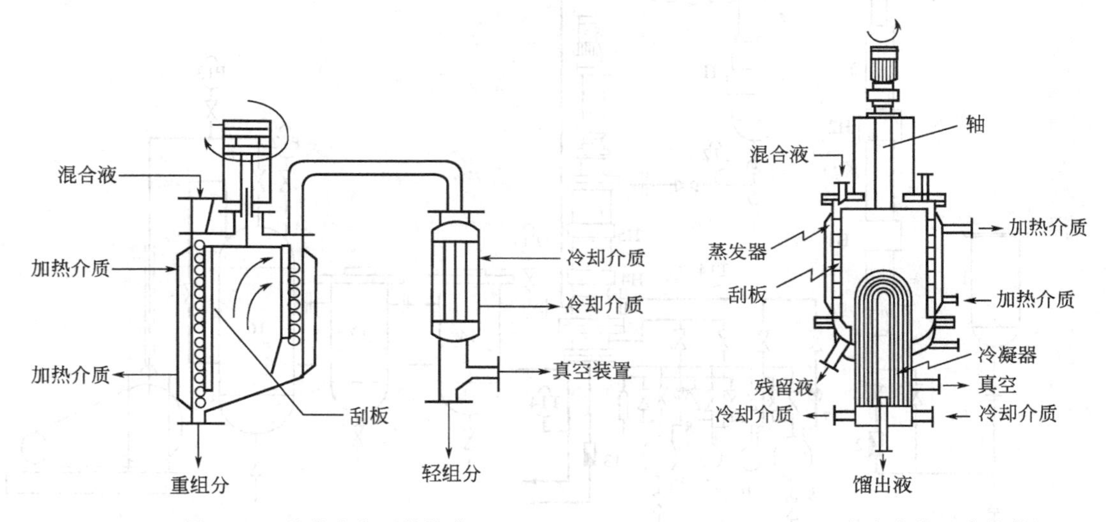

图 1-51 刮膜式分子蒸馏装置

图 1-52 内冷式分子蒸馏装置

为了进一步降低操作温度，使物料能在低于沸点的温度下进行分离，出现了一种新的高真空蒸馏装置——内冷式分子蒸馏装置（见图 1-52）。该装置除了使混合液强制成膜以外，还设置了特殊要求的内冷凝器，使得被蒸出物经过小于其分子运动平均自由程的路程即可到达冷凝面而被冷凝下来；同时，由于加热面与冷凝面之间的距离很短，蒸气分子运动的阻力很小，即装置内部的压降变得很小，因此可以达到很高的真空度。

3. 离心式分子蒸馏装置

离心式分子蒸馏装置依靠离心力形成液膜，所形成的液膜薄，因此蒸发效率高。但离心式分子蒸馏装置结构复杂，制造及操作难度大。该装置将物料送到高速旋转的转盘中央，并在旋转面扩展形成薄膜，同时加热蒸发，使之与对面的冷凝面凝缩，该装置是目前较为理想的分子蒸馏装置，见图 1-53。离心式分子蒸馏器与刮膜式分子蒸馏器相比具有以下优点：由于转盘高速旋转，可得到极薄的液膜且液膜

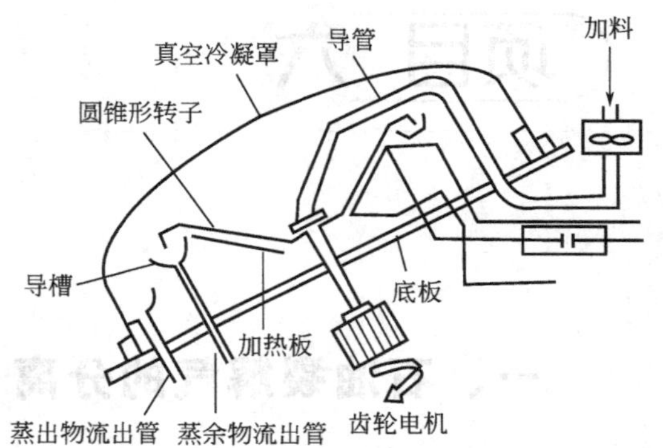

图 1-53 离心式分子蒸馏装置

分布更均匀，蒸发速率和分离效率更好；物料在蒸发面上的受热时间更短，降低了热敏性物质热分解的危险；物料的处理量更大，更适合工业上的连续生产。但与刮膜式分子蒸馏器相比，要求有高速旋转的转盘，又需要较高的真空密封技术，因此一般价格较高。

（四）分子蒸馏的应用实例

如图 1-54 所示，花椒籽油脱酸中，利用分子蒸馏对不同酸值的花椒籽油进行脱酸，能获得比较高的轻脂肪酸、重油脂馏分。这是目前化学碱或物理蒸馏等工艺所不能达到的。通过分子蒸馏后，油脂的酸值由 28mgKOH/g 和 41.2KOH/g 下降到 2.6KOH/g 和 3.8KOH/g；油脂的得率为 86%。而中性油脂基本没的损失。

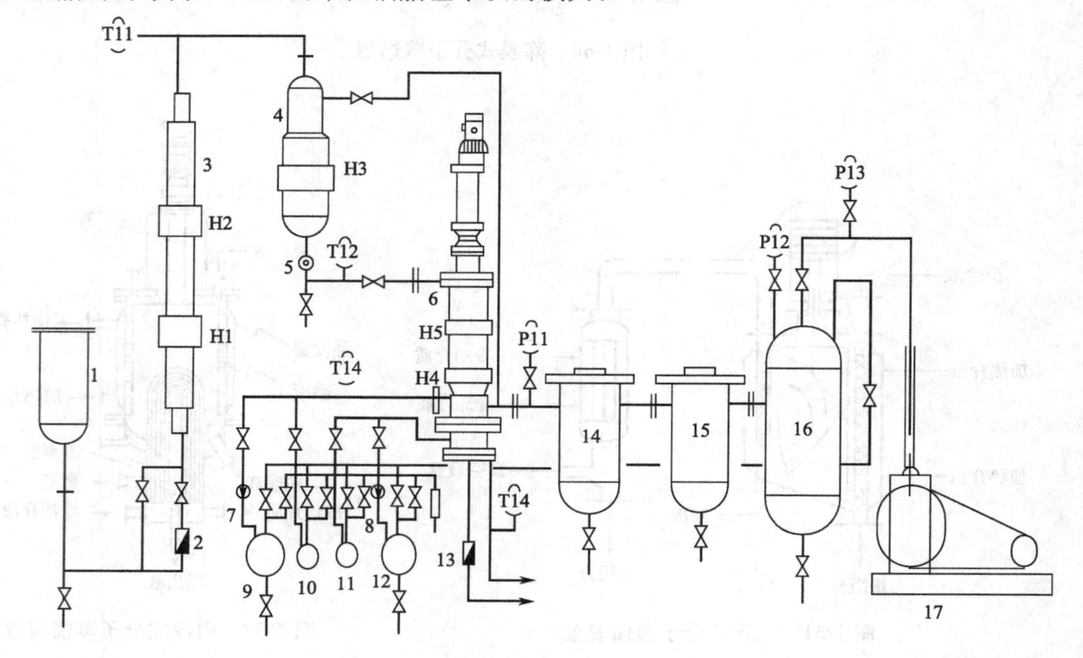

图 1-54 分子蒸馏工艺流程

1—进料储罐；2—流量计；3—预热器；4—脱气器；5，7，8—视镜；6—分子蒸馏机；9，10—接收罐；11，12—接收瓶 B；13—流量计 B；14，15—冷阱；16—储气罐；17—真空泵

项目六 多组分精馏的工业应用实例

一、石油裂解气的分离

多组分精馏在工业生产中有着广泛的应用，以裂解气的精馏为例加以说明。

石油经过裂解等处理后的裂解气的主要成分见表 1-20。

表 1-20 石油经过裂解等处理后的裂解气的主要成分

裂解原料		乙烷	轻烃	石脑油	轻柴油	粗柴油
转化率/%		65				
组成(摩尔分数)	氢	34.00	18.20	14.09	13.18	11.1
	一氧化碳、二氧化碳、硫化氢	0.19	0.33	0.32	0.27	
	甲烷	4.39	19.83	26.78	21.24	25.1
	乙炔	0.19	0.46	0.41	29.34	4.6
	乙烯	31.51	28.81	26.10	29.34	33.8
	乙烷	24.35	9.27	5.78	7.58	0.3
	丙炔		0.52	0.48	0.54	0.6
	丙烯	0.76	7.68	10.30	11.42	0.5
	丙烷		1.55	0.34	0.36	13.2
	C_4 馏分	0.18	3.44	4.85	5.21	8.0
	C_5 馏分	0.09	0.95	1.04	0.51	2.8
	C_6 约 204℃ 馏分		2.70	4.53	4.58	
	水	4.36	6.26	4.98	5.40	
平均分子量		18.89	24.90	26.83	28.01	

可见裂解气是含有酸性气体和水等杂质的烃类混合物，为了得到合格的产品，必须对其净化和精馏分离。由于其组分多，可采用不同的精馏方案和净化方案。也就是前面所讨论过的多组分精馏的流程的选择。图 1-55 是裂解气分离流程的几种方案。

图 A 为顺序分离流程，此流程就是按 C_1、C_2、C_3 顺序进行切割分离。此流程可得到乙烯的收率为 97%左右，最低温度为－140℃，最高温度为 76℃，最大的优点是塔釜的重组分不大容易聚合、结焦。

图 B 和图 C 为前脱乙烷流程。是将石油裂解气以乙烷和丙烯为分界，分成两部分，一部分是轻馏分，即乙烷和比乙烷轻的组分（氢、甲烷、乙烯、乙烷）；另一部分是重馏分，即丙烯和比丙烯更重的组分（丙烯、丙烷、丁烯、丁烷和 C_5 以上的烃）。然后再将这两部分各自分离。此流程可得到乙烯的收率为 97%左右，最低温度为－140℃，最高温度为 105℃，有聚合、结焦的可能。

图 D 和图 E 为前脱丙烷流程。是将石油裂解气以丙烷和丁烯为分界，分成两部分，一部分是轻馏分，即丙烷和比丙烷轻的组分（氢、甲烷、乙烯、乙烷、丙烷、丙烯）；另一部分是重馏分，即丁烯和比丁烯更重的组分（丁烯、丁烷和 C_5 以上的烃）。然后再将这两部分各自分离。此流程可得到乙烯的收率为 99%左右，最低温度为－146℃，最高温度为 84℃，不大容易聚合、结焦。

裂解气的分离流程有多种。采用何种分离方法，要看裂解气的组成情况，例如当裂解气中的甲烷和氢馏分较多时，要求塔顶的温度比较低，先将甲烷和氢馏分分离出来，可采用顺序分离流程。再如脱丙烷流程中，先除去了 C_4 馏分，不但减轻了各塔的负荷，而且还减少了聚合、结焦的可能。若裂解气中的 C_4 馏分含量很低时，就不必考虑脱丙烷流程了。

目前，很多公司采用了 ARS 技术，所谓 ARS 工艺的核心设备是分凝器（dephlegmator），又称分馏分离器。它是由铜铝合金制成的板翅式低温换热器，裂解气在此同时完成传热和传质的过程。利用此工艺，可以降低脱甲烷塔的负荷、降低制冷负荷、提高乙烯回收率、降低脱乙烷塔的负荷等。

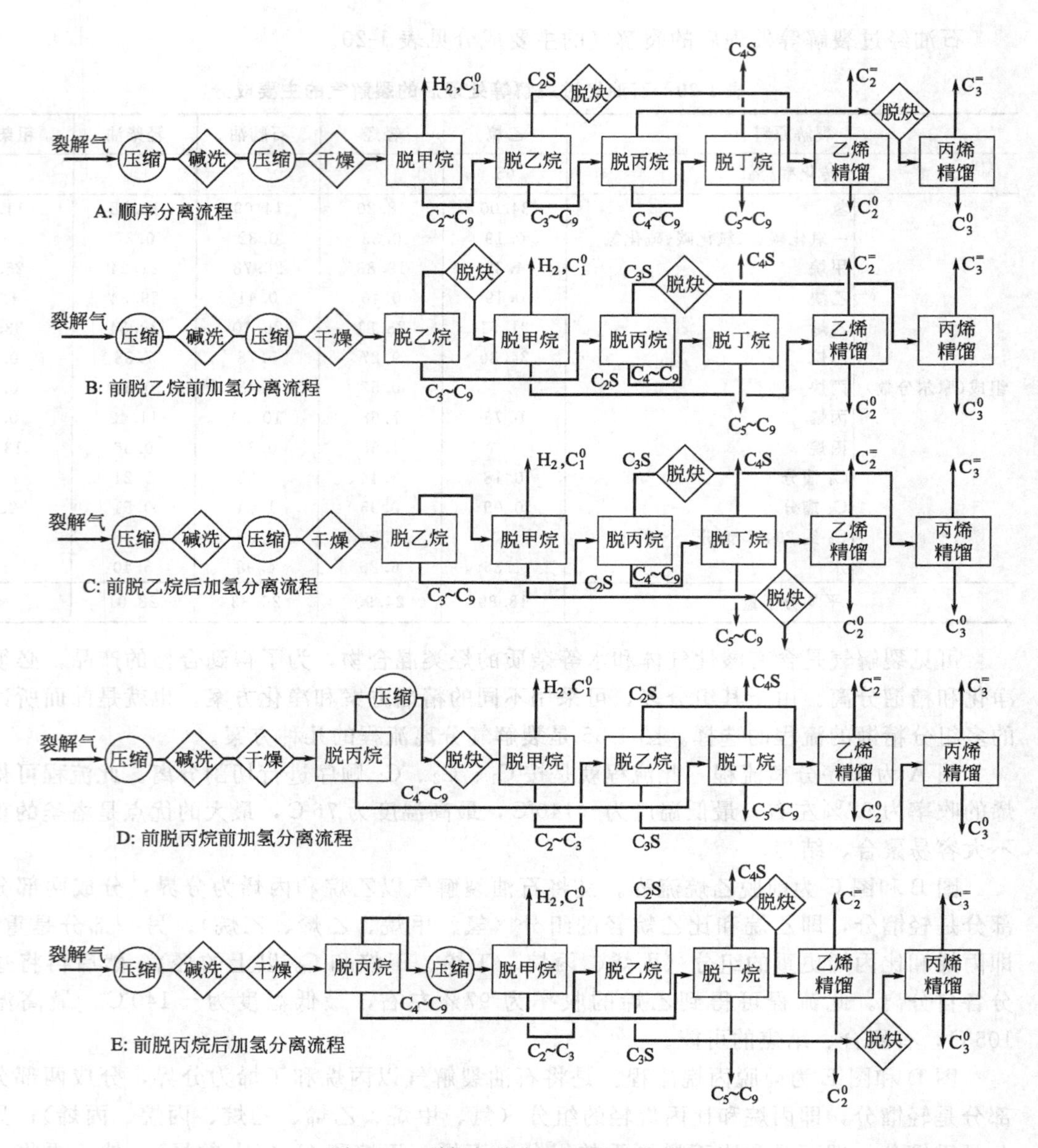

图 1-55 裂解气分离流程的几种分类

下面就以 A 顺序分离流程介绍精馏分离过程。

(一) 脱甲烷

进入脱甲烷塔的裂解气除了含有氢和甲烷外，还含有 $C_2 \sim C_5$ 以上的各种烃类。脱甲烷塔的主要作用是除去氢和甲烷。操作压力有高压、中压和低压之分。干燥后的裂解气经干燥脱水后，经气液分离器冷凝后，分离器的凝液至−70℃左右进入脱甲烷塔，脱甲烷的塔顶气体用大约−101℃冷级的乙烯制冷，冷凝液全部用来回流。塔顶甲烷-氢气中含有一部分乙烯，进入冷箱进一步回收。先将其中的乙烯冷凝下来（温度约为−103℃），再将甲烷冷凝下来（温度约为−140℃），分离后的气体即为富氢（大约含氢 70%），作为加氢工序的氢源。塔釜液进入脱乙烷塔。如图 1-56 所示。

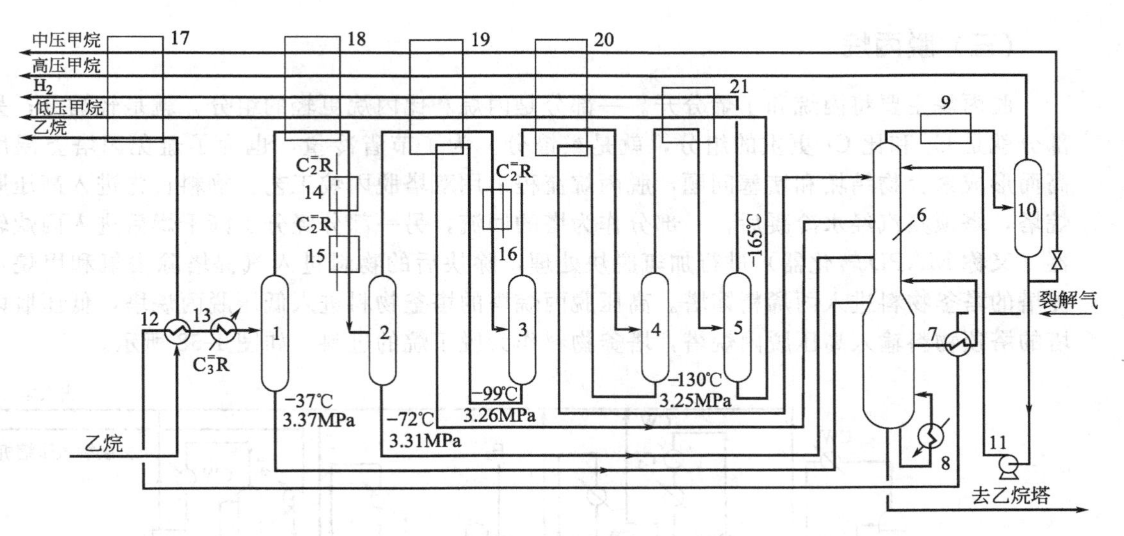

图 1-56 前脱氢高压脱甲烷工艺流程

1—第一气液分离罐；2—第二气液分离罐；3—第三气液分离罐；
4—第四气液分离罐；5—第五气液分离罐；6—脱甲烷塔；7—中间再沸器；
8—再沸器；9—塔顶冷凝器；10—回流罐；11—回流泵；12—裂解气-乙烷换热器；
13—丙烯冷却器；14,15,16—乙烯冷却器；17,18,19,20,21—冷箱

（二）脱乙烷

脱乙烷可以分一个塔进行或两个塔进行。脱乙烷塔采用高压操作。塔顶物料为乙烯和乙烷及乙炔馏分，经冷凝器冷凝后，冷凝液作为脱乙烷塔的回流液回流至脱乙烷塔，未冷凝的气体乙炔转化器，经过选择性加氢反应，乙炔转化为乙烯和乙烷。加氢脱炔后的塔顶产物进入吸收塔，以脱除滤油，吸收塔的塔顶产物经干燥后输入乙烯精馏塔，塔釜产物回送至脱乙烷塔。脱乙烷塔的塔釜产物为 C_3 及 C_3 以上馏分，去脱丙烷塔。如图 1-57 所示。

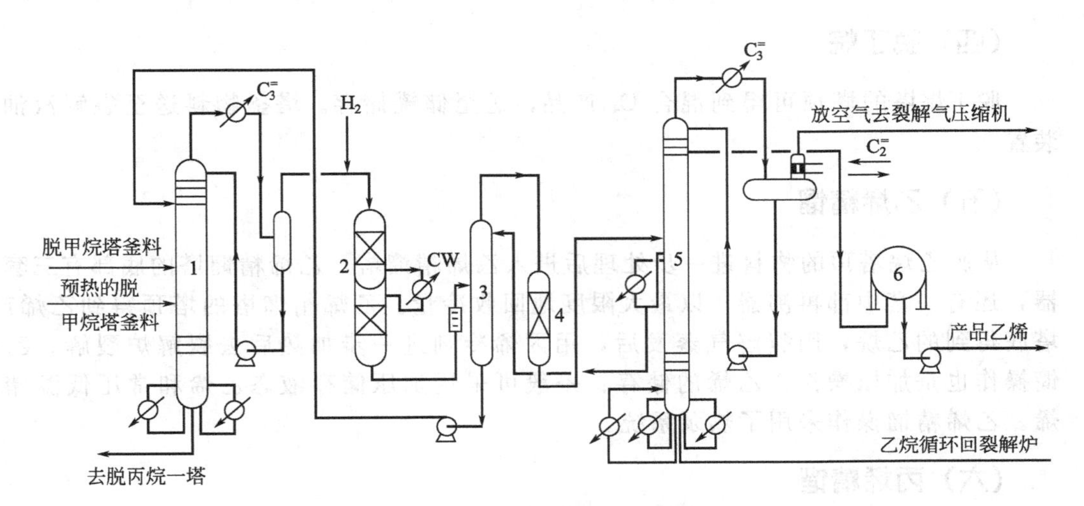

图 1-57 脱乙烷、乙炔加氢和乙烯精馏流程

1—脱乙烷塔；2—乙炔转化器；3—滤油吸收塔；4—乙烯干燥器；
5—乙烯精馏塔；6—乙烯球罐

（三）脱丙烷

脱丙烷主要将丙烷和丁烯分开。一部分是丙烷和比丙烷更轻的组分，就是轻馏分；另一部分就是C_4和比C_4更重的组分，就是重馏分。为了节省冷量，也为了避免因塔釜温度过高而形成聚合物结垢和堵塞问题，脱丙烷流程采用双塔脱丙烷工艺。物料首先进入高压脱丙烷塔，塔顶蒸汽经水冷凝后，一部分作为塔的回流，另一部分经分子筛干燥后进入丙炔转化器（又称MAPD转化器）进行加氢脱炔处理，除炔后的物料进入汽提塔除去氢和甲烷，汽提塔的塔釜物料进入丙烯精馏塔。高压脱丙烷塔的塔釜物料进入低压脱丙烷塔，低压脱丙烷塔的塔顶物料输入高压脱丙烷塔，塔釜物料作为脱丁烷的进料。如图1-58所示。

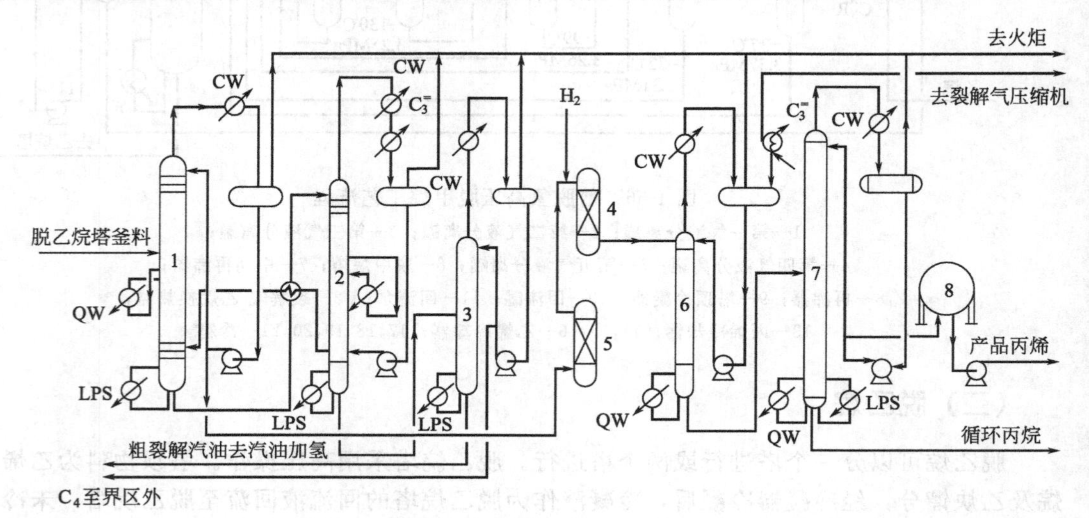

图1-58 脱丙烷、脱丁烷和丙烯精馏流程

1—脱丙烷一塔；2—脱丙烷二塔；3—脱丁烷塔；4—MAPD转化器；5—丙烯干燥器；6—甲烷汽提塔；7—丙烯精馏塔；8—丙烯球罐

（四）脱丁烷

脱丁烷塔的塔顶可得到混合C_4产品，送至储罐储存。塔釜物料送至裂解汽油加氢装置。

（五）乙烯精馏

从脱乙烷塔顶的物料进一步处理后进入乙烯精馏塔，乙烯精馏塔的底部有三套再沸器，还有一套中部再沸器，以最大限度地回收冷量。乙烯精馏塔的塔顶得到乙烯产品；塔底得到的乙烷，用裂解气蒸发后，用丙烯冷剂进一步加热后去裂解炉裂解。乙烯精馏操作也是加压操作。乙烯的储存：一般可采用加压储存液态乙烯和常压低温储存乙烯。乙烯精馏操作采用了热泵系统。

（六）丙烯精馏

从脱丙烷塔顶的物料进一步处理后进入丙烯精馏塔，丙烯精馏操作也是加压操作。丙烯精馏塔的塔顶得到丙烯产品，塔底得到的丙烷经换热后去裂解炉裂解。丙烯精馏操作采用了热泵系统。

二、甲醇生产工业中粗甲醇的精制

工业上粗甲醇精馏的工艺流程，随着粗甲醇合成方法不同而有差异，其精制过程的复杂程度有较大差别，但基本方法是一致的。首先，总是以蒸馏的方法在蒸馏塔的顶部，脱除较甲醇沸点低的轻组分，这时，也可能有部分高沸点的杂质与甲醇形成共沸物，随轻组分一并除去。然后，仍以蒸馏的方法在塔的底部或底侧脱除水和重组分，从而获得纯净的甲醇组分。其次，根据精甲醇对稳定性或其它特殊指标的要求，采取必要的辅助方法。

以传统的粗甲醇精馏工艺流程为例，此流程用于30MPa压力，以锌铬催化剂合成粗甲醇的精制。其工艺流程顺序如下：中和、脱醚、预精馏脱轻组分杂质、氧化净化、主精馏脱水和重组分，最终得到精甲醇产品。如图1-59所示。先以8%左右的氢氧化钠溶液中和粗甲醇中的有机酸，使其呈弱碱性（pH=8～9），这样可防止工艺管路和设备的腐蚀，并促进胺类与羰基化物质分解的作用。粗甲醇先在热交换器中，被脱醚蒸馏釜的热粗甲醇和出再沸器1的冷凝水加热后，再送至脱醚塔2的中部。塔釜由再沸器1以蒸汽间接加热，供应塔内的热量。二甲醚、部分被溶解的气体和其它杂质（含氮化合物、羰基铁等）夹带了少量甲醇由塔顶出来。经冷凝器3、回流槽4后，一部分返回塔顶喷淋，其余用作燃料或回收制取其它产品。不凝气体经旋风分离器6送去烧掉或排入大气。脱醚塔2在1.0～1.2MPa压力下操作，塔釜的温度可达125～135℃，塔顶二甲醚以冷却水冷凝。脱醚塔在加压操作时，组分间的相对挥发度减小，可以减小塔顶有效物的损失。一般经脱醚塔以后，粗甲醇中的二甲醚可脱除90%左右。

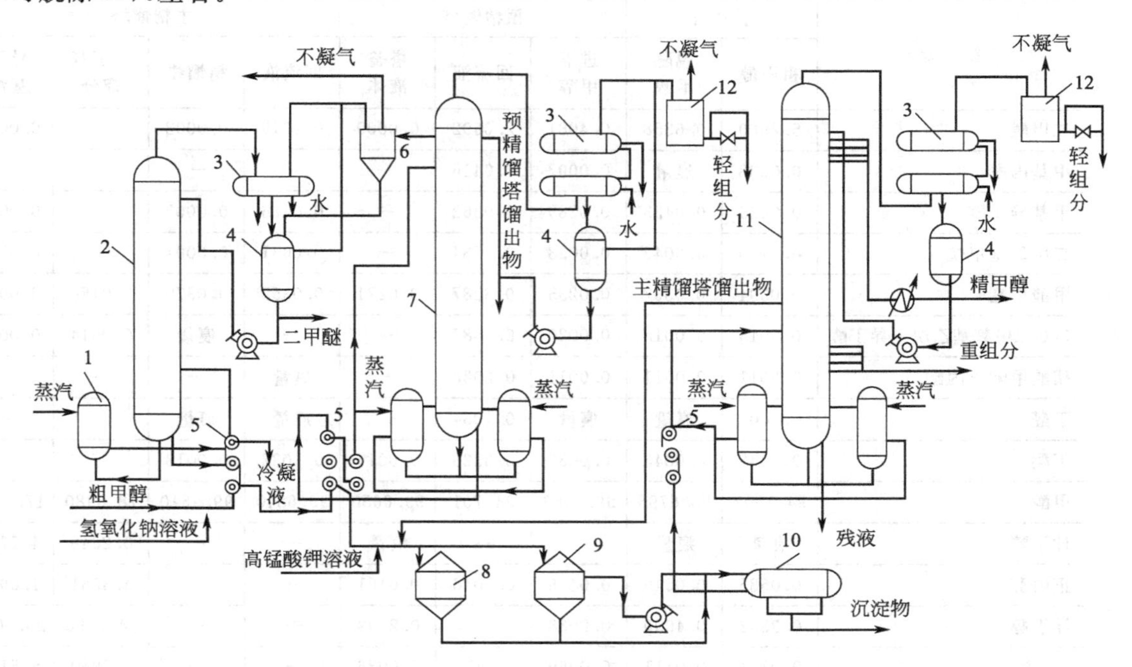

图1-59 传统粗甲醇精馏工艺流程

1—再沸器；2—脱醚塔；3—冷凝器；4—回流槽；5—换热器；6—旋风分离器；
7—预精馏塔；8—反应器；9—沉淀槽；10—压滤器；11—主精馏塔；12—液封装置

由脱醚塔底出来的脱醚甲醇，利用塔2的压力，经换热器5被塔7的塔底液体和再沸器的冷凝水加热后，进入预精馏塔 7 的上部。塔顶部加入冷凝水（或软水）进行萃取蒸馏，主要是分离不易除去的杂质。加水后，由于水的挥发性较低，改变了关键组分在液相中的活度系数；加水量更据粗甲醇中的杂质含量而定，一般为粗甲醇量的 10%～20%，同时，还要参考产品的质量要求。塔 7 一般有 40 块以上的塔板，经精馏以后，轻组分杂质和未脱除干净的二甲醚、残余不凝气体从顶部逸出，同时甲醇蒸气、部分重组分如 C_6～C_{10} 的烷烃与水形成低沸点的共沸物也随同带出。冷凝以后，大部分的甲醇、水汽和挥发性较低的组分冷凝下来，经回流槽 4 用泵送回塔顶回流。不凝气体和大部分轻组分包括二甲醚以及部分甲醇和水汽，约为入塔物料的 2%～4%（视冷凝温度而定），经过液封 12 送去烧掉或排入大气。

经过塔 7 预精馏以后，二甲醚可脱至 10×10^{-6} 以下，轻组分杂质大部分可分离出来，要求塔釜含水甲醇的高锰酸钾值达到一定程度（视产品质量等级要求而定），如达不到要求，可采出部分回流液，约为入塔物料的 0.5%左右，以降低釜液中轻组分的含量。如果放入空气中及排放回流液时损失甲醇过多，也可将预精馏塔顶冷凝改为二次冷凝，不仅降低釜底含水甲醇中轻组分杂质含量，同时在二次冷凝液中，含挥发性较低并对甲醇稳定性敏感的轻组分杂质的浓度较大，可大大减少排液的损失。如果二甲醚再回收利用，还需要进一步冷凝并纯化。预精馏塔塔顶温度 62～64℃，塔釜温度视甲醇中的含水量而定，一般为 74～80℃。

表 1-21 列出经预精馏塔之后轻组分杂质的变化情况，以及对精甲醇质量的影响，说明了预精馏的重要作用。粗甲醇中含有的还原性杂质沸点与甲醇相近，难以分离，因此，预精馏塔的好坏，直接影响到精甲醇的质量。

表 1-21 粗甲醇精馏过程中各组分变化情况

组分	脱醚塔		预精馏塔			主精馏塔			
	粗甲醇	脱醚甲醇	进塔甲醇	回流液	塔釜液体	回流液	精馏物	异丁基馏分	异丁基油
二甲醚	5.2960	0.6858	0.4081	2.6692	0.0009	0.2315	0.0003	—	0.0003
甲基丙醚	0.0038	痕量	0.0007	0.0415	—	—	—	—	—
甲基异丁醚	0.0429	0.0423	0.0289	1.0362	—	0.0426	0.0003	—	0.0021
二甲氧基甲烷	0.0110	0.0043	0.0023	0.3234	—	0.0031	0.0001	—	0.0004
甲酸甲酯	0.0394	0.0567	0.0235	0.3287	0.0271	0.0358	0.0370	0.0186	0.0013
1,1-二甲氧基乙烷＋异丁醛	0.0015	0.0018	0.0020	0.2487	—	—	痕量	0.0014	0.0005
醋酸甲酯＋丙酮	0.0011	0.0011	0.0011	0.2088	—	痕量	—	—	—
丁醛	0.0001	痕量	痕量	0.1064	—	痕量	痕量	—	—
丁酮	0.0042	0.0043	0.0032	0.3325	0.0017	0.0032	0.0013	—	—
甲醇	94.1502	98.6795	99.2463	94.701	99.6650	99.6840	99.9610	78.0980	17.4320
仲丁醇	痕量	痕量	—	—	痕量	—	—	0.2648	4.5789
正丙醇	0.0585	0.0546	0.0416	0.0046	0.0151	—	—	4.3061	1.0998
异丁醇	0.3342	0.4090	0.2088	—	0.2499	—	—	14.7790	25.6020
3-戊醇	0.0104	0.0111	0.0069	—	0.0086	—	—	0.2960	5.5149
正丁醇	0.0309	0.0324	0.0160	—	0.0188	—	—	1.1306	25.6020
异戊醇	0.0147	0.0159	0.0096	—	0.0107	—	—	0.6593	3.3527
不知名化合物	0.0011	0.0012	0.0010	—	0.0022	—	—	0.4462	16.8125

经过预精馏后的含水甲醇，进入反应器 8 进行化学净化，通常用高锰酸钾水溶液进行处理。高锰酸钾能氧化甲醇中的许多杂质，但甲醇也能被氧化，一般控制反应器的温度在 30℃左右，以避免甲醇的氧化损失。甲醇停留时间一般为 0.5h。在含水甲醇中投入固体高锰酸钾进行处理时，相应要增加它与被净化甲醇的接触时间。

高锰酸钾在反应器 8 中被还原生成的二氧化锰，在沉淀槽 9 沉降下来，沉渣要在操作压力不大的压滤器 10 中分离。净化后的含水甲醇，经过换热器 5 进入主精馏塔 11 的中下部，有四处入口，可调节入料高度，一般为 19 块板处。主精馏塔一般常压操作，塔釜以蒸汽间接加热。进入塔 11 的组分一般视为甲醇-水-重组分（以异丁醇为主）和残存的少量轻馏分，所以主精馏塔的作用不仅是甲醇-水系统的分离，而且仍然担负了脱出其它有机杂质的任务，是保证精甲醇质量的关键一步，因此，主精馏塔通常有 75～85 块塔板。

由塔顶出来的蒸气中，基本为甲醇组分及残余的轻组分，经冷凝器 3 以后，甲醇冷凝下来，全部返回塔内回流，残余轻组分经塔顶水封带至污甲醇液中，或排入大气。如果精甲醇的稳定性达不到要求，则由于回流液中带的轻组分超过标准，可采出少量的回流液，约为入塔甲醇的 0.5%～2%，在高锰酸钾净化前重新返回系统。

精甲醇的采出口在塔顶侧，有四处，可根据塔的负荷及质量状况调节其高度。一般采出口上端保留 8 层板左右，以确保降低精甲醇中的轻组分。精甲醇液相采出，经冷却至常温送至储罐。

在塔下部第 6～10 块板处，于 85～92℃采出异丁基油馏分，其采出量约为精甲醇采出量的 2%左右。异丁基油含甲醇 20%～40%、水 25%～40%、丙醇以上的各类醇 30%～60%（其中异丁醇一般占 50%以上）。异丁基油经专门回收流程处理之后，得到副产品异丁醇及残留高级醇，同时回收甲醇。在塔下部第 30 块板左右，于 68～72℃采出约 0.5%左右的重组分，其中含甲醇 96%左右，水 1.5%～3.0%，高级类醇 2%～4%，这里的乙醇浓度比较高，采出可明显降低精甲醇中的乙醇含量。以上采出的组分中，还可能含有少量的其它轻组分杂质，如不采出，有可能逐渐上移，影响精甲醇的高锰酸钾值。塔 11 釜低温度为 104～110℃，排出的残液主要为水，要求相对密度不小于 0.996，其中约含 0.4%～1%有机化合物，以甲醇为主。残液虽含醇量很低，但必须经净化处理后方可排放。

三、混合二氯苯体系的分离

二氯苯是重要的精细化工原料，广泛应用于医药、农药、工程塑料、溶剂、染料、颜料、防霉剂、防蛀剂、除臭剂等领域。混合二氯苯是同分异构体的混合物，物化性质相近，沸点差不足 6℃，相对挥发度仅 1.059，属于难分离物系。国内外二氯苯的分离方法很多，各种方式都有自己的优势。目前国内从混合二氯苯中提取高含量二氯苯馏分，主要采用多次精馏法。图 1-60 为多次精馏分离混合氯化苯工艺流程。

首先采用初次精馏去掉反应生成的混合氯化苯中的苯，然后采用精馏方法分离氯化苯和多氯化苯，最后再采用精馏分离二氯苯和三氯苯以上的成分，这样就可以得到高含量的二氯苯馏分。采用上述方法分离混合氯化苯，原料中苯、氯化苯、对二氯苯、间二氯苯、邻二氯苯及三氯苯等质量分数分别为 0.75%、12.66%、34.92%、1.92%、26.67%、1.08%，经分离可以得到 98.7%的苯、99.8%以上的氯化苯和 99.6%以上的二氯苯馏分，氯化苯和二氯苯的收率分别达到 98.2%和 88.9%。

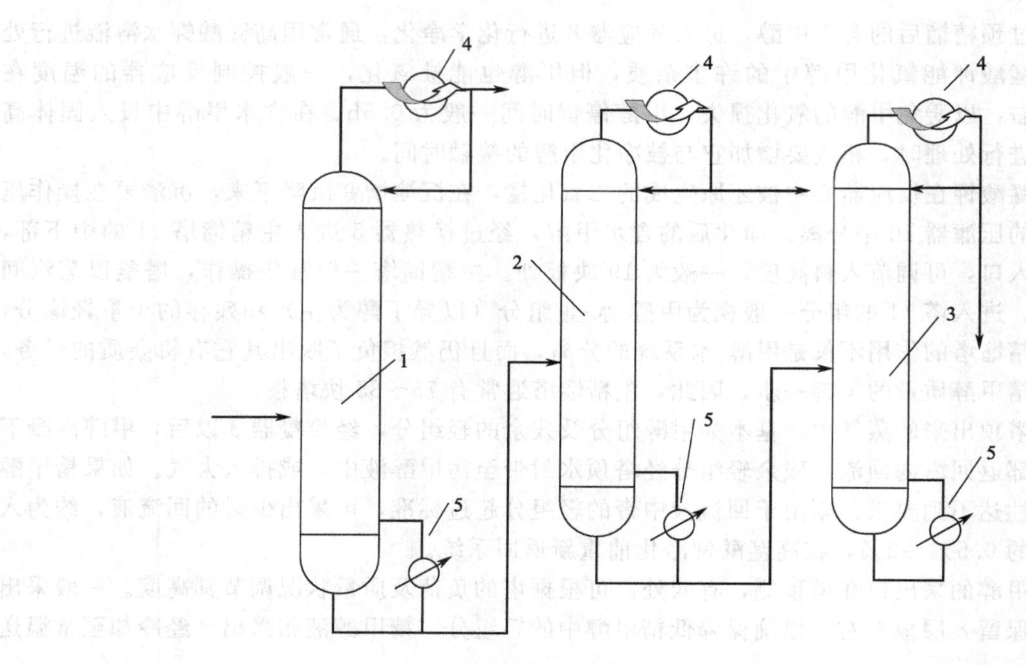

图 1-60　多次精馏分离混合氯化苯工艺流程
1～3—精馏塔；4—冷凝器；5—再沸器

四、芳烃分离

加氢后的裂解汽油中含有芳烃和非芳烃，芳烃（利用溶剂对芳烃和非芳烃的不同溶解能力）经汽提后，将芳烃和非芳烃分开。

混合芳烃中含有苯、甲苯、二甲苯、乙苯及少量较重的芳烃，可将混合芳烃通过精馏的方法分离成高纯度的单体芳烃，其沸点列于表 1-22。

表 1-22　各芳烃的沸点

组分	苯	甲苯	邻二甲苯	间二甲苯	对二甲苯
沸点/℃	80.1	110.8	144.4	139.1	138.4

催化重整装置芳烃精馏过程的工艺流程（三塔流程）如图 1-61 所示。

依据其沸点的不同，通过三塔流程，将混合芳烃依次送入苯塔、甲苯塔、二甲苯塔，精馏得到苯、甲苯、二甲苯等单一组分，其纯度为苯 99.9%、甲苯 99%、二甲苯 96%。

五、粗苯乙烯的分离与精制

乙苯脱氢反应生成苯乙烯的过程中，伴随着裂解、氢解和聚合等副反应，所以脱氢产物是一个混合物，其组成如表 1-23 所示。

一般可采用精馏的方法进行分离，但在分离过程中还应考虑到以下两点。

（1）苯乙烯在高温下容易自聚，而且聚合速率随温度的升高而加快，否则会在精馏操作中出现堵塔现象，使生产不能正常进行。

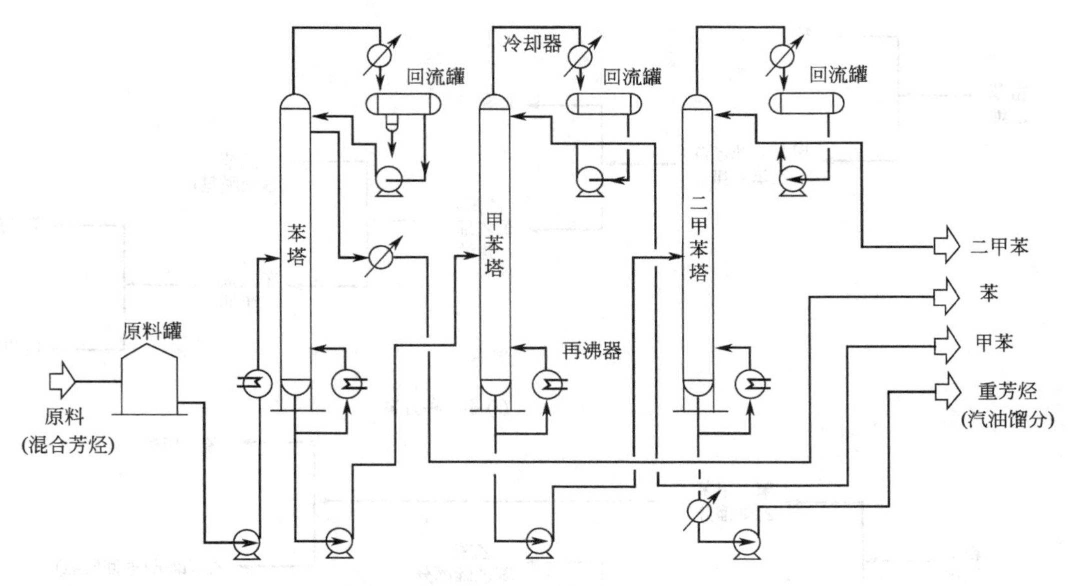

图 1-61　催化重整装置芳烃精馏过程的工艺流程（三塔流程）

表 1-23　脱氢产物的组成

组　　分	乙苯	苯乙烯	苯	甲苯	焦油
含量/%(质量分数)	55～60	35～45	约 1.5	约 2.5	少量
沸点/℃	136.2	145.2	80.1	110.7	

(2) 欲分离的物料之间需要存在沸点差异，但是苯乙烯和乙苯的沸点差只有 9℃，要将乙苯蒸出，却又不夹带苯乙烯，对于塔板的选择及流程的选择很重要。

常见的分离方法有两种，如图 1-62 所示。

第二种方案比较合理，产品苯乙烯是从塔顶蒸出，保证苯乙烯的纯度，不会含有热聚产物；苯乙烯被加热的次数也少了一次，减少了苯乙烯的聚合损失；而苯、甲苯蒸出塔中因不含有苯乙烯，可不必在真空下操作，节省了能量。

苯乙烯的分离和精制流程如图 1-63 所示，粗苯乙烯（炉油）首先送入乙苯蒸出塔 1，该塔是将未反应的乙苯、甲苯与苯乙烯分离，塔顶蒸出的是苯、甲苯、乙苯馏分，经冷凝后，一部分回流，其余送入苯、甲苯回收塔 3，将乙苯与苯、甲苯分离；乙苯蒸出塔 1 的塔釜得到的是乙苯、苯乙烯及焦油，送入苯乙烯粗馏塔 7。

苯、甲苯回收塔 3，塔釜得到乙苯，送至脱氢炉作脱氢用，塔顶得到苯、甲苯，经冷凝后部分回流，其余部分送入苯、甲苯分离塔 5，使苯和甲苯得到分离。

苯、甲苯分离塔 5，塔顶得到苯，塔釜得到甲苯。

苯乙烯粗馏塔 7，将乙苯与苯乙烯、焦油分开。塔顶得到的是含有少量苯乙烯的乙苯，部分回流，部分返回到乙苯蒸出塔 1；塔釜液主要是苯乙烯和焦油，进入苯乙烯精馏塔 9。

苯乙烯精馏塔 9，塔顶可得到聚合级成品精苯乙烯，纯度可达 99.5%以上，苯乙烯收率可达 90%。塔釜液为含有苯乙烯 40%左右的焦油残渣，进入蒸发釜 11 中可进一步蒸馏回收其中的苯乙烯，回收的苯乙烯返回苯乙烯精馏塔 9 作为加料。

在此流程中，乙苯蒸出塔 1、苯乙烯粗馏塔 7 和苯乙烯精馏塔 9 采用减压精馏操作。同时在塔釜中应加入适量的阻聚剂（如对苯二酚或叔丁基邻苯二酚等），以防止苯乙烯自聚。

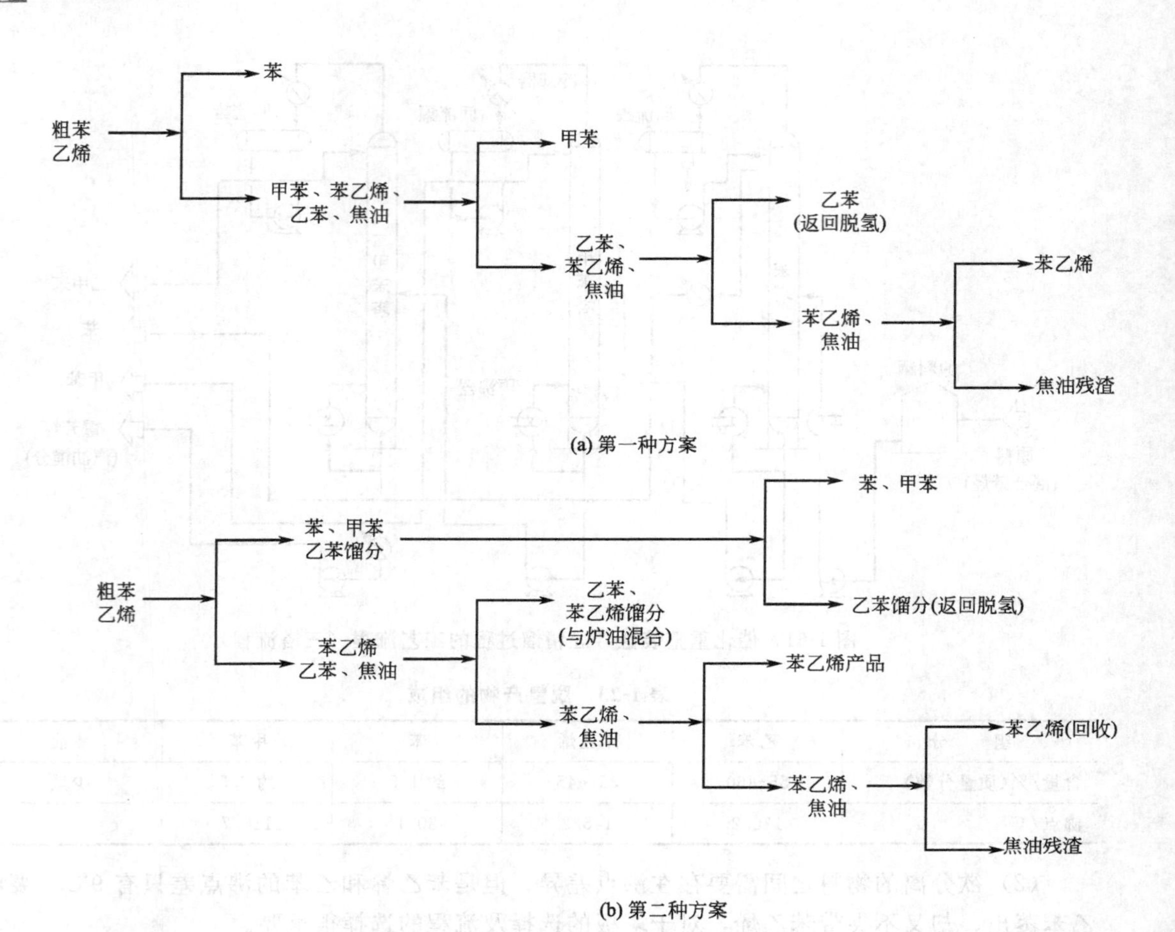

图 1-62　精苯乙烯常见的分离方法

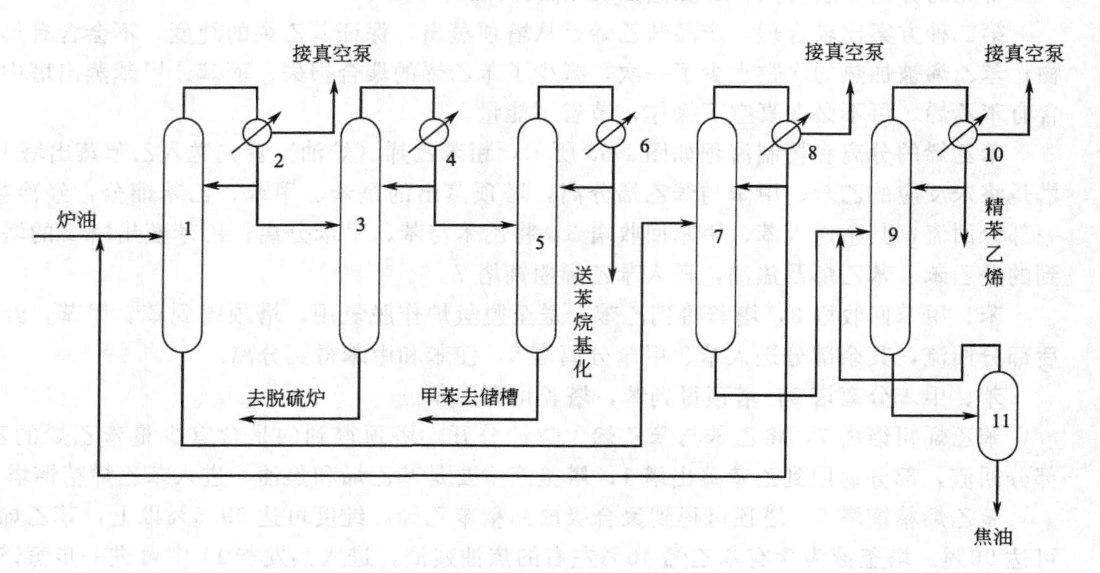

图 1-63　苯乙烯分离和精制流程

1—乙苯蒸出塔；2—冷凝器；3—苯、甲苯回收塔；4，6，8，10—冷凝器；5—苯、甲苯分离塔；7—苯乙烯粗馏塔；9—苯乙烯精馏塔；11—蒸发釜

测试题

1. 某正庚烷和正辛烷的饱和蒸气压与温度的关系如表1-24所示。已知该混合液中的正庚烷的质量分数为40%，根据表1-24作出沸点与组成图（T-x-y），求：

（1）泡点温度及第一蒸气泡的组成。

（2）露点温度，以及最终的一个液滴的组成。

（3）加热到115℃混合物处于什么状态？其组成如何？

表1-24

温度/℃	98.4	105	110	115	120	125.6
正庚烷的蒸气压 p_A^0/kPa	101.3	125.3	140	160	180	205
正辛烷的蒸气压 p_B^0/kPa	44.4	55.6	64.5	74.8	86.6	101.3

2. 某连续精馏塔，分离苯-甲苯混合液。已知相平衡方程为 $y=\frac{2.41x}{1+1.41x}$，精馏段的操作线方程为 $y=0.60x+0.38$，塔顶采用全凝器，液体为泡点回流。问自塔顶向下数的第二块板上的气、液相组成？

3. 一烃类混合物中含有甲烷10%、乙烷15%、丙烷30%及丁烷45%。以上组成均为摩尔分数，试求混合物在25℃时的泡点压力和露点压力？

4. 在101.3kPa下，有一组成为45%的正己烷、25%的正庚烷及30%的正辛烷的混合物（以上均为摩尔分数）。试求其泡点温度和露点温度？

5. 含甲苯30%、乙苯40%、水30%（以上均为摩尔分数）的液体混合物，在总压为50.66kPa下进行连续闪蒸蒸馏。假设乙苯和甲苯混合物服从拉乌尔定律，烃和水完全不互溶。试计算泡点温度和气相组成？

6. 一精馏塔进料的流量和组成如表1-25所示，操作压力为4.052MPa。要求乙烯回收率不小于98%，塔釜液中甲烷流量不大于0.051kmol/h。试用清晰分割求该塔塔顶产品和塔釜液的流量和组成？

表1-25

组分	甲烷	乙烯	乙烷	丙烷	丁烷	合计
流量/(kmol/h)	30.0	35.0	20.0	10.0	5.0	100.0
组成/%(摩尔分数)	30.0	35.0	16.0	12.0	7.0	100.0

7. 连续精馏塔中，原料的流量、组成及平均操作条件下各组分对重关键组分的挥发度见表1-26。要求馏出液中回收进料中乙烷的91.1%，在釜液中回收丙烯的93.7%（均为摩尔分数）。试用清晰分割计算塔顶与塔底产品的流量和组成？

表1-26

组分	甲烷	乙烷	丙烯	丙烷	异丁烷	正丁烷	合计
流量/(kmol/h)	5	35	15	20	10	15	100
组成/%(摩尔分数)	5	35	15	20	10	15	100

8. 已知某脱甲烷的进料组成见表1-27。塔的操作压力为3.45MPa，塔顶、塔底的平均温度为−50℃，要求塔底乙烯回收率为93.4%，塔顶甲烷回收率为98.9%。试求：

（1）塔顶、塔底产品组成。

（2）如进料为饱和液体，试计算最小回流比。

(3) 确定最少理论塔板数。

表 1-27

组分	甲烷	乙烯	乙烷	丙烯	合计
组成/%(摩尔分数)	29.17	27.10	41.40	2.33	100.00
K_i(3.45MPa,-50℃)	1.7	0.34	0.24	0.015	

9. 某分离乙烷和丙烯的连续精馏塔，其进料组成见表 1-28。要求馏出液中丙烯浓度不大于 2.5%（摩尔分数），釜液中乙烷的浓度不大于 5%（摩尔分数），并假定在釜液中不出现甲烷，在馏出液中不出现丙烷及更重的组分，实际回流比为最小回流比的 1.5 倍。

求：(1) 计算泡点进料下的理论塔板数（简捷法）。

(2) 确定加料位置。

表 1-28

组分	甲烷	乙烷	丙烯	丙烷	异丁烷	正丁烷	合计
流量/(kmol/h)	5	35	15	20	10	15	100
组成/%(摩尔分数)	5	35	15	20	10	15	100
挥发度	10.95	2.59	1	0.884	0.442	0.296	

10. 现有一分离 A、B、C 三组分的精馏塔，A 的挥发度大于 B，B 的挥发度大于 C。A、B 为塔顶产物，C 为塔底产物。按工艺要求 C 在塔顶的质量浓度不大于 5%，B 在塔底的质量浓度不大于 0.4%。当回流比为 20 时，如果正常操作，该塔能满足要求。现有一操作人员所得的实际操作数据如下：F=100kmol/h，原料液的组成为 x_A=0.1，x_B=0.04，x_C=0.86，回流比为 20，塔顶产物 D=20kmol/h，塔顶塔底的产品组成见表 1-29。试分析塔顶产品不合格的原因，并提出改进措施。

表 1-29　　　　单位：质量分数

组成	A	B	C
塔顶产品	0.495	0.185	0.320
塔底产品	0.001	0.004	0.995

知识拓展

泡沫分离技术

一、泡沫分离技术的概念

泡沫分离技术又称泡沫吸附分离技术，是利用气体在溶液中鼓泡，以达到分离或浓缩的方法与技术，它是根据表面活性物质间表面活性的差异来分离和纯化物质的一种手段，不仅可作为金属或非金属离子、蛋白质、配合物、微生物和微粒子等物质的分离方法，而且还特别适用于这些物质的微量分离和富集。

泡沫分离的两个基本条件是很大的气、液接触表面和要分离的物质具有表面活性。

气液接触表面通常用鼓空气泡和搅拌来实现。也可以采用加压溶解、减压释放和电解水的方法产生，这两种方法可以得到尺寸小而均匀的气泡。

当溶液中要分离的物质为表面活性物质时（例如洗涤剂），可以直接通入空气泡进行分离。实际上多数物质是非表面活性物质，这时，可以加入适当的表面活性剂，使要分离的物质吸附在表面活性剂上，或与它结合，使之具有表面活性。该物质具有一种富集于气、液两相界面的倾向性，其倾向性的大小，主要依赖于体系中各组分的表面活性之差或它们与表面活性剂配合能力的大小。

泡沫分离技术具有以下优点：对痕量物质能有效地分离和富集，提取率高，其有效富集浓度可达 10^{-10}mol/L，对于低浓度溶液溶质组分的分离，具有较好的优势；泡沫分离一般在室温下进行，适合于对热敏感的各类化学品的分离与富集；能耗较低，投资相对较少，设备和操作方法都比较简单，工业和实验室均容易实现。此外，在很多情况下可以回收被分离的物质和表面活性剂。

泡沫分离技术按分离或富集物质离子的大小和分离机理分类如下。

1. 泡沫分级法

是利用被分离物质自身的天然表面活性之差进行分离的。这些物质有烷基苯磺酸盐、胶类、脂肪酸类、醇类等表面活性剂。分离或富集物质的粒子尺寸为分子级。

2. 离子或分子浮选法

是利用被分离物质与表面活性剂的结合能力之差进行分离的。这类分离物质有金、银、铜、钴、铁、汞、铅、镭、铬、氰化物、磷酸盐、重铬酸盐、碳酸盐等。分离或富集物质的粒子尺寸为分子级。

3. 泡沫浮选法

是利用被分离物质自身的天然表面活性之差进行分离的。这些物质有白蛋白、血红蛋白、过氧化氢酶、藻类、甲基纤维素和染色素等。分离或富集的物质的离子可以用显微镜观察。

4. 微粒子浮选法

是指采用泡沫分离技术分离非表面活性剂的过滤性微粒子，如高岭土、铁锈、铈和海水中的痕量元素等，分离或富集的离子为显微镜可见。

5. 泡渣浮选法

是指采用泡沫分离技术分离那些可筛分的矿物，如硫、煤、磷酸钙、长石、氯化钾和废渣等。

6. 沉淀浮选法

也称非极性矿物泡渣浮选法，是应用最广的泡沫浮选方法，几乎所有借助溶液 pH 值的改变或加入有机或无机沉淀剂能生成像氢氧化物、硫化物、有机配合物沉淀的无机金属离子都能应用此法进行分离。分离悬浮液体系由沉淀、表面活性剂与惰性气体组成。表面活性剂与被分离的沉淀一起被气泡浮游带到溶液表面，以达到胶体吸附分离的目的。此法可以定量地分离溶液中 10^{-6}g/L 的溶质，如海水痕量重金属的富集。

二、泡沫分离技术原理

（一）表面活性剂的界面特性

表面活性剂是指这样一类物质，加入少量的该物质能使溶液的表面张力迅速下降。表面活性剂在结构上具有双亲性的特征，即一个分子包含亲水性基团，如—OH、—COOH、—COO^-、—SO_3^-；同时还包含憎水的非极性基团，如烷基和苯基。亲水性的极性基团能够进入溶剂的内部，而非极性基团趋向逃逸水溶液而伸向空气，因此表面活性物质极易在溶液表面富集。

胶束的形成过程如图 1-64 所示。在溶液内部，当表面活性剂的浓度很小时，表面活性剂分子会三三两两地向憎水基相靠拢；当浓度达到一定程度时，众多的表面活性剂分子会形成大的基团即胶束，此时众多的极性基团向外，与水分子相接触，而非极性基团朝里，被包覆在胶束内部，几乎脱离与水分子的接触，此时以胶束形式存在的表面活性剂是比较稳定的。

表面活性剂之所以能吸附于气液界面，是由于其非极性的短基链和极性的水分子之间的相互作用使表面活性剂的非极性基团从大量的水中逃逸而吸附在气液界面。当表面活性剂的非极性链长增加时，则其在气液界面的吸附能力增加；当表面活性剂的极性基团增加时，则其在气液界面上的吸附能力降低。

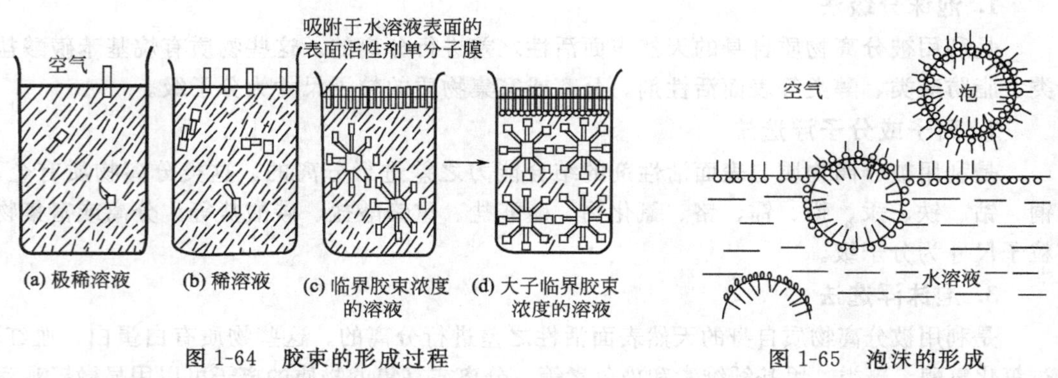

图 1-64 胶束的形成过程

⊸的头表示亲水基，长方形的尾表示疏水基

图 1-65 泡沫的形成

（二）泡沫形成的原理

对表面活性剂的溶液进行机械搅拌，使空气进入溶液中，从而被周围液体包围，即形成气泡。如图 1-65 所示，疏水基伸向气泡的内部，亲水基向着液相的吸附膜。形成的气泡由于溶液的浮力而上升到溶液的表面，最后逸出表面形成双分子薄膜。在形成泡膜的双分子膜之间含有大量的表面活性剂溶液。如在日常生活中所见的肥皂泡，实际上是肥皂分子的亲水基向着内部、疏水基向着外部（空气）排列，最后形成双分子膜结构。

泡沫的形成方法有两种。一是气体通过连续的液相时，采用搅动或通过细孔鼓泡的方法分散形成泡沫；二是气体先以分子或离子的形式溶解于液体中，然后设法使溶解的气体从溶液中析出而形成大量的泡沫。

（三）Gibbs（吉布斯）等温吸附方程

泡沫分离的物理基础是溶液或悬浮液中各种物质表面活性的差别。表面活性物质分子结构的特点是不对称性，它由一个亲水的极性基团和疏水的非极性基团组成，因此在水中的表面活性物质有在界面吸附浓集的倾向，使表面张力降低。当溶液处于平衡时，物质的表面的吸附量可以用 Gibbs 等温吸附方程表示：

$$\Gamma=-\frac{c}{RT}\times\frac{\mathrm{d}\sigma}{\mathrm{d}c}$$

式中 Γ——溶质在表面层的吸附量，也称表面过剩；

c——溶质在溶液主体中的平衡浓度；

σ——溶液的表面张力；

$\frac{d\sigma}{dc}$——溶液的表面张力随浓度的变化率。

对于表面活性物质，$\frac{d\sigma}{dc}<0$，Γ为正值，表示表面活性物质在表面层的浓度比溶液主体中大，因而在表面上浓集。当溶液浓度很稀时，溶质在溶液表面上的吸附量可表示为：

$$\Gamma=Kc$$

式中，K为分配系数，对于表面活性物质，K是大于1的常数。K越大，物质在表面上的浓集程度越高。当表面活性剂的浓度大于临界胶团浓度（CMC）时，分配系数下降。

三、泡沫分离设备

泡沫分离操作的主要设备为泡沫塔和破沫器。操作流程分为间歇式和连续式两类。

（一）间歇式泡沫分离过程

间歇式泡沫分离过程如图1-66所示。气体从塔底连续鼓入，形成的泡沫液从塔顶连续排出。可在塔的底部补充适当的表面活性剂，以弥补其在分离过程中的减少。间歇式操作可用于溶液的净化和有用组分的回收。

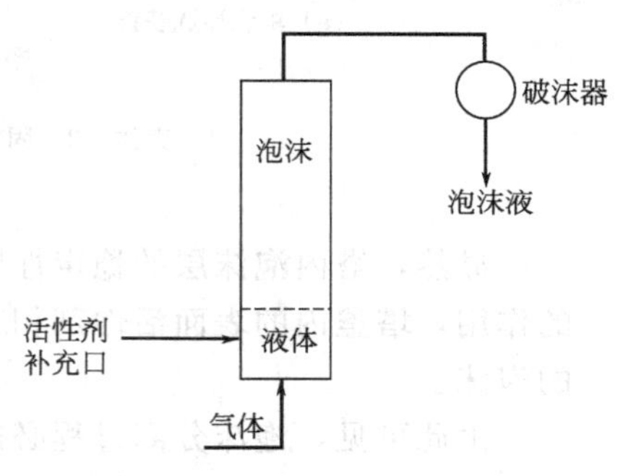

图1-66　间歇式泡沫分离过程

（二）连续式泡沫分离过程

常用于连续式泡沫分离过程的分离塔有三种（见图1-67）：浓缩塔、提馏塔和全馏塔。以连续操作的全馏型泡沫分离塔为例：原料液从塔的中部引入，圆筒形塔体分为两个部分。图1-67中间歇式泡沫分离塔（虚线以下）为溶液鼓泡层，设有气体鼓泡器，气体由此引入塔内鼓泡而上。下部还设有液体出口，排出经净化和分离出的有机物质的残液。塔中液面以上区域为泡沫层。鼓泡层中因吸附作用而富集活性物质的气泡组分，继续上升形成泡沫层。上升的泡沫与泡沫间隙中的液体逆流传质，直至升到塔顶排出并在塔顶旁的破沫器中消泡，所得的泡沫液为塔顶产品，其中所富集的溶质称为富集物。

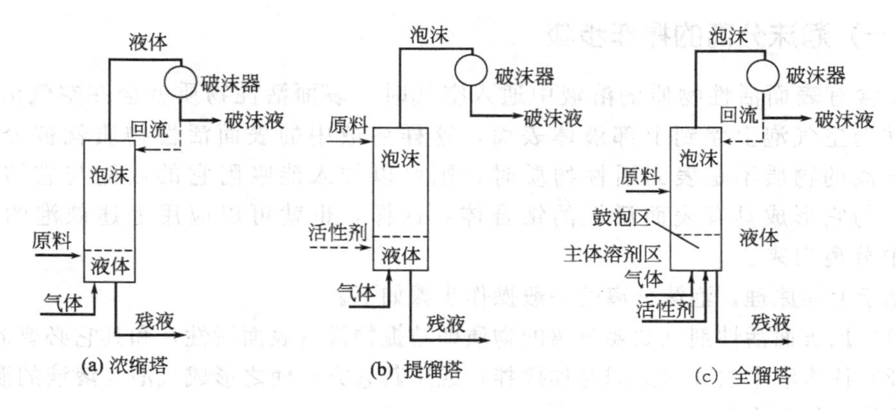

图1-67　三种典型连续式泡沫分离过程

破沫器的作用在于消泡以获得塔顶产品，操作中的泡沫液也可抽一部分回流到塔顶以维持塔顶产品的稳定。最简单的是单级浮选塔，如图 1-68(a) 和 (b) 所示，是由外部壳体和泡沫槽构成，泡沫槽与壳体之间的环行空间用隔板分成几段，并装有充气器，用机械的方法消泡。浓缩液用离心泵送去分离。

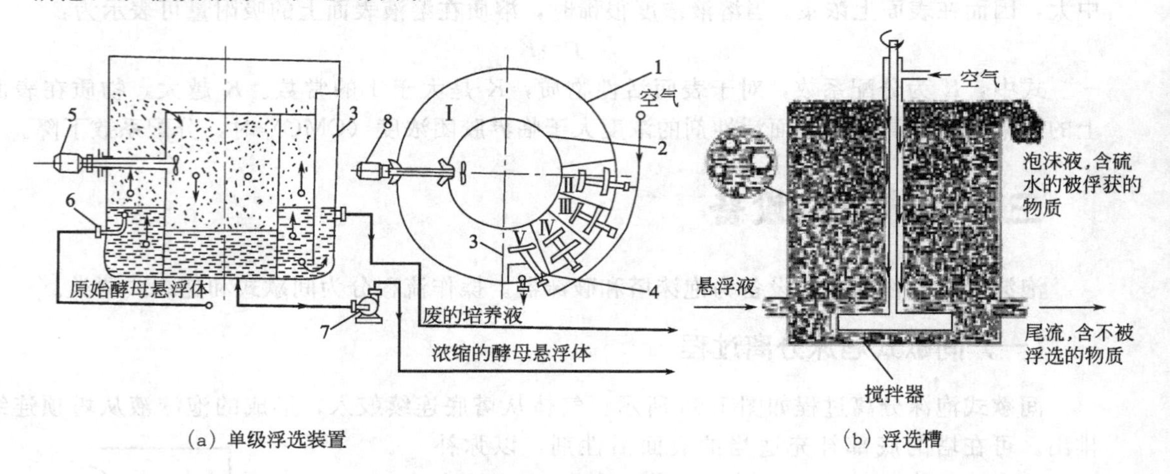

(a) 单级浮选装置 (b) 浮选槽

图 1-68 单级浮选塔

1—壳体；2—固定槽；3—隔离室；4—充气器；5，8—机械消沫器；6—母液悬浮导入器；7—泵

显然，塔内泡沫层的稳定性取决于溶液内表面活性剂的浓度。对于提馏塔，由于提馏段的作用，塔釜内的表面活性剂相对减少，故必须在鼓泡层侧开活性剂补充口，用于形成稳定的泡沫。

由此可见，泡沫分离过程必须具备两个条件：其一，所需分离的潜质能够被吸附或附在气液界面上，该物质是活性物质，也可以利用它与表面活性剂的作用来实现；其二，富集物在分离过程中借泡沫分离和塔顶富集的目的，前者是以表面化学为基础，后者则涉及泡沫本身的结构和特征，两者都是泡沫分离的要素。

四、泡沫分离操作

(一) 泡沫分离的操作步骤

在含有表面活性物质的溶液中通入空气时，表面活性物质就会在空气泡的表面上浓集，并随空气泡上浮到上部液体表面，这样溶液中的表面活性物质就被分离出来。当要求分离的物质不是表面活性物质时，则可以加入能吸附它的或能与它结合的表面活性剂，与它形成具有表面活性的结合体，这样，也就可以应用上述鼓泡的方法把它从溶液中分离出来。

基于上述原理，泡沫分离的一般操作步骤如下。

(1) 加表面活性剂（如要分离的物质即被提物没有表面活性）和其它必要的助剂。

(2) 往溶液中吹气（或同时加搅拌）或用其它方法使之形成气泡与溶液的混合体，使被提物浓集在气泡表面上。

(3) 分离出泡沫，并用化学、热或机械的方法破坏泡沫，将被提物分离出来。

（二）影响泡沫分离的因素

评价泡沫分离方法的效果，主要是看泡沫分离的分离率、富集率和回收率。其中分离率和富集率的定义如下。

$$分离率=\frac{泡沫中样品的浓度}{剩余液体中样品的浓度}$$

$$富集率=\frac{泡沫中样品浓度}{原料液中样品的浓度}$$

影响泡沫分离的因素主要有以下几项。

1. 表面活性剂的性质与浓度

提高表面活性剂非极性部分的链长，将导致其气液界面吸附能力增加，提高浮选率。链—CH_2^- 中的 H 用 F 代替可提高浮选效果。表面活性剂的浓度对浮选效果的影响很大。表面活性剂的用量一般是目的离子浓度的1～15倍，而且表面活性剂的浓度应控制在临界胶束浓度以下。对于沉淀浮选，通常表面活性剂与被提物的比例为 0.2∶1 就能获得很好的效果；而对于离子浮选，则所需表面活性剂量要高得多。表面活性剂量过多，反而起抑制作用，会使浮选效果变坏。

2. 各种浮选辅助剂

在泡沫分离中除了表面活性剂外，还需加入其它辅助剂以促进要求的分离结果。辅助剂包括抑制剂、活化剂、起泡剂、絮凝剂等。抑制剂的作用是阻止表面活性剂在某些矿石上吸附，有利于要分离出的矿石的浮选。活化剂的作用是促进矿石的浮选，有的矿石在没有活化剂的条件下不能被浮选，例如石英需有钙离子存在的条件下用油酸浮选。起泡剂的主要作用是增加泡沫的稳定性，它也可以与表面活性剂共吸附在矿石上而有利于矿石的浮选。对于有的体系加入絮凝剂可以大大提高浮选的分离效果。加入何种辅助剂及其加入量均应视具体物系与分离要求而异。

3. 溶液的 pH 值

溶液的 pH 值影响被提物和表面活性剂在溶液中存在的形式以及颗粒表面的荷电性质，从而对浮选有很大影响。因此应用泡沫分离技术，在选择适合的表面活性剂的同时，还要选择适当的 pH 值。

4. 离子强度

离子强度对表面活性剂在矿石上和气泡上的吸附有重要影响，一般来说，离子强度大时，对浮选是不利的。例如非表面活性的阳离子浓度增加，由于相同电荷离子的竞争作用，使阳离子表面活性剂在固体上的吸附减少，从而使其浮选效果降低。

5. 温度

温度影响被提物的吸附情况，一般说对于物理吸附，温度升高，吸附减弱。对于化学吸附，则温度升高，吸附加强。温度对泡沫分离的影响还在于它影响泡沫层泄液与泡沫的稳定性。

6. 流动条件

包括气体流量、气泡尺寸分布、搅拌程度、加料速率、泡沫层高以及浮选剂的加入方式等对浮选均有一定影响。但通常它们的影响不如上述化学变量的影响大。

五、泡沫分离的工业应用实例

泡沫分离主要应用在以下两方面。

（一）矿石的浮选

用浮选法进行有用矿物的浓集已经有很长的历史，它是目前最重要的选矿方法，浮选矿石的浮选是目前唯一大规模工业应用的泡沫分离技术。矿石经粉碎后与水制成浆液，用表面活性剂和 pH 值调节剂等浮选促进剂进行调节，送入浮选槽中，通入空气，同时进行强烈搅拌（见图 1-68），使空气分散良好，气泡与颗粒碰撞并与疏水性的或获得疏水性的颗粒结合。气泡与颗粒的结合体浮到槽顶部溢出，即可把被提物分出。

（二）从稀溶液中提取物质

在这方面最主要的是各种废水的处理，包括废水中金属离子、阴离子和有机物的除去。已对镉、铁、铅、镁、铬、铜、镍、锌、汞等金属离子的除去进行了广泛研究，用沉淀浮选和胶体吸附浮选去除率都在 90%以上，多数达 99%以上。对放射性废水也进行了研究，对象包括钴、钌、铈、铯、铌、锶、铑和铱等，用沉淀浮选与胶体吸附浮选平均提取率在 90%以上，有的最高可达到 100%。对清除有机物的研究大部分是去油类，包括动植物油与矿物油。移动式的浮选设备可望用于处理油污染了的海滩。用泡沫分离从海水中提取有用的痕量组分锌、铜、银、钼、铀、钒、硒、砷等也进行了研究，一般提取率在 90%以上。对阴离子，如砷酸根、氰、氟、亚硫酸根等也进行了研究，也都用沉淀浮选与胶体吸附浮选。

模块二

多组分吸收及解吸

学习目标

知识目标

1. 掌握多组分吸收与解吸的基本知识；掌握多组分吸收与解吸的相平衡；掌握多组分吸收与解吸的物料衡算及相关的工艺计算；掌握多组分吸收与解吸过程的操作、常见事故及其处理。

2. 理解多组分吸收的传质机理；理解多组分吸收的传质速率与吸收系数；理解解吸的特点、过程及应用。

3. 了解多组分吸收与解吸设备的日常维护及保养；了解多组分吸收与解吸过程的安全环保要求。

能力目标

1. 能够根据生产任务对多组分吸收与解吸设备实施基本的操作。

2. 能对多组分吸收与解吸操作过程中的影响因素进行分析，并运用所学知识解决实际工程问题。

3. 能根据生产的需要正确查阅和使用一些常用的工程计算图表、手册、资料等，进行必要的工艺计算。

素质目标

1. 培养学生严谨的科学态度，实事求是、严格遵守操作规程的工作作风。

2. 培养安全环保意识，学生团结协作、积极进取的团队精神。

3. 培养学生追求知识、独立思考、勇于创新的科学精神。

本模块主要符号说明

英文字母

y_i、x_i　分别表示 i 组分在气、液两相中的摩尔分数；

P　气相总压；

k_i　表示 i 组分在平衡气、液两相中的分配情况，又称分配系数；

f_i^L　为纯 i 组分液相在体系温度和压力下的逸度；

c^*、X^*、p^*、Y^*　分别是液相或气相中溶质组分的平衡浓度；

X、Y　用摩尔比表示的液相主体或气相主体浓度；

K_L　以液相浓度差为推动力的总传质系数，m/s；

K_G　以气相浓度差为推动力的总传质系数，kmol/(m^2·s·kPa)；

K_X　以液相摩尔比浓度差为推动力的总传质系数，kmol/(m^2·s)；

K_Y　以气相摩尔比浓度差为推动力的总传质系数，kmol/(m^2·s)；

V_i、L_i　i组分在某一理论板上气、液两相中的流量，kmol/h；

V、L　分别代表某一理论板上气、液两相的总流量，kmol/h；

A_i　i组分的吸收因子；

S　解吸因子；

C　解吸中的蒸出率。

希腊字母

$\hat{\phi}_i^V$ 在气相的逸度系数；

γ_i　i组分在液相的活度系数；

ϕ　吸收率。

下标

i　表示任一组分；

L、X　表示液相；

G、Y　表示气相。

项目一

认识多组分吸收及解吸

一、吸收及解吸概述

（一）吸收和解吸

工业生产中常常会遇到均相气体混合物的分离问题。为了分离混合气体中的各组分，通常将混合气体与选择的某种液体相接触，气体中的一种或几种组分便溶解于液体内而形成溶液，不能溶解的组分则保留在气相中，从而实现了气体混合物分离的目的。

图 2-1 中虚线左边为吸收部分，含苯煤气由底部进入吸收塔，洗油从顶部喷淋而下与气体呈逆流流动。在煤气和洗油的逆流接触中，苯类物质蒸气大量溶于洗油中，从塔顶引出的煤气中仅含少量的苯，溶有较多苯类物质的洗油（称为富油）则由塔底排出。为了回收富油中的苯并使洗油能循环使用，在另一个被称为解吸塔的设备中进行着与吸收相反的操作——解吸，图中虚线右边即为解吸部分。从吸收塔底排出的富油首先经换热器被加热后，由解吸塔顶引入，在与解吸塔底部通入的过热蒸汽逆流接触过程中，粗苯由液相释放出来，并被水蒸气带出塔顶，再经冷凝分层后即可获得粗苯产品。脱除了大部分苯的洗油（称为贫油）由塔底引出，经冷却后再送回吸收塔顶循环使用。

这种利用混合气体中各组分在同一种溶剂（吸收剂）中溶解度的不同而分离气体混合物的单元操作称为吸收。如用水吸收 NH_3 和空气混合气体中的 NH_3，使 NH_3 与空气得以分离。

分离过程中被选择的液体称为吸收剂，被吸收的气体混合物称为溶质。吸收过程得到的产品是混合物，在工业中进行的吸收过程是根据吸收剂与吸收质的价值而决定是否需进行再

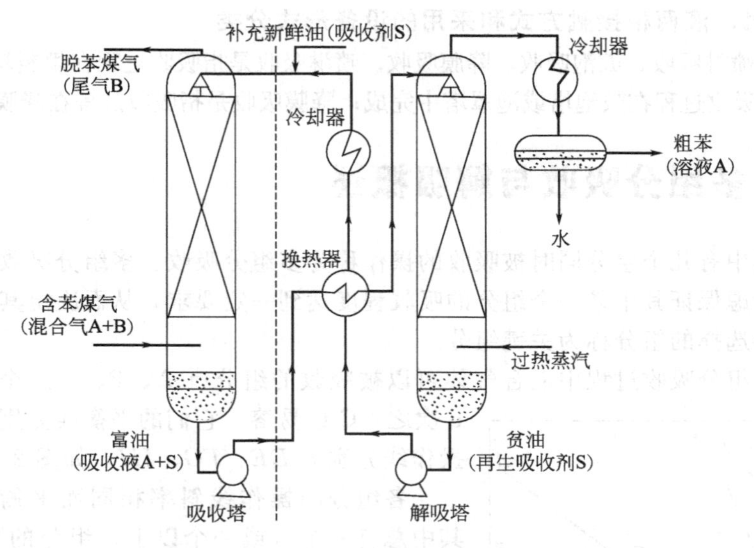

图 2-1 焦炉煤气中回收粗苯的吸收流程

次分离，这一再次分离过程称为解吸。

被吸收的气体从吸收液中释放出来的过程称为解吸或蒸出，它是吸收的逆过程。离开吸收塔的吸收液需进行解吸操作，其作用有两个：一是将溶质从吸收液中驱赶出来，使吸收剂获得再生，循环使用；二是溶质本身是吸收操作欲获得的产品。

(二) 吸收过程的分类

由于处理的气体混合物的性质不同，所采用的设备不同，吸收可分为许多类。

1. 按组分的相对溶解度的大小分类

可将吸收分为单组分吸收和多组分吸收。单组分吸收是气体吸收过程中只有一个组分在吸收剂中具有显著的溶解度，其它组分的溶解度均小到可以忽略不计，如制氢工业中，将空气进行深冷分离前，用碱液脱出其中的二氧化碳以净化空气，这时仅 CO_2 在碱液中具有显著的溶解度，而空气中的氮、氧、氩等气体的溶解度均可忽略。

多组分吸收是气体混合物中具有显著溶解度的组分不止一个，如用油吸收法分离石油裂解气，除氢以外，其它组分都不同程度地从气相溶到吸收剂中。

2. 按吸收过程有无化学反应分类

可分为物理吸收和化学吸收。物理吸收是所溶组分与吸收剂不起化学反应，化学吸收是所溶组分与吸收剂起化学反应。

3. 按吸收过程温度变化是否显著分类

可分为等温吸收和不等温吸收。等温吸收是吸收过程温度变化不明显。气体吸收相当于由气态变为液态，所以会产生近于冷凝热的溶解热，在吸收过程中，有溶解热、反应热，其量往往较大，故温度总有上升，所以没有绝对的等温，只有当溶剂用量相对较大，而温升不明显。非等温吸收是吸收过程温度变化明显。

4. 按吸收量的多少分类

可分为贫气吸收和富气吸收。贫气吸收是指吸收量不大，对吸收塔内的吸收剂和气体量影响不大；富气吸收是指吸收量大的情况。

5. 按气、液两相接触方式和采用的设备形式分类

可分为喷淋吸收、鼓泡吸收、降膜吸收。喷淋吸收是指吸收过程在填料塔或空塔中完成；鼓泡吸收是指吸收过程在鼓泡塔或泡罩塔中完成；降膜吸收是指吸收过程在降膜式吸收器中完成。

二、多组分吸收与解吸概述

混合气中有几个组分同时被吸收的操作称为多组分吸收。多组分吸收原则是按照工艺与经济上的考虑保证其中某一个组分的吸收程度达到一定要求，从而决定其它组分被吸收的程度，这个被选择的组分称为关键组分。

假设多组分吸收过程中混合气体可以被吸收的组分有 A、B、C 三个，其中 A 最难溶，B 次之，C 最易溶。它们的平衡线分别为 OA、OB、OC，操作线分别为 DE、FG、HI，如图 2-2 所示。

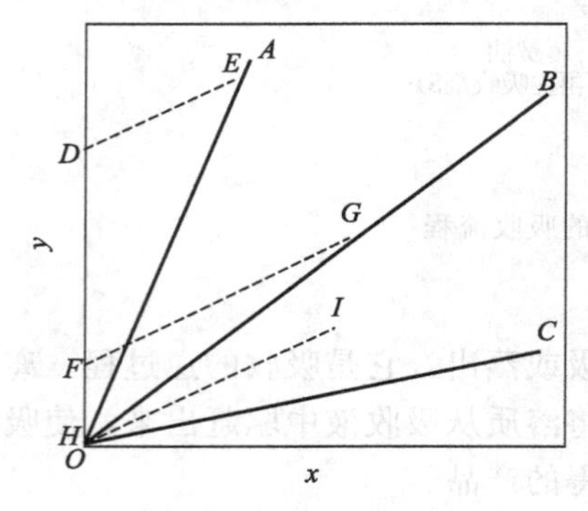

图 2-2 多组分吸收操作线和平衡线

各组分的操作线斜率相同而平衡线斜率大小不一，其中总有一个（或一个以上）组分的平衡线斜率与操作线的斜率较为接近，两线近于平行。它一般都是溶解度居中的组分，图中就是组分 B，这个组分称为关键组分。

比关键组分难溶的组分 A，其平衡线的斜率大于操作线，平衡线与操作线在塔底处趋于汇合，溶液从塔底送出时其中 A 的浓度已近于饱和，而气体从塔顶送出时其中 A 的浓度仍然很高，表示被吸收得并不完全，即回收率很小。

比关键组分易溶的组分 C，情况恰好相反。平衡线与操作线趋于汇合之处在塔顶，气体从塔顶送出时其中 C 的浓度已非常低，表示 C 被吸收得很完全，即回收率很大。

从上面的分析可以得知，要求一个塔对所有组分都吸收得一样好，显然是做不到的。多组分吸收的原则是按其中一个组分的吸收要求，然后定出其它组分的吸收量。可见，确定关键组分对多组分吸收操作来说是非常重要的。

吸收剂与被吸收的易溶组分一起从吸收塔底排出后一般要把吸收剂与易溶组分分离开，即解吸过程，多组分吸收和解吸都是在气、液相间的物质传递过程，不同的是两者的传质方向相反，推动力的方向也相反。所以多组分解吸被看作是多组分吸收的逆过程，由此可得知，凡有利于多组分吸收的条件对多组分解吸都是不利的，而对多组分吸收不利的条件对多组分解吸则是有利的。多组分解吸可用的方法有降压和负压解吸、使用惰性气体或贫气的解吸、直接蒸气解吸、间接蒸气加热解吸、多种方法结合解吸。

三、多组分吸收及解吸的特点

（1）多组分吸收中，各溶质组分的沸点范围很宽，吸收剂与溶质的沸点差较大，有的甚至在临界温度以上进行吸收。多组分吸收是溶质的溶解过程，故不能视为理想物系，气、液关系比较复杂。

（2）吸收是单向传质，对于吸收系统，一般吸收剂是不易挥发的液体，气相中的某些组分不断溶解到不易挥发的吸收剂中，属于单向传质。在吸收过程中，气相的量是不断减少，而液相的量在不断地增加，除非是贫气吸收，否则气、液相流量在塔内不能视为常数，不能用恒摩尔流的假设，从而就增加了吸收计算的复杂性。

(3) 吸收过程由于气相中易溶组分溶解到溶剂中，会放出溶解热，这一热效应会使液相和气相的温度都升高，而温度升高又将影响到溶解量，而溶解量又与溶质的溶解量有关，因而气相中各组分沿塔高的溶解量分布不均衡，这就导致了溶解热的大小以至吸收温度变化是不均匀的，所以不能用精馏中常用的泡露点方程来确定吸收塔中温度沿塔高的分布，通常要采用热量衡算来确定温度的分布。

(4) 多组分吸收过程中，因为各个组分在同一塔内进行吸收，所有组分的条件都一样，如温度、压力、塔板数、塔高、液气比。但是由于各组分的溶解度不同，所以被吸收量也不同。吸收量的多少由各组分平衡常数决定，而且相互之间存在一定的关系，所以不能对所有的组分规定分离要求。而只能指定某一个组分的分离要求，根据对此组分的分离要求进行计算，然后再根据此计算结果得出其它组分的分离程度。这个首先被指定的组分通常是选取在吸收操作中起关键作用的组分，也就是必须控制其分离要求的组分。

(5) 吸收过程在塔的不同位置，对组分的吸收程度是不同的，即难溶组分一般只在靠近塔顶的几块塔板被吸收，而在塔底上变化很小。易溶组分主要在塔底附近的同几块塔板上被吸收，而在塔顶上变化很小。只有关键组分才是在全塔范围内被吸收。

四、多组分吸收及解吸的应用

1. 用液体吸收气体获得半成品或成品

将气体中需用的组分以指定的溶剂吸收出来，成为液态的产品或半成品。如用水吸收丙烯腈作为中间产物，用甲醇蒸气氧化后用水吸收甲醛蒸气制甲醛溶液（福尔马林溶液）。

2. 气体混合物的分离

用来得到目的产物或回收其中一些组分。如石油裂解气的油吸收过程，可把 C_2 以上的组分与甲烷、氢分开；焦炉气的油吸收以回收粗苯以及用 *N*-甲基吡咯烷酮作溶剂，将天然气部分氧化所得裂解气中的乙炔分离出来等。此时所用的吸收剂应有较好的选择性，且常与解吸过程相结合。

3. 气体的净化和精制

即原料的预处理过程，除去气体在后处理工序中不允许有的杂质。例如用乙醇胺脱除石油裂解气或天然气中的硫化氢；用于合成氨生产的氮、氢混合气中的 CO_2 和 CO 的净化以及在接触法生产硫酸中二氧化硫的干燥等。

4. 废气治理

废气在排放前，为了防止有价值组分的损失并污染环境，使用吸收操作进行回收与治理。如废气中所含的易挥发性溶剂，如醇、酮、醚等进行回收；对烟道气的 SO_2 净化；液氯冷凝后的废气除去氯气的净化等。

5. 多组分解吸

多组分解吸的目的有两个：①获得所需较纯的气体溶质；②使吸收剂得以再生，返回吸收塔循环使用，经济上更合理。

五、多组分吸收及解吸的流程及选择

1. 单纯吸收工艺流程

当吸收剂与被吸收组分一起作为产品或者废液送出，同时吸收剂使用之后不需要解吸时，则该过程只有吸收塔而没有解吸塔。根据生产要求，可分为单塔一次吸收和多塔串联吸收。如图 2-3 所示，图中（a）单塔一次吸收用于溶解度大或分离要求不高的场合；（b）双塔逆流串联吸收用于溶解度较小且速率慢的场合。

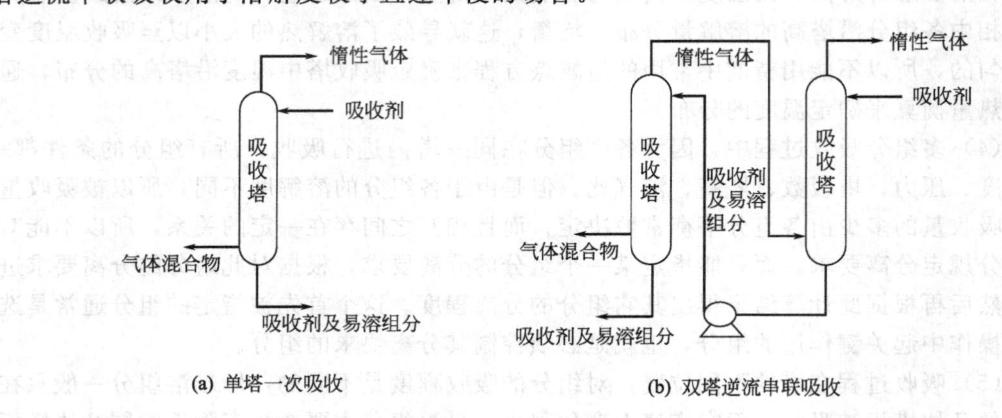

图 2-3 单纯吸收工艺流程

2. 吸收-解吸流程

该法用于气体混合物通过吸收将其分离为惰性气体和易溶气体两部分，并且惰性气体在吸收剂中溶解度很小，可忽略不计的情况。解吸的常用方法是使溶液升温，以减小气体溶质的溶解度，所以在解吸塔底部设有加热器，通过加热器提供热量使易溶组分蒸出并从解吸塔顶排出，解吸塔底的吸收剂经冷却再送往吸收塔循环使用。解吸塔也可采用精馏塔，可用直接蒸气或再沸器的形式，可起到提高蒸出溶质的纯度和回收吸收剂的作用。吸收-解吸工艺流程见图 2-4。

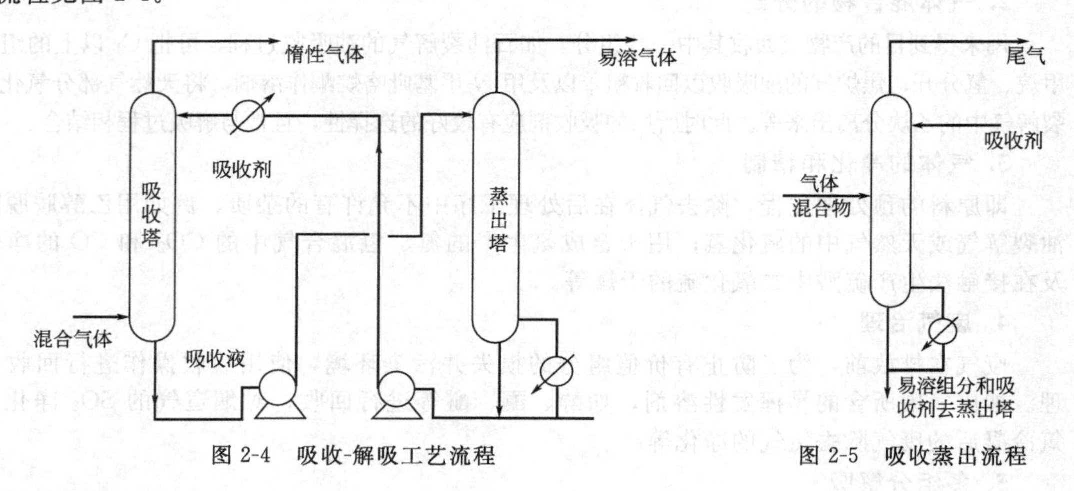

图 2-4 吸收-解吸工艺流程

图 2-5 吸收蒸出流程

3. 吸收蒸出流程

当吸收尾气中某些组分在吸收剂中也有一定的溶解度，运用一般吸收方法来进行分离时，这些组分必然也要被吸收剂吸收，这样很难达到预期的分离效果，为保证关键组分的纯度，采用吸收蒸出塔。即将吸收塔与精馏塔的提馏段组合在一起，原料气从塔中部进入，进料口上部为吸收段，下部为蒸出段，当吸收液（含有关键组分和其它组分的溶质）与塔釜再沸器蒸发上来的温度较高的蒸气相接触，使其它组分从吸收液中蒸出，塔釜的吸收液部分从再沸器中加热蒸发以提供蒸出段必需的热量，大部分则进入蒸出塔内部使易溶组分与吸收剂分离开，吸收剂经冷却后再送入吸收塔循环使用，一般只适用关键组分为重组分的场合。吸收蒸出流程见图 2-5。

多组分吸收及解吸的技术理论与必备知识

一、气-液平衡

气-液平衡是指气相组分溶解于液相，使气相组分与液相中的相同组分达到平衡的状态。工程中常用相平衡常数来表示相平衡关系：

$$k_i=\frac{y_i}{x_i} \tag{2-1}$$

式中 y_i、x_i——分别表示 i 组分在气、液两相中的摩尔分数；

k_i——表示 i 组分在平衡气、液两相中的分配情况，又称分配系数。

多组分吸收中常用下式计算相平衡常数：

$$k_i=\frac{y_i}{x_i}=\frac{\gamma_i f_i^{\mathrm{L}}}{P\hat{\phi}_i^{\mathrm{V}}} \tag{2-2}$$

式中 $\hat{\phi}_i^{\mathrm{V}}$、$\gamma_i$——分别表示 i 组分在气相的逸度系数和在液相的活度系数；

P——气相总压；

f_i^{L}——纯 i 组分液相在体系温度和压力下的逸度。

二、传质机理

吸收操作是溶质从气相转移到液相的传质过程，其中包括溶质由气相主体向气-液相界面的传递和由相界面向液相主体的传递。因此，讨论吸收过程的机理，首先要说明物质在单相（气相或液相）中的传递规律。

（一）传质的基本方式

1. 分子扩散

分子扩散是物质在同一相内部有浓度差时，由流体分子的无规则热运动而引起的物质传递现象。分子扩散速率与其在扩散方向上的浓度梯度成正比。

分子扩散系数是物质性质之一。扩散系数大，表示分子扩散能力强。温度、压力、浓度影响扩散系数，同一物质在不同介质中扩散系数不同。物质在气相中的扩散系数远大于在液相中的扩散系数，这主要是因为液体的密度比气体的密度大得多，其分子间距小，故而分子在液相中扩散速率要慢得多。

2. 涡流扩散

在有浓度差异的条件下，物质通过宏观流动的传递过程称为涡流扩散。涡流扩散时，扩散物质靠宏观流动的携带作用而转移。涡流扩散速率比分子扩散速率大得多。

3. 对流扩散

与传热过程中的对流传热相类似，对流扩散就是湍流主体与相界面之间的涡流扩散与分子扩散两种传质作用过程。由于对流扩散过程极为复杂，影响因素很多，所以对流扩散速率也采用类似对流传热的处理方法，依靠试验测定。对流扩散速率比分子扩散速率大得多，主要取决于流体的湍流程度。

（二）双膜理论

吸收过程是气、液两相间的传质过程，关于这种相际间的传质过程的机理曾提出多种不同的理论，其中应用最广泛是双膜理论（图 2-6）。双膜理论的主要内容有以下三点。

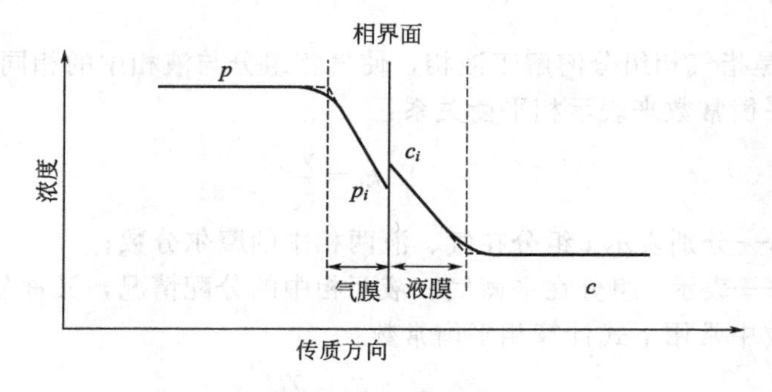

图 2-6 双膜理论

（1）在气、液两流体相接触处，有一稳定的分界面，称相界面。在相界面两侧附近各有一层稳定的气膜和液膜，溶质以分子扩散方式通过这两个膜层。

（2）在两膜层以外的气、液两相分别称为气相主体与液相主体。在气、液两相的主体中，由于流体的充分湍动，溶质的浓度基本上是均匀的，即两相主体内浓度梯度皆为零，全部浓度变化集中在这两个膜层内，即阻力集中在两膜层之中。据此，双膜理论又称双阻力理论。

（3）无论气、液两相主体中吸收质的浓度是否达到相平衡，而在相界面处，溶质在气、液两相中的浓度达到平衡，即界面上没有阻力。

对于具有稳定相界面的系统以及流动速率不高的两流体间的传质，双膜理论与实际情况是相当符合的，根据这一理论的基本概念所确定的吸收过程的传质速率关系，至今仍是吸收设备设计的主要依据，这一理论对生产实际具有重要的指导意义。但是对于具有自由相界面的系统，尤其是高度湍动的两流体间的传质，双膜理论表现出它的局限性。后来一些新的理论的出现，如溶质渗透理论、表面更新理论、界面动力状态理论等，这些理论力图弥补双膜理论的缺陷，但由于其数学模型太复杂，目前应用于传质设备的计算或解决实际问题较困难。

三、传质速率与吸收系数

（一）传质速率方程

工程上常利用相际传质速率方程来表示吸收的速率方程，主要是便于获得气、液两相的浓度。下面所列的四个传质速率方程分别用气相压力、液相摩尔浓度、气相或液相的摩尔比来表示。

$$N_A=K_G(p-p^*)=\frac{p-p^*}{\frac{1}{K_G}} \tag{2-3}$$

$$N_A=K_L(c^*-c)=\frac{c^*-c}{\frac{1}{K_L}} \tag{2-4}$$

$$N_A=K_Y(Y-Y^*)=\frac{Y-Y^*}{\frac{1}{K_Y}} \tag{2-5}$$

$$N_A=K_X(X^*-X)=\frac{X^*-X}{\frac{1}{K_X}} \tag{2-6}$$

式中 c^*、X^*、p^*、Y^*——分别是液相或气相中溶质组分的平衡浓度；

X、Y——用摩尔比表示的液相主体或气相主体浓度；

K_L——以液相浓度差为推动力的总传质系数，m/s；

K_G——以气相浓度差为推动力的总传质系数，kmol/(m²·s·kPa)；

K_X——以液相摩尔比浓度差为推动力的总传质系数，kmol/(m²·s)；

K_Y——以气相摩尔比浓度差为推动力的总传质系数，kmol/(m²·s)。

(二)传质推动力与阻力

吸收过程中，吸收操作线位于平衡线之上；解吸过程中，吸收操作线位于平衡线之下。多组分吸收、解吸亦如此，只是溶质数量不同而已。因此，多组分吸收、解吸发生的条件及传质推动力可表示如下。

1. 多组分吸收

当 $p_i-p_i^*>0$ 或 $y_i-y_i^*>0$，其中 p_i、y_i 分别代表气体混合物中 i 组分的分压、摩尔分数，p_i^*、y_i^*分别代表与液相中 i 组分达到平衡时的气相中 i 组分的分压、摩尔分数。此时溶质由气相溶于液相，其传质推动力为 $p_i-p_i^*$或 $y_i-y_i^*$。

2. 多组分解吸

当 $p_i-p_i^*<0$ 或 $y_i-y_i^*<0$，此时溶质由液相转入气相，其传质推动力为 $p_i^*-p_i$ 或$y_i^*-y_i$。

3. 多组分吸收过程中气体的浓度范围

当吸收或解吸推动力为零时，即 $p_i-p_i^*=0$ 或 $y_i-y_i^*=0$，吸收或解吸将达到极限。因此，为了保证多组分吸收或解吸的进行，必须保证吸收推动力为 $p_i-p_i^*\geqslant0$ 或 $y_i-y_i^*\geqslant0$。

如图 2-7 所示，流量为 V_{N+1}（摩尔流量，下同）的混合气体与流量为 L_0 的吸收剂进行逆流吸收，未被吸收的气体由塔顶排出，流量为 V_1，而吸收了溶质的吸收剂，即吸收液以 L_N 的流量从塔釜排出。进料气体混合物中溶质组分 i 的组成为 $y_{N+1,i}$（摩尔分数，下同），出塔吸收液中

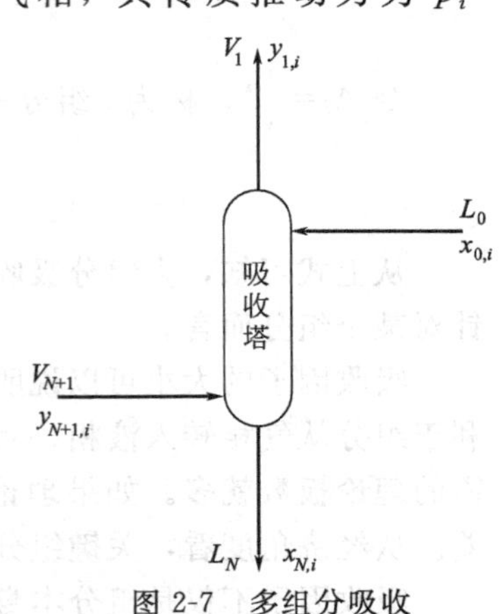

图 2-7 多组分吸收

i 组分含量为 $x_{N,i}$。在塔底，由于 $y_{N,i}^*=k_i x_{N,i}$，要保证吸收进行，必然有 $y_{N+1,i} \geqslant k_i x_{N,i}$。从塔顶加入的吸收剂中 i 组分含量为 $x_{0,i}$，离开塔顶气相中 i 组分的含量为 $y_{1,i}$。由于 $y_{0,i}^*=k_i x_{0,i}$，必然有 $y_{L,i} \geqslant k_i x_{0,i}$。

四、多组分吸收的计算

（一）多组分吸收计算的基本概念

工程上多组分吸收常用的计算方法是按理论板的考虑而导出的，吸收剂吸收溶质所形成的溶液可视为理想溶液，对于任一组分 i 下列关系都成立：

$$y_i = k_i x_i \tag{2-7}$$

多组分吸收计算也就是先求出完成预定分离要求所需的理论板数，然后再由板效率确定实际的吸收塔板数。

1. 多组分吸收过程的理论板

对于气、液两相呈逆流流动的多组分吸收，液体在塔内向下流动时，其中溶质组分的含量不断升高；气体混合物在沿塔上升过程中，其溶质组分的含量不断降低，与精馏过程中重组分的情形类似。为了计算方便，在多组分吸收计算过程中，像精馏过程一样引入了理论板的概念。

对多组分吸收的理论板，假设在每一块理论板气、液两相充分接触，离开该板时气体混合物与离开该板的吸收液达到平衡。但与精馏不同的是，每板上的气相流量、液相流量都在变化，并不是恒摩尔流。溶解量的多少由每个组分的平衡常数来决定，未被吸收的气体由塔顶排出，而吸收了溶质的吸收剂即吸收液从塔釜排出。

2. 吸收因子

吸收因子是综合考虑了多组分吸收塔内气、液两相流量和平衡关系的一个无单位的数值。

对任一理论板，有 $y_i=V_i/V$，$x_i=L_i/L$，其中，V_i、L_i 分别代表某一理论板上 i 组分在气、液两相中的流量（摩尔流量，下同），V、L 分别代表某一理论板上气、液两相的总流量。将 $y_i=V_i/V$，$x_i=L_i/L$ 代入气-液平衡方程 $y_i=k_i x_i$ 中，可得：

$$\frac{L_i}{V_i}=\frac{L}{Vk_i} \tag{2-8}$$

令 $A_i=\dfrac{L_i}{V_i}$，称为 i 组分的吸收因子，有：

$$A_i=\frac{L}{Vk_i} \tag{2-9}$$

从上式可知，多组分吸收中，不同组分平衡常数不同，则吸收因子不同，吸收因子必须针对某个组分而言。

吸收因子的大小可以说明在某一吸收过程的难易程度，液气比值大，相平衡常数小都有利于组分从气相转入液相，利于吸收，达到同样的分离要求所需的理论板数就少；反之，所需的理论板数就多。如果理论板数一定，则吸收因子大的吸收效果好，吸收因子小的效果差。从经济角度看，关键组分的吸收因子应在1.1～2.0。

吸收因子不仅是组分本身的特性，而且与操作条件有关。影响吸收因子的因素有吸收剂流速、温度、压力。吸收剂流速越大，吸收因子越大。因为平衡常数随温度增加而减小，随压力升高而增大，因此吸收过程中，温度低，相平衡常数小，吸收因子大；压力高，平衡常数亦小，吸收因子亦大。

3. 全塔物料衡算

如图 2-7 所示的多组分吸收过程，塔底混合气体进料流量为 V_{N+1}（摩尔流量，下同），塔顶吸收剂进料流量为 L_0；吸收后的尾气流量为 V_1，吸收液流量为 L_N，对全塔作物料衡算，有：

$$V_{N+1}+L_0=V_1+L_N \tag{2-10}$$

对塔中 i 组分作全塔物料衡算，为表达简洁，将下标 i 去掉（即用 y_{N+1}、x_N 代表图中 $y_{N+1,i}$，$x_{N,i}$），得：

$$V_{N+1}y_{N+1}+L_0x_0=V_1y_1+L_Nx_N \tag{2-11}$$

用小写字母 v、l 表示 i 组分在气、液两相中的流量（如 v_{N+1} 代表 $V_{N+1}y_{N+1}$），上式变为：

$$v_{N+1}+l_0=v_1+l_N \tag{2-12}$$

由于 $l_N=v_NA_N$，上式可变为：

$$v_{N+1}+l_0=v_1+v_NA_N \tag{2-13}$$

$$v_N=\frac{v_{N+1}+l_0-v_1}{A_N} \tag{2-14}$$

（二）逐板法计算理论板数

如图 2-8 所示，由相平衡关系，对第 n 块理论板上的 i 组分，有：

$$y_{n,i}=k_{n,i}x_{n,i} \tag{2-15}$$

根据吸收因子的定义，第 n 块理论板上的 i 组分吸收因子为：

$$A_{n,i}=\frac{L_n}{V_nk_{n,i}} \tag{2-16}$$

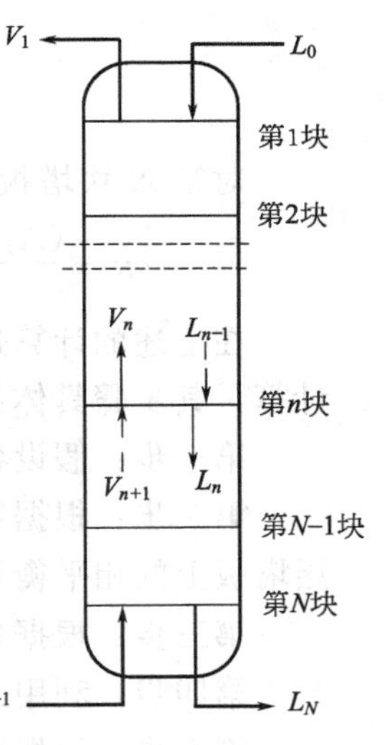

图 2-8　多组分吸收第 n 块塔板的物料衡算

1. 对第 n 块塔板的物料衡算

对塔内第 n 块塔板作物料衡算，可得：

$$V_n+L_n=V_{n+1}+L_{n-1} \tag{2-17}$$

对塔内第 n 块板作 i 组分的物料衡算，可得：

$$v_n+l_n=v_{n+1}+l_{n-1} \tag{2-18}$$

将 $l_n=A_nv_n$ 及 $l_{n-1}=A_{n-1}v_{n-1}$ 代入上式，可得：

$$v_n+A_nv_n=v_{n+1}+A_{n-1}v_{n-1} \tag{2-19}$$

$$v_n=\frac{v_{n+1}+A_{n-1}v_{n-1}}{A_n+1} \tag{2-20}$$

2. 理论板数计算

在多组分吸收计算中，一般已知条件为混合气体的流量（V_{N+1}）、组成（y_{N+1}）和温度（T_{N+1}），操作压力（P），吸收剂的组成（x_0）和温度（T_0），组分的吸收率（ϕ）。

理论板数计算为逐板法，由塔顶第一块塔板开始。进行计算前，先假设各层塔板的温度 T、各层塔板上气相流量、吸收剂流量 L_0 为已知。

对第一块塔板，有：

$$v_1=\frac{v_2+A_0v_0}{A_1+1}=\frac{v_2+l_0}{A_1+1} \tag{2-21}$$

在上式中，v_1 可通过吸收率（ϕ）求得：

$$v_1=v_{N+1}(1-\phi) \tag{2-22}$$

通过第一块塔板的物料衡算，可求得 L_1：

$$L_1=V_{N+1}+L_0-V_1$$

已知第一块塔板的温度 T_1，可计算出 k_1，从而可求得 A_1：

$$A_1=\frac{L_1}{V_1k_1}$$

计算出 A_1 后，通过式(2-21) 可求得 v_2。对以下各层塔板，依次进行上述步骤，求得 v_3、v_4、…、v_n。

对第二块塔板，有：

$$v_2=\frac{v_3+A_1v_1}{A_2+1}=\frac{v_3+A_1\dfrac{v_2+l_0}{A_1+1}}{A_2+1}$$

$$v_2=\frac{(A_1+1)v_3+A_1l_0}{A_1A_2+A_2+1} \tag{2-23}$$

对第三块塔板，有：

$$v_3=\frac{v_4+A_2v_2}{A_3+1}=\frac{v_4+A_2\dfrac{(A_1+1)\ v_3+A_1l_0}{A_1A_2+A_2+1}}{A_3+1}$$

$$v_3=\frac{(A_1A_2+A_2+1)v_4+A_1A_2l_0}{A_1A_2A_3+A_2A_3+A_3+1} \tag{2-24}$$

对第 N 块塔板，有：

$$v_N=\frac{(A_1A_2\cdots A_{N-1}+A_2\cdots A_{N-1}+\cdots+A_{N-1}+1)v_{N+1}+A_1A_2\cdots A_{N-1}l_0}{A_1\cdots A_N+A_2\cdots A_N+\cdots+A_N+1} \tag{2-25}$$

在上述的计算过程中，需要计算所有被吸收的组分。因此整个计算过程采用试差法进行计算，其步骤具体如下。

第一步：假设各层塔板的温度（T_1，T_2，…，T_N）和气相流量（V_1，…，V_N）。

第二步：根据吸收塔的操作压力和各层塔板的温度，利用相平衡关系，计算各组分在各层塔板上的相平衡常数 $k_{n,i}$。

第三步：根据各层塔板上的气相流量，利用物料衡算，计算各板上的液相流量 L_n。

第四步：利用式(2-9)，计算各层塔板上各组分的吸收因子 $A_{n,i}$。

第五步：根据所得的吸收因子，逐板计算各层塔板上各组分的气相流量 $v_{n,i}$。

第六步：将各层塔板各组分气相流量之和与各层塔板的气相流量（假设值）进行比较。若相符，进入第七步；若不相符，重设各板上的气相流量进行计算。

第七步：对各层塔板进行热量衡算，计算各层塔板的温度是否与温度假设值相符。若不相符，重复以上第一步至第六步。

整个计算过程非常复杂的，计算量大。特别是第一次假设，数值很难确定。若第一次假设合理，试差次数可大大减少。因此，为了得到较为准确的假设值，在进行试差之前，可以使用一些捷算法，以减少逐板法的计算强度。

（三）捷算法

1. 平均吸收因子法

平均吸收因子法特别适用于贫气吸收计算，因为贫气吸收过程中，塔内气、液两相流量基本上可以视为常数，可采用恒摩尔流假设。由于吸收过程符合恒摩尔流假设，从而可进一步假设吸收塔内各层板上，同一组分吸收因子是相同的，即采用全塔平均的吸收因子来代替各板的吸收因子。同时，由相平衡常数的计算温度，选择塔的平均温度。因此，全塔内 i 组分的平均吸收因子为：

$$A_i=\frac{L}{Vk_i} \tag{2-9}$$

2. 平均吸收因子方程

如图 2-8 所示，假设全塔各塔板的吸收因子 A 相等，式(2-25) 可变为：

$$v_N=\frac{(A^{N-1}+A^{N-2}+\cdots+A+1)v_{N+1}+A^{N-1}l_0}{A^N+A^{N-1}+\cdots+A+1} \tag{2-26}$$

将式(2-14) 代入式(2-26) 可得：

$$\frac{v_{N+1}-v_1}{v_{N+1}}=\frac{A^N+A^{N-1}+\cdots+A}{A^N+A^{N-1}+\cdots+A+1}-\frac{l_0}{Av_{N+1}}\left(\frac{A^N+A^{N-1}+\cdots+A}{A^N+A^{N-1}+\cdots+A+1}\right) \tag{2-27}$$

整理化简式(2-27)，可得：

$$\frac{v_{N+1}-v_1}{v_{N+1}-v_0}=\frac{A^{N+1}-A}{A^{N+1}-1} \tag{2-28}$$

式中，$v_{N+1}-v_1$ 表示混合气体通过吸收塔后被吸收的某组分量，而 $v_{N+1}-v_0$ 表示根据平衡关系计算的该组分最大可能被吸收的量，$\frac{v_{N+1}-v_1}{v_{N+1}-v_0}$称为吸收度。当吸收剂本身不挥发，且不含溶质时，则 $l_0=0$，即 $v_0=0$，上式可变为：

$$\frac{v_{N+1}-v_1}{v_{N+1}}=\frac{A^{N+1}-A}{A^{N+1}-1} \tag{2-29}$$

而$\frac{v_{N+1}-v_1}{v_{N+1}}=\phi$，即吸收率，因此可得：

$$\phi=\frac{A^{N+1}-A}{A^{N+1}-1} \tag{2-30}$$

$$N=\frac{\lg\left(\frac{A-\phi}{1-\phi}\right)}{\lg A}-1 \tag{2-31}$$

用上式计算理论板数，只需要知道吸收因子 A 和吸收率 ϕ。为了快速计算，将式中的方程绘制成曲线，称为吸收因子曲线，如图 2-9 所示。图中横坐标为吸收因子 A，纵坐标为吸收率$\frac{A^{N+1}-A}{A^{N+1}-1}$，图中曲线代表理论塔板数。利用吸收因子曲线，当规定了组分的吸收率以及吸收温度和液气比等操作条件时，可以查得所需的理论塔板数。

3. 计算步骤

使用平均吸收因子计算时，一般已知条件为混合气体的流量（V_{N+1}）和组成（y_{N+1}）；操作压力（P）和温度（T）；吸收剂的组成（x_0）和温度（T_0）；关键组分的吸收率（$\phi_{关}$）。具体的计算步骤如下。

（1）确定关键组分及关键组分的吸收率。

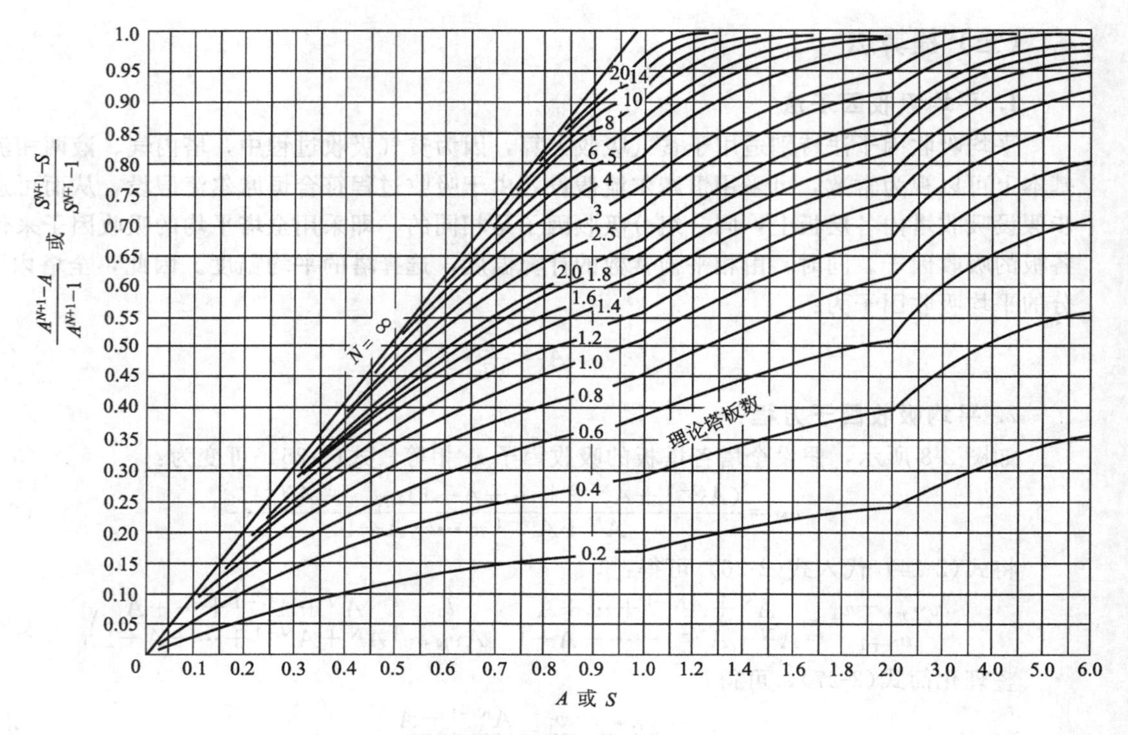

图 2-9　吸收因子曲线

(2) 由全塔的平均温度、压力确定关键组分的相平衡常数 $k_{关}$。

(3) 确定最小液气比$\left(\frac{L}{V}\right)_{\min}$。当 $N=\infty$时，吸收操作的推动力最大，吸收操作所需的吸收剂用量最小。

$$\phi_{关}=\frac{\left(\frac{L}{V}\right)_{\min}}{k_{关}}$$

$$\left(\frac{L}{V}\right)_{\min}=k_{关}\phi_{关} \tag{2-32}$$

(4) 确定操作液气比。由于实际操作时的液气比常取最小液气比的 1.1～2 倍，可根据经验选取液气比。

(5) 计算关键组分的平均吸收因子，$A_{关}=\frac{L}{Vk_{关}}$。

(6) 计算理论板数 N。可用式(2-31) 计算或由图 2-9 查得。

(7) 确定其它组分的吸收率。由于所有组分在同一塔内吸收，因此其它组分也和关键组分一样，具有相同的理论板数和液气比。因此有：

$$\frac{A_i}{A_{关}}=\frac{\frac{L}{V}\times\frac{1}{k_i}}{\frac{L}{V}\times\frac{1}{k_{关}}}=\frac{k_{关}}{k_i}$$

或
$$A_i=\frac{A_{关}k_{关}}{k_i} \tag{2-33}$$

式(2-33) 中，A_i、k_i 为其它任意组分的吸收因子及相平衡常数，从中可由关键组分的吸收因子、相平衡常数算出其它组分的吸收因子，从而算出其它组分的吸收率。其具体方法为：在图 2-9 的横坐标上，从某一组分的吸收因子 A_i 引垂线与理论板数 N 相交，交点的纵坐标便是 ϕ_i。或直接利用式(2-30) 计算。

在平均有效因子的计算过程中，为了增加计算精度，可以考虑用平均气、液相流量来计算平均吸收因子。

$$V_{均}=混合气体量-\frac{吸收量}{2} \tag{2-34}$$

$$L_{均}=吸收剂量+\frac{吸收量}{2} \tag{2-35}$$

$$A_{均}=\frac{L_{均}}{V_{均}k_i} \tag{2-36}$$

4. 平均有效吸收因子

平均吸收因子法计算中，是假设塔内各板的吸收因子相同。而平均有效吸收因子，是在一个有 N 层理论板的吸收塔中，用一个不变的吸收因子代替各层塔板上的吸收因子，而使得最终计算出来的吸收率保持相同，这一吸收因子称为有效吸收因子 A_e，其计算式如下。

$$A_e=\sqrt{A_N(A_1+1)+0.25}-0.5 \tag{2-37}$$

式中，A_N 代表塔内最后一块理论板的吸收因子；A_1 代表第一块理论板的吸收因子。如此处理，可简单认为在吸收塔中，吸收过程主要是由塔顶一块和塔釜一块理论板完成，因此计算平均有效吸收因子时也只着眼于塔顶和塔釜两块板。该法与平均吸收因子法的区别在于，承认塔内气、液两相的流量是变化的，只是用全塔平均值代替每一层塔板上的吸收因子。

5. 计算平均有效吸收因子的步骤

(1) 用式(2-34) 计算出平均气相流量 $V_{均}$，kmol/s 或 kmol/h，用式(2-35) 计算平均液相流量 $L_{均}$，kmol/s 或 kmol/h。

(2) 假设第一块塔板温度 T_1，由全塔热量衡算确定第 N 块塔板的温度 T_N。

(3) 由经验式估算 L_1 和 V_N。

(4) 计算每一组分的 A_1、A_N、A_e。

(5) 由图 2-9 确定各组分的吸收率。

(6) 作物料衡算，再计算 V_1 和 L_N。

(7) 用热量衡算核算 T_N，若结果相差较大，需重新设 T_1，直到相符为止。

(四) 多组分解吸计算

多组分吸收和解吸的原理相同，解吸是吸收的逆过程。多组分吸收计算方法，同样适合于多组分解吸计算，逐板法、吸收因子法都可以用于解吸过程计算。

1. 解吸因子

在吸收过程中，气相组分被吸收的难易和操作条件的关系是通过吸收因子来表示的，而在解吸过程中液相组分被解吸的难易和操作条件的关系则是用解吸因子来表示。解吸因子以 S 表示，因为解吸是吸收的逆过程，所以吸收因子的倒数即为解吸因子。

$$S=\frac{1}{A}=\frac{kV}{L} \tag{2-38}$$

2. 蒸出率

在吸收过程中，用吸收率表示组分从气体中回收的程度，在解吸过程中则用蒸出率 C

表示组分从液体中脱出的程度。

$$C=\frac{l_{N+1}-l_1}{l_{N+1}}=\frac{S^{N+1}-S}{S^{N+1}-1} \tag{2-39}$$

类似于平均吸收因子于吸收过程的理论板数计算，用平均解吸因子计算解吸过程的理论板数，可用下式计算：

$$N=\frac{\lg\left(\frac{S-C}{1-C}\right)}{\lg S}-1 \tag{2-40}$$

同时，图 2-9 同样适用于解吸。用于解吸计算时，图 2-9 中横坐标为解吸因子 S，纵坐标为蒸出率$\frac{S^{N+1}-S}{S^{N+1}-1}$，图中曲线代表理论塔板数。

3. 有效解吸因子

应用与有效吸收因子的同样方法，用有效解吸因子代替解吸因子可得：

$$S_e=\sqrt{S_N(S_1+1)+0.25}-0.5 \tag{2-41}$$

但是在式中，有效解吸因子不是有效吸收因子的倒数。

【例 1】 有一混合气体的组成见表 2-1，在 0.2943MPa 压力下，用相对分子质量为 180 的烃油吸收，若塔的平均操作温度为 38℃，要求正丁烷的吸收率为 90%，且液气比取最小液气比的 1.2 倍。试用平均吸收因子法计算：

(1) 理论塔板数。

(2) 贫气组成。

(3) 每 $1000m^3$ 富气所需的吸收剂量（15℃，1 标准大气压下[1]）。

表 2-1 【例 1】中混合气体的组成

组分	C_2H_6	C_3H_8	$n\text{-}C_4H_{10}$
体积分数	86	9	5
k	10.5	3.7	1.15

解： 正丁烷为关键组分

(1) 理论塔板数

最小液气比：$\left(\frac{L}{V}\right)_{\min}=k_{关}\phi_{关}$

$$\left(\frac{L}{V}\right)_{\min}=k_{关}\phi_{关}=1.15\times0.9=1.035$$

液气比：$\frac{L}{V}=1.2\left(\frac{L}{V}\right)_{\min}=1.2\times1.035=1.242$

各组分的吸收因子：$A_i=\left(\frac{L}{V}\right)/k_i$

C_2H_6： $A_1=\left(\frac{L}{V}\right)/k=\frac{1.242}{10.5}=0.118$

C_3H_8： $A_2=\left(\frac{L}{V}\right)/k=\frac{1.242}{3.7}=0.336$

$n\text{-}C_4H_{10}$： $A_3=\left(\frac{L}{V}\right)/k=\frac{1.242}{1.15}=1.08$

[1] 1 个标准大气压（atm）=101.3kPa。

则全塔的理论塔板数为：

$$N=\frac{\lg\left(\frac{A-\phi}{1-\phi}\right)}{\lg A}-1=\frac{\lg\left(\frac{1.08-0.9}{1-0.9}\right)}{\lg 1.08}-1=6.64$$

则理论塔板数为 7 块。

（2）贫气组成 $\phi_i=\frac{A_i{}^{N+1}-A_i}{A_i{}^{N+1}-1}$

C_2H_6：$\phi_1=\frac{A_i{}^{N+1}-A_i}{A_i{}^{N+1}-1}=\frac{0.118^8-0.118}{0.118^8-1}=0.118$

C_3H_8：$\phi_2=\frac{A_i{}^{N+1}-A_i}{A_i{}^{N+1}-1}=\frac{0.336^8-0.336}{0.336^8-1}=0.336$

n-C_4H_{10}：$\phi_3=\frac{A_i{}^{N+1}-A_i}{A_i{}^{N+1}-1}=\frac{1.08^8-1.08}{1.08^8-1}=0.906$

混合气体的流量为：$\frac{P_1V_1}{T_1}=\frac{P_0V_0}{T_0}$

$$V_0=\frac{P_1V_1T_0}{P_0T_1}=\frac{101.3\times1000\times273}{101.3\times(273+15)\times22.4}=42.3\text{kmol/h}$$

则贫气中各组分的流量为：$v_i=v_{N+1}\ (1-\phi_i)$

C_2H_6：$v_i=v_{N+1}\ (1-\phi_i)\ =42.3\times0.86\times(1-0.118)=32.085\text{kmol/h}$

C_3H_8：$v_i=v_{N+1}\ (1-\phi_i)\ =42.3\times0.09\times(1-0.336)=2.528\text{kmol/h}$

n-C_4H_{10}：$v_i=v_{N+1}\ (1-\phi_i)\ =42.3\times0.05\times(1-0.906)=0.199\text{kmol/h}$

贫气的总摩尔流量为：$V=32.085+2.528+0.199=34.812\text{mol/h}$

则贫气组成为：

C_2H_6：　$y_1=\frac{32.085}{34.812}=0.922$

C_3H_8：　$y_2=\frac{2.528}{34.812}=0.073$

n-C_4H_{10}：$y_2=\frac{0.199}{34.812}=0.005$

（3）所需的吸收剂用量

被吸收的量：$V=42.3-34.812=7.488\text{kmol/h}$

所需的吸收剂用量为：

$$L_{均}=吸收剂量+\frac{吸收量}{2}$$

$$L=L_{均}-\frac{吸收量}{2}=1.242\times\frac{42.3+34.812}{2}-\frac{7.488}{2}=44.14\text{kmol/h}$$

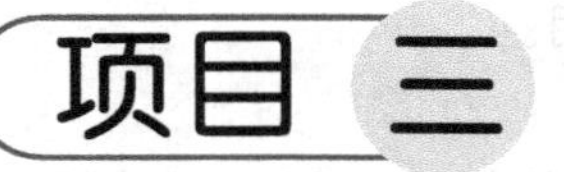

填料塔

吸收既可以在填料塔中进行，也可以在板式塔中进行。

一、填料塔的构造及特点

图 2-10 所示为填料塔的结构。填料塔的塔身是一直立式圆筒，底部装有填料支承板，填料以乱堆或整砌的方式放置在支承板上。填料的上方安装填料压板，以防被上升气流吹动。液体从塔顶经液体分布器喷淋到填料上，并沿填料表面流下。气体从塔底送入，经气体分布装置（小直径塔一般不设气体分布装置）分布后，与液体呈逆流连续通过填料层的空隙，在填料表面上，气液两相密切接触进行传质。填料塔属于连续接触式气液传质设备，两相组成沿塔高连续变化，在正常操作状态下，气相为连续相，液相为分散相。

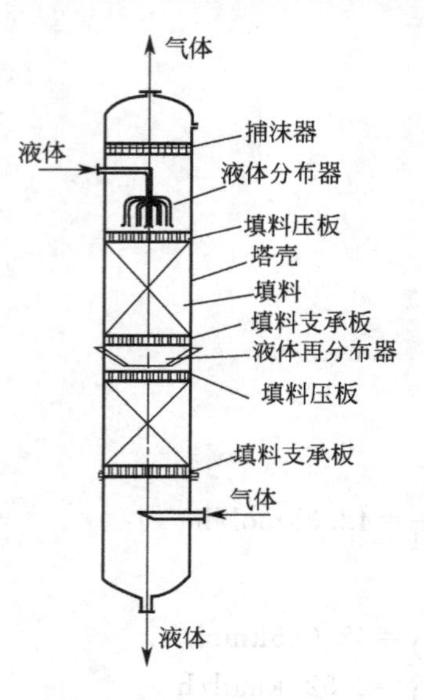

图 2-10 填料塔结构

液体在向下流动过程中有逐渐向塔壁集中的趋势，使塔壁附近液流量沿塔高逐渐增大，这种现象称为壁流。壁流会造成两相传质不均匀，传质效率下降。所以，当填料层较高时，填料需分段装填，段间设置液体再分布器。塔顶可安装除沫器以减少出口气体夹带液沫。塔体上开有人孔或手孔，便于安装、检修。

填料塔具有结构简单、生产能力大、分离效率高、压降小、持液量小、操作弹性大等优点。填料塔的不足在于总体造价较高；清洗检修比较麻烦；当液体负荷小到不能有效润湿填料表面时，吸收效率将下降；不能直接用于悬浮物或易聚合物料等。

二、填料的类型及特性

填料的作用是为气液两相提供充分的接触面，并为提高其湍动程度创造条件，以利于传质。

（一）填料的类型

填料的种类很多，大致可分为实体填料和网体填料两大类。实体填料包括环形填料、鞍形填料以及栅板填料、波纹填料等由陶瓷、金属和塑料等材质制成的填料。网体填料主要是由金属丝网制成的各种填料。下面介绍几种常见的填料。

1. 拉西环填料

拉西环填料为外径与高度相等的圆环，如图 2-11(a) 所示。拉西环填料的气液分布较差，传质效率低，阻力大，气体通量小，目前工业上已较少应用。

2. 鲍尔环填料

如图 2-11(b) 所示，鲍尔环是对拉西环的改进，在拉西环的侧壁上开出两排长方形的窗孔，被切开的环壁的一侧仍与壁面相连，另一侧向环内弯曲，形成内伸的舌叶，诸舌叶的侧边在环中心相搭。鲍尔环由于环壁开孔，大大提高了环内空间及环内表面的利用率，气流阻力小，液体分布均匀。与拉西环相比，鲍尔环的气体通量可增加 50%以上，传质效率提高 30%左右。鲍尔环是一种应用较广的填料。

图 2-11 几种常见填料

3. 阶梯环填料

如图 2-11(c) 所示，阶梯环是对鲍尔环的改进，在环壁上开有长方形孔，环内有两层交错 45°的十字形翅片。与鲍尔环相比，阶梯环高度通常只有直径的一半，并在一端增加了一个锥形翻边，使填料之间由线接触为主变成以点接触为主，这样不但增加了填料间的空隙，同时成为液体沿填料表面流动的汇集分散点，可以促进液膜的表面更新，有利于传质效率的提高。阶梯环的综合性能优于鲍尔环，成为目前所使用的环形填料中最为优良的一种。

4. 弧鞍与矩鞍填料

弧鞍和矩鞍填料属鞍形填料。弧鞍填料如图 2-11(d) 所示，其特点是表面全部敞开，不分内外，液体在表面两侧均匀流动，表面利用率高，流道呈弧形，流动阻力小。其缺点是易发生套叠，致使一部分填料表面被重合，使传质效率降低。弧鞍填料强度较差，容易破碎，工业生产中应用不多。矩鞍填料如图 2-11(e) 所示，将弧鞍填料两端的弧形面改为矩形面，且两面大小不等，即成为矩鞍填料。矩鞍填料堆积时不会套叠，液体分布较均匀。矩鞍填料一般采用瓷质材料制成，其性能优于拉西环。目前，国内绝大多数应用瓷拉西环的场合，均已被瓷矩鞍填料所取代。

5. 金属环矩鞍填料

金属环矩鞍填料如图 2-11(f) 所示，环矩鞍填料是兼顾环形和鞍形结构特点而设计出的一种新型填料，该填料一般以金属材质制成，故又称为金属环矩鞍填料。环矩鞍填料将环形填料和鞍形填料两者的优点集于一体，其综合性能优于鲍尔环和阶梯环，在散装填料中应用较多。

6. 球形填料

球形填料一般采用塑料注塑而成，其结构有多种，如图 2-11(g)、(h) 所示。球形填料的特点是球体为空心，可以允许气体、液体从其内部通过。由于球体结构的对称性，填料装填密度均匀，不易产生空穴和架桥，所以气液分散性能好。球形填料一般只适用于某些特定的场合，工程上应用较少。

7. 波纹填料

波纹填料如图 2-11(n)、(o) 所示。波纹填料是由许多波纹薄板组成的圆盘状填料，波纹与塔轴的倾角有 30°和 45°两种，组装时相邻两波纹板反向靠叠。各盘填料垂直装于塔内，相邻的两盘填料间交错 90°排列。

波纹填料按结构可分为网波纹填料和板波纹填料两大类，其材质又有金属、塑料和陶瓷等之分。

波纹填料的优点是结构紧凑、阻力小、传质效率高、处理能力大、比表面积大。波纹填料的缺点是不适于处理黏度大、易聚合或有悬浮物的物料，且装卸、清理困难，造价高。

除上述几种填料外，近年来不断有构型独特的新型填料开发出来，如共轭环填料、海尔环填料、纳特环填料等。

（二）填料的特性

填料的特性数据主要包括比表面积、空隙率、填料因子等，是评价填料性能的基本参数。

1. 比表面积

单位体积填料所具有的表面积称为比表面积，以 a 表示，其单位为 m^2/m^3。填料的比表面积越大，所提供的气液传质面积越大。

2. 空隙率

单位体积填料所具有的空隙体积称为空隙率，以 ε 表示，其单位为 m^3/m^3。填料的空隙率越大，气体通过的能力越大且压降越低。

3. 填料因子

填料的比表面积与空隙率三次方的比值，即 a/ε^3，称为填料因子，以 Φ 表示，其单位为 m^{-1}。填料因子分为干填料因子与湿填料因子，填料未被液体润湿时的 a/ε^3 值称为干填料因子，它反映填料的几何特性；填料被液体润湿后，填料表面覆盖了一层液膜，a 和 ε 均发生相应的变化，此时的 a/ε^3 值称为湿填料因子，它表示填料的流体力学性能。Φ 值越小，表明流动阻力越小。

三、填料塔附件

填料塔附件主要有填料支承装置、液体分布装置、液体收集再分布装置等。合理地选择和设计塔附件，对保证填料塔的正常操作及优良的传质性能十分重要。

（一）填料支承装置

填料支承装置的作用是支承塔内的填料，常用的填料支承装置有栅板型、孔管型、驼峰型等（图 2-12）。支承装置的选择，主要的依据是塔径、填料种类及型号、塔体及填料的材质、气液流量等。

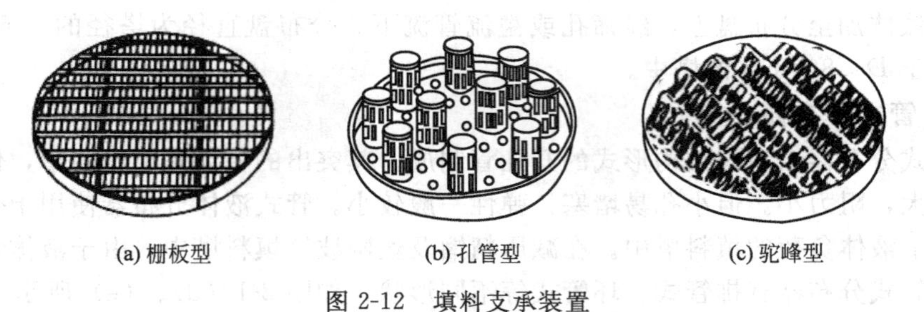

图 2-12 填料支承装置

（二）液体分布装置

液体分布装置能使液体均匀分布在填料的表面上。常用的液体分布装置有以下几种。

1. 喷头式分布器

喷头式分布器如图 2-13（a）所示。液体由半球形喷头的小孔喷出，小孔直径为 3～10mm，呈同心圆排列，喷洒角不超过 80°，直径为（1/3～1/5）D。这种分布器结构简单，只适用于直径＜600mm 的塔中。因小孔容易堵塞，一般应用较少。

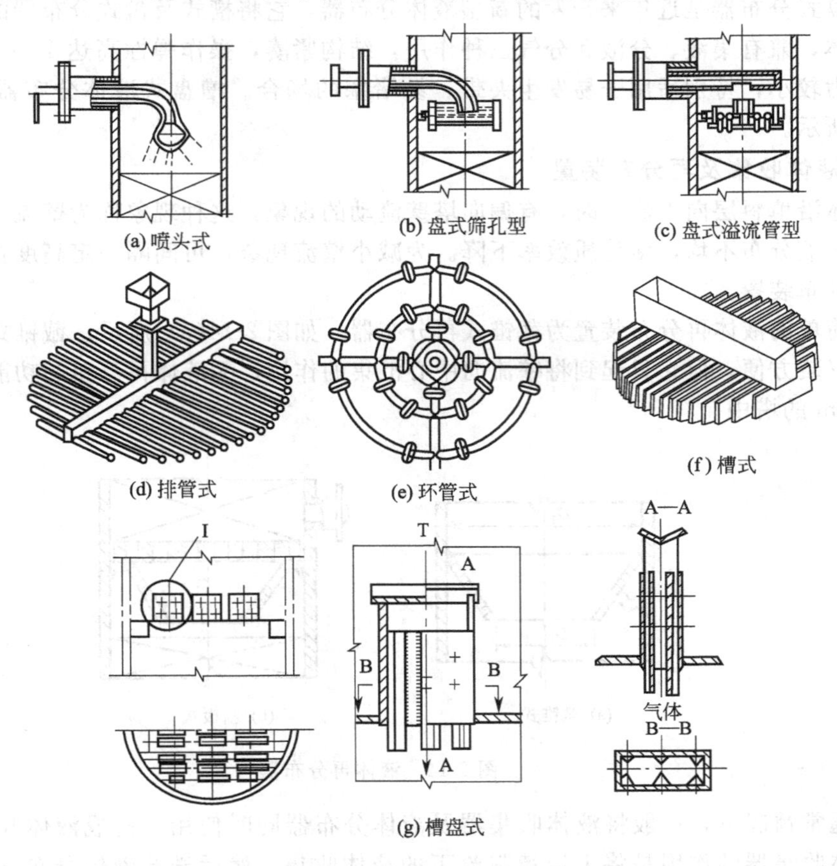

图 2-13 液体分布装置

2. 盘式分布器

盘式分布器可分为盘式筛孔型分布器、盘式溢流管式分布器等形式，如图 2-13(b)、(c) 所示。液体加至分布盘上，经筛孔或溢流管流下。分布盘直径为塔径的 0.6～0.8，此种分布器用于 D<800mm 的塔中。

3. 管式分布器

管式分布器由不同结构形式的开孔管制成。其突出的特点是结构简单，供气体流过的自由截面大，阻力小。但小孔易堵塞，弹性一般较小。管式液体分布器使用十分广泛，多用于中等以下液体负荷的填料塔中。在减压精馏及丝网波纹填料塔中，由于液体负荷较小，故常用之。管式分布器有排管式、环管式等不同形状，如图 2-13(d)、(e) 所示。根据液体负荷情况，可做成单排或双排。

4. 槽式液体分布器

槽式液体分布器通常是由分流槽（又称主槽或一级槽)、分布槽（又称副槽或二级槽）构成。一级槽通过槽底开孔将液体初分成若干流股，分别加入其下方的液体分布槽。分布槽的槽底（或槽壁）上设有孔道（或导管)，将液体均匀分布于填料层上。如图 2-13(f) 所示。槽式液体分布器具有较大的操作弹性和极好的抗污堵性，特别适合于大气液负荷及含有固体悬浮物、黏度大的液体的分离场合。由于槽式分布器具有优良的分布性能和抗污堵性能，应用范围非常广泛。

5. 槽盘式分布器

槽盘式分布器是近年来开发的新型液体分布器，它将槽式及盘式分布器的优点有机地结合于一体，兼有集液、分液和分气三种作用，结构紧凑，操作弹性高达 10：1。气液分布均匀，阻力较小，特别适用于易发生夹带、易堵塞的场合。槽盘式液体分布器的结构如图 2-13(g) 所示。

6. 液体收集及再分布装置

液体沿填料层向下流动时，有偏向塔壁流动的现象，这种现象称为壁流。壁流将导致填料层内气液分布不均，使传质效率下降。为减小壁流现象，可间隔一定高度在填料层内设置液体再分布装置。

最简单的液体再分布装置为截锥式再分布器。如图 2-14(a) 所示。截锥式再分布器结构简单，安装方便，但它只起到将壁流向中心汇集的作用，无液体再分布的功能，一般用于直径<0.6m 的塔中。

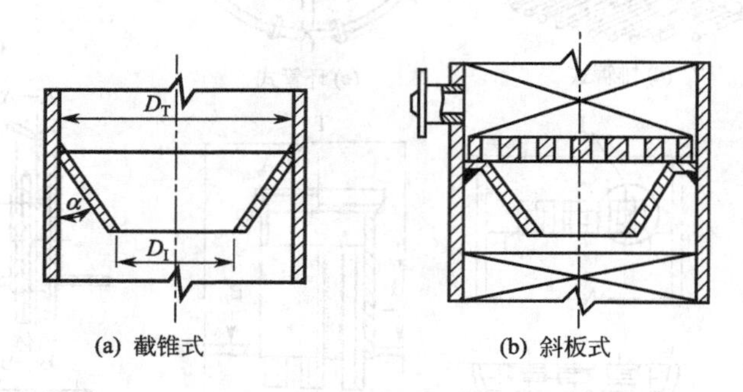

图 2-14 液体再分布器

在通常情况下，一般将液体收集器及液体分布器同时使用，构成液体收集及再分布装置。液体收集器的作用是将上层填料流下的液体收集，然后送至液体分布器进行液体再分布。常用的液体收集器为斜板式液体收集器，如图 2-14(b) 所示。

前已述及，槽盘式液体分布器兼有集液和分液的功能，故槽盘式液体分布器是优良的液体收集及再分布装置。

项目四

多组分吸收及解吸操作

一、多组分吸收及解吸的开停车

（一）开车

1. 装置检查

（1）塔　塔内件有无缺少，密封面及紧固件是否合格，塔板水平度是否符合规定；塔内杂物是否清扫干净；安全附件是否齐全、准确；地脚螺栓是否满扣、齐全、紧固。

（2）换热设备　各零部件材质的选用、安装配合是否符合设计要求；安全附件是否齐全、准确、好用；焊缝是否成型；基础支座是否完整，螺栓是否满扣、齐全、紧固。

（3）泵　泵体、管线、阀门、电机、接地线和电开关是否紧固；出口压力表是否符合标准，地脚螺栓是否坚固；出、入口阀门及冷却管线是否安装合理；盘车两圈以上，检查是否灵活，有无声响。

2. 工艺管线检查

（1）管线　管线安装是否符合要求，支架、吊架安装是否合格；管线的表面焊缝是否符合要求；管线的表面上压力表、温度计、单向阀、安全阀等是否齐全，安装是否正确，安全阀定压是否符合要求；各采样点是否齐全，是否符合标准。

（2）阀门　阀门的压力等级是否符合设计要求；阀门在管线上连接是否正确、齐全，阀门质量是否合格；阀门垫片材质是否符合要求。

3. 清洗

冲洗管线、阀门、泵体、塔、容器内残留的铁锈、焊渣、碎铁块、木块、泥沙等脏物，贯通流程；清洗液位计，疏通排凝点；检查机泵，检验各泵转向以及启动按钮与配电室送电开关编号的一致性。

4. 单机试车

机泵运转平稳，无杂音，封油、冷却水、润滑油系统工作正常，附属管路无滴漏；电流不得超过额定值；流量、压力平稳，达铭牌标注值。

5. 蒸汽吹扫

进一步清除设备管线内杂物；检验管线及其附件施工、焊接质量；检验塔、容器、冷却器、换热器、阀门以及各测量点的密封性能。蒸汽试压至规定压力后检查焊缝、法兰、人孔、堵头、阀门等无泄漏、无变形为合格。

蒸汽吹扫和试压可以连续进行，试压完毕后，逐步通过塔顶放空释放系统的压力，但随着系统温度降低，需防止塔、容器和管线内抽负压。可在卸压、降温后，仍通入少量空气来保持既不形成负压，也不会吸进空气的状态。

打开吸收塔、解吸塔，自塔底缓慢向塔内送入蒸汽，然后逐个打开各塔壁阀由塔内沿流程向塔外吹扫，在流程的末端放空，回流线在沿程调节阀处放空。吹扫结束后关闭各阀门进行试压试密。

6. 水联动

塔、容器封好人孔和塔壁盲法兰，各盲板已经按规定拆、装到位；装置经验收合格，并经冲洗、贯通、吹扫试压工作，符合水联运质量要求；把公用工程水、电、汽、风引进装置；压力表灌好隔离液，装好合格压力表；温度计嘴装好合格温度计；各流量计、压力变送器校验投用；各控制阀组开关灵活，并经冲洗干净后安装复位；转动设备加上合格润滑油（脂）；检查各机泵冷却水畅通无阻，下水道清扫干净；关闭塔、容器所属安全阀的下游阀和副线阀，打开高点放空；清洗并安装所有机泵入口过滤网罩，所有机泵具备投用条件，低点排凝和高点放空畅通；水联运时要求发现问题及时处理。

7. 正常开车

(1) 吸收塔开车时应先进吸收剂，待其流量稳定后，塔底液位达到规定值时，再将混合气体送入塔中。

(2) 注意稳定液体流量，避免操作中流量波动过大。吸收剂用量过小，会使吸收操作达不到要求，过大又会造成操作费用的浪费。

(3) 掌握好气体的流速，气速太小（低于载点气速），对传质不利。若太大，达到液泛气速，液体被气体大量带出，操作不稳定。

(4) 经常检查气体出口的雾沫夹带情况，大量的雾沫夹带会造成吸收剂的浪费，造成管路堵塞。

(5) 吸收塔的液位控制（液封）时，吸收塔的液位过高有可能超过气相管的入口，使被吸收气无法进塔，造成系统阻力剧增，也会发生鼓风机跳停事故；液位过低会造成循环液打空，无喷淋量使塔温升高，吸收无法进行。

（二）停车

(1) 逐渐关小混合气体进入装置量，直至关闭。随进气量减少，调整工艺参数，维持塔液位并调整塔温度，保证产品的合格率。

(2) 逐渐关小吸收液进入装置量，直至关闭。

(3) 排放塔内残留液体，应有专人看护排出装置的排放阀，排尽后关闭排放阀。

(4) 按操作规程，进一步处理。

二、多组分吸收及解吸的操作与调节

1. 温度

吸收温度对塔的吸收率影响很大。吸收剂的温度降低，气体的溶解度增大，溶解度系数增大。降低吸收塔的操作温度，则各组分的亨利常数或气液相平衡常数减小，增加吸收过程的传质推动力，因而增加了吸收速率，使吸收总效果变好，溶质回收率增大。但一般应避免采用冷冻操作以减少动力消耗。

2. 压力

提高吸收塔的操作压力将增加气相中溶质的分压，提高吸收过程的传质推动力，因而增加了吸收速率。提高操作压力还可以减小塔径及相关设备、配管的尺寸等。但压力过高使塔设备的投资及压缩气体的操作费用增加；操作压力提高使惰性气体组分或不希望回收的组分吸收量增加，给后续操作带来麻烦。应考虑吸收塔前后工艺的操作压力恰当选择，一般不宜采用过高的操作压力。因此，吸收一般在常压下操作。若吸收后气体在高压下加工，则可采用高压吸收操作，既有利于吸收，又有利于增大吸收塔的处理能力。

3. 气体流量

在稳定的操作情况下，当气速不大，液体作层流流动，流体阻力小，吸收速率很低；当气速增大为湍流流动时，气膜变薄，气膜阻力减小，吸收速率增大；当气速增大到液泛速度时，液体不能顺畅向下流动，造成雾沫夹带，甚至造成液泛现象。因此。稳定操作流速，是吸收高效、平稳操作的可靠保证。对于易溶气体吸收，传质阻力通常集中在气侧，气体流量的大小及其湍动情况对传质阻力影响很大。对于难溶气体，传质阻力通常集中在液侧。此时气体流量的大小及湍动情况虽可改变气侧阻力，但对总阻力影响很小。

4. 吸收剂用量

改变吸收剂用量是吸收过程最常用的方法。当气体流量一定时，增大吸收剂流量，吸收速率增大，溶质吸收量增加，气体的出口浓度减小，回收率增大。当液相阻力较小时，增大液体的流量，传质总系数变化较小或基本不变，溶质吸收量的增大主要是由于传质推动力的增加而引起的，此时吸收过程的调节主要靠传质推动力的变化。当液相阻力较大时，增大吸收剂流量，传质系数大幅增加，传质速率增大，溶质吸收量增大。

5. 吸收剂入塔浓度

吸收剂入塔浓度升高，使塔内的吸收推动力减小，气体出口浓度升高。吸收剂的再循环会使吸收剂入塔浓度提高，对吸收过程不利。

6. 吸收的热效应

在吸收塔中，溶质从气相传入液相的相变释放了吸收热，通常该热量用以增加液体的显热，因而导致温度沿塔向下增高，这是吸收过程最一般的情况。吸收过程的热效应若比较大，工业生产中可采取如下措施。

(1) 冷却，设置冷却器以降低操作温度，改善吸收平衡关系。

(2) 提高液气比，以弥补溶液温度升高对吸收平衡的不利影响，提高吸收的推动力。

(3) 将入塔气体冷却并减湿，有助于溶剂的汽化从而减缓塔底部的温度升高。

三、多组分吸收及解吸的故障及处理

多组分吸收和解吸过程中常见故障及处理方法列于表 2-2。

四、吸收塔的日常维护和检修

(一) 吸收塔的日常维护内容

(1) 清扫塔内壁及其内部各部件。

表 2-2　填料吸收塔常见异常现象及处理方法

异常现象	原　因	处　理　方　法
温差异常	①混合气进料量增大或压力升高 ②吸收剂流量减小或进塔吸收液温度升高 ③机泵故障或仪表失灵,造成温度波动或假象	①注意混合气进料量、压力、温度的变化,如混合气进料量大、压力高、温度高时应及时调节,保证正常操作温度 ②注意调整吸收剂的流量和进塔温度,避免温度异常 ③机泵或仪表故障应及时处理
尾气夹带液体量大	①原料气量过大 ②吸收剂量过大 ③吸收塔液面太高 ④吸收剂太脏、黏度大 ⑤填料堵塞	①减少进塔原料气量 ②减少进塔喷淋量 ③调节排液阀,控制在规定范围 ④过滤或更换吸收剂 ⑤停车检查,清洗或更换填料
尾气中溶质含量高	①进塔原料气中溶质含量高 ②进塔吸收剂用量不够 ③吸收温度过高或过低 ④喷淋效果差 ⑤填料堵塞	①降低进塔的溶质浓度 ②加大进塔吸收剂用量 ③调节吸收剂入塔温度 ④清理、更换喷淋装置 ⑤停车检修或更换填料
塔内压差太大	①进塔原料气量大 ②进塔吸收剂量大 ③吸收剂太脏、黏度大 ④填料堵塞	①减少进塔原料气量 ②减少进塔喷淋量 ③过滤或更换吸收剂 ④停车检修、清洗或更换填料
吸收剂用量突然下降	①溶液槽液位低、泵抽空 ②吸收剂压力低或中断 ③溶液泵损坏	①补充溶液 ②使用备用吸收剂源或停车 ③启动备用泵或停车检修
塔液面波动	①原料气压力波动 ②吸收剂用量波动 ③液面调节器出故障	①稳定原料气压力 ②稳定吸收剂用量 ③修理或更换
质量异常	①混合气进气量大或温度高,塔顶产品不合格 ②吸收剂量不足,吸收剂进塔温度高,塔顶或塔底产品不合格 ③吸收塔压力低、温度高或温度、压力、流量、液位波动大,塔顶或塔底产品不合格	①控制混合气进气量或温度,保证塔顶产品质量 ②控制塔顶吸收剂量进料量及温度,保证塔顶或塔底产品质量 ③及时调节吸收塔压力、温度、流量、液位波动,保证塔顶或塔底产品质量
鼓风机有响声	①杂物带入机内 ②水带入机内 ③轴承缺油或损坏 ④油箱油位过低,油质差 ⑤齿轮啮合不好,有活动 ⑥转子间隙不当或轴向位移	①紧急停车处理 ②排除机内积水 ③停车加油或更换轴承 ④加油或换油 ⑤停车检修或启动备用风机 ⑥停车检修或启动备用风机

（2）检查修理塔体的腐蚀、变形和各个焊缝。

（3）检查修理塔体或更换填料、塔盘、板及其泡罩。

（4）检查修理或更换塔内组件。

（5）检查修理分配器、喷淋装置、除沫器、支承板、液体再分布器等部件。

（6）检查修理塔基础裂纹、破损、倾斜和下沉。

（7）检查修理塔体油漆并确认是否保温。

（8）检查修理或更换进出料管和回流管，清洗进料过滤器。

（9）清洗喷淋孔、滤环。

（10）检查安全阀、流量计、温度计、压力表。

（二）吸收塔的检修内容

1. 准备

（1）备齐必要的图纸、技术资料，必要时编制施工方案。

（2）备好工器具、材料和劳动保护用品。

（3）塔设备与连接管线应加装盲板隔离，塔内部必须经过吹扫、置换、清洗干净，并且符合有关安全规定。

2. 拆卸

（1）吊装时应注意人身安全，且不能碰撞塔体及附件。

（2）拆卸塔节时应按顺序编号标记，塔节每对法兰要做好定位标记。

（3）拆卸时应注意保护各密封面，保持塔座水平度。

（4）依次拆下连接螺栓、塔节、垫、填料、栅板、分布器、再分布器。

3. 检修内容

（1）入孔拆卸必须自上而下逐个打开。

（2）进入塔内检查，拆卸内件必须符合有关安全规定。

（3）筒体检查内容有：塔体腐蚀、变形、壁厚减薄、裂纹及各部件焊接情况；有内衬的还应检查其腐蚀、鼓包和焊缝情况；检查塔内污垢情况；检查塔体附件情况。

（4）塔内件的检查内容：检查塔内塔板的污垢、聚合物的堵塞情况，检查塔板、鼓泡元件和支承结构的腐蚀变形及坚固情况；检查浮阀塔板各部件的尺寸是否符合图纸，及其浮阀的灵活性、堵塞情况；检查填料、分配器、喷淋装置的腐蚀、结垢、破损、堵塞情况；并分别进行检查、维护和清洗。

（5）逐级更换塔段垫床（法兰密封面及密封垫要求光洁、无机械损伤），必要时更新紧固螺栓。

（6）更换视镜垫片。

（7）检查吸收塔密封情况。

五、多组分吸收及解吸的安全生产技术

（一）生产过程的安全

（1）生产过程中使用和产生易燃易爆介质时，必须考虑防火、防爆等安全对策措施，在工艺设计时加以实施。

（2）生产过程中有重大危险隐患的，应设置必要的报警、自动控制及自动联锁停车的控制设施。非常危险的部位，应设置常规检测系统和异常检测系统的双重检测体系。

（3）工艺规程要确定生产过程泄压措施及泄放量，明确排放系统，如排入全厂性火炬、

排入装置内火炬、排入全厂性排气管网、排入装置的排气管道或直接放空。

(4) 生产装置出现紧急情况或发生火灾爆炸事故需要紧急停车时，应设置必要的自动紧急停车措施。

(5) 应考虑正常开停车、正常操作、异常操作处理及紧急事故处理时的安全对策措施和设施。

(6) 对生产装置的供电、供水、供风、供气等公用设施，必须满足正常生产和事故状态下的要求，并符合有关防火、防爆法规、标准的规定。

(7) 应尽量消除产生静电和静电积聚的各种因素，采取静电接地等各种防静电措施，静电接地设计应遵守有关静电接地设计规程的要求。

(二) 物料的安全

(1) 对生产过程中所用的易发生火灾爆炸危险的原材料、中间物料及成品，应列出其主要的化学性能及物理化学性能（如爆炸极限、密度、闪点、自燃点、引燃能量、燃烧速率、电导率、介电常数、腐蚀速率、毒性、热稳定性、反应热、反应速率、热容量等)。

(2) 对生产过程中的各种燃烧爆炸危险物料（包括各种杂质）的危险性（爆炸性、燃烧性、混合危险性等)，应综合分析研究，在设计时采取有效措施加以控制。

(三) 仪表及电器的安全

(1) 采用本质安全型电动仪表时，即使由于某种原因而产生火花、电弧或过热也不会构成点火源而引起燃烧或爆炸，因此原则上可以适用于最高级别的火灾爆炸危险场所。但在安装设计时必须要考虑有关的技术规定，如本质安全电路和非本质安全电路不能相混；构成本质安全电路必须应用安全栅；本质安全系统的接地问题必须符合有关防火、防爆规定的要求。

(2) 生产装置的监测、控制仪表除按工艺控制要求选型外，还应根据仪表安装场所的火灾危险性和爆炸危险性，按爆炸和火灾危险场所电力装置设计规范选型。

(3) 所选用的控制仪表及控制回路必须可靠，不得因设计重复控制系统而选用不能保证质量的控制仪表。

(4) 当仪表的供电、供气中断时，调节阀的状态应能保证不导致事故或扩大事故。

(5) 仪表的供电应有事故电源，供气应有储气罐，容量应能保证停电、停气后维持30min的用量。

(6) 可燃气体监测报警仪的报警系统应设在生产装置的控制室内。

(四) 设备的安全

(1) 必须全面考虑设备与机器的使用场合、结构类型、介质性质、工作特点、材料性能、工艺性能和经济合理性。

(2) 材料选用应符合各种相应标准、法规和技术文件的要求。

(3) 选用材料的化学成分、金相组织、机械性能、物理性能、热处理焊接方法应符合有关的材料标准，与之相应的材料试验和鉴定应由用户和制造厂商定。

(4) 由制造厂提供的其它材料，经试验、技术鉴定后，确定能保证设计要求的，用户方可使用。

(5) 处理、输送和分离易燃易爆、有毒和强化学腐蚀性介质时，材料的选用尤其应慎重，应遵循有关材料标准。

(6) 与设备所用材料相匹配的焊接材料要符合有关标准、规定。

(五) 工艺管线的安全

(1) 工艺管线必须安全可靠，且便于操作。所选用的管线、管件及阀门的材料，应保证有足够的机械强度及使用期限。管线的设计、制造、安装及试压等技术条件应符合国家现行标准和规范。

(2) 工艺管线应考虑抗震和管线振动、脆性破裂、温度应力、失稳、高温蠕变、腐蚀破裂及密封泄漏等因素，并采取相应的安全措施加以控制。

(3) 工艺管线上安装的安全阀、防爆膜、泄压设施、自动控制检测仪表、报警系统、安全联锁装置及卫生检测设施，应合理且安全可靠。

(4) 工艺管线的防雷电、暴雨、洪水、冰雹等自然灾害以及防静电等安全措施，应符合有关法规的要求。

(5) 工艺管线的工艺取样、废液排放、废气排放等，必须安全可靠，且应设置有效的安全设施。

(6) 工艺管线的绝热保温、保冷设计，应符合设计规范的要求。

项目五

多组分吸收及解吸的工业应用实例

一、焦炉煤气中苯的回收

煤炭干馏生产煤气过程中伴有苯烃（粗苯）生成，粗苯是有机化学工业的重要原料，回收粗苯具有较高的经济效益。焦炉煤气中粗苯含量一般为25～40g/m^3。粗苯的主要组分有苯、甲苯、二甲苯和三甲苯等芳烃，此外还含有不饱和化合物，含硫化合物，脂肪烃、萘、酚类和吡啶类化合物。从焦炉煤气中回收粗苯一般均采用洗油作吸收剂，其工艺包括吸收和解吸两个部分。

(一) 粗苯吸收

洗油吸苯的工艺流程见图2-15，从硫铵工段来的45～55℃煤气，用循环水直接冷却到20～28℃，煤气中的萘同时被水冲洗下来，然后煤气进入两台串联的洗苯塔，用洗油与煤气逆流接触，吸收煤气中的苯，脱除粗苯后煤气从塔顶排出，煤气中粗苯含量减少到2g/m^3。

从解吸塔来的贫油，含粗苯0.2%～0.4%，经冷却到20～30℃，送入洗油槽。贫油用

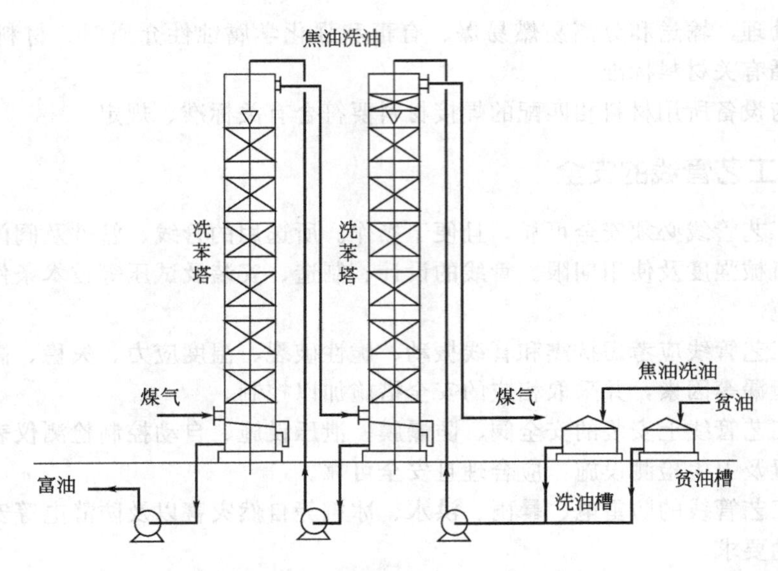

图 2-15 洗油吸苯的工艺流程

泵打入第二吸收塔塔顶，吸收粗苯后再用泵打入第一吸收塔塔顶，从第一吸收塔塔底排出含粗苯约 2.5%的富油送往脱吸装置脱苯。

（二）富油脱吸

富油脱吸的工艺流程见图 2-16。从粗苯吸收工序来的富油，经油气换热器、油油换热器加热后进入脱水塔，塔顶产出的油气和水蒸气的混合物经冷凝器后送入油水分离器。脱水塔底排出的富油用泵送入管式炉加热到 180～190℃后进入脱苯塔。离开管式加热炉的富油进入洗油再生器，用管式炉加热的过热蒸气直接蒸吹，带油的蒸气由再生器顶排出，进入脱苯塔下部，残渣从再生器底部排放。脱苯塔顶部逸出的粗苯蒸气经油气换热器降温、冷凝冷却器冷凝，油水分离后送入粗苯中间槽。部分粗苯送到脱苯塔顶作回流，塔侧线引出精重苯，塔底排出萘溶剂油。脱苯塔底排出的热贫油，经油油换热器入塔下的热贫油槽，再用泵送入贫油冷却器冷却后去洗涤系统循环使用。

二、天然气的脱水

天然气是一种多组分的混合气态化石燃料，主要成分是烷烃，其中甲烷占绝大多数，另有少量的乙烷、丙烷和丁烷。它主要存在于油田、气田、煤层和页岩层。水是天然气从采出至消费的各个处理或加工步骤中最常见的杂质组分，而且其含量经常达到饱和，在一定的压力和低于露点温度的条件下，天然气中将会有液相水析出，对处理装置及输出管线造成危害。因此，脱水是天然气净化过程中必不可少的一环。

溶剂吸收法是应用最为普遍的一种天然气脱水方法，目前国内外普遍使用三甘醇（TEG）作为吸收剂。常见的三甘醇脱水装置主要分为吸收和再生两部分，分别应用了吸收、分离、气液接触、传质、传热和抽提等原理，露点降通常可达到 30～60℃，最高可达到 85℃。图 2-17 为典型的三甘醇脱水装置工艺流程。

该项目主要流程是：湿天然气首先进入吸收部分的过滤分离器，以除去游离液体和固体

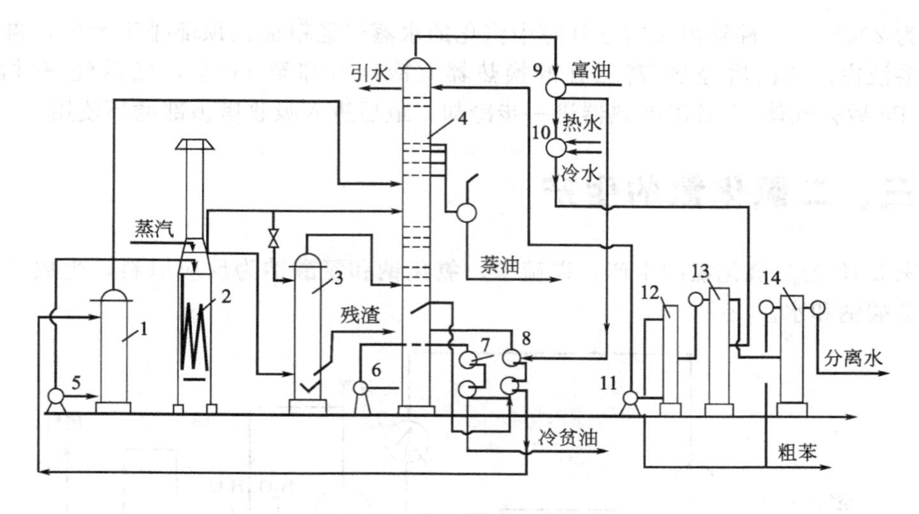

图 2-16 富油脱吸工艺流程

1—脱水塔；2—管式炉；3—再生器；4—脱苯塔；5—管式炉加料油泵；
6—粗贫油泵；7—贫油冷却器；8—油油换热器；9—油气换热器；10—冷凝冷却器；
11—回流泵；12—回流槽；13—粗苯油水分离器；14—控制分离器

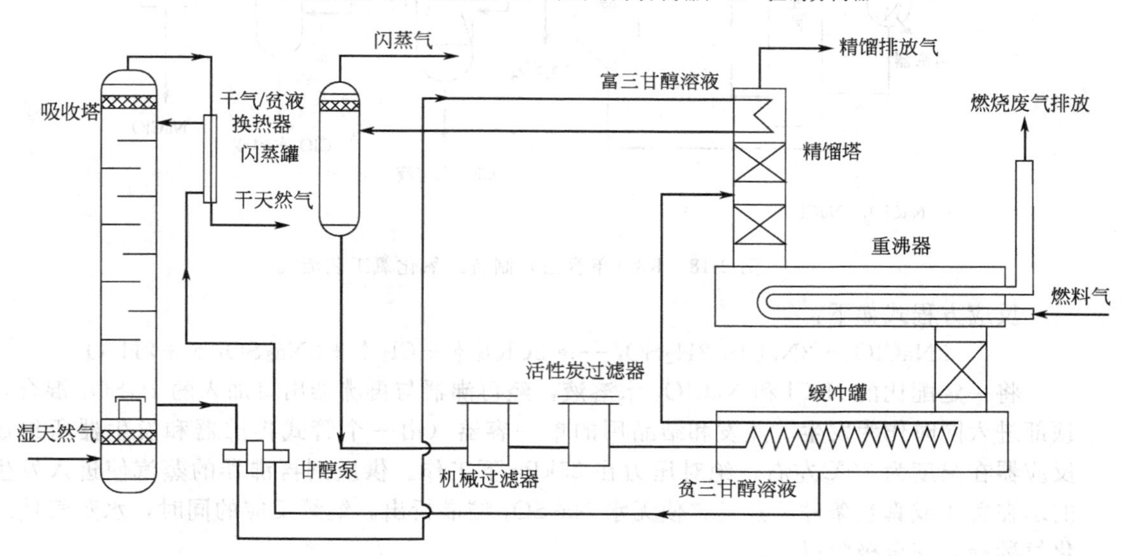

图 2-17 三甘醇脱水装置工艺流程

杂质，随后进入吸收塔的底部，由下向上与贫三甘醇溶液逆向接触，使气体中的水蒸气被三甘醇溶液所吸收。离开吸收塔顶部的干气流经气体/三甘醇换热器，以冷却由再生部分进入吸收塔的三甘醇贫液，随后进入管道外输。经气体/三甘醇换热器冷却后的贫三甘醇溶液进入吸收塔顶部。在吸收了天然气中的水蒸气后，三甘醇富液从吸收塔底部流出进入再生部分，在贫/富三甘醇换热器（冷）中再与再生好的热三甘醇贫液换热至77℃后进入闪蒸分离器中；在这里分离出被三甘醇溶液吸收的烃类气体经上部出口排空，而由闪蒸分离器底部排出的富三甘醇则依次经过纤维过滤器和活性炭过滤器，以除去其在吸收塔中吸收与携带过来的少量固体、液烃、化学剂及其它杂质。随后，富三甘醇溶液经贫/富三甘醇换热器（热）预热至115℃，进入重沸器上部的精馏柱中；在这里，富三甘醇向下流入重沸器，与由重沸器中汽化上升的热三甘醇蒸气和水蒸气接触，进行传热与传质；重沸器在常压下操作，操作温度为 204℃。重沸器内由富三甘醇中汽化的水蒸气经精馏柱顶部排至大气，再生好的贫三甘醇溶液由此流出后经贫/富三甘醇换热器（冷）冷却至 118℃，然后经三甘醇泵加压至 6.2MPa 后去气体/三甘醇换热器进一步冷却，最后进入吸收塔顶部循环使用。

三、二氧化氯的生产

图 2-18 为二氧化氯的生产，以硫酸、氯化钠和氯酸钠为反应原料，生成二氧化氯、氯气、硫酸钠和水。

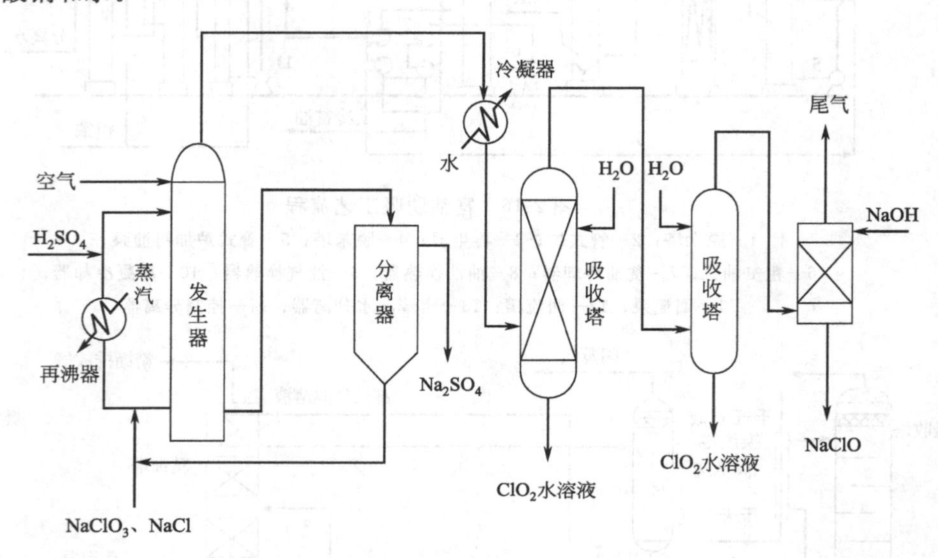

图 2-18 R3（单容法）制备二氧化氯工艺流程

反应方程式如下：

$$2NaClO_3 + 2NaCl + 2H_2SO_4 \longrightarrow 2ClO_2 \uparrow + Cl_2 \uparrow + 2Na_2SO_4 \uparrow + 2H_2O$$

将一定配比的 NaCl 和 $NaClO_3$ 水溶液，经再沸器与再沸器出口加入的 H_2SO_4 混合，自顶部进入同时作为发生、蒸发和结晶用的单一容器（由一个管式再沸器和发生器所组成）。反应器在温度为 70℃左右，绝对压力在 25kPa 下工作。供应到再沸器的蒸汽使进入发生器的水在负压或真空条件下蒸发，使无水 Na_2SO_4 结晶析出。继续反应的同时，水蒸气使二氧化氯稀释到安全极限以下。

为了减少吸收塔的负荷并降低混合汽的温度，在吸收塔与发生系统之间设有冷凝器，气体反应产物经冷凝器后，进入吸收塔。离开冷凝器的气体主要有 36%ClO_2、25%Cl_2、29%水蒸气和 10%空气。大部分的 ClO_2 和约 1/4 的 Cl_2 在第一吸收塔（ClO_2 吸收塔）中被 4.4～12.5℃的冷水吸收，产生 8g/L 的 ClO_2 和 1.6g/L 的 Cl_2 的水溶液，也可根据吸收塔顶水流量的调节来控制 ClO_2 的浓度。离开第一吸收塔的 Cl_2 气体进入第二级吸收塔（氯气吸收塔）被吸收产生氯水或次氯酸盐溶液。

四、苯氧化法生产顺丁烯二酸酐

图 2-19 所示为苯气相氧化法生产顺丁烯二酸酐工艺流程，原料苯经蒸发器蒸发后与空气混合，在催化剂作用下反应生成顺酐，反应产物经冷却后由分离器 2 进入粗顺酐储槽 6；

未冷凝的气体进入水洗塔 3，用水或顺丁烯二酸水溶液吸收未冷凝的顺酐。水洗塔 3 出来的尾气燃烧，吸收液送入脱水塔 4，经脱水后进入粗顺酐储槽 6，经蒸馏塔 5 可得精制产品顺丁烯二酸酐。

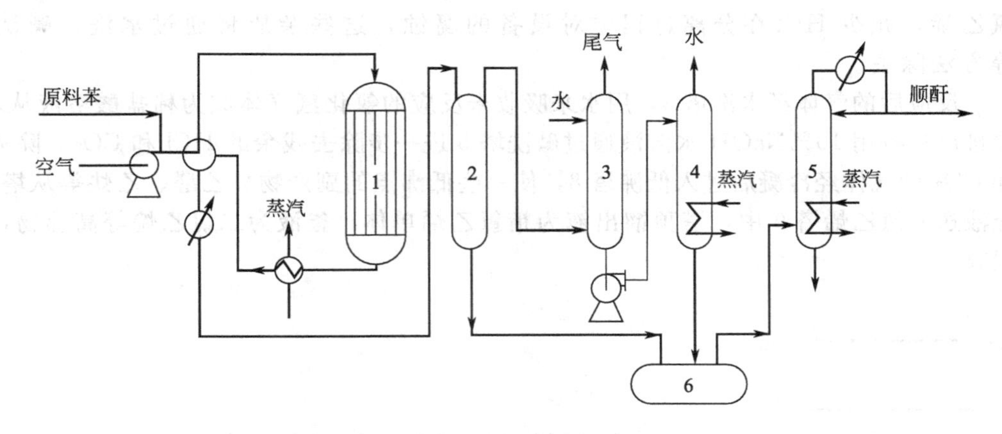

图 2-19　苯气相氧化法生产顺丁烯二酸酐工艺流程

1—反应器；2—分离器；3—水洗塔；4—脱水塔；

5—蒸馏塔；6—粗顺酐储槽

五、乙炔气相法合成氯乙烯

乙炔与氯化氢在催化剂的作用下，生成氯乙烯。其反应方程式如下：

$$CH\equiv CH + HCl \longrightarrow CH_2=CHCl + 124.8kJ$$

图 2-20 所示为乙炔气相法合成氯乙烯的工艺流程，乙炔与氯化氢在混合器 2 内混合，

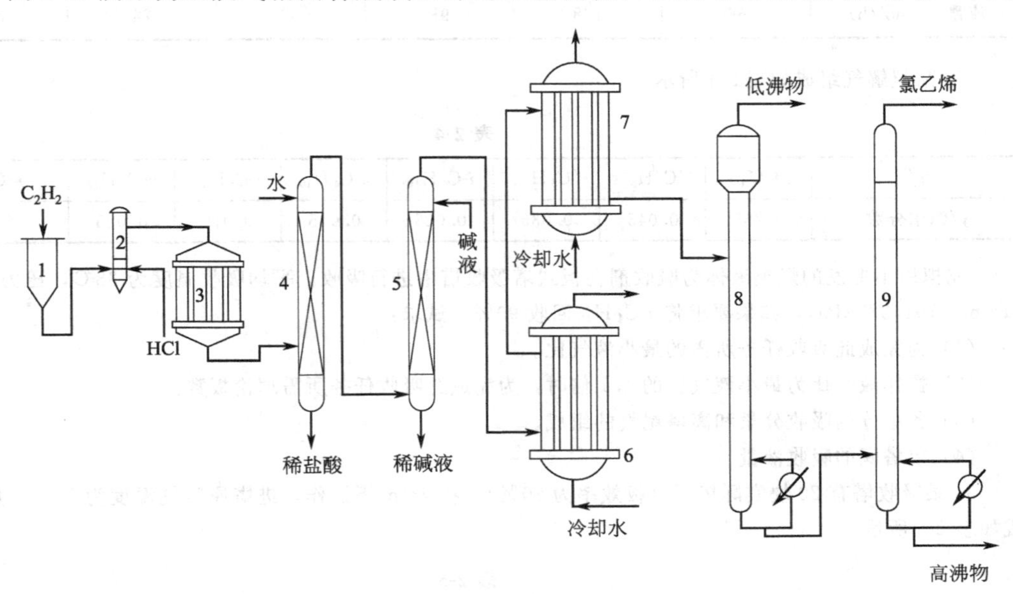

图 2-20　乙炔气相法合成氯乙烯的工艺流程

1—沙封；2—混合器；3—反应器；4—水洗塔；5—碱洗塔；

6—预热器；7—全凝器；8—低沸塔；9—氯乙烯塔

进入反应器反应生成氯乙烯；反应后的粗氯乙烯气体中，除了氯乙烯以外，还含有5%～10%的 HCl，少量未反应的乙炔和混入的氮气、氢气、二氧化碳、惰性气体以及副反应生成的乙醛、二氯乙烯、二氯乙烷等。为了生产适合于聚合级纯度的单体氯乙烯，减少 HCl 在分离过程中对设备的腐蚀，这些杂质将通过水洗、碱洗、精馏等方法除去。

反应后的气体经水洗塔 4，用水来吸收未反应的氯化氢气体成为稀盐酸溶液从水洗塔 4 中排出；再用 10%NaOH 水溶液通过碱洗塔 5 进一步除去残余的 HCl 和 CO_2。除去了 HCl 和 CO_2 的气体经冷凝后进入低沸塔 8，使一些低沸点的副产物如乙醛、乙炔等从塔顶蒸出；釜液送入氯乙烯塔 9 中，塔顶馏出液为精氯乙烯单体，釜液为二氯乙烷等高沸物，可另加回收。

测试题

1. 原料气中各组分的流量如表 2-3 所示，用 n-C_{10} 作为吸收剂，流量为 500kmol/h。原料气的温度为 15℃，吸收剂的温度为 32℃，塔压为 0.517MPa。设吸收塔有 3 块理论板，试计算贫气和吸收液的流量及组成？

表 2-3

组分	C_1^0	C_2^0	C_3^0	n-C_4^0	n-C_5^0	合计
流量/(kmol/h)	1660	168	98	52	24	2000

2. 某裂解气组成如表 2-4 所示。

表 2-4

组分	CH_4	C_2H_6	C_3H_8	i-C_4H_{10}	n-C_4H_{10}	i-C_5H_{12}	n-C_5H_{12}	n-C_6H_{14}
y/摩尔分数	0.765	0.045	0.035	0.025	0.045	0.015	0.025	0.045

先拟用不挥发的烃类液体为吸收剂在板式塔吸收塔中进行吸收，平均吸收温度为 38℃，压力为 10atm (1atm＝101.325kPa)，如果要求将 i-C_4H_{10} 回收 90%。试求：

(1) 为完成此吸收任务所需的最小液气比。

(2) 操作液气比为最小液气比的 1.1 倍时，为完成此吸收任务所需理论板数。

(3) 各组分的吸收分量和离塔尾气的组成。

(4) 求塔底的吸收液量。

3. 某吸收塔有 20 块实际塔板（板效率为 20%），在 4atm 下操作，进塔原料气温度为 32℃，原料气组成如表 2-5 所示。

表 2-5

组分	C_1	C_2	C_3	n-C_4	n-C_5
y(摩尔分数)	0.285	0.158	0.240	0.169	0.148

吸收剂为 n-C_8（其中 n-C_4 和 n-C_5 的摩尔分数分别为 0.02 和 0.05），吸收剂流量为原料气的 1.104 倍，吸收剂温度为 32℃。试求塔顶尾气与塔底吸收液的流量与组成。

4. 在 24℃、2.02MPa 下，含有甲烷等组分的混合气体（组成见表 2-6），在绝热的板式塔中用烃油吸收。烃油含正丁烷 0.01（摩尔分数）和 0.99（摩尔分数）的不挥发性烃油。烃油进塔的温度和压力与进料气相同，所用的液气比为 3.5，进料气中的丙烷至少有 70% 被吸收，甲烷在烃油中的溶解度可以忽略，而其它组分均形成理想溶液，估算所需的理论板数和尾气组成。

表 2-6

组分	甲烷	乙烷	丙烷	丁烷	合计
y(摩尔分数)	0.70	0.15	0.10	0.05	1.00

5. 某厂采用丙酮吸收法处理来自脱乙烷塔顶的气体，其目的是要除去其中所含的乙炔（要求乙炔含量少于 10^{-5}），原料气的组成见表 2-7，在一个具有 12 块理论板的吸收塔中进行，吸收压力（−20℃）为 1.8MPa，操作的液气比为 0.55。试计算乙炔、乙烯和乙烷的吸收率？若以 100kmol/h 进料气为基准，计算塔顶气体的量和组成。

表 2-7

组分	乙烷	乙烯	乙炔
y(摩尔分数)	0.126	0.87	0.004

6. 影响传质推动力大小的因素有哪些？生产上可采取什么措施来提高传质推动力？

7. 传质与传热相比，两者具有什么异同点？

8. 吸收剂再生回用过程中，若解吸不彻底，对后续的吸收操作有何影响？

知识拓展

浸　　取

一、浸取的概念

浸取过程也常称为浸出过程，是指在一定的条件下，用适当的溶剂（溶液）处理原料，使欲分离物质充分溶解到溶剂（溶液）中的过程。浸取的原料多数是溶质与不溶性固体所组成的混合物（如矿石、植物等），所得产物为浸出液，不溶性固体常被称为渣或载体。

在工业中，浸取是历史悠久、最常用的分离过程之一。在湿法冶金工业中，用浸取过程把矿石中的有用成分与脉石分开，例如，用氰化物溶液浸取金矿而获得金，用硫酸或氨溶液从矿石中浸取铜。在食品、医药和化工等工业中，浸取过程也常作为提取有效成分的重要手段。用温水从甜菜中提取糖，用有机溶剂从大豆、花生等油料作物中提取食用油，用水或有机溶剂从植物中提取医药物质等，都是浸取过程在工业中应用的实例。

在复杂的分离流程中，浸取过程又常常是分离过程的第一步，它既可起到把有用物质从固体转到溶液中的作用，又可起到分离作用。例如，在湿法冶金过程中，常常先用酸或碱溶液把所有的金属元素从矿石中提取到溶液中，然后再用溶剂萃取或其它分离过程把所需的元素与其它可溶性杂质分离。现在，浸取过程已广泛地应用于化学工业、湿法冶金、食品、医药等工业领域。

二、浸取过程原理

（一）浸取过程的具体原理

浸取过程是一个固、液相之间的多相反应过程（见图 2-21），一般可认为由下述五个步骤组成：①反应物扩散到固体表面；②反应物被固体表面吸附；③在表面上进行反应；④生成物从表面上解吸；⑤生成物通过扩散离开表面。

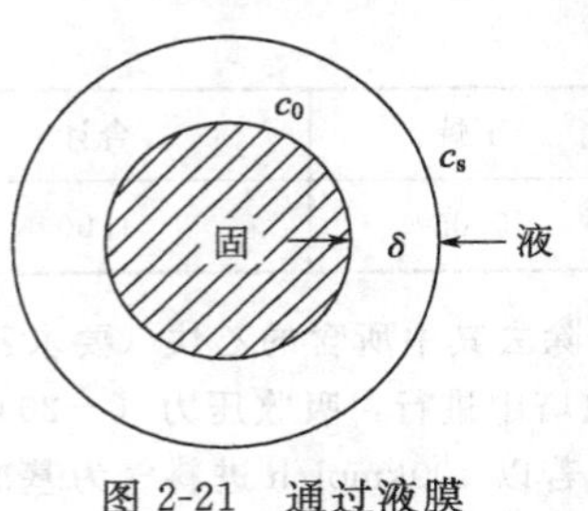

图 2-21 通过液膜层的扩散

上述步骤中，①和⑤是扩散过程；②和④是吸附过程；③是化学反应，总的反应速率取决于上述步骤中最慢的一步（为反应的控制步骤）。一般情况下吸附过程是较快的，如控制步骤为扩散过程，则为扩散反应控制；如化学反应速率最慢，则是化学反应速率控制。

（二）影响浸出速率的各种因素

在影响浸出速率的各种因素中，较重要的是颗粒的大小、浸取的温度、搅拌速率、试剂的浓度等。

1. 颗粒的大小

浸取过程是一个固、液相之间的多相反应过程，反应速率随着接触表面的增大而上升，显然，减少颗粒度对提高反应速率是有利的。所以，一般在浸出以前应将矿石破碎并磨细。球磨机是最常采用的设备之一。然而，也并非颗粒越细越好，如果颗粒过细，会增加液体的黏度，从而对浸出速率产生不利的影响。此外，从经济的角度看，过分的磨细显然也是不好的。

2. 试剂的浓度

体系的反应速率与瞬间各反应物浓度的乘积成正比，因此，试剂浓度的上升显然有利于反应速率的提高；浸取剂的浓度也不宜过高，否则不但在经济上不利，也会使得进入溶液的杂质过多。

3. 浸取的温度

温度上升，反应速率常数上升，其斜率与活化能有关。活化能的数值与反应速率的控制步骤有关。化学反应控制的活化能较大，一般大于 42kJ/mol，扩散过程中，由于不需要断裂或形成新的化学键，所需的活化能较小，一般小于 13kJ/mol，故活化能的测定常有助于判断浸取过程中控制步骤的类型。由活化能的数值也可看出，虽然温度上升，浸取过程的速率都可上升，但是化学反应控制的速率增加得快得多，所以有些过程在低温下反应速率很慢，属于反应速率控制类型，而在高温下反应速率很快，属于扩散控制的类型，中间温度时则属于过渡区，即混合控制的类型。

4. 搅拌速率

在大多数情况下，浸取时都要搅拌，使试剂迅速接近固体表面，反应产物迅速到达溶液主体；搅拌的另一重要作用是使扩散层减薄。扩散层厚度与搅拌速率成反比，大体可用下式表示：

$$\delta=\frac{K}{w^{\eta}}$$

式中，K 为常数；w 为搅拌速率；η 为指数，一般为0.6。

搅拌时会产生涡流，从而使扩散层变薄，但即使最强烈的搅拌也不能使扩散层厚度等于零，这是由于靠近固体表面的溶液与固体颗粒之间有牢固的吸附力，扩散层不会完全消失，但是由于剧烈的搅拌可减少到一个极限值，当搅拌到此定值时，进一步增加搅拌速率并不能继续增加反应速率，有时反会降低浸出速率。这是因为此时浸出速率已由化学反应速率所控制，剧烈搅拌有时反而会使固体的细小颗粒与溶液一起运动，或使得离心力加大，从而产生固液分离。所以搅拌速率有一个最佳范围，图2-22所示的曲线说明了当搅拌速率到达一定值以后，再继续增加搅拌速率对反应速率的增加不但不再有利，有时反使反应速率下降。此最佳搅拌速率数值由实验决定。

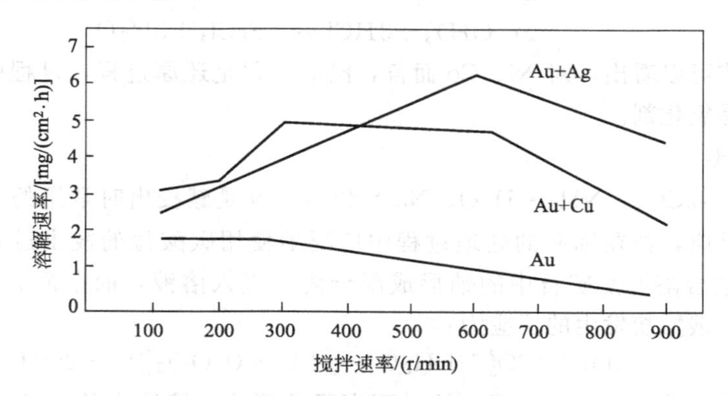

图2-22　氰化物溶液的搅拌速率对于纯金、金银合金及金铜合金溶解速率的影响

三、常用的浸取过程

(一) 无机物质的浸取

浸取过程是分离过程的一个主要步骤。在浸出过程中，常常将待提取的金属转入溶液，而其它伴生元素和杂质留在固相中。但有时则是待提取的金属留在固相，而伴生元素和杂质进入溶液。不论上述何种情况，浸出过程都不是一个简单的溶解过程，而是分离过程的一种。此外有一种情况就是使欲提取的元素和伴生元素一起溶解，以后再进行分离。在一般情况下，在浸取过程后，还要有其它的分离步骤才能保证必需的分离。

1. 水浸出

当金属在固相中以可溶于水的化合物形态存在时，则可用水作溶剂把待提取的成分简单地从固相溶解入溶液。某些重金属化合物经硫酸化焙烧或氧化焙烧后的水浸出是这种浸出的典型例子，如硫化铜经硫酸化焙烧后，转变为易溶于水或稀硫酸的硫酸铜。

2. 酸浸出

常用的酸浸出剂是盐酸、硝酸和硫酸，有时也用氢氟酸、王水等。酸浸出的过程可能是简单的溶解，也可能是配合反应或氧化还原反应。硫酸浸取铀矿是一个配合反应，其中六价铀的反应如下：

$$UO_3 + H_2SO_4 \longrightarrow UO_2SO_4 + H_2O$$

$$UO_2SO_4 + SO_4^{2-} \xlongequal{} [UO_2(SO_4)_2]^{2-}$$

$$[UO_2(SO_4)_2]^{2-}+SO_4^{2-} = [UO_2(SO_4)_3]^{4-}$$

反应得到了可溶性的硫酸铀配合物。四价的铀在加入氧化剂的条件下，经硫酸浸取也得到$[UO_2(SO_4)_2]^{2-}$。

在常用的酸中，硝酸有氧化性，盐酸有还原性。下面以镍电解精炼过程中钴渣的盐酸还原浸出为例说明。

在钴渣中含有 Ni、Co 及 Fe 等元素，它们都以高价氢氧化物形态存在，即 $Ni(OH)_3$、$Co(OH)_3$ 及 $Fe(OH)_3$，在盐酸的还原浸取时，产生的反应为：

$$2Co(OH)_3+6HCl = 2CoCl_2+6H_2O+Cl_2\uparrow$$

$$2Ni(OH)_3+6HCl = 2NiCl_2+6H_2O+Cl_2\uparrow$$

$$Fe(OH)_3+3HCl = FeCl_3+3H_2O$$

由反应式可以看出，对 Ni、Co 而言，浸取过程是还原过程，过程中盐酸是还原剂，高价氢氧化物是氧化剂。

3. 碱浸出

NaOH、$NaCO_3$、$NH_3 \cdot H_2O$、Na_2S 和 NaCN 是碱浸出时常用的试剂。在碱浸出过程中多是配合反应，如在铀矿的处理过程中广泛地使用碳酸盐的浸出过程，即用 Na_2CO_3 和 $NaHCO_3$ 的混合溶液使矿石中的铀形成配合离子进入溶液，而杂质元素则存在于沉淀中，铀的氧化物与碳酸盐发生的反应为：

$$UO_3+3CO_3^{2-}+H_2O = [UO_2(CO_3)_3]^{4-}+2OH^-$$

由上式可以看出，随着三碳酸铀酰配离子的形成，溶液中的 OH^- 浓度上升，当 OH^- 浓度增大到一定程度时，导致重铀酸钠沉淀的生成：

$$2[UO_2(CO_3)_3]^{4-}+6OH^-+2Na^+ = Na_2U_2O_7\downarrow+6CO_3^{2-}+3H_2O$$

一旦生成 $Na_2U_2O_7$ 沉淀，就将和其它金属离子的氢氧化物沉淀混在一起，引起铀的损失，所以在浸出液中含有适量的 $NaHCO_3$，其目的是抑制过量 OH^- 的生成，控制溶液的 pH 值。

$NH_3 \cdot H_2O$ 是镍、钴、铜氧化矿的有效浸取剂，这是因为 Cu^{2+}、Ni^{2+} 和 Co^{2+} 与氨形成 $M(NH_3)_z^{2+}$ 的配离子。对于镍和钴配位数 z 为 6，铜的配位数为 4，如：

$$CuO+2NH_3 \cdot H_2O+(NH_4)_2CO_3 = Cu(NH_3)_4CO_3+3H_2O$$

由于发生的是配合反应，因此可以和那些不能产生配合反应的杂质分离，选择性较高。这里应指出，浸取过程中使金属成为配合物，常常是有利的，它不仅可增加过程的选择性，而且由于配合物的形成使得在溶液中金属的溶解度加大，可产生较浓的溶液，同时由于配合物稳定性较大，故与简单金属离子相比不易水解，因此有配合离子形成的浸取过程在湿法冶金中得到日益广泛的应用。

4. 盐浸出

氧化铁、硫酸铁、氯化铜、氯化钠、次氯酸钠等盐类也常用作浸取剂。盐的作用有两种，一种是盐浸取剂起氧化剂作用，如 $FeCl_3$、$Fe_2(SO_4)_3$、$CuCl_2$、NaClO 等。三价铁离子在硫化物浸出时是一种氧化剂：

$$MS+8Fe^{3+}+4H_2O = M^{2+}+8Fe^{2+}+SO_4{}^{2-}+8H^+$$

$$MS+2Fe^{3+} = M^{2+}+2Fe^{2+}+S$$

式中，M^{2+} 表示二价金属离子。

另一种类盐浸出剂如 NaCl、$CaCl_2$、$MgCl_2$ 等，不起氧化还原作用，如：

$$PbSO_4 + 2NaCl \longrightarrow PbCl_2 + Na_2SO_4$$
$$PbCl_2 + 2NaCl \longrightarrow Na_2[PbCl_4]$$

在上述反应中，NaCl 等的作用在于提供大量的 Cl^-，以使 Pb 成为配离子而溶解。

5. 细菌浸出

细菌浸出是利用某些特殊细菌及其代谢产物的氧化作用，使得矿石中的有用组分进入溶液的过程。这是近 20 年来发展起来的新技术。最初发现于铜矿的开采过程，人们发现从铜矿山流出的矿坑水中的含铜量相当高，同时也发现矿坑水中有特殊的细菌，此后细菌浸出开始应用于金属的水法冶炼过程。现在主要用于铜和铀的生产中。细菌浸出是一种处理残渣、残矿和低品位矿的很有前途的方法。

浸出的条件对浸取的效果有很大的影响，显然，创造使细菌活泼地活动的生活环境是很重要的。溶液的 pH 值和温度是两个主要的因素。一般多把溶液的酸度控制在 pH＝1～3 的范围，温度则约为 35℃为宜。当然，因菌种不同，生长在最合适的条件也会有若干区别。

6. 热压浸出

提高温度和压力对浸出过程有很大好处，因为可大大提高反应速率，也可使得一些在常温、常压下不能实现的反应成为可能。同时在密闭容器中反应也可以使用气体和易挥发的物质作为反应试剂。热压浸出最早是从用碱浸取氧化铝开始的，现在此技术已用于铀、钨、钼、铜、镍、钴、钒、铝等金属的浸取。

（二）有机物质的浸取

有机物质的浸取过程是很多的。表 2-8 给出了一些例子。由表 2-8 可以看出，在食品、化工、医药等工业中，浸取过程有着广泛的应用。表 2-8 也指出，有机物质的浸取过程所涉及的领域是极其广泛的，被浸取的固体和溶剂可以是多种多样的。

表 2-8　某些常见的有机物质的浸取

产物	固体	溶质	溶剂
咖啡	粗烤咖啡	咖啡溶质	水
茶水	干茶叶	茶溶质	水
豆油	大豆	豆油	己烷
大豆蛋白	豆粉	蛋白质	NaOH 溶液(pH＝9)
香料提取物	丁香、胡椒	香料提取物	80%乙醇
蔗糖	甘蔗、甜菜	蔗糖	水
维生素 B	碎米	维生素 B	乙醇-水
胶质	胶原	胶质	水或稀酸
果胶	去糖的果渣	果胶	稀酸
果汁	水果块	果汁	水
鱼油	碎鱼块	鱼油	己烷、CH_2Cl_2、丁醇
鸦片提取物	罂粟	鸦片提取物	CH_2Cl_2
胰岛素	牛、猪的肝脏	胰岛素	酸性醇
肝提取物	哺乳动物的肝	肽、缩氨酸	水
低水分水果	高水分水果	水	50%糖液
脱盐的海藻	海藻	海盐	稀盐酸
去咖啡因的咖啡	绿咖啡豆	咖啡因	氯代甲烷
中草药汁	中草药	药用成分	水
药酒	中草药	药用成分	酒

在浸出过程中，干燥的固体首先必须吸收溶剂，溶剂再去溶解溶质，溶质成分就在进入固体的小孔或细胞内的溶剂中扩散。一般说来，浸取过程是固-液传质过程。固相中含有不溶性物质、可溶性物质（溶质）以及进入小孔的溶剂。

四、浸取设备

浸取过程根据颗粒的大小可采用不同的设备。浸取设备主要有两大类，一类是固体处于静止状态的浸取器，另一类是固体处于悬浮状态的浸取器。

（一）固体处于静止状态的浸取器

这类浸取器主要是用于颗粒较大的物料的浸取，就是颗粒放在设备中形成颗粒床层，溶剂穿过颗粒层，与颗粒接触将其中的有用溶质浸取出来。

1. 渗滤浸取器

图 2-23 所示为两种单级间歇式浸取器，为固定床式设备，其中的假底为多孔板，以支撑颗粒状物料。溶剂从上部进入，穿过颗粒层进行浸取。图中的浸取器下部设有溶剂蒸发回收装置，加热将溶剂蒸出，溶剂蒸气经冷凝后回收或循环回到浸取器继续使用。

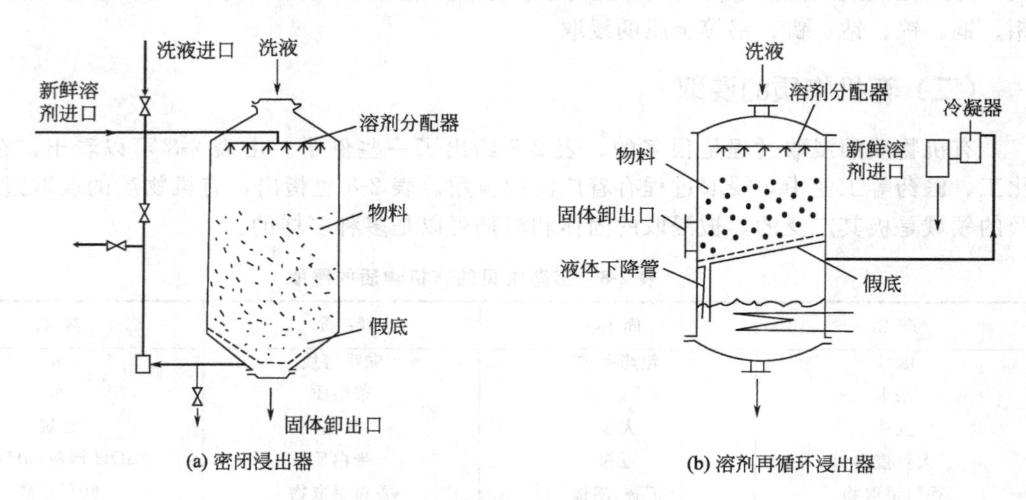

图 2-23 单级间歇式浸取器

2. 浸泡式连续浸取器

图 2-24 是一种浸泡式连续浸取器，它可视为移动床设备，其外形为一 U 形管，原料从左侧上部进入，通过螺旋推进装置慢慢地沿着 U 形管移动，直至右侧上部，残渣从此卸出。螺旋片上开有可使液体通过的小孔，溶剂从右侧上部进入，与颗粒物料逆流接触，最终浸出液从左侧上部流出。这种设备中物料虽处于移动状态，但移动缓慢，两相基本上还是处于液体穿过颗粒层的状态。

（二）固体处于悬浮状态的浸取器

对于颗粒较细的固体，常采用带有搅拌式的浸取器，只需对细微颗粒轻微搅动，这些颗粒处于悬浮状态。细颗粒的表面积大，颗粒内小孔扩散途径短，浸出速率快，不过细粒的溶质溶出后，残渣与液体的分离比较困难。这类设备有如下形式。

1. 机械搅拌浸取器

图 2-25 是一种较为简单的机械搅拌浸取器，它的外形是一个圆筒形设备，中间设有中央管，其中装有搅拌装置，依靠搅拌器的作用使液体形成沿中心管上升、从环隙流下的循环流动，从而使固、液两相充分接触，达到浸出固体中的有用组分的目的。

2. 巴秋卡槽

巴秋卡槽是利用压缩空气进行搅拌的浸取器。如图 2-26 所示，它是一个具有锥形底的圆柱形槽，中央管顶部引入压缩空气使其成为一个空气升液器，使固液混合物在槽内形成循环流动，下部锥形部分安装若干空气喷射器，防止固体颗粒在桶底沉积。

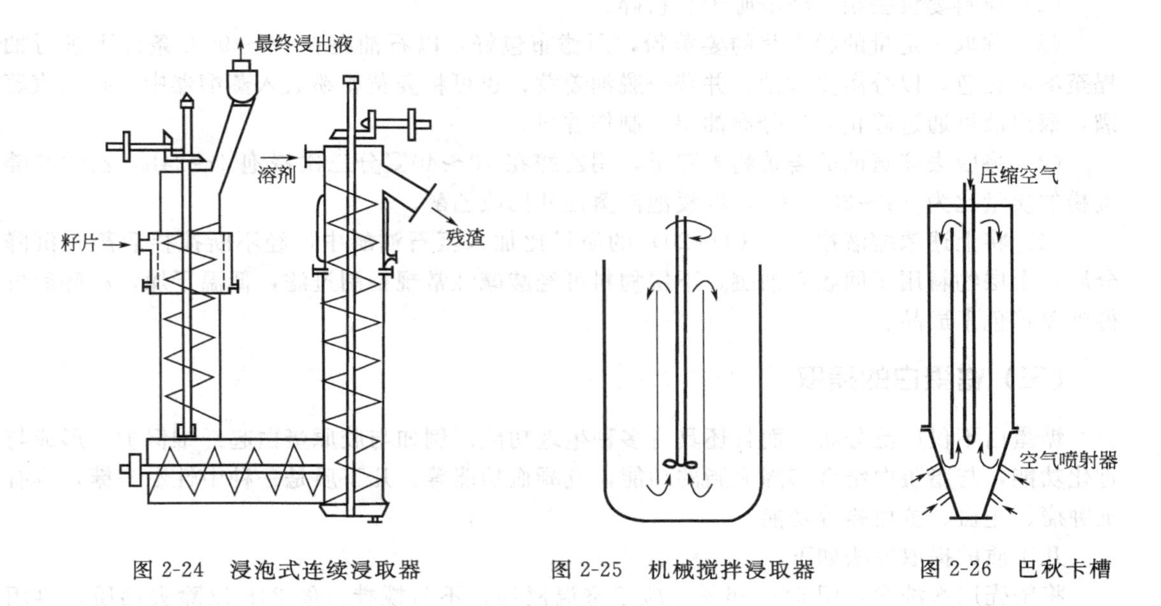

图 2-24　浸泡式连续浸取器　　图 2-25　机械搅拌浸取器　　图 2-26　巴秋卡槽

五、浸取过程的应用实例

浸取过程是分离固体混合物的一种方法，广泛应用于冶金、食品等行业。

（一）大豆蛋白的提取

工业化大豆蛋白的提取工艺主要有三种，即湿热浸取法、稀酸浸取法和含水乙醇浸提法。下面详细介绍湿热浸取法。

湿热浸取法的生产工艺流程如下：

脱脂豆粉→粉碎→湿热处理→浸提→分离→洗涤→干燥→成品

（1）粉碎　将原料豆粕粉粉碎到0.15～0.30mm。

（2）热处理　将粉碎后的豆粕粉用 120℃左右的蒸汽处理 15min，或将脱脂豆粉与 2～3 倍的水混合，边搅拌边加湿热，然后冻结，放在－2～－1℃温度下冷藏。这两种均可以使 70％以上的蛋白质变性而失去可溶性。

（3）水洗　将湿热处理后的豆粕粉加 10 倍的温水，洗涤两次，每次搅拌 10min。

（4）分离　过滤或离心分离。

（5）干燥　可以采用真空干燥，也可采用喷雾干燥即可得到成品。

（二）天然色素的提取

以姜黄色素的提取为例加以说明，姜黄色素作为天然色素，广泛应用于食品、日化、烟叶、医药、丝绸、棉纺等行业。可采用碱水处理提取法和乙醇提取法。以乙醇提取法为例说明。

其工艺流程如下：原料→预处理→乙醇浸提→过滤→浓缩→石油醚处理→精制→过滤→干燥→粉碎→成品

具体操作方法如下。

(1) 原料姜黄去杂、清洗晾干、粉碎。

(2) 称取一定量的粉末状的姜黄粉，用滤布包好，以石油醚在60～90℃条件下进行抽提至溶液无色，以分离姜黄油，并获得脱油姜黄；也可将姜黄粗粉放入蒸馏器中进行蒸汽蒸馏，馏出液可通过静止方法分离油层，制作香料。

(3) 将脱去姜黄油的姜黄粉末晾干，用乙醇在10～40℃分三次浸泡4～24h，乙醇与姜黄粉的质量比为（4～20）：1，取浸泡液蒸馏并回收乙醇。

(4) 将上述浓缩液按1：（4～20）的质量比加入至石油醚中，经不断搅拌后静止沉降分层，上层物料用于回收石油醚，下层物料可经酸碱性常规精制过滤，低温干燥，粉碎后可得到姜黄色素成品。

（三）糖蛋白的提取

糖蛋白不仅广泛分布，而且还具有多种生理功能。例如与胶原蛋白起纤维保护、形成与骨化功能，与脂蛋白结合起降血脂的功能，抗凝血功能等。几丁质是一种中性黏多糖，具有抗肿瘤、止血、抗血栓等功能。

几丁质的提取方法如下：

将蟹壳用水洗净，用5%～6%盐酸于室温浸泡，不时搅拌，经24h以除去钙质，再用水浸泡三次，然后用3%～4%氢氧化钠溶液煮沸4～6h以除去蛋白质。水洗后加入0.5%高锰酸钾水溶液浸泡1h，同样搅拌，充分水洗后用1%硝酸于60～70℃充分搅拌处理30～40min，得白色几丁质，经水洗干燥后得工业几丁质粗品。

模块三 膜分离

学习目标

知识目标

1. 掌握膜分离的基本原理；掌握膜的分类及特征；掌握膜分离系统组成；掌握各种膜分离的装置及流程；掌握膜分离组件；掌握膜分离的操作及故障分析解决；掌握膜的再生。

2. 理解膜的特性及膜的制备；理解膜分离过程中的浓差极化、推动力、膜的污染及膜的性能参数；理解膜的处理过程。

3. 了解膜分离特点和化工生产中的应用；了解膜分离过程的影响因素，了解其它新型膜分离技术。

能力目标

1. 能根据分离要求来选择合适的膜分离装置和流程，并实施基本的操作。

2. 能对膜分离操作过程中的影响因素进行分析，并运用所学知识解决实际工程问题。

3. 能根据生产的需要正确查阅和使用一些常用的工程计算图表、手册、资料等。

素质目标

1. 遵守操作规程和操作法。

2. 培养革新意识和创新思想。

本模块主要符号说明

英文字母

c_b、c_m、c_p　组分在料液主体、膜表面和透过侧浓度；

c_1、c_2　原料液和透过液溶质浓度；

D　溶质在水中的扩散系数，cm^2/s；

J_v　从边界层透过膜的溶质通量；$cm^3/(cm^2 \cdot s)$；

x_A　原料液（气）摩尔分数；

J_0　初始时间的渗透通量，$kg/(m^2 \cdot h)$；

m　衰减系数；

J_t　时间 t 时的渗透通量，$kg/(m^2 \cdot h)$；

y_A　透过液（气）摩尔分数；

t　使用时间，h。

希腊字母

α　分离因子；　β　分离系数；　δ　膜的边界层厚度。

下标

0　初始；　A　表示组分 A；　1　原料液；　2　透过液。

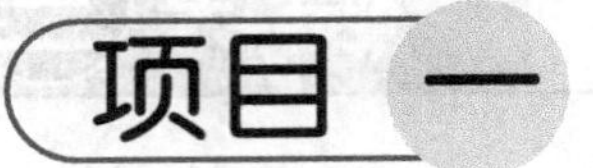

项目一 认识膜分离

一、膜分离过程

膜分离过程是利用天然或人工合成的、具有选择透过能力的薄膜，在外界推动力作用下，将双组分或多组分体系进行分离、分级、提纯或富集的过程。分离膜可以是固体或液体膜。膜分离过程可用于液相和气相混合物的分离。对于液相分离，可用于水溶液体系、非水溶液体系、水溶胶体系以及含有其它微粒的水溶液体系。

图 3-1 所示为空气净化流程中的过滤流程，从分过滤器出来的空气经预过滤器，以除去细菌和噬菌体等微生物粒子以外的其它杂质，尤其是水分和油分；再经过主过滤器过滤，即可得到无菌空气的要求；而所使用的蒸气也要求是无菌的，也要通过蒸气过滤器除去夹带的铁屑和杂质，再通过主过滤器。在这一过滤过程中用的预过滤器和主过滤器都是聚偏二氟乙烯微孔膜。这种利用膜的过滤作用来达到分离过程的操作是膜分离操作。

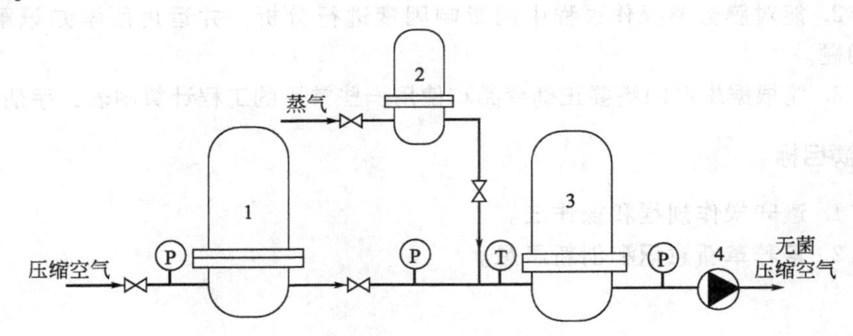

图 3-1 空气净化流程中的过滤流程（膜过滤）

1—预过滤器；2—蒸气过滤器；3—主过滤器；4—止逆阀

膜分离现象在大自然特别是在生物体内广泛存在，但人类对其认识、利用、模拟直至人工制备的历史却很漫长。按照其开发的年代先后，膜分离过程可分为微孔过滤（MF，1930）、透析（D，1940）、电渗析（ED，1950）、反渗透（RO，1960）、超滤（UF，1970）、气体分离（GP，1980）和纳滤（NF，1990）。

膜分离技术被公认为为 20 世纪末至 21 世纪中期最有发展前途的高新技术之一。膜分离技术目前已广泛应用于各个工业领域，并已使海水淡化、烧碱生产、乳品加工等多种传统的工业生产面貌发生了根本性的变化。膜分离技术已经形成了一个相当规模的工业技术体系。

微滤、超滤、反渗透相当于过滤技术，用来分离含溶解的溶质或悬浮微粒的液体，其中溶剂和小溶质透过膜，而大溶质和大分子被膜截留。

电渗析用的是带电膜，在电场力推动下从水溶液中脱除离子，主要用于苦咸水的脱盐。反渗透、超滤、微滤、电渗析是工业开发应用比较成熟的四种膜分离技术，这些膜分离过程的装置、流程设计都相对成熟。

气体膜分离在20世纪80年代发展迅速，可以用来分离 H_2、O_2、N_2、CH_4、He 及一些酸性气体 CO_2、H_2S、H_2O、SO_2 等。目前已工业规模化的气体膜分离体系有空气中氧、氮的分离，合成氨厂氮、氩、甲烷混合气中氢的分离，以及天然气中二氧化碳与甲烷的分离等。

渗透汽化是唯一有相变的膜过程，在组件和过程设计中均有其特殊之处。膜的一侧为液相，在两侧分压差的推动下，渗透物的蒸气从另一侧导出。渗透汽化过程分两步：一是原料液的蒸发，二是蒸发生成的气相渗透通过膜。渗透汽化膜技术主要用于有机物-水、有机物-有机物分离，是最有希望取代某些高能耗的精馏技术的膜分离过程。20世纪80年代初，有机溶剂脱水的渗透汽化膜技术就已进入工业规模的应用。

尽管各种膜分离过程的机理并不相同，但它们都有一个共同特征：借助于膜实现分离。因此，本模块将叙述已开发的主要膜分离过程，重点讨论这些过程的原理和特点、分离用膜、膜装置及流程和应用等。

二、膜分离特点

膜分离过程以选择性透过膜为分离介质。当膜两侧存在某种推动力（如压力差、浓度差、电位差等）时，原料侧组分选择性地透过膜，以达到分离或纯化的目的。

膜分离兼有分离、浓缩、纯化和精制的功能，与蒸馏、吸附、吸收、萃取、深冷分离等传统分离技术相比，具有以下特点。

（一）分离效率较高

在按物质颗粒大小分离的领域，以重力为基础的分离技术最小极限是微米，而膜分离可以分离的颗粒大小为纳米级。与扩散过程相比，在蒸馏过程中物质的相对挥发度的比值大都小于10，难分离的混合物有时刚刚大于1，而膜分离的分离系数则要大得多。如乙醇浓度超过90%的水溶液已接近恒沸点，蒸馏很难分离，但渗透汽化的分离系数为数百。再如氮和氢的分离，常规方法是在深度冷冻条件进行，而且氢、氮的相对挥发度很小。在膜分离中，用聚砜膜分离氮和氢，分离系数为80左右，聚酰亚胺膜则超过120，这是因为蒸馏过程的分离系数主要决定于混合物中各物质的物理和化学性质，而膜分离过程还受高聚物材料的物性、结构、形态等因素的影响。

（二）多数膜分离过程的能耗较低

大多数膜分离过程都不发生相变化，而相变化的潜热很大。另外，很多膜分离过程是在室温附近进行的，被分离物料加热或冷却的消耗很小。

（三）热过敏物质的处理

多数膜分离过程的工作温度在室温附近，特别适用于对热过敏物质的处理。膜分离在食品加工、医药工业、生物技术等领域有其独特的适用性。例如，在抗生素的生产中，一般用减压蒸馏法除水，很难完全避免设备的局部过热现象，在局部过热区域抗生素受热，或者被破坏或者产生有毒物质，它是引起抗生素针剂副作用的重要原因。用膜分离脱水，可以在室温甚至更低的温度下进行，确保不发生局部过热现象，大大提高了药品使用的安全性。

（四）设备维护可靠

膜分离设备本身没有运动部件，工作温度又在室温附近，所以很少需要维护，可靠度很高。操作十分简便，从开动到得到产品的时间很短，可以在频繁的启、停下工作。

（五）费用变化不大

膜分离过程的规模和处理能力可在很大范围内变化，效率、设备单价、运行费用等变化不大。

（六）实用方便

膜分离因为分离效率高，设备体积通常比较小，可以直接插入已有的生产工艺流程，不需要对生产线进行大的改变。例如，在合成氨生产中，只需在尾气排放口接上氮氢膜分离器，利用原有的反应气压力，就可将尾气中的氢气浓度浓缩到原料气浓度，直接输送到生产车间就可作为氢气原料使用，在不增加原料和其它设备的情况下可提高产量4%左右。

但是，膜分离技术也存在一些不足之处，如膜的强度较差、使用寿命不长、易于被沾污而影响分离效率等。

三、膜的分类

分离膜是膜分离实现的关键。膜从广义上可定义为两相之间的一个不连续区间，膜必须对被分离物质有选择透过的能力。

膜按其物理状态分为固膜、液膜及气膜，目前大规模工业应用多为固膜；液膜已有中试规模的工业应用，主要用在废水处理中。固膜以高分子合成膜为主，近年来，无机膜材料（如陶瓷、金属、多孔玻璃等），特别是陶瓷膜，因其化学性质稳定、耐高温、机械强度高等优点，发展很快，特别是在微滤、超滤、膜催化反应及高温气体分离中的应用，充分展示了其优势。

根据膜的性质、来源、相态、材料、用途、形状、分离机理、结构、制备方法等的不同，膜有不同的分类方法。

（一）按膜孔径的大小分为多孔膜和致密膜（无孔膜）

1. 多孔膜

多孔膜内含有相互交联的曲折孔道，膜孔大小分布范围宽，一般为0.1～20μm，膜厚50～250μm。对于小分子物质，微孔膜的渗透性高，选择性低。当原料中一些物质的分子尺寸大于膜平均孔径，另一些分子尺寸小于膜的平均孔径时，用微孔膜可以实现这两类分子的分离。微孔膜的分离机理是筛分作用，主要用于超滤、微滤、渗析或用作复合膜的支撑膜。

2. 致密膜

致密膜又称为无孔膜，是一种均匀致密的薄膜，致密膜的分离机理是溶解扩散作用，主要用于反渗透、气体分离、渗透汽化。

（二）按膜的结构分为对称膜、非对称膜和复合膜

1. 对称膜

膜两侧截面的结构及形态相同，且孔径与孔径分布也基本一致的膜称为对称膜。对称膜可以是疏松的微孔膜或致密的均相膜，膜的厚度在 10～200μm 范围内，如图 3-2（a）所示。致密的均相膜由于膜较厚而导致渗透通量低，目前已很少在工业过程中应用。

2. 非对称膜

非对称膜由致密的表皮层及疏松的多孔支撑层组成，如图 3-2（b）所示。膜上下两侧截面的结构及形态不相同，致密层厚度为 0.1～0.5μm，支撑层厚度为 50～150μm。在膜过程中，渗透通量一般与膜厚成反比，由于非对称膜的表皮层比致密膜的厚度（10～200μm ）薄得多，故其渗透通量比致密膜大。

3. 复合膜

复合膜实际上也是一种具有表皮层的非对称膜，如图 3-2（c）所示，但表皮层材料与用作支撑层的对称或非对称膜材料不同，皮层可以多层叠合，通常超薄的致密皮层可以用化学或物理等方法在非对称膜的支撑层上直接复合制得。

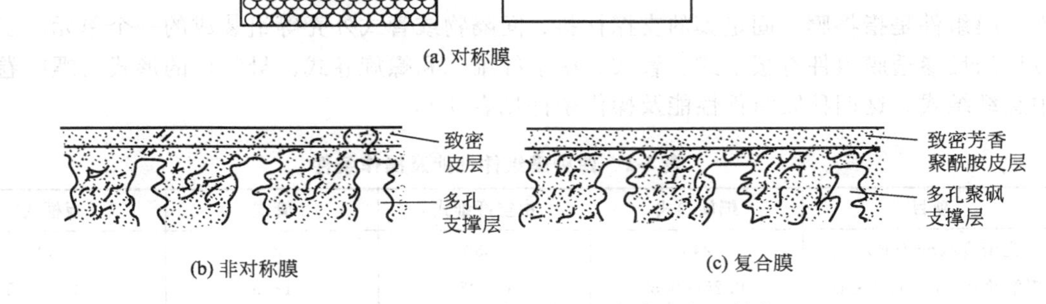

图 3-2　对称膜、非对称膜和复合膜断面结构

对膜材料的要求是：具有良好的成膜性、热稳定性、化学稳定性，耐酸、碱、微生物侵蚀和耐氧化性能。反渗透、超滤、微滤用膜最好为亲水性，以得到高水通量和抗污染能力。气体分离，尤其是渗透蒸发，要求膜材料对透过组分优先吸附溶解和优先扩散。电渗析用膜则特别强调膜的耐酸、碱性和热稳定性。目前的膜材料大多是从高分子材料和无机材料中筛选得到的，通用性强，专用性强。

四、膜分离的应用和发展方向

膜分离技术目前已普遍用于化工、电子、轻工、纺织、冶金、食品、石油化工等领域。主要用于物质分离，如气体及烃类的分离、海水和苦咸水淡化、纯水及超纯水制备、中水回用和污水处理，以及生物制品提纯等。这些膜分离过程在应用中所占的百分比大体为微滤 35.7%、反渗透 13.0%、超滤 19.1%、电渗析 3.4%、气体分离 9.3%、血液透析 17.7%、其它 17%。另外，膜分离技术还将在节能技术、生物医药技术、环境工程领域发挥重要作用。在解决一些具体分离对象时可综合利用几个膜分离过程或者将膜分离技术与其它分离技术结合起来，使之各

尽所长，以达到最佳分离效率和经济效益。例如，微电子工业用的高标准超纯水要用反渗透、离子交换和超滤综合流程；从造纸工业黑液中回收木质素磺酸钠要用絮凝、超滤和反渗透。

膜分离技术需要解决的课题是进一步研制更高通量、更高选择性和更稳定的新型膜材料，以及更优的膜组件设计，这在很大程度上决定了未来膜技术的发展。

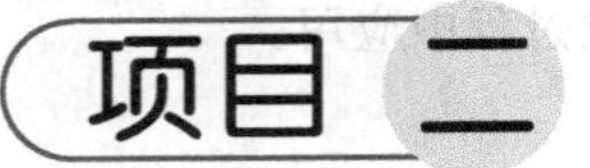

膜分离装置及流程

一、反渗透和纳滤装置及流程

（一）反渗透装置

反渗透膜分离技术研究方向主要是开发各种形式的膜组件。在工程应用中使用的是膜组件。膜组件是指将膜、固定膜的支撑材料、间隔物或管式外壳等组装成的一个单元。工业上应用的反渗透膜组件有板框式、管式、中空纤维式和螺旋卷式。最常用的形式为螺旋卷式和中空纤维式。这四种膜组件性能及操作条件见表 3-1。

表 3-1　四种膜组件性能及操作条件

项目	螺旋卷式	中空纤维式	管式	板框式
填充密度/(m^2/m^3)	245	1830	21	150
料液流速/[$m^3/(m^2\cdot s)$]	0.25～0.5	0.005	1～5	0.25～0.5
料液压降/MPa	0.3～0.6	0.01～0.03	0.2～0.3	0.3～0.6
易污染程度	易	易	难	中等
清洗难易	差	差	非常好	好
预过滤脱除组分/μm	10～25	5～10	不需要	10～25
相对价格	低	低	高	高

1. 螺旋卷式

螺旋卷式膜元件结构如图 3-3 所示，螺旋卷式膜是由平板膜卷制而成，在两层膜的反面（无脱盐层面）夹入产水流道（特殊织造、处理的化纤布），在产水流道上涂环氧树脂或聚氨酯黏合剂，与上下两层膜黏结形成口袋状，口袋的开口处朝向中心管，在膜的正面（有脱盐层面）铺上一层隔网，将该多层材料卷绕在塑料（或不锈钢）多孔产水集中管上，整个组件装入圆筒形耐压容器中。使用时料液沿隔网流动，与膜接触，透过液沿膜袋内的多孔支撑流向中心管，然后导出。

膜元件的直径范围是 50.8～438mm，长度范围 304.8～1524mm。各个膜生产厂家根据市场的需求，生产各种规格的反渗透膜元件。在实际使用时需要将一个或多个元件装在一个膜壳（压力容器）里，组成单元件组件、二元件组件、三元件组件，最多可到七元件组件。

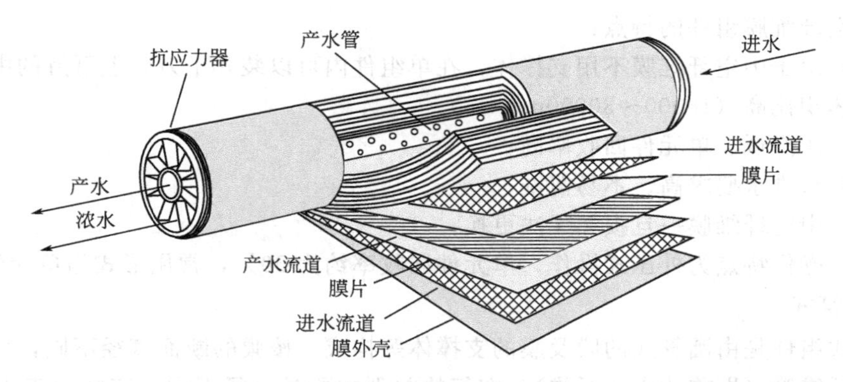

图 3-3 螺旋卷式膜元件结构

根据工程需要进行排列组合，以满足不同的产水量和水回收率。

卷式组件的主要参数有外形尺寸、有效膜面积、生产水量、脱盐率、操作压力和最高使用压力、最高使用温度和进水水质要求等。

卷式膜元件流道高度一般在 0.7～0.8mm 之间。流道高度较小的膜元件，优点是可以提高膜的装填密度。对流道高度较大的元件，会使膜的装填密度略有缩小，但是这对减少压降和降低在盐水流道上结垢有利。由于聚丙烯挤出网的存在，流体呈湍流状态，可防止膜面结垢，但会产生较大的压降。卷式组件一般要求膜面流速为 5～10cm/s，单个组件的压力损失很小，为 70～105kPa。当表面流速为 25cm/s 时，压降为 1000～1380kPa。

卷式膜组件的优点是：结构简单、造价低、膜面积与体积比中等（$<1200m^2/m^3$）、抗污染、可现场置换、适用于各种膜材料、容易购买。缺点是：有产生浓差极化的趋势、不易清洗、在小规模应用中回收率较低。适用范围为大、中、小型水处理厂。

2. 中空纤维式

中空纤维反渗透膜组件结构如图 3-4 所示，将无数的中空纤维丝集中成束，再将纤维束做成 U 形回转，在平行于纤维束的中心部位有开孔中心管，纤维膜的开口端用环氧树脂浇铸密封，装入玻璃钢膜壳后就成为单元件组件。

中空纤维丝内径为 42～70μm，外径为 85～165μm，最大外径可达 1mm 以上，外径与内径之比为2～4。中空纤维反渗透膜元件直径为 101.6～254mm，长度为 457.2～1524mm。

中空纤维反渗透膜组件根据进水流动方式又可以分三种。

（1）轴流式　轴流式的特点是进水流动方向与组件内中空纤维丝方向平行。

（2）放射流式　放射流式的特点是进水从位于组件中心的多孔管流出，沿着半径的方向从中心向外呈放射形流动。目前商品化的中空纤维膜组件多数是这种形式。

（3）纤维卷筒式　纤维卷筒式的特点是中空纤维丝在中心多孔管上成绕线式缠绕，进水在纤维间旋转流动。

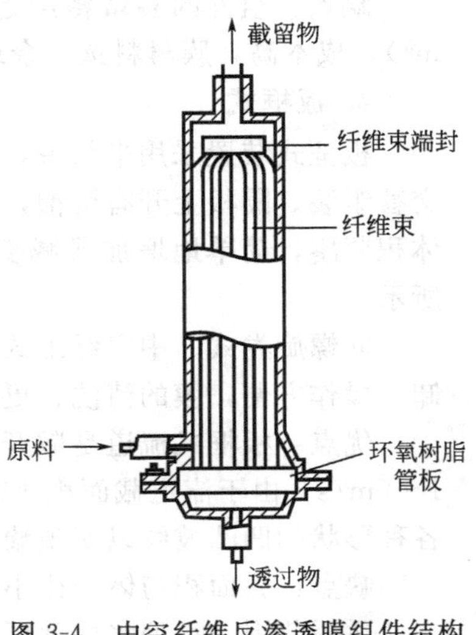

图 3-4 中空纤维反渗透膜组件结构

中空纤维膜组件的特点：

(1) 由于中空纤维膜不用支撑体，在单组件内可以装几十万到上百万的中空纤维丝，膜面积与体积比高（16000～30000m²/m³）；

(2) 压降低、单元件回收率高；

(3) 对进水要求高、不易清洗；

(4) 中空纤维膜一旦损坏无法更换。

(5) 操作特点为外压式操作，单元件回收率约为50%，常用形式为单元件组件。

3. 管式

管式组件是由圆管式的膜及膜的支撑体等构成，按膜的断面直径不同，可分为管式、毛细管和纤维管（即前述中空纤维），它们的差别主要是直径不同，直径大于10mm的为管式膜；直径在0.5～10mm之间的是毛细管膜；直径小于0.5mm的为中空纤维膜。根据膜在支撑体的内壁和外壁的不同，形成内压管式和外压管式组件。

管式组件是将膜浇铸在直径为3.2～25.4mm的多孔管上制成。多孔管材料有玻璃纤维、陶瓷、炭、塑料、不锈钢等。将一支或几支膜管铸入端板，外面再套上套管，就成为管式膜装置。按照膜管的多少，可以分为单管式与列管式两种，在列管式中根据膜管的组合形式又分为串联式与并联式。外压管式组件一般可以组装成管束式。为了提高膜的装填密度，同时又能改善水流状态，可将内、外压两种形式结合在同一装置中，即成为套管式。内压式管式膜组件如图3-5所示。

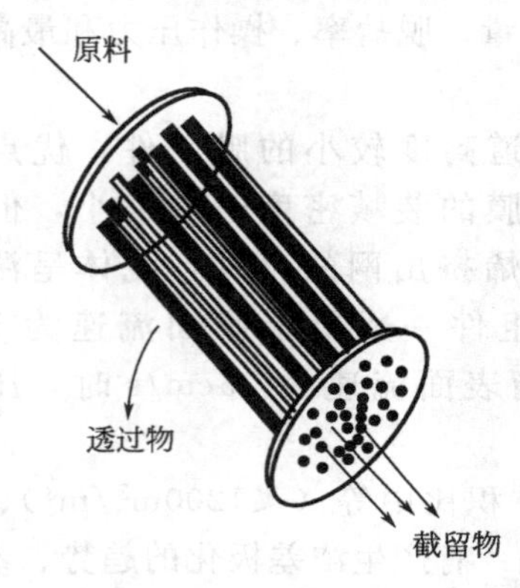

图3-5 内压式管式膜组件

优点：流道宽，能够处理含有较大颗粒和悬浮物的原料液。通常膜组件中可处理的最大颗粒直径应该小于通道高度的1/10。流速高，直径为1.25～2.5cm的圆管式组件，在湍流条件下建议用2～6m/s的速率操作，流速与管径有关，当每根管子的流速为10～60L/min时，雷诺数通常大于10000。污染低，易清洗，也可以用放入清洗球或圆条的方法以帮助膜清洗。可在高压下操作，安装维修方便，有些组件可在工厂就地更换。

缺点：组件的装填密度是所有组件中最低的，膜面积与体积比低（通常小于100m²/m³），成本高，膜材料选择余地窄。

4. 板框式

板框式装置采用平板膜，仿板框压滤机形式，以隔板、膜、支撑板、膜的顺序多层重叠交替组装。隔板上开有沟槽，作为进水和浓水的流道。支撑板上开孔，作为产水通道。装置体积紧凑，简单地增加或减少膜的层数，就可以调整处理量。板框式膜组件结构如图3-6所示。

同螺旋卷式、中空纤维式和管式相比，板框式装置最大的特点是制造组装简单、易拆卸、操作方便，膜的清洗、更换、维护比较容易。

优点：板框式流道是敞开式流道，流道高度一般在0.5～1.0mm之间，原水流速可达1～5m/s。由于流道截面积比较大，对原水的预处理要求较低，可以将原水流道隔板设计成各种形状的凹凸波纹以实现湍流。膜污染低，可选用不同的膜。

缺点：膜面积与体积比小（通常小于400m²/m³），易泄漏，成本高。

适用范围：小型水处理厂或浓缩分离。

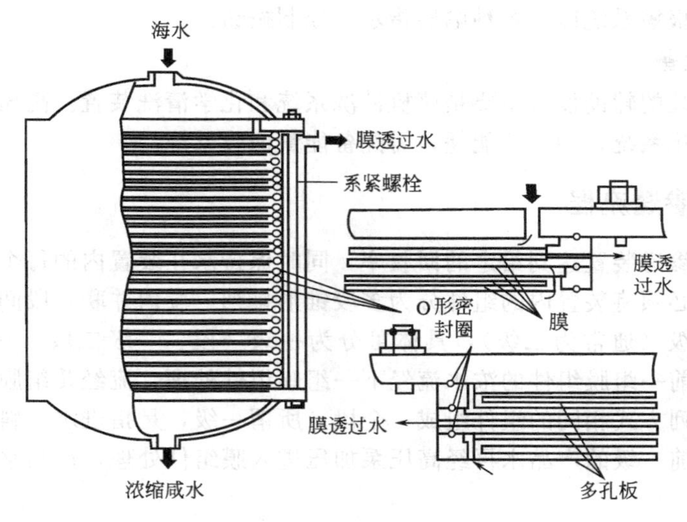

图 3-6　板框式膜组件结构

(二) 反渗透系统主要部件

1. 压力容器（膜壳）

用于容纳 1～7 个膜元件，承受给水压力，保护膜元件。按照容纳的膜元件数，构成单元件组件至七元件组件。经过合理的排列组合，构成一个完整的脱盐体系。材质一般为增强玻璃钢，也有不锈钢。

2. 高压泵

在反渗透系统中，高压泵提供反渗透膜脱盐时必需的驱动力。反渗透进水压力要远远大于溶液的渗透压和膜的阻力。反渗透系统采用的高压泵大多为多级离心泵，也有用高速离心泵的。高速离心泵的特点是转速高、扬程大、体积小、维修方便，缺点是效率较低。对海水脱盐有时也选用柱塞泵，柱塞泵体积较大、结构复杂、维修较难、振动大、安装要求高，优点是流量与扬程无关、效率高，最高达 87%。

3. 保安过滤器

保安过滤器也叫精密过滤器，一般置于多介质过滤器之后，是反渗透进水的最后一级过滤。要求进水浊度在 2mg/L 以下，其出水浊度可达 0.3～0.1mg/L。在实际应用中，用于反渗透前置过滤时，可选用 5μm 或 10μm 滤芯。保安过滤器的设计原则是安装方便、开启灵活、配水均匀、密封性好、留有余量。

4. 自动控制与仪器仪表

为了保证反渗透工程的安全运行和产水质量，对工程的自动化程度要求越来越高。自动控制主要是控制设备的启停、设备的再生和清洗、设备间的切换、加药系统的控制等。

测量仪表主要包括：①流量表，测定进水和产水的流量；②压力表，测定保安过滤器进出口压力、反渗透组件进出口压力、产水压力、浓水压力；③pH 计，测定反渗透进出水的 pH 值；④电导（阻）率仪，测定反渗透进水、产水的电导，有些场合还包括浓水电导的测量；⑤另外还有反渗透进水需要的温度计、SDI、氯表等。

控制仪表主要有低压开关、高压开关、水位开关、高氧化还原电位（ORP）表等，还有数据记录、报警系统以及各种电器指示、控制按钮。

5. 辅助设备

反渗透系统的辅助设备主要是停机冲洗系统和化学清洗装置。高压操作的海水淡化或高盐度苦咸水淡化系统，为节约能耗，需配备能量回收系统。

（三）反渗透流程

为了使反渗透装置达到给定的回收率，同时保持水在装置内的每个组件中处于大致相同的流动状态，必须将装置内的组件分为多段锥形排列，段内并联，段间串联。组件的排列方式有一级和多级（通常为二级），具体可分为一级一段、一级二段、一级多段和多级多段。所谓段，是指前一组膜组件的浓水流经下一组膜组件处理，流经几组膜组件即称为几段，在同一级中，排列方式相同的组件组成一个段。所谓一级，是指进水（料液）经过一次高压泵加压，多级指前一级的产品水再经高压泵加压进入膜组件处理，产品水经几次膜组件处理即称为几级。

1. 一级一段连续式

经膜分离的产水和浓水连续引出系统。这种方式水的回收率较低，一般除用于海水淡化外，其它工业中很少采用，见图 3-7。

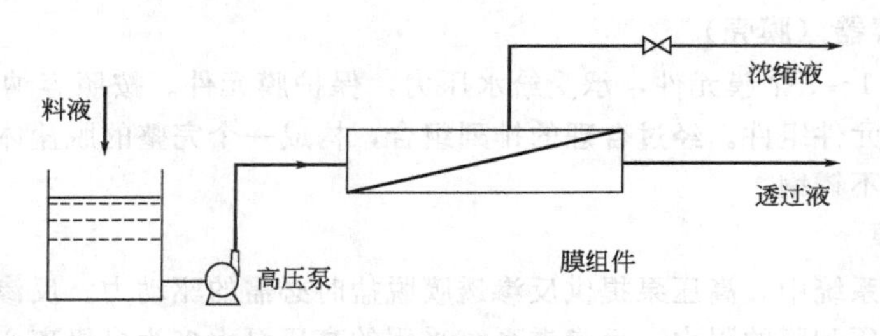

图 3-7 一级一段连续式

2. 一级一段循环式

为提高水的回收率，将部分浓水返回原水箱与原水混合后，再进入系统处理。这种方式适合对产水水质要求不高且对水的利用率有较高要求的场合，见图 3-8。

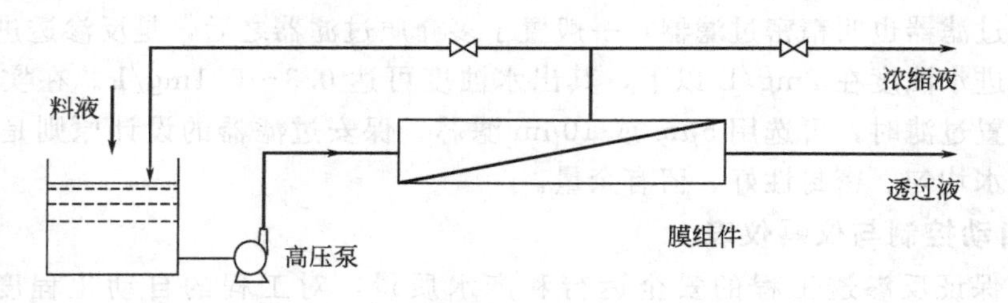

图 3-8 一级一段循环式

3. 一级多段连续式

适合大规模工业应用。它是把第一段的浓水作为第二段的进水，再把第二段的浓水作为下一段的进水，各段的产水连续引出系统。这种方式能得到很高的水回收率。为了保证各段组件膜面流速基本相同，防止加大浓差极化，可将各段组件数成比例减少，形成锥形排列，如图 3-9 所示。

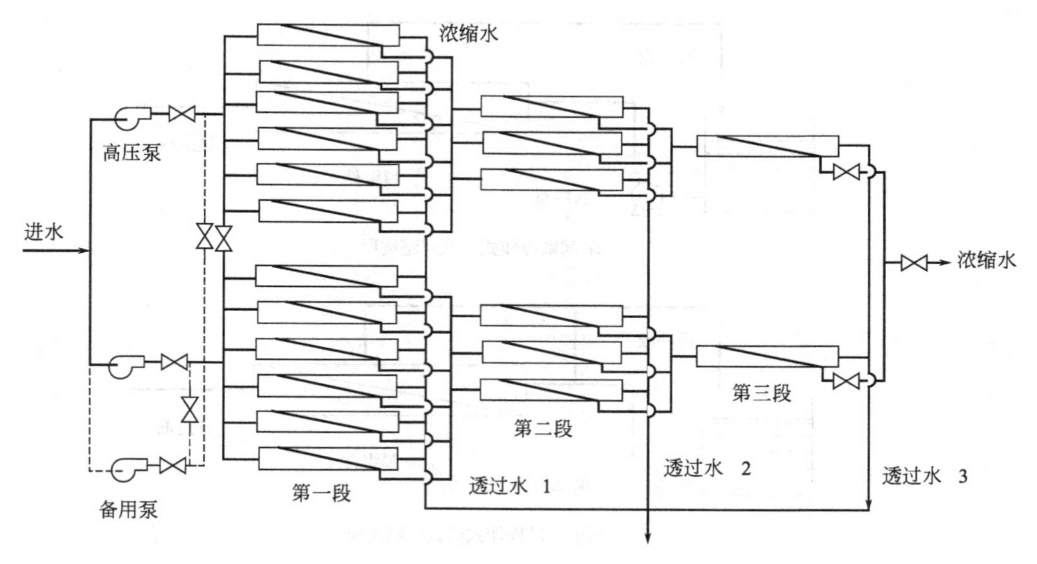

图 3-9 一级多段组件排列

4. 一级多段循环式

一级多段循环式能获得高浓度的浓缩液。将第二段的产水（渗透液）返回第一段进水，再进行处理。这样经过多段分离处理后，浓缩液的浓度得到提高，适用于以浓缩为目的的工程项目。

5. 多级多段排列

组件的多级多段排列也可分为连续式和循环式。多级多段连续式的应用与一级多段连续式相同，只不过在各级之间增加了高压泵提升。多级多段循环式是将第一级产水作为下一级的进水进行反渗透分离，将最后一级的产水作为最终产水。而浓水从后一级向前一级返回，与前一级进水混合后作为前一级的进水进行反渗透分离。这种方式既提高了水的回收率，又提高了最终产水水质。缺点是由于泵的增加，能耗加大。它适用于海水淡化和沙漠高盐度苦咸水淡化。

二、超滤装置及流程

超滤膜组件形式与反渗透组件基本相同，有板框式、螺旋卷式、管式和中空纤维式。其中中空纤维式用得最多。中空纤维式分内压式和外压式两种操作模式，由于内压式进水分配均匀，流动状态好，而外压式流动不均匀，所以中空纤维超滤多用内压式。

超滤装置基本操作模式有两种，即死端过滤和错流过滤。工业超滤装置大多采用错流式操作，在小批量生产中也采用死端过滤操作。错流操作流程可以分为间歇式和连续式两种。间歇操作适合于小规模生产过程，将一批料投入料液槽中，用泵加压后送往膜组件，连续排出渗透液，浓缩液则返回加料槽中循环过滤直到浓缩液浓度达到设定值为止。间歇操作浓缩速率快，所需面积最小。间歇操作又可以分为开式回路和闭式回路，后者可以减少泵的能耗，尤其是料液需经预处理时更有利。间歇操作流程如图 3-10(a) 和 (b) 所示。

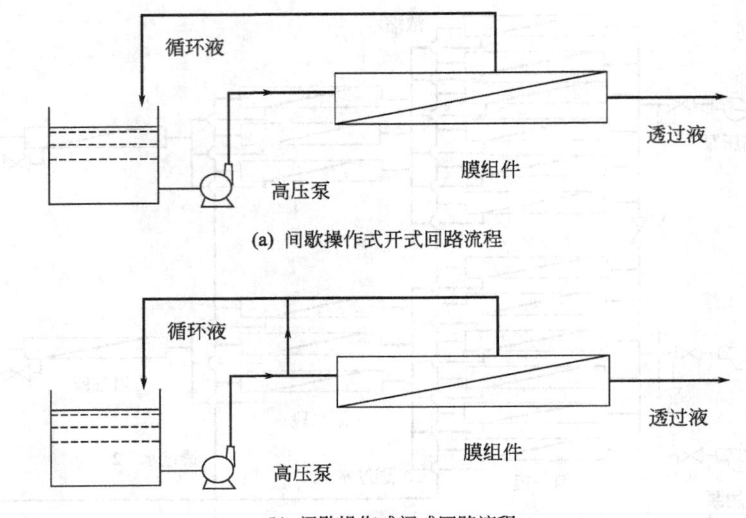

图 3-10 间歇操作流程

连续超滤操作常用于大规模生产产品的处理。闭式回路循环的单级连续操作效率较低，可采用多级串联操作。多级连续操作流程如图 3-11 所示。

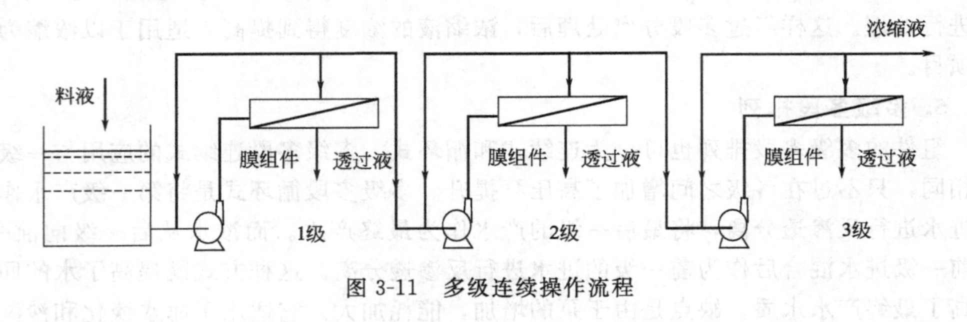

图 3-11 多级连续操作流程

三、微滤装置及流程

微孔过滤与超滤、反渗透都是以压力为推动力的液相膜分离过程。三者并无严格的界限，它们构成了一个从可分离离子到固态微粒的三级分离过程。

微孔滤膜制备时大都制成平板膜，在应用时普遍采用折页式折叠滤芯，如图 3-12 所示。

比较先进的微滤器是自清洗过滤器，将微孔滤膜像制造折页式滤芯那样折叠，内径远远大于普通滤芯，以便清洗头在里面运作。也有制成 PE 烧结管的形式，在工业应用时通过黏结达到设计长度，将很多烧结管排列在金属壳体里，构成一定处理能力的过滤装置。常规微滤膜组件以平板式和折叠滤芯为主，也有板框式、卷式、管式和中空纤维式（或毛细管式）。

微滤操作分为死端过滤（全过滤）和错流过滤。死端过滤与普通过滤一样，原料液置于膜的上游，在原料液侧加压或在透过液侧抽真空，溶剂和小于膜孔的颗粒透过膜，大于膜孔的颗粒被膜截留沉积在膜面上。随着过滤的进行，沉积层不断增厚压实，过滤阻力将不断增

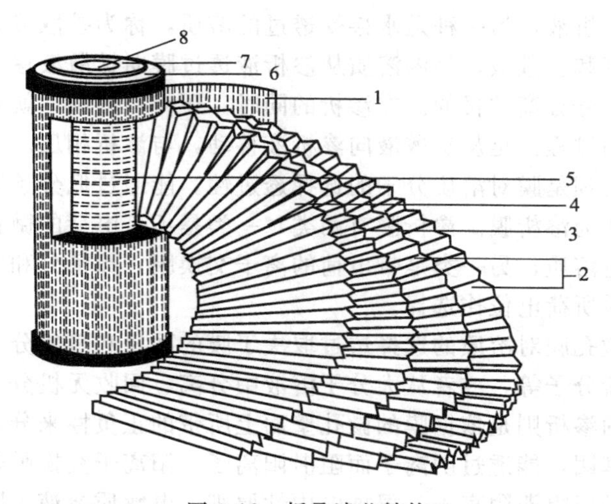

图 3-12　折叠滤芯结构

1—PP 外壳；2—聚酯无纺布外过滤层；3—微孔滤膜；4—内部聚酯无纺布垫层；5—PP（或不锈钢）内支撑芯；6—环氧树脂黏结带；7—连接件；8—硅橡胶 O 形圈

加。在操作压力不变的情况下，膜渗透能量将减小。因此，死端过滤操作必须间歇进行，定期对膜组件进行冲洗和反冲洗。全过滤方式的进水压力变化在 0.05～0.25MPa 之间，当进水压力增大到设计值时需要进行反冲洗，死端过滤工艺能耗为 0.1～0.5kW·h/m^3 渗透液。死端过滤优点是回收率高，缺点是膜污染严重。

错流过滤的原料液流动方向与滤液的流动方向呈直角交叉状态。在错流过滤操作中，原料液与膜面平行流动，所产生的湍流能够将膜面沉积物带走，因而不易将膜表面覆盖，避免滤速下降和膜污染程度减轻。错流方式的缺点是为保证高回收率要有部分浓缩液回流至进料液，增加能耗。

固含量小于 0.1%的进料液通常采用死端过滤；固含量为 0.1%～0.5%的进料液要进行预处理或采用错流过滤；固含量高于 0.5%的进料液只能采用错流过滤。

四、渗析装置及流程

渗析（也称透析）是物理现象，用半透膜将容器分隔成两部分，如图 3-13 所示，一侧是含盐的蛋白质溶液，另一侧是纯水。蛋白质不能通过半透膜，故浓度没有变化；溶液中的低分子盐则通过半透膜向纯水侧扩散；而纯水侧的水也通过半透膜向溶液侧渗透，一直到两侧的盐和水达到动态平衡。

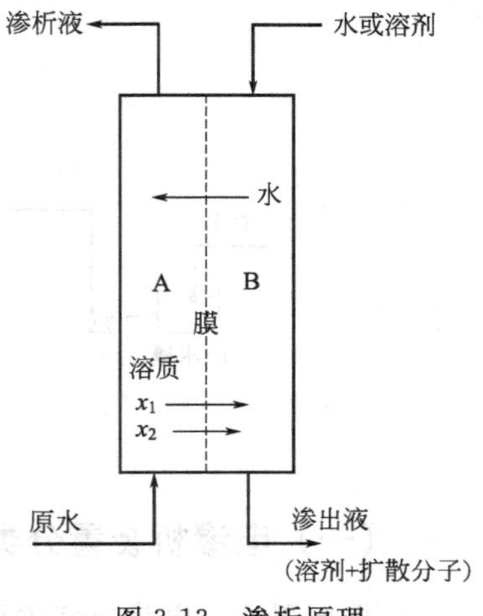

图 3-13　渗析原理

渗析是最早应用于工业生产的膜分离过程。渗析过程以溶质的浓度差为推动力，溶质顺浓度梯度的方向从浓溶液透过膜向稀溶液扩散。如果溶液含有两种以上的溶质，有的容易通过，有的不容易通过，则根据渗析速率的差异，可以实现组分的分离。扩散渗析的特点是不会产生像超滤（或反渗透）那样的高剪切力或高过滤压力以及电渗析的高电能等，而这些作用将使物质（氨基酸、乳状液、血球等）变质或产生机械破裂。

渗析可以分批操作或连续操作，连续渗析时有两种流动液体，一种是渗析液，另一种是水接受透过的溶质，称为扩散液。分批渗析时，在渗析膜两侧分别是渗析液和扩散液，易渗溶质从渗析液透过膜向扩散液移动，难渗溶质留在渗析液中，达到了溶质组分分离的目的。在渗析的同时，还伴有渗透，就是溶剂透过膜的迁移。渗透也是浓度差推动过程，是从扩散液向渗析液移动，与渗析相反。

渗析分离的机理是膜对溶质分子的选择透过性。能通过低分子溶质而不能通过高分子溶质的半透膜可以作为渗析膜。渗析膜有两类，一类是不带电荷的微孔膜，它利用筛分和位阻的原理来选择透过溶质；另一类是带电荷的离子交换膜，除筛分和位阻作用外，还有电场的作用，对离子物质所荷电位作选择。

不带电荷的微孔膜对溶质的选择透过取决于膜的孔径和溶质分子的直径。主要用于从大分子溶液中洗脱盐分子等，或者从大分子溶液中分离、回收无机分子或小分子有机溶质。

离子交换膜的渗析则是依据膜的微孔壁面上所带的正负性来分离离子，阴离子交换膜带有固定的阳离子基团，能透过阴离子而阻滞阳离子，阳离子交换膜带有固定的阴离子交换基团，能透过阳离子而阻滞阴离子。根据电中性原则，电解质溶液中阴离子和阳离子必须配对存在。为此，在浓差渗析进行中，阴离子将带着阳离子透过阳膜，反之阳离子则将带着阴离子透过阴膜。基于氧离子和氢氧根离子的离子半径小，扩散系数大，故而它们胜过其它阴、阳离子作为伴带离子而透过膜。渗析的结果是阴膜透过酸，阳膜透过碱。中性膜有渗析是筛分过程，离子交换膜的渗析则是速率分离过程。离子交换膜对离子的选择透过性体现在各离子渗析速率的差别，渗析速率大的溶质透过膜的数量多，从而被分离出来。

根据离子膜的特性，阴膜渗析用于混合溶液的脱酸或废酸回收，阳膜渗析则用于碱的回收。离子膜渗析分离不需外加热量，不需外加化学品，操作简便，不产生二次污染。

五、电渗析装置及流程

电渗析装置是由电渗析器、过滤器等处理设备、整流器、输送泵、储水槽、配管以及仪表等构成。其核心设备是装有离子交换膜的电渗析器。电渗析装置如图 3-14 所示。

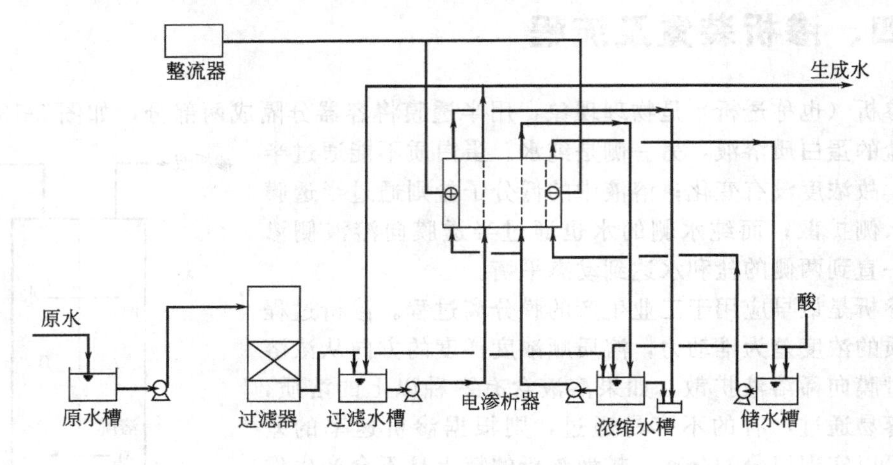

图 3-14 电渗析装置

(一) 电渗析装置分类

根据用途，电渗析装置可以分为以下四类。

1. 脱盐用电渗析装置

以去除盐分为主要目的，一般用于海水或苦咸水等盐水制造饮用水或工业水、锅炉用水的前处理等。

2. 浓缩用电渗析装置

以有成分的浓缩回收为目的，通常用于由海水制取食盐，由电镀废液回收有价金属等。

3. 电解用电渗析装置

以离子交换膜作为电解隔膜，一般用于以电极通过电解氧化还原反应，制取酸、碱和有机物等。

4. 其它电渗析装置

利用离子交换膜的选择透过性，进行复分解反应或置换反应，来抽取有机物或盐。

根据构造可以分为水槽型电渗析器和紧固型电渗析器。从用途的通用性、装置的大型化及节能角度看，紧固型电渗析占主流。

（二）电渗析器的构造

电渗析器主要由浓、淡水隔板，离子交换膜，极水隔板，电极以及锁紧装置组装而成。其中众多浓、淡水隔板和阴、阳离子交换膜交替排列，如图 3-15 所示。浓室和淡室共同构成膜堆，是电渗析器的主体。在膜堆的两端分别设有阳极、阳极室和阴极、阴极室，称之为极区。膜堆和极区按要求顺序由紧固装置锁紧。其内部结构如图 3-16 所示。

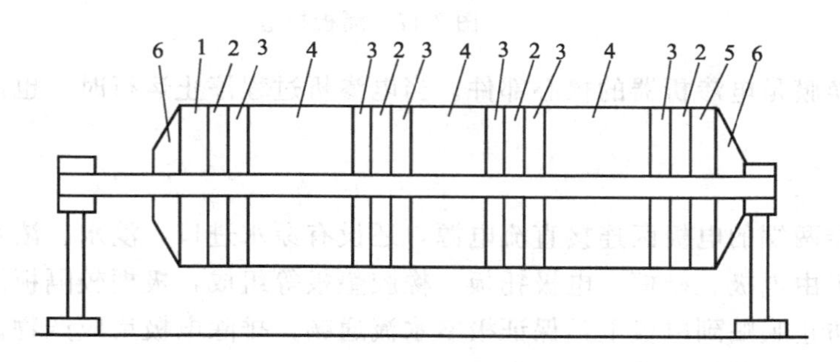

图 3-15 离子交换膜电渗析器

1—阳极室；2—料液板框；3—缔结框架；4—离子交换膜与垫圈；5—阴极室；6—油压机

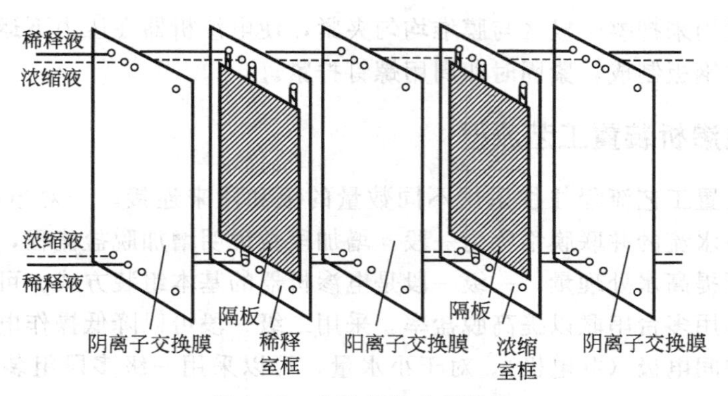

图 3-16 电渗析器内部结构

1. 膜堆

一对阴、阳膜和一对浓、淡水隔板交替排列，组成最基本的脱盐单元——膜对，若干组膜对堆叠构成膜堆。

隔板是隔板框和隔板网组合体的总称。主要作用是支撑膜，使阴、阳膜之间保持一定的间隔，同时也起着均匀布水的作用。隔板上有配水孔、布水槽、流水道以及搅动水流用的隔网。浓、淡水隔板由于连接配水孔与流水道的布水槽的位置有所不同，而区分为隔板甲和隔板乙，并分别构成相应的浓室和淡室。隔板材料有聚氯乙烯、聚丙烯、合成橡胶等。隔板流水道分为有回路式和无回路式两种，有回路式隔板流程长、流速快、电流效率高、一次除盐效果好，适用于流量较小而除盐率要求较高的场合；无回路式隔板流程短、流速低、要求隔网搅动作用强、水流分布均匀，适用于流量较大的除盐系统。隔板构造如图 3-17 所示。

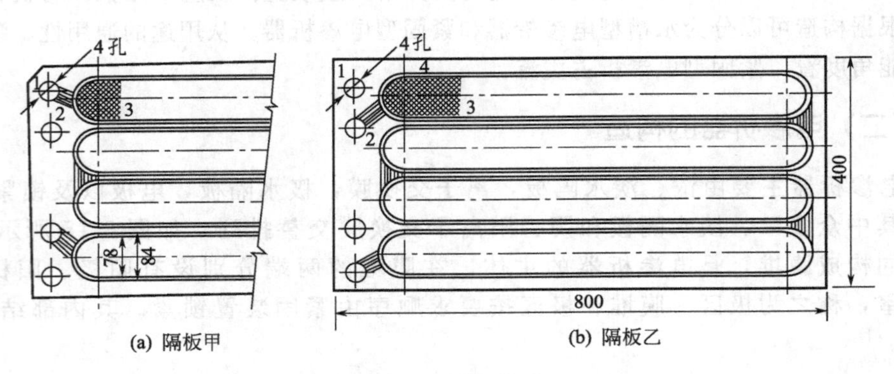

(a) 隔板甲　　(b) 隔板乙

图 3-17　隔板构造

离子交换膜是电渗析器的核心部件。当电渗析过程停止运行时，也需要充满溶液，以防变质变形。

2. 极区

电渗析器两端的电极区连接直流电源，还设有原水进口，淡水、浓水出口以及极室水的通路。电极区由电极、极框、电极托板、橡胶垫板等组成，极框较隔板厚，放置在电极与阳模之间，以防止膜贴到电极上，保证极室水流通畅，排除电极反应产物。常用电极材料有石墨、钛涂钌、铅、不锈钢等。

3. 紧固装置

紧固装置用来把整个极区与膜堆均匀夹紧，使电渗析器在压力下运行时不致漏水。压板由槽钢加强的钢板制成，紧固时四周用螺钉拧紧。

（三）电渗析装置工艺流程

电渗析装置工艺流程往往采用不同数量的级和段来连接。一对电极之间的膜堆称为一级，具有同向水流的并联膜堆称为一段。增加段数说明增加脱盐流程，即提高脱盐率；增加膜堆数，则可提高水处理量。一级一段是电渗析器的基本组装方式。可采用多台并联以增加产水量，也可用多台串联以提高脱盐率。采用二级一段可以降低操作电压，即在一级一段的膜堆中增加中间电极（共电极）。对于小水量，可以采用一级多段组装方式。电渗析流程如图 3-18 所示。

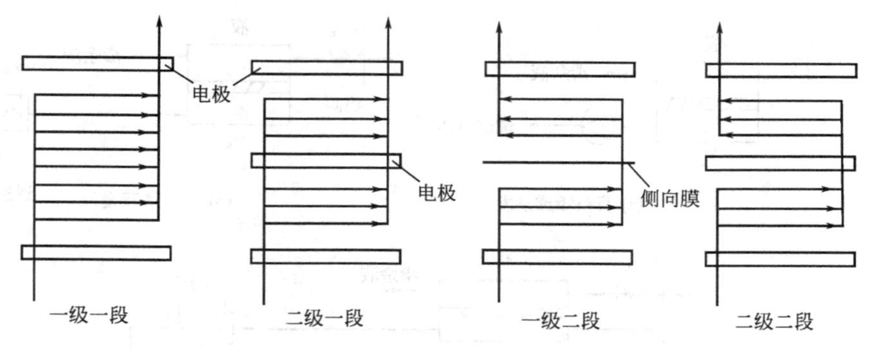

图 3-18 电渗析流程

六、其它膜分离装置及流程

（一）气体膜分离

气体膜分离发展迅猛，日益广泛地用于石油、天然气、化工、冶炼、医药等领域。作为膜科学的重要分支，气体膜分离已逐渐成为成熟的化工分离单元。

常用的气体分离膜可分为多孔膜和致密膜两种，它们可由无机膜材料和高分子膜材料组成。气体膜分离主要是根据混合原料气中各组分在压力的推动下，通过膜的相对传递速率不同而实现分离。由于各种膜材料的结构和化学特性不同，气体通过膜的传递扩散方式不同。

目前，气体分离膜大多使用中空纤维或卷式膜件。气体膜分离已经广泛用于合成氨工业、炼油工业和石油化工中氢的回收，富氧、富氮，工业气体脱湿技术，有机蒸气的净化与回收，酸性气体脱除等领域，取得了显著的效益。

气体膜分离过程由于具有无相变产生，能耗低或无需能耗；膜本身为环境友好材料，膜材料的种类日益增多并且分离性能不断改善等诸多优点，预计会有非常广阔的应用前景。

（二）渗透蒸发

渗透蒸发又称渗透汽化，是有相变的膜渗透过程。膜上游物料为液体混合物，下游透过侧为蒸气，为此，分离过程中必须提供一定热量，以促进过程进行。

渗透蒸发过程具有能量利用效率高、选择性高、装置紧凑、操作和控制简便、规模灵活可变等优点。对某些用常规分离方法能耗和成本非常高的分离体系，特别是近沸、共沸混合物的分离，渗透蒸发过程常可发挥它的优势。

根据膜两侧蒸气压差形成方法的不同，渗透蒸发可以分为以下几类。

1. 真空渗透蒸发

真空渗透蒸发膜透过侧用真空泵抽真空，以造成膜两侧组分的蒸气压差，如图 3-19(a) 所示。

2. 热渗透蒸发或温度梯度渗透蒸发

热渗透蒸发通过料液加热和透过侧冷凝的方法，形成膜两侧组分的蒸气压差。一般冷凝和加热费用远小于真空泵的费用，且操作也比较简单，但传质推动力小，如图 3-19(b) 所示。

3. 载气吹扫渗透蒸发

载气吹扫渗透蒸发用载气吹扫膜的透过侧，以带走透过组分，如图 3-19(c) 所示。吹扫

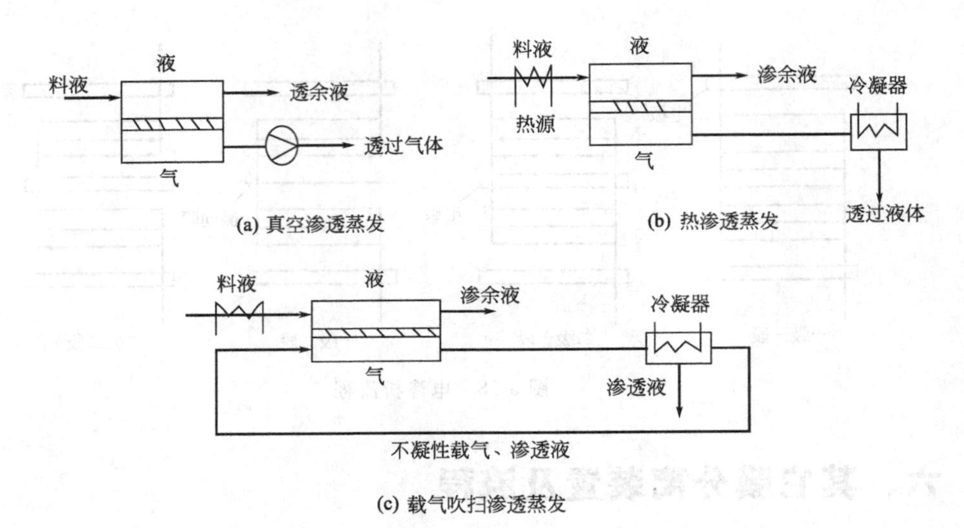

图 3-19 渗透蒸发操作方式

气经冷却冷凝以回收透过组分，载气循环使用。若透过组分无回收价值（如有机溶剂脱水），可不用冷凝，直接将吹扫气放空。

渗透蒸发过程用膜与气体分离膜类似，主要使用非对称膜和复合膜。

随着料液流速的增加，料液的湍动程度加剧，减小了上游侧边界层的厚度，减少了传质阻力，因此使得组分的渗透通量得到提高。在某些条件下，料液边界层的传质阻力甚至起支配作用。

渗透蒸发过程分离效率的高低，既取决于膜材料和制膜工艺，同时还取决于膜组件的类型和膜组件内的流体力学。板框式膜组件结构简单，但流体力学状况往往较差；螺旋卷式膜组件流体力学性能良好，但分布器的设计和膜内压降成为主要矛盾；中空纤维膜组件则存在较为严重的径向温度和压力分布。

渗透蒸发的应用可分为以下三种：①有机溶剂脱水；②水中少量有机物的脱除；③有机混合物的分离。有机溶剂脱水，特别是乙醇、异丙醇的脱水，目前已有大规模的工业应用。随着渗透蒸发技术的发展，其它两种应用会快速增长，特别是有机混合物的分离，作为某些精馏过程的替代和补充技术，在化工生产中有很大的应用潜力。

膜分离的技术理论与必备知识

一、压力特征

膜分离过程是以选择性透过膜为分离介质，原料侧组分选择性地透过膜，以达到分离或纯化的目的。不同过程膜两侧推动力性质和大小不同。表3-2列出了膜分离过程的主要特征。

表3-2 膜分离过程的主要特征

过程	分离目的	透过组分	截留组分	推动力	膜类型
微滤	溶液脱粒子、气体脱粒子	溶液气体	0.02～10μm	压力差100kPa	多孔膜
超滤	溶液脱大分子、大分子溶液脱小分子	小分子溶液	1～20nm大分子	压力差100～1000kPa	非对称膜
纳滤	溶剂脱有机组分、脱高价离子、软化、脱色、浓缩、分离	溶剂、低价小分子溶质	1nm以上溶质	压力差500～1500kPa	非对称膜或复合膜
反渗透	溶剂脱溶质、含小分子溶质溶液浓缩	溶剂、可被电渗析的截留组分	0.1～1nm小分子溶质	压力差1000～10000kPa	非对称膜或复合膜
电渗析	溶液脱小离子、小离子溶质的浓缩、小离子分级	小离子组分	同性离子、大离子和水	电压	离子交换膜
气体分离	气体混合物分离、富集、特殊组分脱除	气体、较小组分或膜中易溶组分	较大组分	压力差1000～10000kPa	均质膜、复合膜、非对称膜、多孔膜
渗透汽化	挥发性液体混合物的分离	膜内易溶组分或挥发组分	不易溶解组分或较大、较难挥发组分	分压差、浓度差	均质膜、复合膜、非对称膜

微滤、超滤、纳滤和反渗透相当于过滤技术，用来分离含溶解的溶质或悬浮微粒的液体，其中溶剂和小溶质透过膜，而大溶质和大分子被膜截留。

电渗析用的是带电膜，在电场力推动下从水溶液中脱除离子，主要用于苦咸水的脱盐。反渗透、超滤、微滤、电渗析是工业开发应用比较成熟的四种膜分离技术，这些膜分离过程的装置、流程设计都相对成熟。

气体膜分离可以用来分离H_2、O_2、N_2、CH_4、He及一些酸性气体CO_2、H_2S、H_2O、SO_2等。目前已工业化的气体膜分离体系有空气中氧、氮的分离，合成氨厂氮、氩、甲烷混合气中氢的分离，以及天然气中二氧化碳与甲烷的分离等。

渗透汽化是唯一有相变的膜过程，在组件和过程设计中均有其特殊之处。膜的一侧为液相，在两侧分压差的推动下，渗透物的蒸气从另一侧导出。渗透汽化过程分两步：一是原料液的蒸发，二是蒸发生成的气相渗透通过膜。渗透汽化膜技术主要用于有机物-水、有机物-有机物的分离，是最有希望取代某些高能耗的精馏技术的膜分离过程。20世纪80年代初，有机溶剂脱水的渗透汽化膜技术就已进入工业规模的应用。

二、浓差极化

在反渗透、纳滤和超滤过程中，当不同大小的分子混合物流动通过膜面时，在压力差作用下，混合物中小于膜孔的组分透过膜，而大于膜孔的组分被截留，这些被截留的组分在紧邻膜表面形成浓度边界层，使边界层中的溶液浓度大大高于主体流溶液浓度，形成由膜表面到主体流溶液之间的浓度差，浓度差的存在导致紧靠膜面溶质反向扩散到主体流溶液中，这种现象称为浓差极化。浓差极化现象及其传递模型如图 3-20 所示。

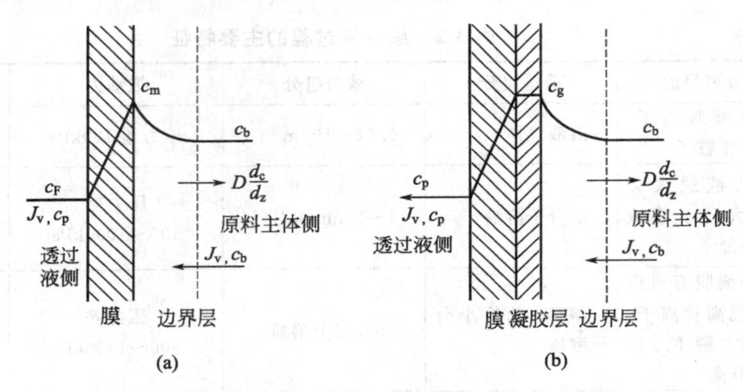

图 3-20　浓差极化和凝胶层形成

浓差极化对膜过程的影响极为显著，严重时足以使操作无法进行。其影响主要体现在以下方面：

(1) 浓差极化导致膜表面溶液浓度升高，使溶液的渗透压升高，当操作压差一定时，过程的有效推动力下降，导致渗透能量下降；

(2) 渗透能量增加，浓差极化急剧增加，溶质的渗透能量也将增加，导致截留率降低。说明浓差极化的存在限制了渗透能量的增加；

(3) 膜表面溶质浓度高于溶解度时，在膜表面上将形成沉淀，造成膜污染。

因此，浓差极化是膜过程中应加以考虑的一个重要问题。浓差极化对反渗透、纳滤过程和超滤的影响不同，对于超滤过程，被膜截留的通常为大分子，大分子溶液的渗透压较小，由浓度升高引起的渗透压增大对过程影响不大，一般可以不考虑。但在超滤和微滤过程中，通常渗透能量较大，大分子物质的扩散系数小、传质系数小，浓差极化现象比较严重，膜表面处溶质的浓度比主体高得多，以致达到饱和而形成凝胶层，这时溶质的截留率增大，但导致渗透能量严重降低。浓差极化现象是不可避免的，但是是可逆的，在很大程度上可以通过改变流道结构或改善膜表面料液的流动状态来降低这种影响。

如图 3-20 所示，组分在料液中的浓度 c_b、膜表面浓度 c_m 和透过侧浓度 c_p，在膜附近边界层内形成浓度差 c_m-c_b，从宏观上看是 c_b 对 c_p 的传质过程，微观上看是 c_m 对 c_p 的传质。由一维传质微分方程可以建立下式：

$$J_v=\frac{D}{\delta}\ln\frac{c_m-c_p}{c_b-c_p} \tag{3-1}$$

式中　J_v——从边界层透过膜的溶质通量；$cm^3/(cm^2 \cdot s)$；

D——溶质在水中的扩散系数，cm^2/s；

δ——膜的边界层厚度。

浓差极化严重时，$c_p \ll c_m$、c_b，上式简化为：

$$J_v=\frac{D}{\delta}\ln\frac{c_m}{c_b} \tag{3-2}$$

式中，$\frac{c_m}{c_b}$称为浓差极化比。

在超滤过程中，由于被截留的溶质大多为胶体或大分子溶质，这些物质在溶液中的扩散系数极小，溶质反向扩散通量较低，渗透速率远比溶质的反扩散速率高。因此，超滤过程中的浓差极化比会很高，其值越大，浓差极化现象越严重。当大分子溶质或胶体在膜表面上的浓度超过它在溶液中的溶解度时，便形成凝胶层，此时的浓度称为凝胶浓度 c_g，如图 3-20(b) 所示。当膜面上一旦形成凝胶层后，膜表面上的凝胶层溶液浓度和主体溶液浓度梯度达到了最大值。若再增加超滤压差，则凝胶层厚度增加而使凝胶层阻力增大，所增加的压力与增厚的凝胶层阻力抵消，以致实际渗透速率没有明显增加。由此可知，一旦凝胶层形成后，渗透速率就与超滤压差无关。

减轻浓差极化的有效途径是提高传质系数，采取的措施有：①预先过滤除去料液中的大颗粒；②提高料液流速，增加湍动程度，减薄边界层厚度；③提高操作温度；④选择适当操作压力，避免增加沉淀层的厚度和密度；⑤对膜表面定期进行反冲和化学清洗。

三、膜分离理论

（一）渗透与反渗透

在一容器中，如果用半透膜把它隔成两部分，膜的一侧是溶液，另一侧是纯水（溶剂），由于膜两侧具有浓度差，纯水自发通过半透膜向溶液侧扩散，这种分离现象被称为渗透。渗透的推动力是渗透压。对于只能使溶剂或溶质透过的膜称为半透膜。半透膜只能使某些溶质或溶剂透过，而不能使另一些溶质或溶剂透过，这种特性称为膜的选择透过性。

反渗透是利用半透膜只透过溶剂（如水）而截留溶质（盐）的性质，以远远大于溶液渗透压的膜两侧静压差为推动力，实现溶液中溶剂和溶质分离的膜分离过程。

许多天然或人造的半透膜对于物质的透过具有选择性。如图 3-21 所示，在容器中半透膜左侧是溶剂和溶质组成的浓溶液（如盐水），右侧是只有溶剂的稀溶液（如水）。渗透是在无外界压力作用下，自发产生水从稀溶液一侧通过半透膜向浓溶液一侧流动的过程。渗透的结果是使浓溶液侧的液面上升，一直到达一定高度后保持不变，半透膜两侧溶液的静压差等于两个溶液间的渗透压。不同溶液间有不同的渗透压。当在浓溶液上施加压力，且该压力大于渗透压时，浓溶液中的水就会通过半透膜流向稀溶液，使浓溶液的浓度更大，这一过程就是渗透的相反过程，称为反渗透。

反渗透过程有两个必备的条件：一是要有一种高选择性、高透过率的膜；二是要有一定的操作压力，以克服渗透压和膜自身的阻力。

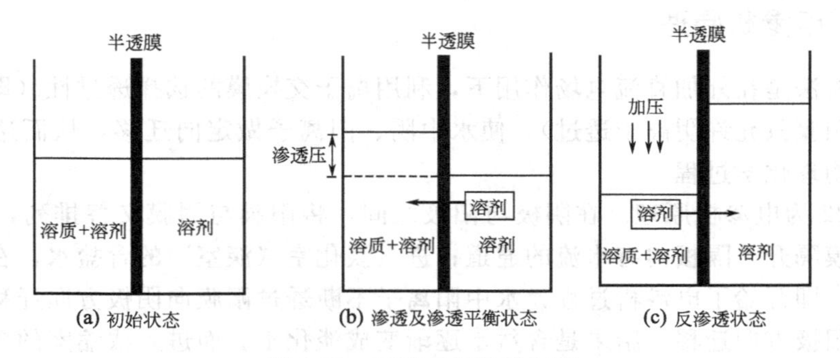

图 3-21　渗透与反渗透原理

（二）反渗透和纳滤过程机理

反渗透技术已大量应在不同溶液的分离和应用不同的膜，不同溶质、不同膜的分离机理各不相同。目前，反渗透膜有两种截然不同的渗透机理，一种认为反渗透膜具有微孔结构，另一种则不认为反渗透膜存在微孔结构，选择性吸附毛细流动理论属于第一种机理的代表，氢键理论则属于第二种机理的代表。

1. 氢键理论

氢键理论把膜视为一种具有高度有序矩阵结构的聚合物，具有与水等溶剂形成氢键的能力，盐水中的水分子能与半透膜的羰基上的氧原子形成氢键，形成“结合水”。在反渗透力推动的作用下，以氢键结合进入膜表皮层的水分子能够从第一个氢键位置断裂，转移到下一个位置，形成另一个新的氢键。这些水分子通过一连串的形成氢键和断裂氢键而不断移位，直至离开膜的表皮致密活性层进入多孔性支撑层，由于多孔层含有大量毛细管水，水分子畅通流出膜外，产生流出的淡水。

2. 选择性吸附-毛细流动理论

选择性吸附-毛细流动理论把反渗透膜看作是一种微细多孔结构物质，这符合膜表面致密层的情况。该理论以吉布斯（Gibbs）吸附方程为基础，认为当盐的水溶液与多孔的反渗透膜表面接触时，如果膜具有选择吸附纯水而排斥溶质（盐分）的化学特性，也即膜表面由于亲水性原因，可在固-液表面上形成厚度为 1 个水分子厚（0.5nm）的纯水层。在施加压力的作用下，纯水层中的水分子便不断通过毛细管流过反渗透膜；盐类溶质则被膜排斥，化合价越高的离子被排斥的越远。膜表皮层具有大小不同的极细孔隙，当其中的孔隙为纯水层厚度的1倍（约1nm）时，称为膜的临界孔径。当膜表层孔径在临界孔径范围以内时，孔隙周围的水分子就会在反渗透压力的推动下，通过膜表皮层的孔隙流出纯水，因而达到脱盐的目的。当膜的孔隙大于临界孔径时，透水性增加，但盐分容易从孔隙中漏过，导致脱盐率下降；反之，若膜的孔隙小于临界孔径时，脱盐率增大，而透水性则下降。

（三）超滤和微滤的基础理论

超滤和微滤都是在静压差的推动力作用下进行的液相分离过程，从原理上说，同为筛孔分离过程。在一定的压力作用下，当含有大分子溶质和低分子溶质的混合溶液流过膜表面时，溶剂和小于膜孔的低分子溶质（如无机盐）透过膜，成为渗透液被收集；大于膜孔的高分子溶质被膜截留而作为浓缩液被回收。膜孔的大小和形状对分离起主要作用，一般认为膜的物化性质对分离性能影响不大。

（四）电渗析原理

电渗析法是在外加直流电场作用下，利用离子交换膜的选择透过性（即阳膜只允许阳离子透过，阴膜只允许阴离子透过），使水中阴、阳离子做定向迁移，从而达到离子从水中分离的一种物理化学过程。

图 3-22 为电渗析原理。在阴极与阳极之间，将阳膜与阴膜交替排列，并用特制的隔板将这两种膜隔开，隔板内有水流的通道；进入淡化室（淡室）的含盐水，在两端电极接通直流电源后，即开始了电渗析过程，水中阳离子不断透过阳膜向阴极方向迁移，阴离子不断透过阴膜向阳极方向迁移，结果是含盐水逐渐变成淡化水。而进入浓缩室的含盐水，由于阳离子在向阴极方向迁移中不能透过阴膜，阴离子在向阳极方向迁移中不能透过阳膜，于是含盐

水却因不断增加由相邻淡化室迁移透过的离子而变成浓盐水。这样，在电渗析器中，分成了淡水和浓水两个系统。同时，电极上发生氧化、还原反应，即电极反应。电极反应的结果是在阴极上不断产生氢气，在阳极上产生氯气。阴极室溶液呈碱性，生成 $CaCO_3$ 和 $Mg(OH)_2$ 水垢，集结在阴极上，而阳极室溶液呈酸性，对电极造成强烈的腐蚀。

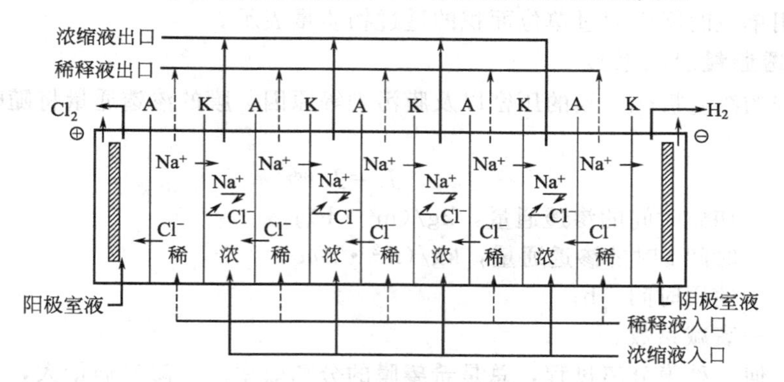

图 3-22　电渗析原理

总体上，电渗析有三个不流系统：淡化室系统、浓化室系统、极室系统。淡化室出水为淡水，浓化室出水为浓盐水，极室产生 H_2、Cl_2 碱沉淀等电解反应产物。

电渗析膜分离技术的关键是离子交换膜，离子交换膜可以说是固态化的膜状离子交换树脂，是一种具有网状结构的立体而多孔的高分子聚合物，它是在高分子结构中引入了固定解离基团，其主要特点是具有离子选择透过性与导电性，在电渗析、扩散渗析及电解隔膜中得到广泛应用。离子交换膜分为阳离子交换膜（CM）和阴离子交换膜（AM）两种。用阳离子交换树脂制成的膜称为阳膜，用阴离子交换树脂制成的膜称为阴膜。导电性隔膜除在有机电解合成金属表面处理等方面作电解隔膜应用外，在能量领域中的应用也在研究。

离子交换膜应有的特性有：对某类离子具有高的渗透选择性、低电阻、高机械稳定性、高化学稳定性。

四、表征膜性能的参数

膜的性能包括膜的分离透过性能和理化稳定性两方面。膜的理化稳定性是指膜对压力、温度、pH 值以及对有机溶剂和各种化学药品的耐受性。

膜的分离透过特性包括分离效率、渗透通量和和渗透通量衰减系数三个方面。

1. 分离效率

对于不同的膜分离过程和对象可以用不同的表示方法。对于溶液中盐、微粒和某些高分子物质的脱除等可以用脱盐率或截留率 R 表示。

$$R=\frac{c_1-c_2}{c_1}\times 100\% \tag{3-3}$$

式中，c_1、c_2 分别表示原料液和透过液中被分离物质（盐、微粒或高分子物质）的浓度。

对于某些混合物的分离，可以用分离因子 α 或分离系数 β 表示。

$$\alpha=\frac{\dfrac{y_A}{1-y_A}}{\dfrac{x_A}{1-x_A}} \tag{3-4}$$

$$\beta=\frac{y_A}{x_A} \tag{3-5}$$

式中，y_A、x_A 分别表示原料液（气）和透过液（气）中组分 A 的摩尔分数。

2. 渗透通量

通常用单位时间内通过单位面积的透过物质量表示。

3. 渗透通量衰减系数

因过程的浓差极化、膜的压密以及膜污染等原因，膜的渗透通量将随时间而减小，可用下式表示：

$$J_t=J_0 t^m \tag{3-6}$$

式中 J_0——初始时间的渗透通量，kg/(m² · h)；

J_t——时间 t 时的渗透通量，kg/(m² · h)；

t——使用时间，h；

m——衰减系数。

对于任何一种膜分离过程，总是希望膜的分离效率高，渗透通量大，实际这二者之间往往存在矛盾：分离效率高，渗透能量小；渗透通量增加，分离效率低。在实际生产中对膜的选择需在二者之间作出权衡。

项目四

膜分离操作

一、预处理过程

反渗透膜分离过程是所有膜分离过程中对进水水质要求最高的分离过程，完善的预处理过程是保证反渗透膜元件长期顺利运行的关键。反渗透膜对进水的 pH 值、温度、微量化学物质、悬浮物质、胶体物、乳化油等有明确的要求。预处理的目的如下。

（1）除去水中的悬浮物质和胶体物质。

（2）除去乳化油、浮油和有机物等。

（3）抑制和控制钙镁盐类化合物的形成，防止它们沉淀堵塞进水的通道或在膜表面形成涂层。

（4）调节并控制进水的 pH 值和温度。

（5）防止微生物对膜组件的侵害和污染。

在上述预处理中，主要考虑两个方面：一方面是防止悬浮物质和胶体物质和微生物对膜和管道内部的污染与堵塞；另一方面是要防止难溶盐的沉淀结垢。两方面的处理结果都达到要求时，才能保证反渗透装置的正常运转。

（一）经常采用的反渗透预处理方法

（1）采用絮凝、沉淀、过滤或生物处理法去除进水中的悬浮固体和胶体。

(2) 用氯、紫外线或臭氧杀菌，以防止微生物、藻类和细菌的侵蚀。

(3) 加阻垢剂或酸，防止钙、镁离子沉淀结垢。

(4) 按照所用反渗透膜的种类和要求，严格控制进水 pH 值和余氯含量，防止膜的水解和氧化。

(5) 控制水温，保证膜处于良好的操作条件。

(二) 预处理一般原则

(1) 地表水中悬浮物、胶体类杂质多，可根据悬浮物含量采用不同的处理工艺。如悬浮物含量小于 50mg/L 时，可采用直流混凝、过滤法。当悬浮物含量大于 50mg/L 时，可采用直流混凝、澄清、过滤法。

(2) 地下水含悬浮物、胶体类杂质较少，浊度和 SDI 值较低，由于长期缺氧，地下水存在有 Fe^{2+} 、Sr^{2+} 、H_2S 等具有还原性成分。如果地下水含铁量小于 0.3mg/L，悬浮物含量小于 20mg/L 时，可采用直接过滤法；如果地下水含铁量大于 0.3mg/L，应考虑曝气或锰砂过滤除铁，再考虑其它过滤工艺。

(3) 原水中有机物含量较高时，采用加氯、混凝、澄清和过滤处理。若仍不能满足要求，可进一步采用活性炭过滤除去有机物。

(4) 原水中碳酸盐硬度较高时，加药处理仍阻止不了 $CaCO_3$ 在反渗透膜上沉淀时可采用石灰软化处理。

(5) 原水中硅酸盐硬度较高时，可加入石灰、氧化镁进行处理。

目前，采用微滤或超滤技术作反渗透系统的预处理的“双膜法”技术，可以减少设备投资，提高水质，是行之有效的方法。

二、膜的选择

在膜分离过程中，膜元件是整个系统的关键。根据进水水质、产水量和对产水水质的要求选择合适的膜元件，是工程质量的保证。目前，在国内膜市场上，反渗透膜和超滤膜以进口膜元件占主要份额，微滤膜是膜产品中用量最大的产品，国内有很多微孔滤膜生产厂家，用途广泛。具体选择原则可参见膜过程实例部分及相关公司产品手册。

三、膜的操作

膜元件的安装、保存和运行必须遵循相关膜的操作规程，不正确的操作方法可能对膜元件造成不同程度的操作损伤，并导致膜元件性能下降。生产上膜装置不尽相同，其操作规程也有变化。生产操作中应严格执行操作规程，以反渗透装置和连续微滤装置为例介绍其操作过程。

(一) 反渗透系统运行

反渗透系统安装完毕须经试运行后，方可进行投产运行。

1. 初次运行

(1) 通过冲洗管道以及在高压泵前安装保安过滤器，防止金属屑、沙粒、纤维等异物进入到膜组件内，并确认其有效性。

(2) 确认预处理过程有效，保证进水满足膜对水质的要求。水质监测主要项目包括残留氯、低溶解度盐类、硅酸类、二氧化硅、进水 pH 值和进水温度。

(3) 反渗透装置的冲洗，排出残留在膜元件及膜壳内的空气。进行冲洗时，调节进水流量，以低压低流量直到浓水管出口或流量计不再有气泡冒出后，将流量逐渐升高，冲洗 30min 左右。冲洗时，浓水侧和产水侧的阀门不能全部关闭，如果关闭产水侧的阀门则会造成膜元件的破裂。

(4) 启动高压泵制水。高压泵启动前，通过调节高压泵出口阀的开度，防止瞬间的高流量和高压力损伤膜元件。启动高压泵后，尽量匀速开启进水阀门，逐渐提高反渗透装置的进水压力，使浓水流量达到设计值。

(5) 装置连续运行 1h 后，进行水质分析，将合格的产水引入产水箱内，并记录装置初始运行数据。

2. 正常启动

(1) 启动　浓水侧及产水侧阀门全部打开，关闭进水阀门后启动高压泵。慢慢打开进水阀门，使流量增加到冲洗流量，保持 1min 以排除膜壳内的空气。

(2) 运行调整　逐渐调节高压泵出口的反渗透装置进水阀，一边慢慢关闭反渗透装置浓水阀。在保持流量等于设计值的同时，注意产水流量的上升，并逐步调节，使回收率到达设计值。

3. 停止运行

(1) 关闭进水泵　先关闭反渗透装置的进水阀，再停止高压泵。

(2) 冲洗　打开全部浓水阀和产水阀，启动冲洗水泵，逐渐打开进水阀，直至冲洗流量达到设计值。冲洗 5min，将装置内的浓水换成冲洗水。

(3) 停止运行　逐渐关闭进水阀后，停止高压泵的运行。

(二) 连续微滤系统操作

超滤和微滤装置基本操作模式有两种，死端过滤（全过滤）和错流过滤。超滤大多采用错流过滤操作，在小批量生产中也采用死端过滤操作。微滤操作根据固含量确定采用死端过滤还是错流过滤。固含量小于 0.1%的物料通常采用死端过滤；固含量 0.1%～0.5%的原料液要进行预处理；固含量大于 0.5%的进料液只能采用错流过滤。死端过滤为间歇操作过程，错流过滤为连续过滤过程。

MEMCOR4/6/7M 10x 连续微滤（CMF）设备用于除去尺寸大于 0.2μm 的固体杂质。系统由微孔滤膜元件、进水泵、配套阀门、管道、仪表和控制系统构成。所有组件均固定在金属框架上，只需要简单将电路接线、进水管、压缩空气、排放和过滤管道连接到相应设备的接头即可。

1. 启动

在设备启动时，由 PLC（逻辑控制器）的启动控制步骤执行。进水罐的进水阀在液位开关控制下自动开关以维持液位。当进水罐的水到达中间液位时，启动 CMF 设备进水泵。在开始过滤前，系统需运行 20s 进行空气清洗循环。

2. 过滤

原料液（进水）经泵进入过滤元件的膜壳侧。在过滤时，上边的进水阀和下边的进水阀都开启。滤液（产水）经由顶端和底端的产水出口流出，并流经过滤阀和控制阀到滤液流量计。滤液可以送往下一工序或再循环进水罐。

3. 反冲洗

微孔过滤存在膜污染和浓差极化，运行一定时间后，过滤速率会下降。通过反冲洗可以将沉积在膜表面的杂质从表面清除掉。反冲洗过程采用高压气体循环的方式进行，高压气体通入微孔滤膜纤维内并通过膜表面，以去除膜外表面吸附的微粒。进气由下到上流经膜元件，将洗脱下来的微粒冲出膜元件并带到反冲洗出口。

反冲洗在通常情况下是由 PLC 控制，按设定的时间间隔自动进行。反冲洗也可以手动方式进行。

4. 重新浸润

对于新膜或反冲洗后长时间未使用的膜，在微孔滤膜的毛细孔中可能会存有气泡。为保证膜元件的最大效率，必须使毛细孔完全充满液体。重新浸润过程可以驱走这些气泡。重新浸润是用液体将气体压到微孔滤膜的滤出液侧。被加压的液体将膜毛细孔吸附的气体赶至微滤膜元件壳侧，从而保证使膜孔内完全充满水。

通常，在反冲洗后，自动进行两次重新浸润过程。在某些情况下，可以由 PLC 调节，从而在反冲洗后只进行一次重新浸润，也可以在过滤状态下手动进行。

5. 停止运行

在停机时，进水泵和所有的电磁阀都关闭。打开排气阀以使装置与大气连通，其目的是避免由于微生物的存在使内部压力升高。

四、膜的污染及清洗

尽管工程技术人员在设计时尽了最大努力，预处理方案也考虑得比较周全。但在实际工程应用中，反渗透膜表面会由于原水中亚细微粒、胶体、有机物、微生物等污染物质的存在及运行过程中对难溶盐类的成倍浓缩而产生沉积，形成对反渗透膜的污染。反渗透膜被污染后，就会出现系统产水量减少、脱盐率下降等膜性能方面的变化。另有 SiO_2、$MgCO_3$、$MgSO_4$、$Al(OH)_3$、CaF_2 等也会引起结垢。

（一）膜污染的发生与预防

对于反渗透膜来说，膜污染是指在膜表面形成污物层或膜孔被污物堵塞等外因而导致的膜性能下降。膜表面形成的污物层主要有水溶性大分子形成的凝胶层、难溶的无机物形成的结垢层以及水溶性大分子形成的吸附层。膜孔堵塞是由于水溶性大分子的表面吸附，以及难溶的小分子无机物在膜孔中结晶或沉淀。膜污染的特点是它所产生的产水量衰减是不可逆的，虽然可以根据不同污染原因采用相应的清洗方法使膜性能得到恢复，但是100%恢复是不可能的。

另一种应该竭力避免的现象是膜的劣化，膜的劣化是膜自身发生了不可逆转的损害，这种损害产生的原因有三种：一是由于膜在强氧化剂或高 pH 值下产生的化学反应，如水解、氧化；二是物理性变化，如长期高压操作导致膜压密以及长期停用时保管不善造成膜干燥；三是微生物造成的生物降解反应。

反渗透膜发生污染的原因有：①预处理不恰当，即设计的预处理系统不适合现有的原水水质及流量，或在系统内缺少某些必要的工艺装置和工艺环节；②预处理装置运行不正常，即预处理系统对原水浊度、胶状物等去除能力较低，达不到设计的预处理效果；③预处理系统设备（泵、配管等）选择不恰当或设备材质选择不正确；④加药（酸、絮凝/助凝剂、阻垢/分散剂、还原剂等）系统发生故障；⑤设备间断运行或系统停止使用后未采取适当的保护措施；⑥运行管理人员不合理的操作与运用；⑦膜组件内的难溶沉淀物长时间堆积；⑧原水组分变化较大或水源特性发生了根本的改变；⑨反渗透膜组件已发生了一定程度的微生物污染。

在膜的应用过程中很难完全避免膜污染和膜的劣化，但是这些产生膜污染和劣化的原因基本都为外界因素，所以可以根据工程的实际情况采取相应措施延缓或防止膜的污染与劣化。可采取的措施有：①完善预处理，在设计时按照用户提供的原水资料选择最佳预处理方案，絮凝、杀菌、调解 pH 值等手段有助于除去大多数对膜有害的物质，合适的过滤和吸附设备也是保证进水质量的有效措施；②优化操作方式，对操作人员要进行培训，提高责任意识，尽量使反渗透系统在设计条件下操作；③使用抗污染膜元件，对于有些中水回用或污水处理项目要考虑使用抗污染膜元件，在选择时根据工程实际情况与膜厂家代表协商，以便对症下药；④有效的化学清洗，尽管采取各种措施只是延缓膜的污染速率，但是定期对膜进行必要的化学清洗，也是一种防止膜污染的方法。

（二）膜污染后的处理方法

当膜污染发生后，对于可能发生的膜污染情况进行分析，首先应认真研究所记录的、能反映设备运行状况的运行记录资料。确认原水水质情况，分析测定 SDI 值时残留在滤膜上的物质，分析反渗透保安过滤器滤芯上的截留物。检查进水管内和反渗透膜组件进水端的沉积物。根据分析结果要尽快采取措施进行处理，可以使膜的性能恢复到更接近原性能。采用的方法分为物理方法和化学方法。

1. 物理方法

最简单的方法是采用反渗透产水冲洗膜表面，也可以采用水和空气混合流体在低压下冲洗膜表面 15min，这种处理方法简单，对于初期受有机物污染的膜的清洗是有效的。在设计时要设计停机冲洗设施，利用反渗透产水或者反渗透进水对反渗透膜组件进行冲洗，既置换出高倍浓水，又可以将膜面一些沉积物冲走。

2. 化学方法

每个膜厂家在其膜技术手册中，都会介绍他们允许的膜清洗剂配方。按照厂家提供的配方，首先要了解化学试剂的性能和使用方法。

(1) 清洗试剂　清洗试剂的选择，必须考虑的是该试剂与所用反渗透膜的相容性，如膜的耐氧化性、适用 pH 范围、许用的最高温度等。

(2) 清洗配方　膜污染是多种污染物一起沉淀在膜面上，因此清洗剂也是由多种药品组成的。

清洗与否判断依据一般是按照膜生产厂家提供的资料，一般当有下述情况之一发生时应对反渗透膜系统予以清洗：①标准化后的产水量减少了 10%～15%；②标准化后的系统运行压力增加了 15%；③标准化后膜的盐透过率较初始正常值增加了 10%～15%；④运行压差比刚运行时增加了 15%。

建议以反渗透系统最初运行 25～48h 所得到的运行数据为标准化后对比依据。反渗透设备的性能与压力、温度、pH 值、系统水回收率及原水含盐浓度等因素有关。因此，根据刚开车时得到的产水流量、进出水压力、膜前后压差及系统脱盐率数据与现有系统数据标准化后进行比较是非常重要的。对于设计优良和管理完善的反渗透系统来说，化学清洗的最短周期均应保证连续运行3个月以上，一般应达到6～12个月，否则就必须考虑对预处理系统或其运行管理方法进行改善。

（三）膜清洗过程

（1）首先用反渗透产水冲洗反渗透膜组件和系统管道。

（2）彻底清洗配药箱，在清洗过滤器中安装新滤芯。

（3）按照膜生产厂家推荐的配方用反渗透产水配制清洗液，并且保证混合均匀。在清洗前应反复确认清洗液pH值和温度是否适宜。

（4）用清洗泵按照不大于$9m^3/(h \cdot$每支8in组件压力容器$)$、$2.3m^3/(h \cdot$每支4in组件压力容器$)$的清洗流量向反渗透组件打入清洗液，压力小于0.35MPa，并把刚开始循环回来的部分清洗液排掉，防止清洗液被稀释。

（5）在保证流量和压力稳定的情况下，将清洗液循环45～60min，并注意保持清洗液温度稳定在室温～40℃。对回流清洗液的浊度、颜色等直观情况进行观察，并随时检查回流清洗液的pH变化情况。

（6）如果膜污染比较严重，可以在循环结束后停泵并关掉阀门，将膜元件浸泡在清洗液中，浸泡时间大致为1h或适当延长。为保证浸泡时的清洗液温度，也可采用反复进行循环与浸泡相结合的方式。一般说来，清洗液的温度至少应保持在20～40℃，适宜的清洗液温度可增强清洗效果，温度过低的清洗液可能在清洗过程中发生药品沉淀。当清洗液温度过低时，应将清洗液温度升高到较为合适的温度后再进行清洗。

（7）在结束清洗液的浸泡之后，一般以推荐清洗流量再次循环清洗20～45min即可。然后用反渗透产水对反渗透膜组件进行冲洗，并将冲洗水排入下水道中。在确认冲洗干净后，即可重新运行反渗透设备。系统重新运行后，15min内的产水应排放掉，并检测系统的各项指标，决定是否进行下一配方的清洗。在采用多种药品进行清洗时，为防止化学药品之间的化学反应，在每次进行清洗前，产水侧排出的水最好也应排净。

（8）对于多段排列的反渗透装置，应该分段进行清洗，可以防止在第一段被洗掉的污染物进入下一段，造成二次污染。

在停止冲洗前，按下述条件检验浓水：①浓水pH值与进水pH值相差1以内；②浓水电导率与进水电导率相差100以内；③浓水无泡沫。

若以上三个条件均符合，则清洗完成。可以进行下一步清洗或运行。

性能稳定的反渗透膜可适应较宽范围内的清洗药品，现在对于不同药品对膜的性能有无影响并没有明显的界限。但有一点是肯定的，那就是频繁的化学清洗会缩短膜的寿命。

按照正常情况，碱性清洗剂用于去除生物污染及有机物污染，而酸性清洗剂则用于去除铁铝氧化物等其它难溶性无机盐污染。

用户应尽可能使用在技术上比较先进的、专业公司提供的清洗药品。在不清楚所使用的药品对膜性能的影响，甚至还没有完全了解药品的清洗使用条件（温度及pH值）和有关清洗效果时，就盲目地、大规模地在系统中使用这种药剂是非常危险的。用户不仅要谨慎选择清洗药品，而且在清洗时应严格遵守药品的使用说明和工艺，并要仔细观察清洗时清洗液的pH值和温度的变化。

超滤过程中，膜污染的主要原因是进料液中的微粒、胶体和大分子与膜之间存在的物理作用或机械作用而引起膜表面的沉积或膜孔堵塞。在工程应用上，必须定期对超滤膜进行冲洗和化学清洗。

(1) 超滤膜反冲洗方法　超滤操作周期取决于进水质量，可以根据进水质量按膜要求设定反冲洗时间间隔，可以是每小时1次到每天1次不等，反冲洗时间约为30s。根据膜的污染情况，可以在反冲洗水中添加氯或过氧化物，有助于延缓膜的污染。反冲洗时采用“上”、“下”交替的方式，以保证反冲洗效果。

(2) 超滤膜化学清洗　正常化学清洗是每年2次，采用静态浸泡和循环相结合的方法，可达到更好的清洗效果。一般常用的清洗配方和过程如下。

首先，配制200mg/L NaClO溶液，用NaOH调节pH＝11～12，用清洗泵循环10～30min，监测氯含量。然后用200mg/L NaClO溶液静态浸泡，时间根据污染情况加以调整。进而用柠檬酸或硝酸冲洗，pH＝1.5～2.5，时间10～30min。最后用超滤产水反冲洗30s，反冲洗水排放。清洗时，温度维持在25～50℃。

微孔滤膜组件在运行过程中，遇到的重要问题同样是膜污染。微孔滤膜污染的主要原因是膜面滤饼层的形成和膜孔的堵塞。为防止和减缓膜污染，可以对进料液进行适当的预处理，如沉淀、过滤、吸附等；在操作方式上尽量采用错流过滤，采用全过滤时应设置定期反冲洗手段，可以是水（过滤液）洗或气洗，也可以两者结合；在微孔滤膜制备时可以考虑制备成不对称膜，减少膜孔堵塞；另外也可以在膜面施加电场，通过电场作用促进带电的微粒随料液流走。虽然采用上述的许多措施，微孔滤膜还是需要在污染严重时采用化学清洗，常用的化学清洗剂有酸（如H_3PO_4或乳酸）、碱（如NaOH）、表面活性剂、酶、杀菌剂（如H_2O_2和NaClO）、EDTA等。

五、膜的再生

由于制造时造成的膜表面缺陷，以及在使用时产生的磨损、化学侵蚀（清洗剂、氧化剂）或水解会使膜的脱盐率明显下降。为了恢复脱盐率特性，尝试采用化学处理法。

一般膜恢复过程的程序如下。

(1) 对反渗透系统进行彻底地清洗。

(2) 重新运行系统，监测各项性能指标。

(3) 分析判断有无机械问题。如形环、盐水密封圈是否损伤，如有则予以更换。对于高产水量、低脱盐率的膜元件应予以更换，或进行恢复处理。

(4) 将进水pH值调到7.0～8.0（或停掉注酸泵）。

(5) 制作恢复过程的溶液。根据膜使用手册推荐清洗液，配制符合要求的pH值和浓度。

(6) 用计量泵添加。严密监控产水TDS、产水量和d/p。

(7) 当性能稳定，产水量减少或d/p增加超过规定时，则间断添加（一般在1h内）。

(8) 用产水彻底冲洗化学药品配药槽和管路15min。

(9) 正常工作，并开始添加酸。

(10) 制作氯化锌溶液。将粉状氯化锌和产水配成5%（质量分数）的溶液，用盐酸调节pH至4.0。

(11) 持续将配好的溶液加入反渗透水，浓度为10mg/L，然后连续操作。

(12) 考核性能，应在72h内保持稳定。

六、膜分离操作中的常见故障及处理

膜分离操作中常见故障归纳于表 3-3。

表 3-3 膜分离操作中常见故障

项目	异常现象	原　因	处 理 方 法
微滤	膜孔堵塞或膜污染	①机械堵塞固体颗粒将膜孔堵塞 ②架桥颗粒交叉堆积在一起形成架桥现象而使孔变小 ③吸附膜孔内吸附了其它物质而堵塞 ④各种生物污染	①清洗堵塞膜孔的固体颗粒 ②防止架桥的产生 ③对膜进行处理或选择吸附性弱的膜 ④强化除菌处理或进行消毒处理
	扩散通量下降	①膜孔堵塞 ②膜的表面形成不可流动凝胶层 ③蛋白质等水溶性大分子在膜孔中的表面吸附 ④各种生物污染 ⑤过滤速率的下降 ⑥过滤压力的波动 ⑦浓差极化	①清洗膜(物理和化学) ②防止凝胶层的产生 ③对膜进行处理或选择吸附性弱的膜 ④强化除菌处理或进行消毒处理 ⑤调整过滤速率 ⑥控制过滤压力 ⑦控制浓差极化
超滤	膜孔堵塞或膜污染	①膜孔堵塞 ②溶质被吸附在膜上 ③各种生物污染	①清洗膜或更换膜 ②提高料液流速,降低料液浓度 ③强化除菌处理或进行消毒处理
	渗透速率下降	①膜的特性改变 ②料液的影响 ③浓差极化 ④膜的污染 ⑤过滤压力的波动 ⑥凝胶层的影响 ⑦膜被压实	①清洗膜或更换膜 ②选取适宜的料液 ③控制浓差极化 ④更换组件或对膜进行清理 ⑤控制过滤压力 ⑥控制料液流速和料液浓度 ⑦停机松弛
	截留量下降	①浓差极化 ②密封泄漏 ③膜破损	①大流量冲洗 ②更换密封 ③更换组件
	压力降增大	①流速增大 ②流体受阻	①减少浓水排放量 ②疏通水道
反渗透或纳滤	膜污染	①金属氧化物的污染 ②胶体污染 ③钙垢和 SO_2 ④生物污染 ⑤有机污染	①改进预处理,酸洗 ②改进预处理,高 pH 值下阴离子洗涤剂清洗 ③增加酸和防垢剂添加量 ④预处理或消毒 ⑤预处理,高 pH 值下清洗
	压力波动	①膜被结晶物磨损 ②膜发生水解或降解 ③密封泄漏 ④回收率的波动 ⑤前面膜污染的各种影响因素	①更换组件 ②校正设备,处理重装 ③更换密封 ④校正传感器,增加数据分析 ⑤参照前面的膜污染处理
	渗透流速波动	①膜被污染 ②压力波动 ③密封泄漏 ④渗盐率的波动 ⑤浓差极化	①更换组件 ②调整或控制压力 ③更换密封 ④控制渗盐率 ⑤控制浓差极化

七、膜分离的安全技术

膜分离操作是一种新型的分离技术，很多的工艺及生产问题还处在探索阶段，需要注意的安全问题如下。

(1) 膜分离的特征就是在低温下操作，无相变下进行，用在食品工业上时，注意防止一些分离物质的变质，对处理过程的卫生要求很高，如必须设有加热杀菌装置，设备易于清洗，极力减少设备中料液的残留死角等安全生产。

(2) 防止和减少膜污染和膜化学清洗的次数。

(3) 检漏，通电启动，各管路出口阀门关闭，视各接口有无漏液现象，若有漏液，必须解决直至不漏为止。

(4) 高压泵的正确使用。

(5) 注意膜分离设备中的机械安全问题，应按机械设备的操作规程进行；零件如形环、盐水密封圈是否损伤，如有则予以更换；设备的污染、堵塞，如有要加以清洗。

(6) 膜的清洗和再生过程中有无再次污染。

(7) 膜组件内的难溶沉淀物、结晶物长时间的堆积而损坏膜组件而影响了膜的使用寿命，对不能控制的结垢、污染或堵塞，则需经常清洗膜以保持膜的性能。在膜装置中，这些物质不可逆的积累将导致流体分布不均和产生浓差极化，这将造成膜通量与盐截留率的减退，有时会使膜材料发生降解。这些导致了昂贵的膜单元的更换。已开发出的用于恢复因结垢或污染造成的不良膜性能的技术，若能及早地识别出膜需清洗，则这些技术是非常有效的。

八、膜分离操作的工业应用实例

(一) 含氨废水处理

采用膜法处理氨氮废水，能将废水中的氨氮以硫铵（或氨气）的形式回收利用，简化了工艺，投资少、能耗低，分离效果好，而且不造成二次污染。

处理原理为：加碱调节废水 pH 值至 11.0 左右，使废水中的 NH_4^+ 转化为挥发性的游离 NH_3，经过过滤器除去悬浮物及较大颗粒物，将废水泵入中空纤维膜内侧。吸收液（酸）在膜的外侧循环，此时废水中的游离氨在膜内侧气液界面处挥发成气态氨，迅速地从膜内侧向外侧扩散，并被吸收液吸收，在膜微孔中形成很大的氨分压浓度梯度，使得废水中氨在膜装置中具有很高的分离传质系数，由于聚丙烯中空纤维膜的疏水性，水及其废水中的离子等杂质被截留，氨被酸吸收生成铵盐，从而达到了废水中 NH_3 的分离和回收的目的，脱氨处理后的废水可直接排放或回用。

图 3-23 是齐鲁催化剂厂膜法治理含氨废水的工艺流程。该工艺流程主要由预处理系统、膜单元和循环酸吸收系统三部分组成。膜单元是废水中氨与水分离及吸收的反应器。在中空纤维微孔膜的一侧通入含氨废水，而另一侧通入酸。

含氨废水中的 pH 值为强碱性时，废水中的氨以氨气的形式透过中空纤维膜的微孔，进入吸收液一侧，与吸收液发生不可逆的化学反应，形成膜两侧蒸发氨的压力差，而废水中的其它成分则不能透过膜，从而实现了氨/水分离，并可回收氨资源。

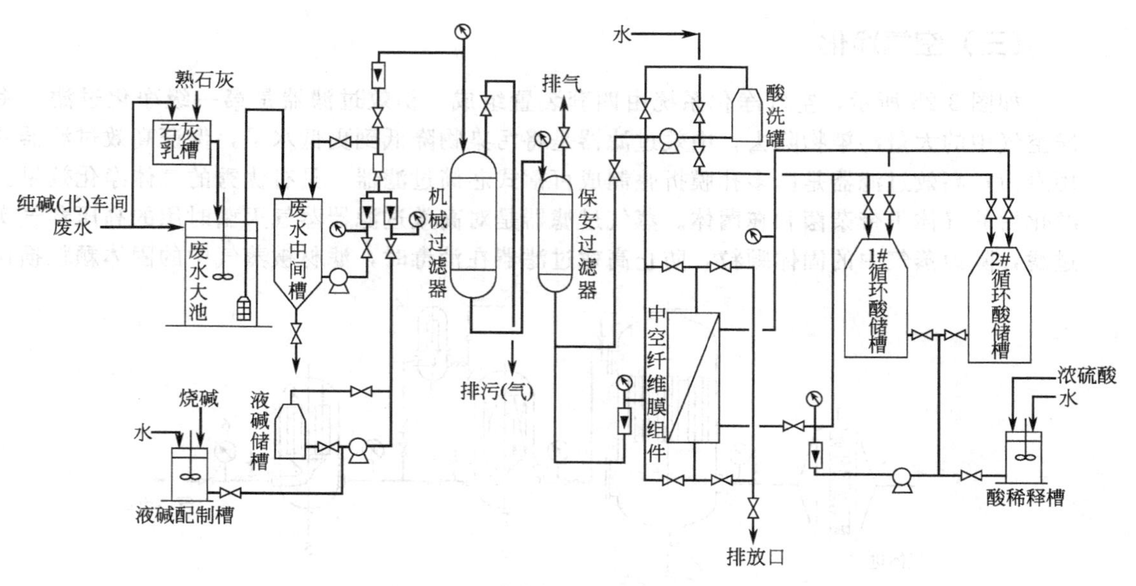

图 3-23 膜式氨/水分离工艺流程

(二) 海水或苦咸水的淡化

图 3-24 为长岛淡化站的水的淡化工艺流程。先用预处理泵 A 或 B 将原水抽送到双层滤料过滤器 1，过滤水中加入次氯酸钠和六偏磷酸钠，进入精密滤器 2，再进入过滤水箱 3，作为预处理系统。

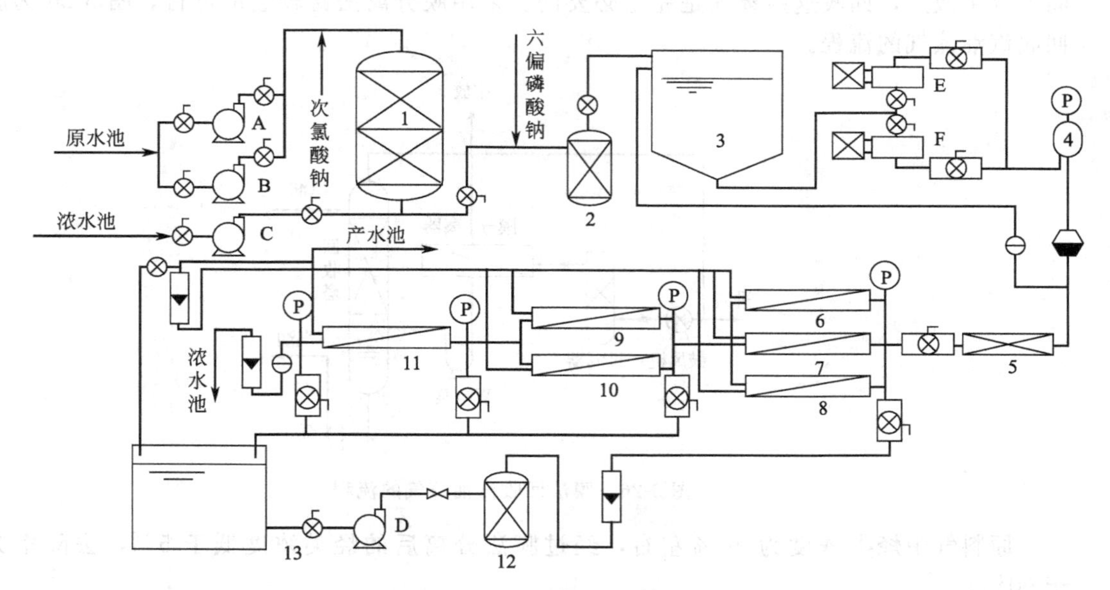

图 3-24 水的淡化工艺流程

1—过滤器；2,12—精密滤器；3—过滤水箱；4—不锈钢缓冲器；5—高压滤器；
6～11—反渗透组件；13—清水箱；
A—预处理泵；B—预处理备用泵；C—反冲泵；D—清洗泵；E—反渗透主泵；F—反渗透备用泵

储槽内的水用反渗透高压泵加压后打入反渗透组件 6～11，进入清水箱 13。其中的浓缩水排到浓水池，定期排入海里。

(三) 空气净化

如图 3-25 所示，空气净化系统由四套装置组成，初效过滤器是第一级净化过滤，将压缩空气中的大量污染物除去；中效过滤器是将污染物降低到更低水平，保证高效过滤器的使用寿命；高效过滤器是由多孔膜折叠制成百褶式芯筒过滤器，具有优秀的气体净化效果。使净化后的气体不带杂菌和噬菌体。蒸气过滤器是对高效过滤器蒸气灭菌时用的高压蒸气实施过滤，除掉蒸气中的固体颗粒，防止高效过滤器在消毒时，滤材被蒸气中的固体颗粒损伤。

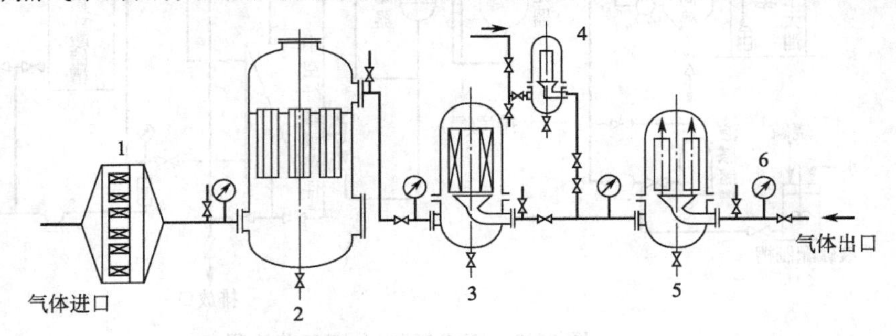

图 3-25 空气净化系统流程

1—压缩机；2—初效过滤器；3—中效过滤器；4—蒸气过滤器；5—高效过滤器；6—压力表

(四) 膜法回收有机蒸气

在许多有机合成中，石油化工、油漆涂料、溶剂喷涂等工业中，每天有大量的有机蒸气向大气中散发，回收这些蒸气是完全必要的。采用膜分离法比较经济可行。图 3-26 为膜法回收汽油蒸气的流程。

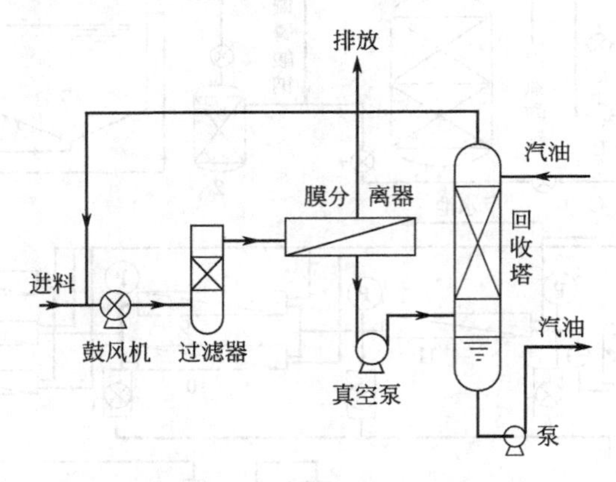

图 3-26 膜法回收汽油蒸气的流程

原料气中烃类浓度为 40%左右，经过膜法分离后的烃类浓度低于 5%，去除率为大于 90%。

(五) 膜法回收油田采油中的二氧化碳

如图 3-27 所示，为了强化原油回收，利用二氧化碳在超临界状态下，对原油具有高溶解能力的特性，在高压下注入贫油的油田并以增加原油的产量。原油被送出油井后，其中 80%的二氧化碳分离回收后，重新注入油井反复使用。

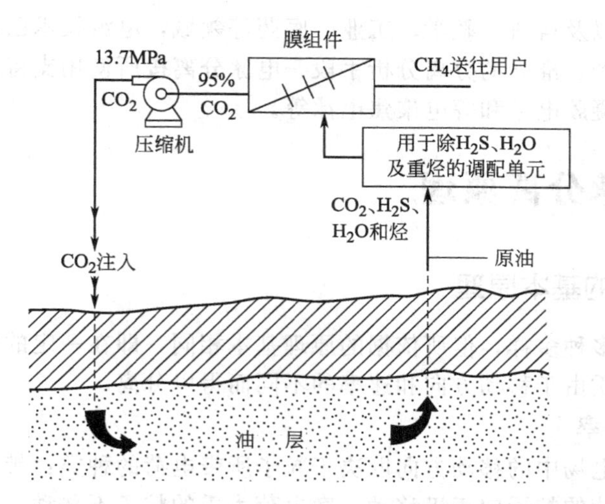

图 3-27 向油田注入二氧化碳强化采油工艺流程

测试题

1. 膜分离技术的主要优缺点是什么？
2. 试比较膜分离的主要特征。
3. 工业应用的膜组件主要有哪几类？比较其优缺点和主要应用。
4. 浓差极化是如何形成的？对膜分离有什么影响？工业上减弱浓差极化的措施有哪些？
5. 膜污染是如何形成的？主要判断标准是什么？如何清理污染和沉淀物？
6. 膜分离操作应注意哪些主要事项？
7. 膜分离的流程中的级和段是何含义？在分离中起什么作用？画出反渗透和电渗析主要流程。
8. 举例说明电渗析的应用。
9. 反渗透装置的主要设备是什么？请画出装置流程。
10. 描述膜过程的预处理过程。
11. 查阅资料，设计纯水制备工艺。
12. 试说明阴、阳离子交换膜的特性。

知识拓展

电 泳

一、电泳的概念

带电粒子向着带有相反电荷的电极迁移的过程称为电泳。自 1937 年以来，电泳技术得到迅速的发展和广泛的应用。在无机化学、有机化学、生物化学、分子生物学、放射化学和免疫化学等学科以及科研、教学、工业、医药等领域，电泳技术已成为分离鉴定各种带电物质常用的、快速的、准确的分离分析手段。电泳分离按所使用支持体的不同，可以分为纸电泳、薄层电泳、凝胶电泳和等电聚焦电泳等。

二、电泳分离原理

（一）电泳的基本原理

电泳的方式多种多样，但所依据的原理基本相同，即在一定的电场中，形状、大小及带电性质不同的物质由于移动方向和速率的不同而得以分离。

1. 电泳迁移率

物质粒子在电场中的移动方向取决于粒子所带电荷的种类：带正电荷的粒子向电场的负极移动，带负电荷的粒子向正极移动，净电荷为零的粒子不移动。粒子移动的速率则取决于所带净电荷量、粒子的形状和大小，通常用迁移率来表示。

迁移率即带电颗粒在单位电场强度下的电泳速率：

$$u=\frac{v}{E}=\frac{\frac{d}{t}}{\frac{V}{L}}=\frac{d}{V}\times\frac{L}{t} \tag{3-7}$$

式中 u——迁移率；

v——迁移速率；

E——电场强度；

d——迁移距离；

t——电泳时间；

V——实际电压；

L——凝胶股长度。

由于球形分子在电场中所受的动力和阻力平衡，即

$$EQ=6\pi r\eta v \tag{3-8}$$

式中 Q——被分离分子所带净电荷；

η——介质黏度；

r——分子半径。

于是有

$$u=\frac{Q}{6\pi r\eta} \tag{3-9}$$

这说明迁移率与球形分子的半径、介质黏度、颗粒所带电荷有关。带电颗粒在电场中的迁移速率与本身所带的净电荷的数量、颗粒大小和形状有关。一般来说，所带静电荷越多，颗粒越小，越接近球形，则在电场中迁移速率越快，反之越慢。

2. 影响电泳迁移率的主要因素

带电粒子的迁移率除了受自身性质的影响，还与其它外界因素有密切关系。这些外界因素主要有以下几个。

（1）带电颗粒的性质　颗粒直径、形状以及所带的电荷量对电泳速率有明显影响。一般来说，颗粒带的净电荷量越大、直径越小、形状越接近球形，则其迁移率越快。

(2) 电场强度　电场强度也称电位梯度，是指单位长度（cm）支持物体上的电位降，它对迁移率起着十分重要的作用。例如纸电泳，测量 25cm 纸条两端电压为 250V，则电场强度为 250V/25cm =10V/cm。电场强度越大，带电颗粒移动速率越快。根据电场强度大小，可将电泳分为常压电泳和高压电泳，常压电泳的电压在 100～500V，电场强度一般在 2～10V/cm；高压电泳的电压可高达 500～1000V，电场强度在 50～200V/cm。常压电泳分离时间需数小时至数天，而高压电泳时间短，有时仅几分钟即可，高压电泳主要用于分离氨基酸、肽和核苷酸。

(3) 溶液性质　主要是指电极缓冲溶液和样品液的 pH 值、离子强度和黏度等。

① 溶液的 pH 值　溶液的 pH 值决定了带电颗粒解离的程度，也决定了物质所带净电荷的量和带电性质。对于蛋白质、氨基酸等两性电解质而言，溶液 pH 值离等电点越远，颗粒所带净电荷越多，电泳速率越快，电泳迁移率越大。电泳时应根据样品性质，选择合适的 pH 值缓冲溶液。但要注意，倘若要分离一种混合物时，应选择一种能使各种组分所带电荷量差异明显的 pH 值，以利于各种物质的分离。

② 溶液的离子强度　电泳液中的离子强度增加时会引起质点迁移率的降低。其原因是带电质点吸引相反电荷的离子聚集其周围，形成一个与运动质点符号相反的离子氛。离子氛不仅降低质点的带电量，同时增加质点前移的阻力，因而引起电泳速率降低。然而离子强度过低，会降低缓冲溶液的总浓度及缓冲容量，不易维持溶液的 pH 值，影响质点的带电量，改变其电泳速率。在保持足够缓冲能力的前提下，离子强度要求最小。通常缓冲溶液离子强度选择在 0.02～0.2。

③ 溶液黏度　溶液的黏度也会对电泳速率产生影响。一般电泳迁移率与溶液的黏度成反比关系。

(4) 电渗　电场作用下液体对于固体支持物的相对移动称为电渗。其产生的原因是支持介质表面可能会存在一些带电基团，如滤纸表面通常有一些羧基，琼脂可能会含有一些硫酸基，而玻璃表面通常有 Si—OH 基团等。这些基团电离后会支持介质表面带电，吸附一些带相反电荷的离子，在电场的作用下向电极方向移动，形成介质表面溶液的流动。如果电渗方向与待分离质点电泳方向相同，则加快电泳速率；如果相反，则降低电泳速率。电渗会对样品的迁移率造成影响，因此应尽可能选择低电渗作用的支持物以减少电渗的影响。

(5) 焦耳热　电泳过程中，电流强度 I 与释放出的热量 Q 之间的关系：

$$Q=I^2 Rt \tag{3-10}$$

公式表明，电泳过程中释放出的热量与电流强度的平方成正比。当电场强度或电极缓冲溶液以及样品中离子强度增高时，电流强度 I 会随之增大。这不仅影响电泳速率，而且在严重时会烧断滤纸或琼脂糖凝胶支持物。为降低热效应对电泳的影响，可控制电压或电流，也可在电泳系统中安装冷却散热装置。

(6) 支持介质的筛孔　支持介质的筛孔大小对溶质颗粒的电泳迁移速率有明显的影响。在筛孔大的介质中，溶质颗粒迁移率快，反之则迁移率慢。除上述影响迁移率的因素外，温度和仪器装置等实验条件也应考虑。

(二) 电泳分离的基本原理

不同蛋白质在一定 pH 值的缓冲溶液中，其解离度不同，因此在电场作用下，它们的迁移率不同，利用这种性质可以实现不同蛋白质的分离，这种方法统称为电泳分离。电泳分离有区带电泳、等速电泳等多种具体方法，这里只简单介绍区带电泳中的连续流动幕电泳，以说明电泳分离的基本原理。图 3-28 所示为连续流动幕电泳。它是由一张垂直悬挂的滤纸或两平行平面间的薄液层所组成，它的两侧加电极。缓冲溶液从上面连续加入，从下部流出，料液连续加于上面的适当位置。由于料液中各组分在一定 pH 值的缓冲溶液中解离情况不同，有的带正电荷，有的带负电荷，有的电荷量大，有的电荷量小，再加上各组分分子形状与大小的不同，因此，在电场的作用下，它们在水平方向的移动速度（大小与方向）不同。所以，料液中各组分随缓冲溶液向下流动的过程中沿不同途径移动，彼此逐渐分离，在下端的不同部位流出，从而实现彼此的分离。

三、电泳分离设备

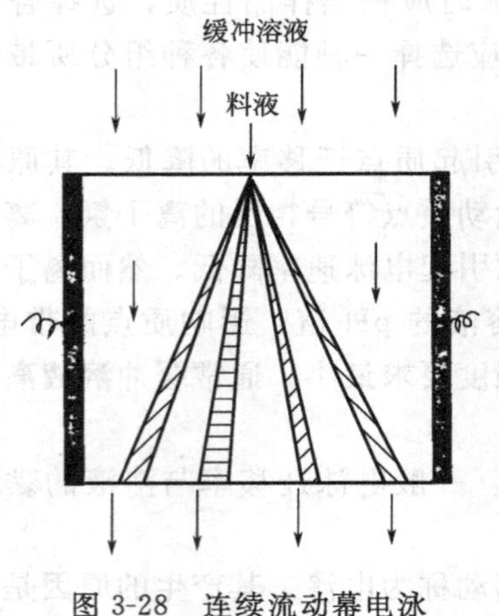

图 3-28 连续流动幕电泳

现在常规使用的电泳仪器是凝胶电泳仪。凝胶电泳系统一般由电泳槽、电源和冷却装置组成，还有一些配套装置，例如灌胶模具、染色用具、电泳转移仪、凝胶干燥器、凝胶扫描仪等。其中电泳槽是电泳系统的核心部分。电泳的电压则依据不同的电泳类型而不同，PAGE、SDS-PAGE 一般为 200～600V；载体两性电解质等电聚焦可达 1000～2000V；固相 pH 梯度等电聚焦则高达 3000～8000V；电泳转移宜采用低电压、大电流。有效的凝胶冷却系统可避免凝胶过热、烧胶，从而可提高电压，加大电场强度，进而加快电泳速率，提高电泳分辨率。

凝胶电泳按电泳仪形状分为管状电泳（又叫圆盘电泳）和平板电泳，平板电泳又分为垂直平板电泳和水平平板电泳。

（一）圆盘电泳

圆盘电泳主要用于早期的 PAGE 和 SDS-PAGE。圆盘电泳（图 3-29）有上、下两个电泳槽，上电泳槽有若干个孔，用于插电泳管。电泳管尺寸早期为长约 7cm，内径约 5～7mm，现在则越来越长，越来越细，以提高分辨率和微量化。圆盘电泳的凝胶柱粗，因此电压低、分辨率低、电泳速率慢，也会导致染色效果不好，且凝胶不利于保存。

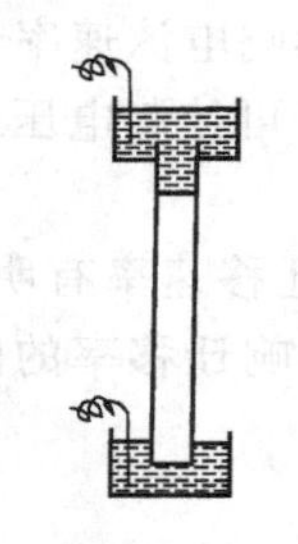

图 3-29 圆盘电泳

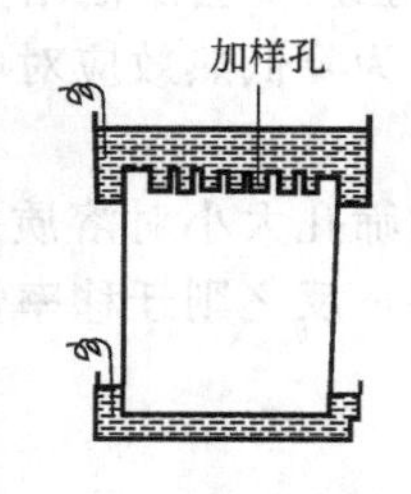

图 3-30 垂直平板电泳

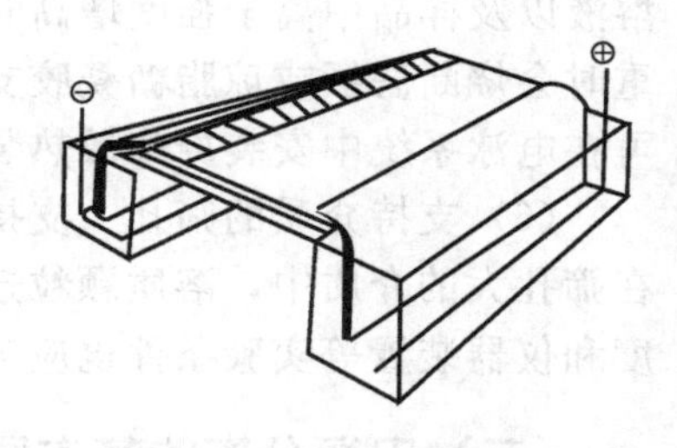

图 3-31 水平平板电泳

（二）垂直平板电泳

垂直平板电泳（图 3-30）有上、下两个电泳槽，中间经垂直平板相连，凝胶夹在两块垂直的平行玻璃或塑料板之间，凝胶厚度一般为 0.75～3mm，样品加在凝胶上部的加样孔内，电泳时向下泳动。平板胶的优点在于能在一块胶内同时跑多个样，因此均一、可靠，并易于对比电泳图谱，减少样品混淆的风险。平板胶的凝胶薄，表面积大，易于冷却，于是可使用较高的电压，因此分辨率高，电泳速率快；薄的凝胶染色效果好，又便于保存。垂直平板电泳也采用直接液体接触方式。现在它是 PAGE、SDS-PAGE 等的主要电泳方式。

（三）水平平板电泳

水平平板电泳（图 3-31）由分置于两侧的缓冲液槽和中间的水平冷却板上的凝胶组成，缓冲液与凝胶之间通过滤纸桥或凝胶条搭接，即采用半干技术电泳，样品加在凝胶上部，既可以加在样品孔内，又可以直接滴在凝胶表面。水平电泳的电极由固定型转变成可移动型。水平电泳系统的特别优势就在于其电极缓冲液用量很少。缓冲液槽使用方便，特别是当分析标记蛋白质时可大量减少放射性污染。水平电泳的另一特别优势在于良好的冷却系统，从而可采用高电压，既提高了分辨率，又缩短了电泳时间。水平电泳现在主要用于 PAGE、SDS-PAGE、等电聚焦、双向电泳和免疫电泳等。

四、电泳分离操作

（一）纸电泳

纸电泳是以滤纸为支持体的电泳技术。根据电场强度的不同，可分为常压纸电泳和高压纸电泳两类。高压电泳速率快，适用于小分子物质，如氨基酸、核苷酸、多肽、糖类等的分离；但由于其电压高，发热量大，需附有冷却装置。而常压电泳设备简单，适用于大分子物质的分离；但电泳速率较慢，区带易扩散。

1. 缓冲液的选择

从提高电泳速率和分辨力的角度，缓冲液的种类、pH 值和离子强度应根据欲分离样品的理化性质进行选择。选择的缓冲液最好挥发性强、对显色剂和紫外线吸收等观察电泳区带的方法没有影响。

2. 滤纸的选择与剪裁

一般采用层析用滤纸。滤纸可裁成长条，每个样品的纸宽为 2～3cm。滤纸的长度应根据电场强度进行相应的裁减，在电场一定时，所需电场强度越大，滤纸应裁得越短。若采用双向电泳，则滤纸应裁减成正方形。

3. 点样

初次试验时应将样品点在纸中央，必须距离缓冲液液面 5cm 以上，滤纸两端应标明电极的极性“＋”或“－”。对于已知样品，原点位置应根据经验进行选择。

点样量应随滤纸厚度、点样宽度、样品的溶解度、显色方式等因素变化。点样量过多，易引起拖尾和扩散；过少，则不易检出。对于一个未知样品，点样时一般应点在纸中央并呈长条状。如果样品量很少，则点成圆点。

点样方法分为干法和湿法两种。干法点样与纸层析法的点样相似，将样品点于干滤纸上，点完一次后，用吹风机吹干，再点样，反复进行，直至点完所需样品为止。然后用缓冲溶液将滤纸喷湿，有样品处最后喷。干法点样的优点是在点样过程中起了浓缩作用，适于稀样品，但要防止样品被破坏和纸面受损。

湿法点样是先将滤纸用喷雾器均匀地喷上缓冲液；或将滤纸浸于缓冲液中，浸透取出，用干滤纸吸去多余的缓冲液。点样时，滤纸点样部分用玻璃架架起，用毛细管或微量注射器点上样品。点样次数不宜多，如样品浓度过稀，应预先进行浓缩。湿法点样的优点是可以保持样品的天然状态。

4. 电泳

电泳时，电泳槽应放平，两个槽的液面要保持在同一水平面。电泳槽应盖上斜顶盖子，以防缓冲液蒸发并避免冷凝水滴落在电泳纸上。电泳结束后，关闭电源，取出电泳纸烘干。

5. 显色

不同的物质采用不同的显色方法，显色方法与纸层析法相同。

（二）薄层电泳

薄层电泳是将支持体与缓冲液调制成适当厚度的薄层而进行电泳的技术。常用的支持物有淀粉、纤维素粉和琼脂等。其中淀粉易成型，对蛋白质吸附少，样品易洗脱，电渗作用低，分离效果好，所以淀粉是最为常用的支持体。淀粉薄层电泳已广泛用于蛋白质、多肽和核酸的分离。现以淀粉板薄层电泳为例介绍如下。

1. 缓冲液的选择与支持物的处理

淀粉板薄层电泳所用缓冲液有三磷酸盐缓冲液、巴比妥缓冲液等。但由于淀粉颗粒有离子交换作用，因此必须采用离子强度较高的缓冲液（0.05～0.1mol/L）。

薄层电泳所用的淀粉需经过精制：采用0.4%～0.5%的酸性乙醇（1000mL乙醇加4～5mL浓盐酸）反复洗涤至乙醇洗液不带黄色为止；然后用蒸馏水洗至不含氯离子；60℃烘干备用。

2. 薄层板的制作

在玻璃板上铺上蜡纸，放上大小合适的框架。将精制淀粉与缓冲液混匀后，倒入框架中，静置。经过十余小时，待淀粉沉降后，除去上清液。至淀粉表面稍干，即成淀粉薄层板。

3. 加样

加样时需在淀粉板中间用小刀挖出宽约5mm淀粉条，将样品与挖出的淀粉混合后重新填入原处压平。

4. 电泳

淀粉板两端用几层纱布与两极的缓冲液连接，通上电流，电泳一定时间。

5. 电泳条带的观察

薄层电泳斑纹的观察可用印染法。即在电泳结束后，取一张与薄层板大小相同的滤纸，用缓冲液浸湿后平放于薄层板上，轻轻压平。2～3min后，取下滤纸吹干显色，即可观察到条带位置。按印染法所确定的位置，将薄层板分段切开，可将各组分分别洗脱下来。

（三）凝胶电泳

凝胶电泳是以各种具有网状结构的多孔凝胶作为支持物的电泳技术。与其它电泳相比，凝胶电泳同时具有电泳和分子筛的双重作用，分辨率很高。例如，人血清在纸电泳（pH=8.6的缓冲液）中仅能分离出6～7种组分，而在凝胶电泳中可分离出20种以上的组分。

凝胶电泳已广泛地用于生物大分子的分离，所采用的支持物主要有聚丙烯酰胺凝胶和琼脂糖凝胶。常用的是聚丙烯酰胺凝胶。聚丙烯酰胺凝胶具有透明、有弹性、机械强度好、化学稳定性高、热稳定性高以及没有吸附和电渗作用等优点，而且凝胶孔径可通过聚丙烯酰胺浓度和交联度进行控制。

聚丙烯酰胺凝胶电泳按电泳装置和凝胶的形状可分为垂直管型盘状电泳和垂直板型电泳。按凝胶的组成系统可分为以下四种。

(1) 连续凝胶电泳　凝胶只有一层，并采用相同的 pH 值和相同的缓冲液。

(2) 不连续凝胶电泳　将两层或三层性质不同的凝胶（即样品胶、浓缩胶和分离胶）重叠起来，使用两种不同的 pH 值和不同的缓冲液。

(3) 梯度凝胶电泳　主要用于测定球蛋白的分子量。采用梯度混合装置，使凝胶浓度由上至下逐渐增高，所制得的凝胶由上至下孔径逐渐减小。

(4) SDS-凝胶电泳　在聚丙烯酰胺凝胶中加入 SDS（十二烷基硫酸钠），主要用于测定蛋白质分子的分子量。

凝胶电泳的操作要点可分为以下几部分。

1. 制胶

首先将凝胶制备时所需的各种缓冲液、丙烯酰胺和 *N*,*N*-亚甲基双丙烯酰胺、催化剂等配制成浓度较高的储存液。

不连续凝胶的制备是先制分离胶，再将各种储存液混合后，注入玻璃管或两块玻璃板之间，至预定高度后，在胶面轻轻加入一层 1～5mm 的蒸馏水，静置 20～60min。聚合后，吸去水，再注入浓缩胶所需混合液，表面加一层蒸馏水聚合一段时间后再加样品胶。

制备凝胶时，要避免气泡存在。

梯度凝胶电泳的凝胶通过梯度混合器进行制备。将低浓度的胶液置于储液瓶，将高浓度胶液置于混合瓶，用输液管由底部逐渐向上注入凝胶模具，控制好流速，即可制成由上到下浓度连续升高的梯度凝胶。

2. 电极缓冲液的选择

电极缓冲液应根据被分离成分而定，一种为阴离子电泳系统（pH＝8～9），上槽接负极，下槽接正极，可采用溴酚蓝作指示染料，一般蛋白质和核酸在 pH＝8～9 时带负电荷，在电泳时向正极移动。另一种为阳离子电泳系统（pH＝4 左右），上槽接正极，下槽接负极，可用亚甲基绿作指示染料，适用于碱性蛋白质的电泳，在此 pH 值下，碱性蛋白质带正电，向负极移动。

3. 加样

将制好的凝胶装进电泳槽，开始加入样品。对于垂直平板电泳，用微量注射器吸取定量样品溶液，小心地伸入加样孔底部稳定加样，空孔中应加入样品缓冲液，以防止边缘效应。对于水平电泳，可在胶面上直接加样，或在加样孔中加样。阳极电泳的样品加在阴极侧，阴极电泳的样品加在阳极侧。对于圆盘电泳，样品直接加在浓缩胶胶面上。

4. 电泳

加好样后，接好电极，打开电源，进行电泳。梯度凝胶电泳在电泳时应使电压稳定，在指示染料未进入凝胶前维持较低的电压，染料进入凝胶后将电压升高，然后在稳定的电压下电泳至指示剂到达凝胶下端为止。而其它凝胶电泳则使电流稳定，同样在开始时，电流较低，然后升高电流，并在稳定的电流下电泳。

5. 染色与检测

电泳完毕后，从玻璃管或玻璃板中取出凝胶。取出凝胶后，浸泡在含 0.5%氨基黑 10B 的 7%醋酸染色体中，或浸泡在含 0.1%考马斯亮蓝的 12.5%～50%的三氯醋酸染色液中，同时进行染色和使蛋白质固定。将经固定和染色的凝胶，浸于脱色液（7%的醋酸溶液）中脱色，隔一段时间换一次脱色液，直至无蛋白质处无色透明为止。

凝胶经染色后，应马上拍照或扫描，以记录电泳结果。需要的话，可将凝胶干燥保存。

（四）等电点聚焦电泳

在电泳系统中，加进两性电解质载体，当通以直流电时，两性电解质载体即形成一个由阳极到阴极连续增高的 pH 梯度。当蛋白质或多肽进入这个体系时，不同的蛋白质即移动到（聚焦于）与其等电点相当的 pH 位置上，从而使不同等电点的蛋白质得以分离。这种电泳技术称为等电点聚焦电泳，又称等电点聚焦或电聚焦，是 20 世纪 60 年代后期才发展起来的电泳技术，已成功地用于蛋白质的分离、鉴定以及测定蛋白质的等电点。

等电点聚焦电泳的优点是：①分辨率高，可将等电点相差（0.01～0.02）pH 单位的蛋白质分开；②随着电泳时间的增加，区带越来越窄，而其它电泳由于扩散作用，随着时间和移动距离的增加，区带越来越宽；③由于电聚焦作用，不管样品加在什么部位，都可以聚焦到其等电点的 pH 位置；④很低浓度的样品也可分离且重现性好；⑤可用于测定蛋白质或多肽的等电点。

等电点聚焦电泳的缺点是：①要求使用无盐溶液，而某些蛋白质在无盐溶液中溶解度很低，可能产生沉淀；②对一些在等电点不溶解或发生变性的蛋白质不适用。

等电聚焦电泳有三个要素：稳定的 pH 梯度、性质优良的两性电解质载体、支持 pH 梯度的介质。pH 梯度取决于两性电解质载体的 pH 范围、浓度及缓冲液性质。支持 pH 梯度的介质主要有密度梯度溶液和凝胶两种，其中凝胶使用广泛。

等电点聚焦电泳的操作要点有以下几项。

1. 制胶

若用聚丙烯胺胶，其制胶方法与凝胶电泳一样，但要在凝胶聚合之前，加进 Ampholine，然后才一起聚合成凝胶。样品可在制胶前与胶液混合，然后聚合。也可在凝胶制好后，在电泳前加在凝胶表面。

制备琼脂糖凝胶，将琼脂糖煮沸溶解在终浓度为 10%的山梨醇或甘油溶液中，以防止等电聚焦时产生条带及水分蒸发，待温度降至 75℃时，加入特定 pH 范围的 40%载体两性电解质溶液，至终浓度 2.4%（体积分数），溶解混匀，并使琼脂糖的终浓度达 1%。取出灌胶模具，倾斜着将上述溶液灌注到两块玻璃板之间，之后放平、冷却，使凝胶溶液凝固。取胶，拭去凝胶表面的水分以防止电泳时短路，然后将凝胶及冷却装置放入电泳池中。

2. 等电聚焦

准备并装置好聚焦柱和电极缓冲液后，接通电源，调好电压（密度梯度溶液聚焦电泳：开始时电压在 400V 左右，后逐步升高电压至 800V 左右；聚丙烯酰胺凝胶聚焦电泳：开始时电压在 200～400V，后升至 400～800V），直至电流下降至稳定为止（一般梯度溶液聚焦需 24～72h，凝胶聚焦需 12h 左右）。然后切断电源。图 3-32 示出了等电点各为 pI_1、pI_2 和 pI_3 的三种蛋白质向其等电点处集中的情况。所以依靠这种方法可以将具有不同等电点的蛋白质混合物分离。

3. 样品组分的检测

电泳聚焦完毕后，根据不同的 pH 梯度支持介质，采取不同的检测方法。

(1) 密度梯度溶液聚焦　聚焦完毕后，关闭电源，用吸管吸出顶部电极缓冲液，打开下部排出口，以 2mL/min 的流速放出溶液，注意不得振动柱身，防止区带紊乱。根据需要调节每管的收集量。然后将各收集组分分别测定 pH 值、蛋白质含量或酶活性等，作出各自的曲线。若出口处连接紫外线检测器和记录仪，即可自动画出曲线，测出蛋白质含量。

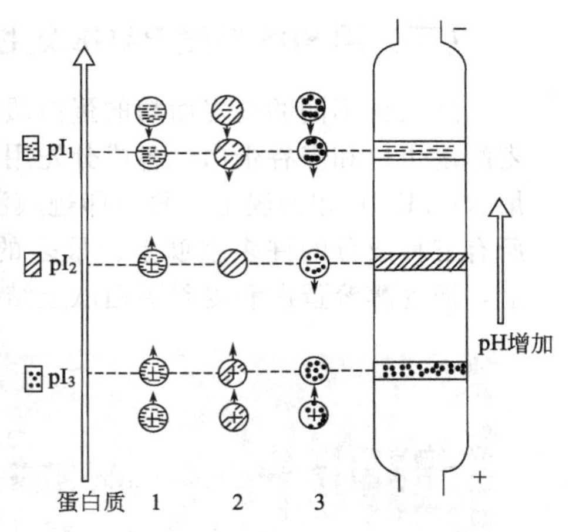

图 3-32　蛋白质在电场中等电聚焦

(2) 颗粒凝胶平板聚焦　电泳完毕，可取与胶板同样大小的滤纸轻轻压在电泳面上，然后将滤纸染色，就可看到组分区带的位置。将区带所对应的凝胶挖出，可用 0.15mol/L 的氯化钠溶液分别洗脱下来。

(3) 聚丙烯酰胺凝胶聚焦　电泳完毕，取出凝胶，先用 5%三氯乙酸固定，用固定剂洗去 Ampholine（以消除 Ampholine 对染色的影响），再用蛋白质染色液进行染色。

五、电泳的应用

(一) 用天然状态下的电泳监测人白介素-3 的化学改性

人白介素-3 是一个分子量为 13000 的蛋白质。在从骨髓细胞生成血细胞的过程中，它扮演着主要角色。它在分子水平上的作用机制可通过研究重组人白介素-3 的化学改性效果来揭示。在这里，需要一个快速、简便、敏感的方法，以分析不同的人白介素-3 化学衍生物。电泳分离过程是依照 PhastSystem 技术文件 121 进行的。特殊的缓冲液制备方法如下：沸腾状态下将 3%琼脂糖溶于pH＝7.5、0.25mol/L BTH（bis-tri/HEPES）缓冲液中；冷却到 70℃后，将溶液倒入一个空的 PhastGel 缓冲液条袋中让其成胶，并在 4℃放置过夜。电泳后凝胶的染色依据 PhastSystem 技术文件 200 进行，采用考马斯亮蓝法。图 3-33 为天然 PAGE 法检测化学修饰的人白介素-3。

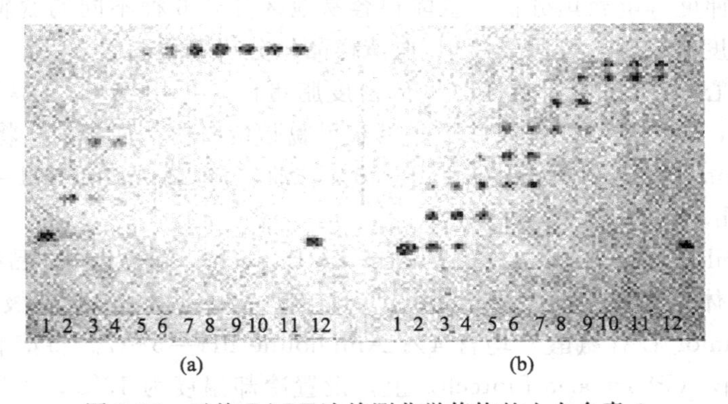

图 3-33　天然 PAGE 法检测化学修饰的人白介素-3

（二）用 SDS 梯度 PAGE 定性研究焙烤中的小麦麦谷变应原

从七种不同的全麦面粉的蛋白质中提取出溶解度依次降低的三种成分：清蛋白/球蛋白、麦醇溶蛋白和麦谷蛋白。各成分先用 SDS 梯度 PAGE 分离，然后将蛋白质印迹到聚偏氟乙烯（PVDF）印迹膜上，再将印迹膜浸泡到抗焙烤变应原血清中，结果发现 IgE 抗体结合到所有三种成分的许多多肽上。最多的 IgE 结合发生在清蛋白/球蛋白成分的 27000Da 多肽上，而麦醇溶蛋白和麦谷蛋白肽上结合很少。

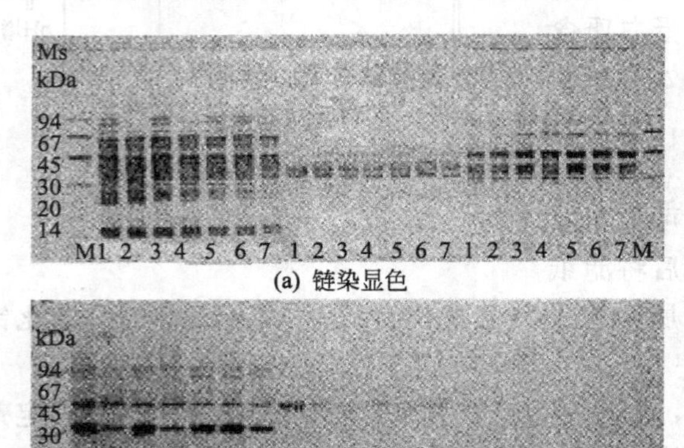

(a) 链染显色

清蛋白/球蛋白　麦醇溶蛋白　麦谷蛋白

(b) ^{125}I–抗人IgE显色

图 3-34　七种全麦面粉中清蛋白/球蛋白、麦醇溶蛋白和麦谷蛋白的水平 SDS-PAGE 分离图谱

简要的实验过程如下：含清蛋白/球蛋白的蛋白质溶解在普通的三盐酸缓冲液中，麦醇溶蛋白溶解在 75%乙醇中，而剩余的溶于 SDS/DTT 的组分中含麦谷蛋白。在 Gelond 塑料背景薄膜（Pharmacia Biotech）上制胶。分离胶为 10%～15%的线性聚丙烯酰胺梯度胶，浓缩胶为 4%聚丙烯酰胺凝胶，C 固定为 4%。电泳时采用 Laemmli 缓冲系统。各蛋白质样品的加样量为 3μL（银染）和 6μL（蛋白质印迹）。

采用 Multiphor Ⅰ电泳装置（Pharmacia Biotech）进行电泳。电泳后如果用银染法检测全蛋白图谱，则将凝胶浸泡在甲醇/醋酸/水（40/10/50）中固定 30min。如果用蛋白质印迹法检测特定变应原（抗原），则先将电泳条带从凝胶转移到 PVDF 膜上，再用 125 T-标记的抗人 lgE 抗体（Phadebas RAST，购于 Pharmacia AB）进行标记、显色。清蛋白/球蛋白、麦醇溶蛋白和麦谷蛋白的全蛋白质图谱和变应原图谱如图 3-34（a）和（b）所示。

（三）用 Immobiline Dry Plate 4～7 等电聚焦和银染法分析血浆中脱辅基脂蛋白 E

在临床诊断脂代谢紊乱时，脱辅基脂蛋白 E 的表型检测是一个重要依据。通过高分辨率的固相 pH 梯度等电聚焦分析，就能很容易地区分开 6 种不同的脱辅基脂蛋白 E 同工型；而采用高灵敏度银染法，则只需 1mL 血清样品，分辨率很高。

通过超离心从 1mL 血清中提取极低密度脂蛋白，再用 4mL 乙醇/乙醚（3∶1 体积比）进行脱脂处理，之后离心、洗涤并干燥以获得脱脂蛋白粉。加样前，将此蛋白质颗粒溶解在 0.01mol/L Tris- HCl、0.01mol/L DT、30%甘油、4% Apholine pH＝5～7 和 6mol/L 尿素中 4℃浴化 24h。

将 Immobiline Dry Plate 4～7（Pharmacia Biotech）置于上述样品缓冲液中进行再溶胀，但其中不含载体两性电解质 Ampholine pH＝5～7。阴极液和阳极液分别是 10mmol/L NaOH 和 10mmol/L 谷氨酸，均含 4% Ampholine pH＝5～7。将溶胀好的凝胶置于 Multiphor Ⅰ电泳仪（Pharmacia Biotech）上，设置冷却温度为 13℃，先以 200V、再以 3000V 预聚焦 90min。

取 15～25μL 样品，在距阴极端 1cm 处上样。先以 1000V 聚焦 1h，使样品进入凝胶，再以 3000V、5mA，最高电场 5W 聚焦过夜。聚焦完成后，将凝胶浸入 1%三氯乙酸/35%磺基水杨酸中固定 1h；再用 10/5 甲醇/醋酸洗三次；然后在 5mg/L DTT 中浴化 30min；再用 2g/L 硝酸银染色 30min；经含 0.5ml/L 福尔马林的 3%碳酸钠显色后，最后用水清洗并于空气中干燥，其最终的图谱如图 3-35 所示。

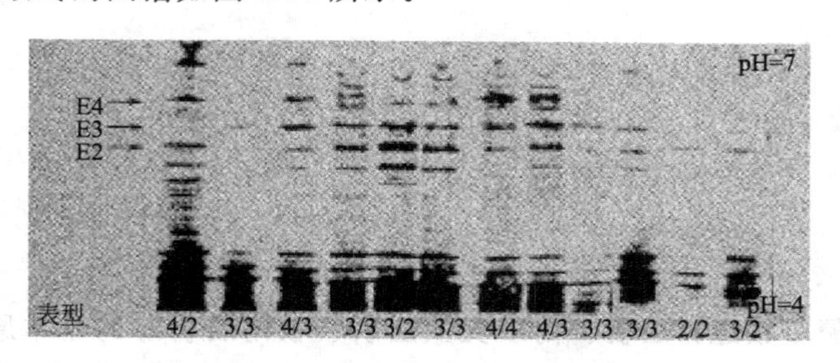

图 3-35　脱脂极低密度脂蛋白经 Immobiline Dry Plate 4～7 分离后的典型图谱

模块四 层析

学习目标

知识目标

1. 掌握凝胶过滤层析、离子交换层析、吸附层析等的基本原理；掌握过滤层析、离子交换层析、吸附层析等的主要设备及工作原理；掌握凝胶过滤层析中凝胶的选用、离子交换层析中离子交换树脂的选用、吸附层析中吸附剂的选用；掌握凝胶过滤层析、离子交换层析、吸附层析的基本操作。

2. 理解凝胶过滤层析、离子交换层析、吸附层析过程的机理；理解凝胶过滤层析、离子交换层析、吸附层析过程的影响因素并能进行分析。

3. 了解凝胶过滤层析、离子交换层析、吸附层析的特点以及在化工生产中的应用；了解其它的层析分离方法。

能力目标

1. 能对凝胶过滤层析、离子交换层析、吸附层析实施基本的操作。

2. 能对凝胶过滤层析中的凝胶、离子交换层析中的离子交换树脂、吸附层析中的吸附剂进行合理的选用，并能根据生产的要求合理地选择层析分离方法。

3. 能对凝胶过滤层析、离子交换层析、吸附层析操作过程中的影响因素进行分析，并运用所学知识解决实际工程问题。

4. 能根据生产的需要正确查阅和使用一些常用的工程计算图表、手册、资料等。

素质目标

1. 增强逻辑思维能力。
2. 培养学生探索知识、独立思考、勇于创新的科学精神。
3. 培养工程技术观念。

本模块主要符号说明

英文字母

A、B　表示某一凝胶；

K　分配系数；

V_g　凝胶过滤介质的体积，m^3；又称分离介质的骨架体积、凝胶本身的体积；

V_i　内水体积，m^3；凝胶过滤介质颗粒内部所含水相的体积；

V_o　孔隙体积或外体积，m^3；

V_t　凝胶过滤层析的总床层柱的体积，m^3；

V_e 洗脱体积，m^3；被分离物质通过凝胶层析柱所需要洗脱液的体积；
V_p 孔体积，m^3；对无机凝胶而言，指每千克凝胶所具有的孔洞体积；
W 凝胶（或吸附颗粒等）的质量，kg；
W_s 加入的溶剂的质量，kg；
N 柱效，塔板/m；
M 峰宽；
$d_{视}$ 湿视密度，kg/m^3；
$d_{真}$ 湿真密度，kg/m^3；
b 柱在该工作条件下的工作容量；
H 树脂层高；
$V_{流}$ 单位时间流出液的体积，mL；
a 穿透体积；
L 层析柱长，m；
SV 空间流速，min^{-1}；
C_s 表示溶质在固定相（吸附剂）中的浓度；
$V_{交}$ 交换树脂的体积，mL；
K_D 分配系数；
R_f 比移值；
C_m 表示溶质在流动相中的浓度。

希腊字母

ρ_b 堆积密度，kg/m^3；
ρ_g 骨架密度，kg/m^3；
ρ_p 堆密度，kg/m^3；
ρ_s 溶剂的密度，kg/m^3；
ϕ 孔度；
ρ_l 吸附剂的表观密度，又称视密度，kg/m^3；
ϵ_k 孔隙率；
ρ_t 吸附剂的真实密度，kg/m^3；
η 柱的利用率；
α 分离因子。

下标

g 骨架；
i 内部的；
l 表观的；
t 总的；
m 流动相；
e 洗脱的；
s 吸收剂。

项目一

凝胶过滤层析

一、认识凝胶过滤层析

（一）概述

乙肝疫苗在分离工艺中的最后一步是采用一种方式进行重组 HBsAg 聚合蛋白的精制，将浓缩液通过 Sepharose 4FF 凝胶柱进行精制后，根据其分子量的大小出现了 3 个洗脱峰，进行测定，发现 A 峰为杂蛋白，B 峰和 C 峰为活性组成，见图 4-1。收集 B 峰，除菌过滤后即得纯品，收率达 48%，其产品即为乙肝疫苗，并能达到世界卫生组织的标准。像这种依据其分子的大小而进行分离的技术就是凝胶过滤层析分离法。

凝胶过滤层析法是一种新型的分离方法，也称分子筛层析、凝胶扩散层析、排阻层析、限制扩散层析等。是利用凝胶过滤层析介质的网状结构，根据分子大小不同而被分离的一种

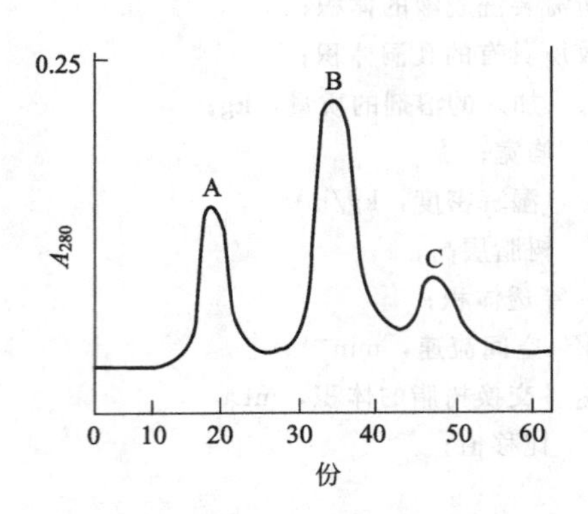

图 4-1 乙肝疫苗 Sepharose 4FF 凝胶过滤谱

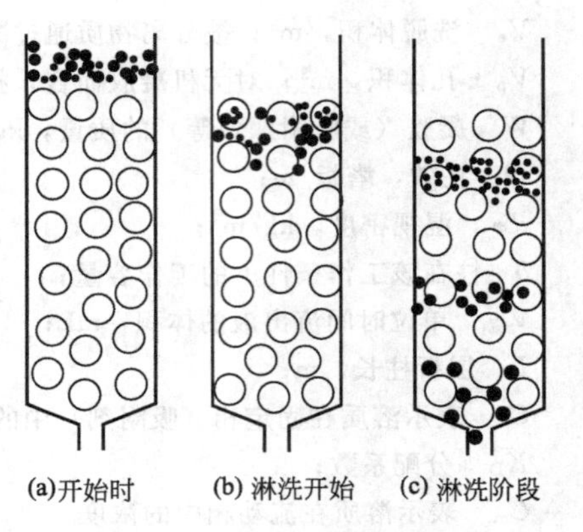

图 4-2 凝胶过滤分离过程

○凝胶颗粒；●高分子物质；

●较低分子量物质；•低分子物质

分离技术。如图 4-2 所示，当含有不同大小的分子进入凝胶色谱柱内时，较大的分子不能通过孔道扩散进入凝胶内部，较小的则程度不同地进入凝胶内部，由于不同分子大小的物质由于扩散速率的不同造成了它们在凝胶柱内的停留时间也不相同，其结果较小分子的物质在柱内的停留时间较长，使得不同分子大小的物质在凝胶内部向柱下流动的速率也不同，因而不同的物质也就按分子的大小分开了，最先流出的是大分子的物质。

（二）凝胶过滤层析的特点

1. 不改变分离物质的特性

凝胶过滤层析过程中，被分离的物质主要是通过凝胶柱来进行分离的，而凝胶多是不带电的惰性物质，与被分离的物质不会发生物理化学变化，能使被分离物质维持原来的结构而不变性，这在一些生物化工、医药领域内尤为适用。如蛋白质的分离、抗凝血多肽的分离等。

2. 分离条件要求不高

在凝胶过滤层析过程中，由于凝胶的惰性，对温度、压力等操作要求一般不需要高压或高温，所需的分离条件比较温和，可以在低温下操作，也可以在常温下操作。不需要有机溶剂。特别对于一些对 pH 值、金属离子敏感的生物化工方面更为合适。

3. 应用面广

在凝胶过滤层析分离过程中，只要选择不同的凝胶就可以分离不同的物质。凝胶可以是亲水性的，如交联葡聚糖、聚丙烯酰胺或琼脂糖凝胶，用于分离水溶性的生物分子或高聚物分子；也可以是疏水性的，如聚苯乙烯凝胶，用于分离疏水性有机化合物。由于凝胶的种类很多，所分离的物质也很多，从分子量来说，可以从几百到数百万，特别是活性大分子的分离。

4. 设备的结构简单，易于操作

凝胶层析分离设备的结构简单，易于操作，周期短，分离操作后介质不需再生，可连续使用，有的凝胶过滤层析柱可连续使用上百次甚至上千次。

5. 回收率高

凝胶过滤层析操作的重复性好、样品回收率高。控制凝胶孔径大小就可用来分离不同大小的分子。

二、凝胶过滤层析的知识准备

凝胶过滤层析是近30年才发展起来的一种新方法。它主要用于生物化学和高分子聚合物化学中。

(一)凝胶过滤层析的基本原理

凝胶过滤层析的分离过程是在装有多孔物质(交联聚苯乙烯、多孔玻璃、多孔硅胶等)作为填料的柱子中进行的。填料的颗粒有许多不同尺寸的孔,这些孔对溶剂分子而言是很大的。故它们可以自由扩散出入。如果溶质分子也足够小,则可以不同程度地往孔中扩散,同时还做无定向的运动。大的溶质分子只能占有数量比较少的大孔,较小的溶质分子则可以进入一些尺寸较小的孔中,所以溶质的分子越小,可以占有的孔体积就越大。比凝胶孔大的分子不能进入凝胶的孔内,只能通过凝胶颗粒之间的空隙,随流动相一起向下流动,首先从层析柱中流出。所以整个样品就按分子的大小依次流出层析柱,谱图上也就依次出现了不同的色谱峰了。具体完成步骤如下。

(1)凝胶过滤层析过程主要是在凝胶过滤层析介质内完成,而这一凝胶过滤层析介质是装填在某一设备内,称为凝胶柱或层析柱,通入需要分离的物质时,不同大小的分子在通过层析柱时,每个分子都要向下移动,同时还做无定向的扩散运动。

(2)比凝胶层析过滤介质大的分子不能进入凝胶过滤介质的孔内,大分子只能通过凝胶过滤介质颗粒之间的空隙,随流动相一起向下移动,首先从层析柱中流出,在分离图谱上是最先出现的峰。

(3)比凝胶过滤介质孔径小的分子,有的能进入部分孔道,更小的分子则能自由地扩散进入凝胶过滤介质的孔道内,这些小分子由于扩散效应,不能直接通过凝胶过滤介质的空隙而流出,其流出层析柱的速率滞后于大分子,且依据分子的大小依次流出层析柱,其在谱图上出现的色谱峰在大分子峰的后面。

简而言之,实际上凝胶过滤层析也就是按照待分离物质的分子尺寸大小,依次流出层析柱而达到分离的目的。

(二)凝胶过滤层析介质的分类

目前已商品化的凝胶过滤层析介质有很多种,按材料来源可把凝胶分成有机凝胶与无机凝胶两大类,这两类凝胶过滤介质在装柱方法、使用性能上各有差异,其中有机凝胶过滤层析介质又可分为均匀、半均匀和非均匀三种形式;按机械性能可分成软胶、半硬胶和硬胶三类,软胶的交联度小,机械强度低,不耐压,溶胀性大,它主要用于低压水溶性溶剂的场合。它的优点是效率高,容量大。硬胶如多孔玻璃或硅胶,它们的机械强度好。最通常采用的凝胶如高交联度的聚苯乙烯则属于半硬性凝胶。根据凝胶对溶剂的适用范围,可分为亲油性胶、亲水性胶和两性胶,亲水性的凝胶主要应用于生物化工的分离和分析,亲油性凝胶多用于合成高分子材料的分离和分析;按照凝胶过滤层析介质的骨架可分为天然多糖类和合成高聚物类;按凝胶过滤层析能达到的柱效和分辨率,又可将凝胶分为标准凝胶和高效凝胶。

(三)凝胶过滤层析介质的选用

1. 凝胶过滤层析介质(凝胶)

凝胶过滤层析介质简称凝胶,是一种不带电荷的具有三维空间的多孔网状结构、呈珠状颗粒的物质，每个颗粒的细微结构及筛孔的直径均匀一致，像筛子，有一定的孔径和交联度。它们不溶于水，但在水中有较大的膨胀度，具有良好的分子筛功能。它们可分离的分子大小的范围广，相对分子质量在 102～108。

凝胶是凝胶过滤层析的核心，是产生分离的基础。要达到分离的要求，必须选择合适的凝胶。

2. 凝胶过滤层析介质（凝胶）的要求

（1）化学惰性　凝胶是惰性物质，凝胶和待分离物质之间不能起化学反应，否则会引起待分离物质的化学性质的改变。在生物化学中要特别注意蛋白质和核酸在凝胶上变性的危险。

（2）凝胶的化学性质是稳定的　凝胶应能长期使用而保持化学稳定性，应能在较大的 pH 值和温度范围内使用。

（3）含离子基团少　凝胶上没有或只有少量的离子交换基团，以避免离子交换效应。

（4）网眼和颗粒大小均匀　凝胶颗粒大小和网眼大小合适，可选择的范围宽。

（5）机械强度好　凝胶上必须具有足够的机械强度，防止在液流作用下变形。

3. 凝胶过滤层析介质的选用

在进行凝胶层析分离产品时，对凝胶的选择是必须考虑的重要方面。一般在选择使用凝胶时应注意以下问题。

（1）混合物的分离程度主要取决于凝胶颗粒内部微孔的孔径和混合物分子量的分布范围。和凝胶孔径有直接关系的是凝胶的交联度。凝胶孔径决定了被排阻物质分子量的下限。移动缓慢的小分子物质，在低交联度的凝胶上不易分离，大分子物质同小分子物质的分离宜用高交联度的凝胶。例如欲除去蛋白质溶液中的盐类时，可选用 Sephadex G-25。

（2）凝胶的颗粒粗细与分离效果有直接关系。一般来说，细颗粒分离效果好，但流速慢；而粗颗粒流速快，但会使区带扩散，使洗脱峰变平而宽。因此，如用细颗粒凝胶宜用大直径的层析柱，用粗颗粒时用小直径的层析柱。在实际操作中，要根据工作需要，选择适当的颗粒大小并调整流速。

（3）选择合适的凝胶种类以后，再根据层析柱的体积和干胶的溶胀度，计算出所需干胶的用量。考虑到凝胶在处理过程中会有部分损失，计算得出的干胶用量应再增加10%～20%。

同时根据被分离物的情况及凝胶的标定曲线来选择凝胶。例如图 4-3 中，现有 P 和 Q 两种组分要用凝胶进行分离。由标定曲线可看出，凝胶 C 不适宜用于此法，因为几乎所有的物质都渗透进凝胶；凝胶 A 也不合适，因为大部分物质被凝胶所排斥；只有凝胶 B 是合适的，因为溶质 P 和 Q 坐落在凝胶的线性渗透范围内，而给出最大的 $\Delta V_R/\Delta M$ 值。有时要测定一个高聚物的分子量分布，要求色层柱有很宽的分离范围，就需要串联 3～5 根装有不同型号凝胶的柱。

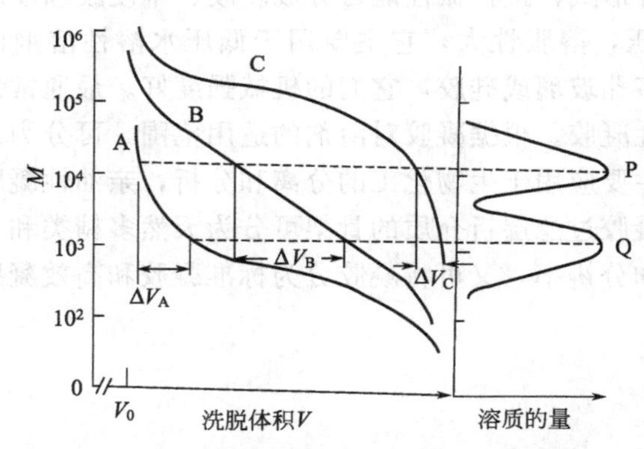

图 4-3　正确选择凝胶以达到最好分离

所选择的凝胶也应与流动相相匹配，即凝胶应为流动相所润湿。如果流动相是水溶液，应选用亲水的凝胶；如流动相是有机溶剂，则应选用亲油的凝胶。

（四）凝胶过滤层析介质的结构参数

凝胶过滤层析介质是凝胶过滤层析的基础，用来表征凝胶结构的参数有粒度、比表面积、堆密度、骨架密度、平均孔径等。

1. 粒度

凝胶过滤层析介质的粒度是指溶胀后的凝胶水化颗粒的大小，用水化颗粒的直径来表示，有时也可用干颗粒直径来表示，而无定形颗粒是指它的最大长度。一般在5～400μm范围内。凝胶颗粒的尺寸直接关系到分离效果，粒度越小，柱效越高，分离效果越好，但分离的生产能力下降，层析过程中的压力增大，对层析设备的要求更高，因此细颗粒凝胶更适合于分析型分离；凝胶颗粒越大，柱效会下降，分离的生产能力提高了，压力减小了，因此大颗粒凝胶更适用于中小规模的制备型分离。同时凝胶颗粒的均匀度对分离效果也有影响，颗粒直径越均匀，分离效果越好。

2. 交联度和网孔结构

凝胶过滤介质是具有三维网孔结构的颗粒，网孔结构是交联剂将相邻的链状分子相互连接而成的（有些凝胶过滤介质除外）。交联剂决定了凝胶过滤介质颗粒的交联度。交联剂的用量越大，交联度越高，凝胶过滤介质的机械强度越好，颗粒的网孔越小，能够进入网孔的分子也就越小；反之，交联剂的用量越小，交联度越低，凝胶过滤介质的机械强度越低，颗粒的网孔越大，能够进入网孔的分子也就越大。

3. 比表面积

凝胶是一种多孔性物质，比表面积是指每千克多孔性物质所有内外表面积之和。它是凝胶颗粒的形状、大小和体积的综合反映。对于多孔性硅胶和多孔玻璃，比表面积可以作为孔径大小的量度，一般比表面积大，孔径小。对于有机凝胶，由于其结构复杂，不存在这样的对应关系。

4. 堆密度 ρ_p

堆密度是指单位体积的凝胶所具有的质量。

5. 床结构参数

用来表示凝胶过滤介质的凝胶过滤介质床层的结构参数值有以下几项。

（1）凝胶过滤介质的空隙体积 V_o　V_o称为“孔隙体积”或“外体积”（outer volume），又称“外水体积”，即存在于柱床内凝胶颗粒外面空隙之间的水相体积，相应于一般层析法中柱内流动相的体积。

（2）凝胶过滤介质的体积 V_g　凝胶过滤介质的体积 V_g又称为分离介质的骨架体积，为凝胶本身的体积。

（3）内水体积 V_i　又称“内体积”，即凝胶过滤介质颗粒内部所含水相的体积，相应于一般层析法中的固定相的体积。因为凝胶具有三维空间，颗粒内部还有空间，液体可进入颗粒内部，表示的是凝胶的全部可渗透的孔内体积，它可从干凝胶颗粒重量和吸水后的重量求得。

（4）凝胶过滤层析的总床层柱的体积 V_t　将凝胶过滤介质装柱后，柱床体积称为“总体积”，以 V_t来表示。实际上，V_t是由 V_o、V_i 与 V_g 三部分组成，即：

$$V_t = V_o + V_i + V_g \tag{4-1}$$

（5）洗脱体积 V_e　指被分离物质通过凝胶层析柱所需要洗脱液的体积。

这些体积之间的关系在图 4-4 和图 4-5 中也可以看出。

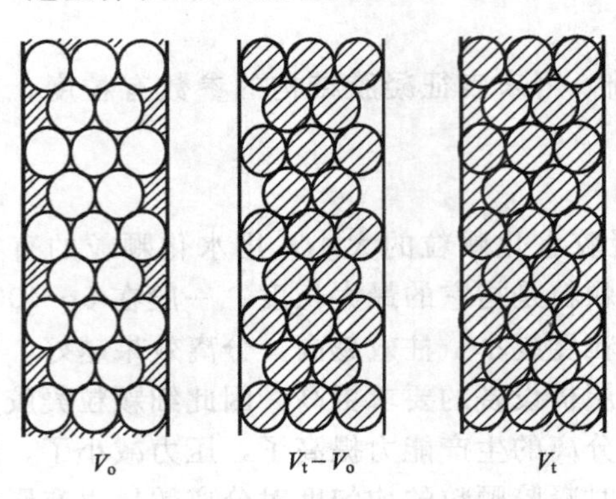

图 4-4 凝胶柱体积参数

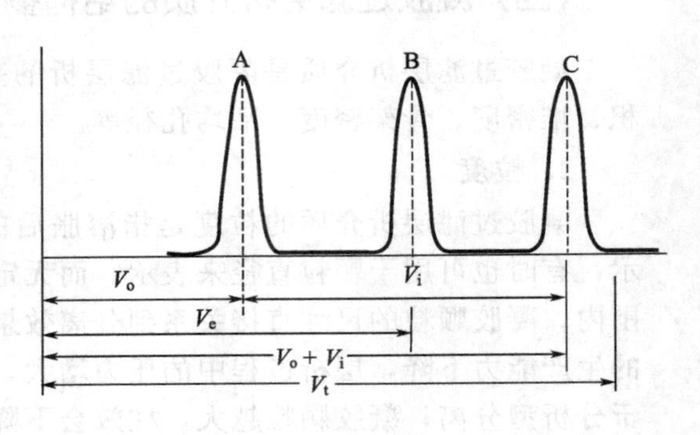

图 4-5 凝胶过滤洗脱曲线

组分 A 为全排阻分子；组分 B 为部分渗透分子；组分 C 为全渗透分子

6. 孔体积 V_p

孔体积通常是对无机凝胶而言，指每千克凝胶所具有的孔洞体积。

7. 骨架密度 ρ_g

凝胶是一种多孔性物质，除了孔洞外就是骨架。它是骨架结构状况的一个反映，骨架密度是随着孔径的增大而增大的。它是这样测定的，称取质量为 W 的凝胶，加入质量为 W_s 的溶剂充满空间赶走孔洞中的气泡，若凝胶的总体积为 V_t，溶剂的密度为 ρ_s，则骨架密度的数学表达式如下：

$$\rho_g=\frac{W}{V_t-\frac{W_s}{\rho_s}} \tag{4-2}$$

式中 ρ_g——骨架密度，kg/m^3；

V_t——凝胶的总体积，m^3；

W——凝胶的质量，kg；

W_s——加入的溶剂质量，kg；

ρ_s——溶剂的密度，kg/m^3。

8. 孔度 ϕ

它是指孔的体积占凝胶总体积的分数。

$$\phi=\frac{V_p}{V_p+\frac{1}{\rho_g}} \tag{4-3}$$

9. 分配系数 K

表征不同物质之间的分离行为，是物质在凝胶柱中洗脱特性的参数。它与被分离物质的分子量和分子形状、凝胶过滤介质颗粒的间隙和网孔大小有关，而与层析柱的粗细长短无关。

$$K=\frac{V_e-V_o}{V_i} \tag{4-4}$$

图 4-6 为渗透过程的溶质大小与体积 V_e 的关系。如果溶质分子过大，根本不能进入凝胶微孔，$K=0$，所以，这样的分子都在 $V_e=V_o$ 时流出；如果分子非常小，可以进入凝胶颗粒的所有微孔，则 $K=1$，故它们将在 $V_e=V_o+V_i$ 时流出；如果所有分子都处于 $K=0$ 或 $K=1$，则分离是不可能的；只有被分离的分子在 $0<K<1$ 的范围，它们的分离才能实现。图 4-7 为 NDG 的标定曲线。

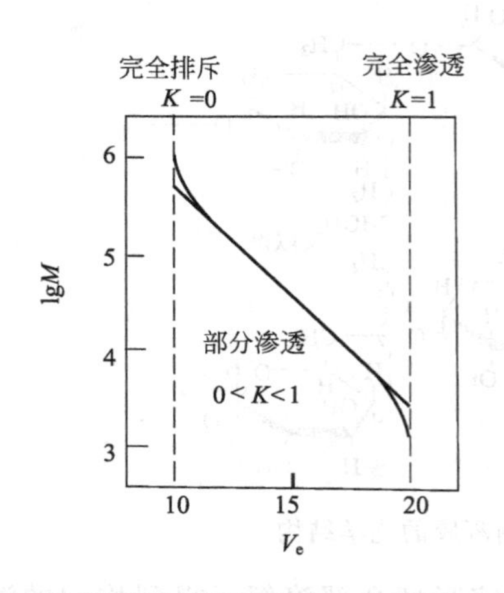

图 4-6 渗透过程的溶质大小与体积 V_e 的关系

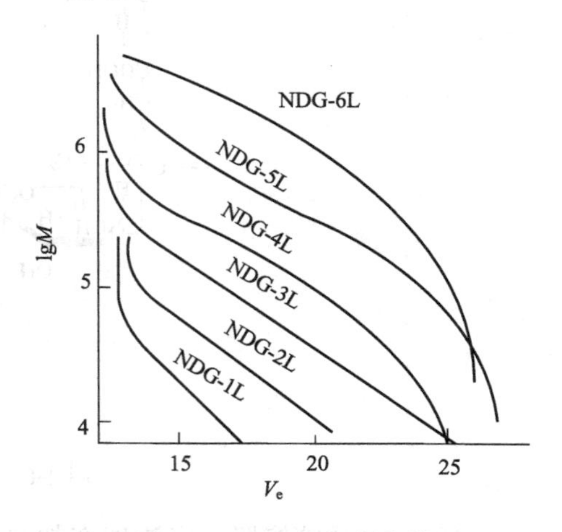

图 4-7 NDG 的标定曲线

(五) 凝胶过滤层析介质的制备

凝胶过滤层析介质是凝胶过滤层析的基础，直接影响着凝胶过滤层析分离效果。凝胶过滤层析介质的种类很多，下面列举一些典型的来加以说明。

1. 葡聚糖凝胶 (Sephadex)

葡聚糖凝胶又称交联葡聚糖凝胶，是最早发展的有机凝胶，先用发酵的方法以蔗糖为培养基制备成高分子量的葡聚糖，然后用稀盐酸降低其分子量，再用环氧氯丙烷交联形成颗粒状的凝胶。交联前平均分子量低的葡聚糖可制备成渗透极限低的凝胶填料；交联前平均分子量高的葡聚糖可制备成渗透极限高的凝胶填料。适用于水、二甲基亚砜、甲酰胺、乙二醇及水和低级醇的混合物，主要用于分离蛋白质、核酸、酶、多糖类及生化体系的脱盐等。其化学结构式如图 4-8 所示。

2. 多孔硅胶

多孔硅胶是一种广泛采用的无机凝胶。它的制备一般分为两步，第一步是制成球形小孔硅胶；第二步是扩孔，使硅胶的孔径扩大。制备原料硅胶的方法有两种，第一种是将中和了的硅酸钠和硫酸反应液喷雾在油相成球或用悬浮聚合的方法使硅酸乙酯悬浮聚合而获得细颗粒硅胶。扩孔的方法主要是掺盐高温焙烧。多孔硅胶的化学惰性、热稳定性和机械强度好，硅胶的颗粒、孔径尺寸稳定，与各种溶剂无关，因此可在柱中直接更换溶剂，使用方便，使用寿命也长。需要注意的是多孔硅胶的吸附问题，可用于水和酸体系，但不能用于强碱性溶剂。

3. 琼脂糖凝胶 (Sepharose)

琼脂糖凝胶来源于一种海藻，也是一种有机凝胶，主要是由 D-乳糖和 3,6-脱水-L-乳糖为残基组成的线性多聚糖。琼脂糖在无交联剂的存在下也能自发形成凝胶。

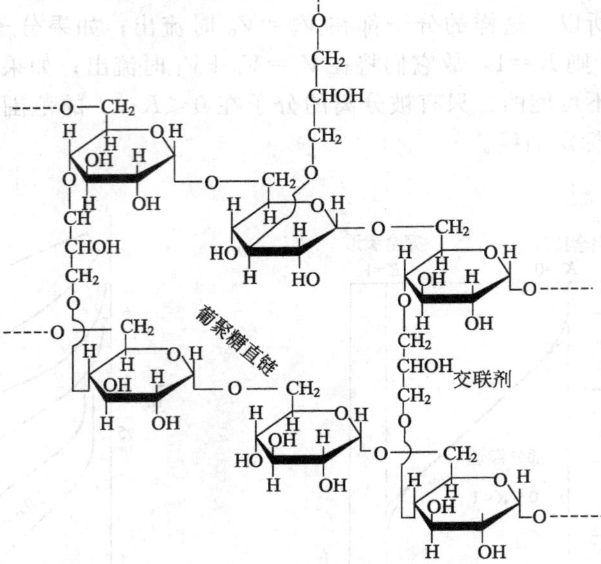

图 4-8 交联葡萄糖凝胶的化学结构

琼脂糖凝胶按照一定浓度在加热条件下将琼脂糖全部溶解，得到均匀的溶液作为分散相；将分散剂等物质加入到如苯、甲苯、二氯甲烷、环乙烷、四氯化碳等有机溶剂中，充分搅拌加热作为连续相；将琼脂糖热溶液加入到连续相中，不断搅拌，琼脂糖溶液被分散成粒径大小合适的液滴；逐步降温到琼脂糖基本定型，不断搅拌，使其凝固成一定强度的颗粒；过滤、分离、去油、洗涤，得到未交联的琼脂糖。琼脂糖与交联剂（环氧氯丙烷、2,3-二溴丙醇等）进行反应，制成凝胶。琼脂糖还可以进行二次交联，成为刚性或半刚性成品，提高其机械稳定性和通渗性等。

琼脂糖凝胶是目前凝胶过滤层析分离中应用最广的一种凝胶层析过滤介质，由于它的巨大孔径，特别适用于大分子量物质的分离，还用于生物制品的工业化生产。

（六）凝胶过滤层析介质的性能

用来表示凝胶过滤介质的性能指标有渗透极限、分离范围、固流相比和柱效等。表 4-1 和表 4-2 列出一些常用凝胶的性能和色谱性能指标。

表 4-1 某些国产凝胶的性能

凝胶	牌号	胶种来源	胶种类型	胶种性能
交联聚苯乙烯	NGX、NGW	有机胶	软胶、半硬胶	亲油性胶
多孔硅胶	NDG、NWG	无机胶	硬胶	亲油性胶、亲水性胶
交联葡聚糖	交联葡聚糖凝胶	有机胶	软胶	亲水性胶
羟丙基化交联葡聚糖	交联葡聚糖凝胶 LH-20	有机胶	软胶	两性胶
琼脂糖凝胶	珠状琼脂糖	有机胶	软胶	亲水性胶
多孔玻璃	CPG	无机胶	硬胶	亲油性胶

1. 渗透极限

渗透极限是用来表示可以分离的分子量的最大极限。超过此极限，则高分子都在凝胶间隙体积 V_0 处流出，没有分离效果。市售凝胶往往是以渗透极限的大小来定规格的。

表 4-2 NDG的色谱性能

硅胶	平均孔径/nm	孔度 V_s^*/V_T^*	渗透极限(聚苯乙烯分子量)	分离范围(聚苯乙烯分子量)	固流相比 V_s/V_o
NDG-1L	<10	0.69	4×10^4	$1\times10^2\sim2\times10^4$	1.1
NDG-2L	16	0.71	1×10^5	$1\times10^3\sim1\times10^5$	1.1
NDG-3L	36	0.70	4×10^5	$1\times10^4\sim4\times10^5$	1.1
NDG-4L	70	0.65	7×10^5	$2\times10^4\sim4\times10^5$	1.1
NDG-5L	120	0.68	2×10^6	$1\times10^5\sim2\times10^6$	1.1
NDG-6L	>200	0.65	5×10^6	$4\times10^5\sim5\times10^6$	—

2. 分离范围

分离范围一般是指分子量-淋出体积标定曲线的线性部分（图 5-6 中 $0<K<1$ 的部分）。分离范围大一点，使用比较方便。孔径分布窄的凝胶分离范围只相当于 1 个数量级的分子量，而孔径分布宽的凝胶分离范围只相当于 3 个数量级的分子量；对于一种规格的凝胶，分离范围在 1.5 个数量级就可以了，实际使用时可用不同规格的凝胶串联起来使用。

3. 固流相比 V_i/V_o

主要是反应层析柱的分离容量，分离容量越大越好。它与凝胶的孔度有关。

4. 柱效 N

是凝胶分离效果的量度，用层析柱的理论塔板数来表示，是每米层析柱所包含的理论塔板数。其数学表达式如下：

$$N=16\times\frac{\left(\frac{V_e}{M}\right)^2}{L} \tag{4-5}$$

式中 N——柱效，塔板/m；

M——峰宽；

L——层析柱长，m。

三、凝胶过滤层析设备

凝胶过滤层析设备比较简单，在实验室里用的凝胶层析过滤设备是作为分析设备使用的。工业的应用还不是很普遍。

1. 实验设备

图 4-9 为实验室里测定核酸、蛋白质的凝胶层析过滤设备。需要测定的溶液在一定的压力下通过层析柱，根据其分子量的大小依次流出层析柱，在核酸、蛋白检测仪 7 中可以直接检测出核酸或蛋白质的含量。

图 4-10 为典型的 SN-01 型凝胶色谱分析仪流程，从储液瓶出来的溶剂经加热式除气器除去所溶的气体后进入柱塞泵，由泵压出的溶剂再经一个烧结不锈钢过滤器，进入参比流路和样品流路。在参比流路中，溶剂经参比柱、示差折光检测仪的参比池进入废液瓶；在样品流路中，先经六通进样阀将配好的试样送入色谱柱，样品经色谱柱分离后经示差折光检测器的样品池，进入虹吸式体积标记器。示差折光检测器将浓度检测信号输入记录仪，记录纸上记录的是反映被测物质的分子量分布的凝胶色谱图。

图 4-11 为分离不同的蛋白质的凝胶过滤层析设备，依据分子量的大小，将不同的蛋白质分离开来。

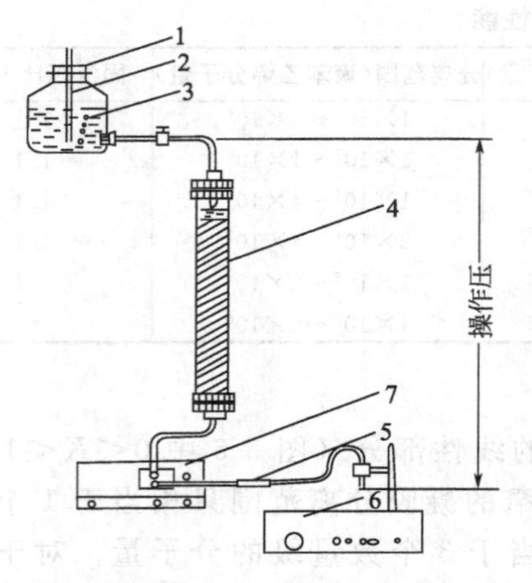

图 4-9 实验室凝胶层析过滤测定核酸、蛋白质的装置

1—密封橡皮塞；2—恒压管；3—恒压瓶；4—层析柱；5—可调螺旋夹；6—自动回收仪；7—核酸、蛋白检测仪

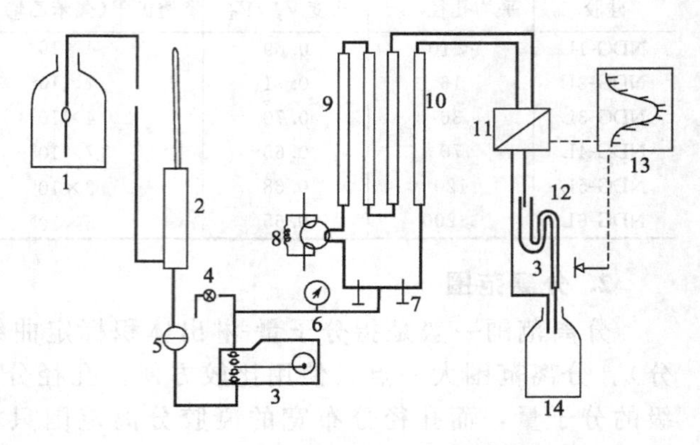

图 4-10 SN-01 型凝胶色谱分析仪流程

1—储液瓶；2—除气器；3—输液泵；4—放液阀；5—过滤器；6—压力指示器；7—调节阀；8—六通进样阀；9—样品柱；10—参比柱；11—示差折光检测器；12—体积标记器；13—记录仪；14—废液瓶

2. 工业化设备

在工业化生产中，根据要分离的植物有效成分、化工中间体、化合物等，在通过装于层析柱内的不同的凝胶过滤层析介质的不同停留时间，根据分子的大小有层次地分开不同类别或不同的成分，得到的有效组成或成分，对于制备高效药、小剂量的中药、植物有效成分、化学中间体等产品是非常重要的精制手段。

(1) 不锈钢中压凝胶过滤层析设备　图 4-12 为不锈钢中压凝胶过滤层析设备，它是根据要分离的植物有效成分、化工中间体、化合物等，在通过装于层析柱内的凝胶过滤层析介质时，分离成不同的成分，从而得到的有效组成或成分，对于制备高效药、小剂量的中药、

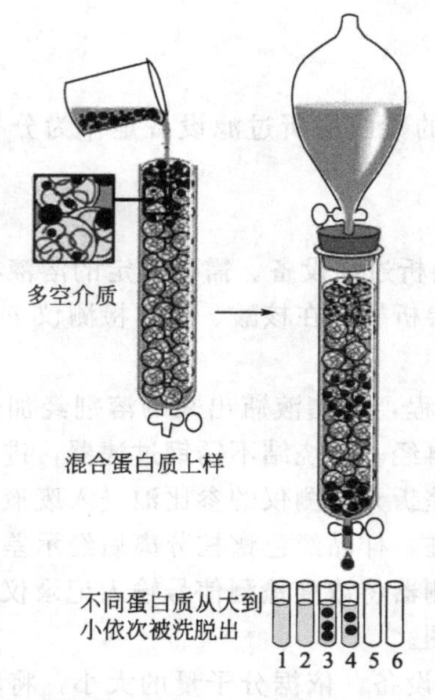

图 4-11 凝胶过滤层析测定蛋白质

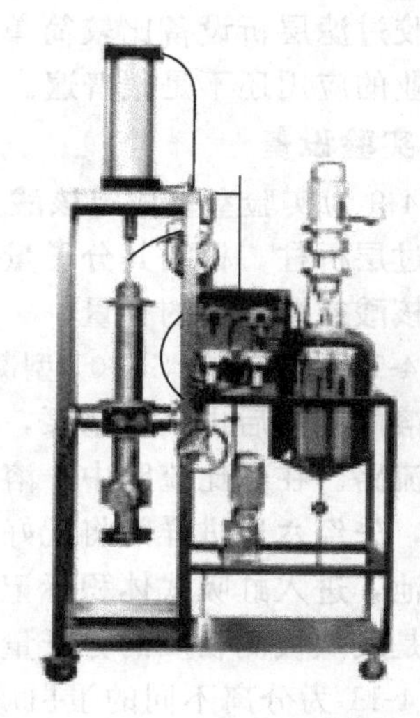

图 4-12 不锈钢中压凝胶过滤层析设备

植物有效成分、化学中间体等产品是非常重要的精制手段。适用于高含量单体的分离、中药中杂质的清除的精制、化工中间体、合成产品的精制、合成药单体的分离。所选用的凝胶过滤层析介质为琼脂类、聚乙烯类、多糖类等。所适用溶剂有稀酸、稀碱、有机溶剂（例如醋酸乙酯、氯仿、乙醇）等。此类设备操作方便，生产成本低，工作效率高，层析柱装填方便。

（2）聚乙烯凝胶过滤层析设备　图 4-13 为层析柱为聚乙烯的凝胶过滤层析设备，适用于植物、中药有效成分中分离植物、中药有效成分的精制，植物、中药中杂质的清除。所选用的凝胶过滤介质可以是硅胶、葡聚糖类等，所用的溶剂可选用酸、碱、乙醇、甲醇、丙酮等。此类设备更换填料方便，通用性强，操作简单，能耗小，效率高。

图 4-13　聚乙烯类凝胶过滤层析设备

图 4-14　不锈钢凝胶过滤层析设备

（3）不锈钢凝胶过滤层析设备　图 4-14 为不锈钢凝胶过滤层析设备，特别适用于植物、中药有效成分的分离，植物、中药有效成分的精制，植物、中药中杂质的清除，化工中间体、合成产品的精制。所选用的凝胶过滤介质可以是硅胶、氧化铝等。适用溶剂有稀酸、稀碱、有机溶剂（例如醋酸乙酯、氯仿、乙醇）。

四、凝胶过滤层析操作

（一）凝胶处理

凝胶型号选定后，市售商品多为干燥颗粒，使用前必须充分溶胀。方法是将欲使用的干凝胶缓慢地倾倒入 5～10 倍的去离子水中，参照相关资料中凝胶溶胀所需时间，进行充分浸泡，然后用倾倒法除去表面悬浮的小颗粒，并减压抽气排除凝胶悬液中的气泡，准备装柱。在许多情况下，也可采用加热煮沸的方法进行凝胶溶胀，此法不仅能加快溶胀速率，而且能除去凝胶中污染的细菌，同时排除气泡。

（二）凝胶柱的装填

合理选择层析柱的长度和直径，是保证分离效果的重要环节。理想的层析柱的直径与长度之比一般为 1∶(25～100)。凝胶柱的装填时柱要均匀，没有空隙和气泡，不过松也不过紧，最好也在要求的操作压力下装柱，流速不宜过快，避免因此而压紧凝胶；但也不宜过慢，使柱装得太松，导致层析过程中，凝胶床高度下降。始终保持柱内液面高于凝胶表面，否则水分挥发，凝胶变干。也要防止液体流干，使凝胶混入大量气泡，影响液体在柱内的流动，导致分离效果变坏，不得不重新装柱。通常新装的凝胶柱用适当的缓冲溶液平衡后，将带色的蓝葡聚糖-2000、细胞色素或血红蛋白等物质配制成质量浓度为 2g/L 的溶液过柱，观察色带是否均匀下移，以鉴定新装柱的技术质量是否合格，否则，必须重新装填。

(三) 溶剂

在凝胶过滤层析中，因为试样的分离并不取决于溶剂与试样之间的作用力，所以溶剂的作用并不非常重要。溶剂的选择主要考虑能溶解样品、湿润凝胶、不腐蚀色谱仪（不含游离氯离子）等。此外，也要求溶剂纯度高、毒性低、溶解性能好，能溶解多种高分子。还要求溶剂的黏度尽可能低，因溶剂黏度越大，色层柱压降越高，分离所需的时间越长。有时为了降低溶剂的黏度，需要适当提高温度。

最常用的溶剂是四氢呋喃，这是因为四氢呋喃可以溶解多种高聚物。但四氢呋喃在储存时（尤其在日光下）会生成过氧化物，操作时必须注意。其它的溶剂有三氯代苯、邻二氯苯、甲苯、二甲基甲酰胺、间甲酚、四氯化碳、三氟乙醇等。

(四) 加样与洗脱

1. 加样量

加样量与测定方法和层析柱大小有关。如果检测方法灵敏度高或柱床体积小，加样量可小；否则，加样量增大。例如利用凝胶层析分离蛋白质时，若采用 280nm 波长测定吸光度，对一根 2cm×60cm 的柱来说，加样量需 5mg 左右。一般来说，加样量越少或加样体积越小(样品浓度高)，分辨率越高。通常样品液的加入量应掌握在凝胶床总体积的 5%～10%。样品体积过大，分离效果不好。

对高分辨率的分子筛层析，样品溶液的体积主要由内水体积（V_i）所决定，故高吸水量凝胶如 Sephadex G-200，每毫升总床体积可加 0.3～0.5mg 溶质，使用体积约为 0.02 倍总体积；而低吸水量凝胶如 Sephadex G-75，每毫升总床体积加溶质质量为 0.2mg，样品体积为 0.01 倍总体积。

2. 加样方法

如同离子交换柱层析一样，凝胶床经平衡后，吸去上层液体，待平衡液下降至床表面时，关闭流出口，用滴管加入样品液，打开流出口，使样品液缓慢渗入凝胶床内。当样品液面恰与凝胶床表面持平时，小心加入数毫升洗脱液冲洗管壁。然后继续用大量洗脱液洗脱。

3. 洗脱

加完样品后，将层析床与洗脱液储瓶、检测仪、分部收集器及记录仪相连，根据被分离物质的性质，预先估计好一个适宜的流速，定量地分部收集流出液，每组分 1mL 至数毫升。各组分可用适当的方法进行定性或定量分析。

凝胶柱层析一般都以单一缓冲溶液或盐溶液作为洗脱液，洗脱用的液体应与凝胶溶胀所用液体相同，否则，由于更换溶剂引起凝胶容积变化，从而影响分离效果。有时甚至可用蒸馏水。洗脱时用于流速控制的装置最好的是恒流泵。若无此装置，可用控制操作压的办法进行。

（五）重装

一般地说，一次装柱后，可反复使用，无特殊的“再生”处理，只需在每次层析后用3～4倍柱床体积的洗脱液过柱。由于使用过程中，颗粒可能逐步沉积压紧，流速逐渐会减低，使得一次分析用时过多，这时需要将凝胶倒出，重新填装；或用反冲方法，使凝胶松动冲起，再行沉降。有时流速改变是由于凝胶顶部有杂质集聚，则需将混有脏物的凝胶取出，必要时可将上部凝胶搅松后补充部分新胶，经沉集、平衡后即可使用。

（六）凝胶的再生和保存

凝胶层析的载体不会与被分离的物质发生任何作用，因此凝胶柱在层析分离后稍加平衡即可进行下一次的分析操作。但使用多次后，由于床体积变小，流动速率降低或杂质污染等原因，使分离效果受到影响。此时对凝胶柱需进行再生处理，其方法是：先用水反复进行逆向冲洗，再用缓冲溶液平衡，即可进行下一次分析。

凝胶用完后，可用以下方法保存。

(1) 膨胀状态　即在水相中保存。可按注意事项，加入防腐剂或加热灭菌后于低温保存。

(2) 半收缩状态　用完后用水洗净，然后再用60%～70%乙醇洗，则凝胶体积缩小，于低温保存。

(3) 干燥状态　用水洗净后，加入含乙醇的水洗，并逐渐加大含醇量，最后用95%乙醇洗，则凝胶脱水收缩，再用乙醚洗去乙醇，抽滤至干，于60～80℃干燥后保存。

这三种方法中，以干燥状态保存为最好。

对使用过的凝胶，若要短时间保存，只要反复洗涤除去蛋白质等杂质，加入适量的防腐剂即可；若要长期保存，则需将凝胶从柱中取出，进行洗涤、脱水和干燥等处理后，装瓶保存。

（七）凝胶过滤层析操作时的故障及处理

在凝胶过滤层析操作时常见的故障及处理归纳于表4-3。

表4-3　凝胶过滤层析操作时常见的故障及处理

异常现象	原　因	处理方法
恒压瓶不能恒压	①恒压瓶上口或下口橡胶塞未塞紧 ②橡胶塞插玻璃管处漏气	①塞紧恒压瓶上口或下口 ②堵住玻璃管处漏气
层析柱连接后，进水口无液体滴出	①层析柱进水口的水夹未打开 ②出水口的止水夹未打开	①打开层析柱进水口的水夹 ②打开出水口的止水夹
塑料管中有气泡	①止水夹不紧 ②塑料管中有气泡 ③层析柱下口螺丝未旋紧，因漏气而造成出水塑料管中有气泡 ④出水口塑料管被凝胶阻塞	①夹紧止水夹 ②排除塑料管中的气泡 ③旋紧层析柱下口 ④将层析柱中的凝胶倒出，冲洗尼龙网，排除塑料管中的凝胶，重新装柱

续表

异常现象	原因	处理方法
层析过程中流速逐渐减慢	①样品中或洗脱缓冲液中含有不溶颗粒将胶床表面阻塞 ②操作压过高，将凝胶胶床压紧 ③测定内水时硫酸铵浓度太大；凝胶脱水使胶床压紧 ④加样时未注意恒压，加样后胶床床面下降 ⑤长期使用，微生物生长 ⑥装柱时凝胶未完全溶胀，平衡时流速即逐渐减慢 ⑦凝胶颗粒过细，或由于用暴力搅动凝胶使凝胶颗粒打碎	①采用离心或过滤法除去不溶颗粒，用滴管移去柱床表面1～2cm的凝胶，补加新凝胶至同样高度 ②重新装柱，采用适当的操作压 ③将凝胶取出用缓冲液反复洗涤，溶胀重新装柱，适当降低硫酸铵浓度 ④加样时应根据操作压，将塑料管下水口抬高至相应的操作压 ⑤层析柱不用时，在平衡缓冲液中加入0.02%叠氮钠或0.002%洗必泰，并使其充满柱床体积，以抑制细菌生长，暂时不用的柱应定期用缓冲液过柱冲洗，也可以防止微生物生长 ⑥将凝胶取出，待其完全溶胀后重新装柱 ⑦取出层析柱中的凝胶，用漂浮法除去细的颗粒，重新装柱，搅拌凝胶应防止太用力
层析柱胶床中有气泡	①装柱前，凝胶未抽气或煮沸，在凝胶中混入空气 ②加样不当使空气进入凝胶胶床 ③从冰箱中取出凝胶或凝胶缓冲液立即装柱，或装柱后被太阳暴晒	①在凝胶柱上层的气泡可用细头长滴管或细塑料管将气泡取出或赶走，并重新平衡，稳定胶床后再使用，若气泡太多则应抽气或煮沸后自然冷却后装柱 ②小心加样，防止带进气泡 ③凝胶或缓冲液应放置到室温后才能装柱，避免太阳直射
层析柱胶床破裂	①大量空气进入层析柱 ②进水口流速慢，出水口流速快	①找出空气进入层析柱的原因，重新装柱 ②找出进、出水口流速不一致的原因，重新装柱
样品进入凝胶后条带扭曲	①样品或缓冲液中有颗粒或不溶物 ②凝胶表面不平，或胶床不均匀	①采用离心或过滤法除去不溶颗粒，用滴管移去柱床表面1～2cm的凝胶，补加新凝胶至同样高度 ②将凝胶柱置于垂直位置，轻轻搅动胶床表面1～2cm处的凝胶，使其自然沉降
凝胶层析分辨率不高	①凝胶层析柱装得不均匀 ②凝胶G型选择不当 ③加样量太大 ④柱床太短 ⑤样品浓度高，黏度大而形成拖尾 ⑥洗脱时流速太快 ⑦分部收集时每管体积过大	①将凝胶取出重新装柱 ②根据欲分离物质的分离情况，选择合适的凝胶G型与粒度 ③为提高分辨率，分析时加样量一般为柱长的1%～2%，最多不能超过5% ④将柱床高度适当加长 ⑤根据紫外测定的光吸收值将样品适当稀释 ⑥调节洗脱的流速 ⑦控制每管收集量，为便于紫外测定，每管收集量以2.8～3mL为宜

五、凝胶过滤层析的工业应用实例

(一) 脱盐

高分子（如蛋白质、核酸、多糖等）溶液中的低分子量杂质，可以用凝胶层析法除去，这一操作称为脱盐。脱盐操作简便、快速，蛋白质和酶类等在脱盐过程中不易变性。适用的凝胶为Sephadex G-10、Sephadex G-15、Sephadex G-25或Bio-Gel-p-2、Bio-Gel-p-4、Bio-Gel-p-6。柱长与直径之比为5～15，样品体积可达柱床体积的25%～30%。为了防止蛋白质脱盐后溶解度降低会形成沉淀吸附于柱上，一般用醋酸铵等挥发性盐类缓冲液使层析柱平衡，然后加入样品，再用同样缓冲液洗脱，收集的洗脱液用冷冻干燥法除去挥发性盐类。

（二）用于分离提纯

凝胶层析法已广泛用于酶、蛋白质、氨基酸、多糖、激素、生物碱等物质的分离提纯。凝胶对热原有较强的吸附力，可用来去除无离子水中的致热原制备注射用水。

（三）测定高分子物质的分子量

用一系列已知分子量的标准品放入同一凝胶柱内，在同一条件下层析，记录每一分钟成分的洗脱体积，并以洗脱体积对分子量的对数作图，在一定分子量范围内可得一直线，即分子量的标准曲线。测定未知物质的分子量时，可将此样品加在测定了标准曲线的凝胶柱内洗脱后，根据物质的洗脱体积，在标准曲线上查出它的分子量。

（四）高分子溶液的浓缩

通常将 Sephadex G-25 或 Sephadex G-50 干胶投入到稀的高分子溶液中，这时水分和低分子量的物质就会进入凝胶粒子内部的孔隙中，而高分子物质则排阻在凝胶颗粒之外，再经离心或过滤，将溶胀的凝胶分离出去，就得到了浓缩的高分子溶液。

凝胶过滤层析可用于测定高聚物的分子量和分子量分布，从而可用以研究高聚物的聚合、降解等过程。例如图 4-15 给出了天然橡胶分子量分布随塑炼时间的变化。塑炼 21min 以后，橡胶的平均分子量比塑炼 8min 时降低近一半，橡胶被碎裂能够通过滤孔，故曲线 B 的高分子量尾端出现小峰。随着塑炼时间进一步增加，平均分子量下降，分子量分布变窄，高分子的小峰消失。

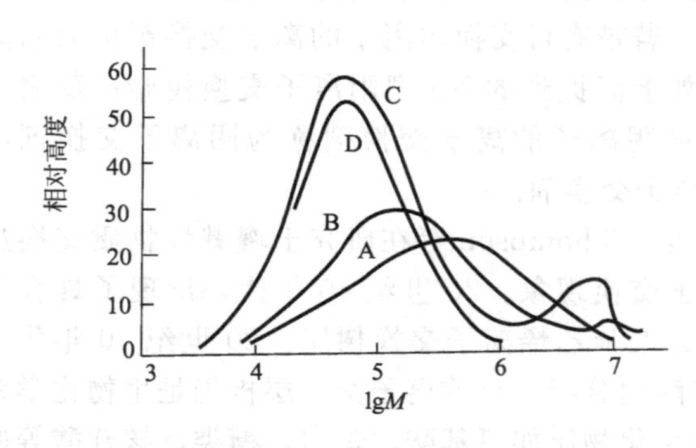

图 4-15　天然橡胶分子量分布随塑炼时间的变化

（塑炼时间：A—8min；B—21min；C—56min；D—76min）

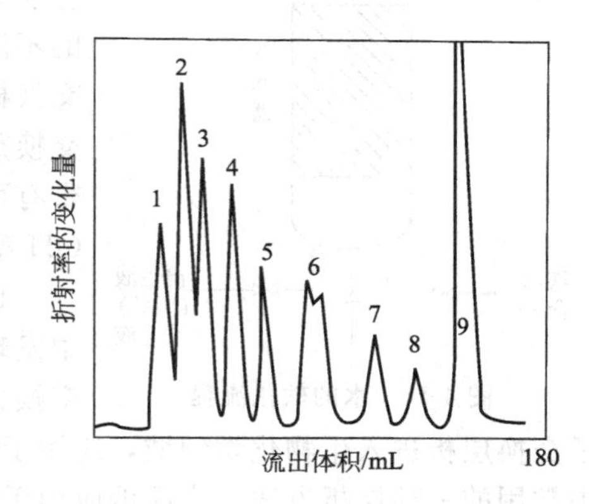

图 4-16　在 Bio-Beads SX-8 上分离测试混合物

（柱为 120cm×0.9cm，填充 Bio-Beads SX-8，溶剂为苯，样品 41mg，流量为 24.5mL/h）

1—三硬脂酸甘油酯；2—三辛酸甘油酯；3—十九烷基苯；4—十三烷基苯；5—壬基苯；6—正戊基苯＋异戊基苯；7—正丁基苯；8—甲苯；9—甲醇

凝胶过滤层析对于低分子量物质的分离也是有效的，如图 4-16 所示。横坐标为流出体积，纵坐标为折射率的变化量。所用凝胶为 Bio-Beads SX-8，是一种聚苯乙烯-聚乙烯苯共聚凝胶，渗透极限为 1000。

凝胶过滤层析还大量用于生化领域，如蛋白质、核酸、核苷酸、氨基酸的分离和制备，去热原蛋白和酶制剂的脱盐浓缩，抗生素的分离、纯化，肝炎病毒的分离等。

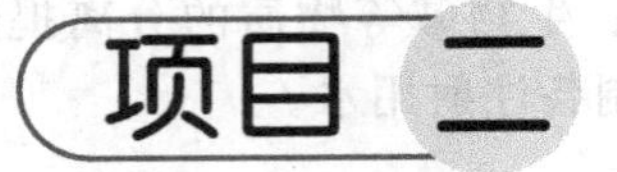

项目二 离子交换层析

一、认识离子交换层析

（一）离子交换层析

图 4-17 为水的软化流程。在软水器内装有 Na 型阳离子交换树脂，含 Ca^{2+} 的原水流经软水器进入 Na 型阳离子交换树脂层，因 Ca^{2+} 与树脂的亲和力比 Na^{+} 强，所以 Ca^{2+} 能被 Na 型阳离子交换树脂吸着，而能将 Na 型阳离子交换树脂上的 Na^{+} 置换出来，软水器下面流出来的即为去 Ca^{2+} 的软化水。这一过程即为离子交换层析过程。

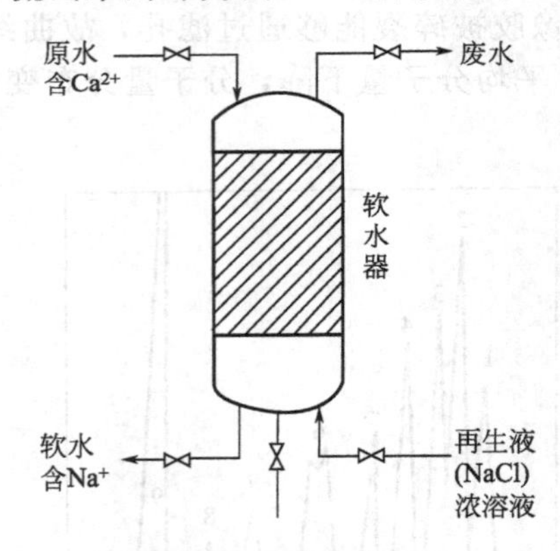

图 4-17 水的软化流程

离子交换层析分离是利用带有可交换离子（阴离子或阳离子）的不溶性固体与溶液中带有同种电荷的离子之间置换离子则使溶液得以分离的单元操作。含有可交换离子的不溶性固体称为离子交换层析介质或离子交换剂或离子交换树脂，若带有可交换阳离子的离子交换剂称为阳离子交换剂，如上面提到的 Na 型阳离子交换树脂；反之，若带有可交换阴离子的离子交换剂称为阴离子交换剂，如 OH 型阴离子交换剂。

1848 年，Thompson 等在研究土壤碱性物质交换过程中发现离子交换现象。20 世纪 40 年代，出现了具有稳定交换特性的聚苯乙烯离子交换树脂。20 世纪 50 年代，离子交换层析进入生物化学领域，应用于氨基酸的分析。目前离子交换层析仍是生物化学领域中常用的一种层析方法，广泛地应用于各种生化物质如氨基酸、蛋白、糖类、核苷酸等的分离纯化。

（二）离子交换层析的特点

离子交换过程得到如此广泛的应用，主要是由于离子交换法具有以下特点。

（1）选择性高 可以选择合适的离子交换树脂和操作条件，使对所处理的离子具有较高的选择性。因而可以从稀溶液中把它们提取出来，或根据所带电荷性质、化合价数、电离程度的不同，将离子混合物加以分离。

（2）适应性强 处理对象从痕量物质到工业制备，范围极其广泛，尤其适用于从大量样品浓集微量物质。

（3）多相操作，分离容易　由于离子交换是在固相和液相间操作，通过交换树脂后，固、液相已实现分离，故易于操作，便于维护交换层析中基质是由带有电荷的树脂或纤维素组成。带有正电荷的称之为阴离子交换树脂，而带有负电荷的称之为阳离子树脂。固定相是具有固定离子的树脂。若固定离子带负电荷，则该树脂称为阳离子交换树脂；若固定离子带正电荷，则该树脂称为阴离子交换树脂。由于电中性的要求，固定离子吸引等量电荷的反号离子。反号离子则因与固定离子亲和力大小的不同而分离。某些无机物也可作为离子交换剂。

（4）需再生　离子交换剂在使用后，其性能逐渐消失，需经酸、碱再生而恢复使用，同时也将被分离组分洗脱出来。

（5）离子交换反应是定量的　离子交换是溶液中被分离组分与离子交换剂中可交换离子进行离子置换反应的过程，且离子交换反应是定量进行的，即有 1mol 的离子被离子交换剂吸附，就必然有 1mol 的另一同性离子从离子交换剂中释放出来。

二、离子交换层析的技术理论与必备知识

（一）离子交换层析原理

在柱式交换中，将某一离子型树脂装入柱中，让含有另外一种或几种离子的溶液通过。为简便起见，假定树脂柱是钠型阳离子交换树脂，通过的溶液是盐酸。这一柱上过程可以看作是许许多多的连续的静态平衡过程。每通过一级平衡，Na^+ 和 H^+ 依它们所处置的溶液和树脂相条件，根据分配系数达成一种新的平衡。尽管每一级的分配系数是有限的，但多级平衡的结果却是对料液中离子的吸附绝对有利。可交换离子沿柱长每行进 1cm，都要遇到千百万个可交换位置，所以平衡级数非常之多，溶液中的 H^+ 终将把树脂中的 Na^+ 全部清除并取而代之。盐酸溶液和钠型树脂发生交换的情形如图 4-18 所示。在通过一定量盐酸溶液后，柱上端已为盐酸所饱和，而下端仍然是钠型。柱上端溶液中氢离子的浓度已同进入料液中氢离子的浓度 c_0 相等，而柱下端溶液中的氢离子浓度却极低（理论上虽不能认为等于零，但实际上可作零处理）。在中间区域，无论在树脂相中还是在溶液中，Na^+ 和 H^+ 都是并存的，但溶液中 H^+ 的浓度 c 沿柱的方向由 c_0 逐渐变化至零。可以把中间这个区域称作工作区，其上部是饱和区，下部是未用区。

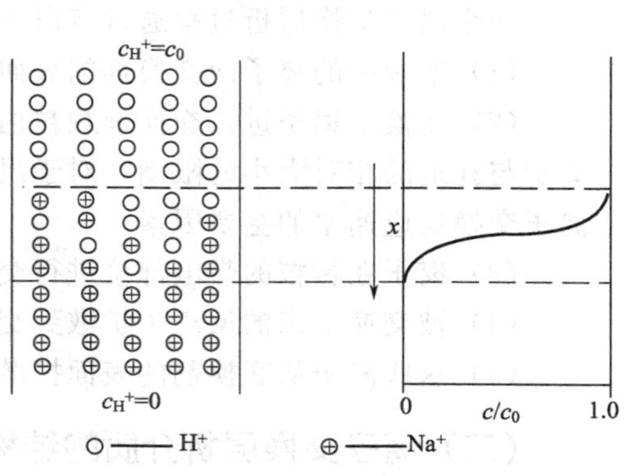

图 4-18　氢离子和钠离子在树脂上的交换

在树脂柱的流出液中，开始不含 H^+，因为它们在交换过程中被消耗掉了。但溶液中含有与被消耗掉的 H^+ 浓度相等的 Na^+。随着交换过程的进行，通过的溶液增多，柱上的工作区逐渐向下移动。终有一时刻会到达柱的下端。不断监测流出液中 H^+ 的浓度，会得到如图 4-19 所示的一条曲线。图中比值 c/c_0 开始从零上升的点，就是工作区已达到柱下端的信号，这一点叫作 H^+ 的穿透点。过了穿透点之后，c/c_0 值呈 S 形曲线上升，最后达到 1.0，表明柱上所有 Na^+ 已被 H^+ 置换完毕。由于穿透在离子交换操作中非常重要，所以这样的曲线常称作穿透曲线。一个交换柱有多大的交换能力，由它的容量决定，这个容量与柱上树

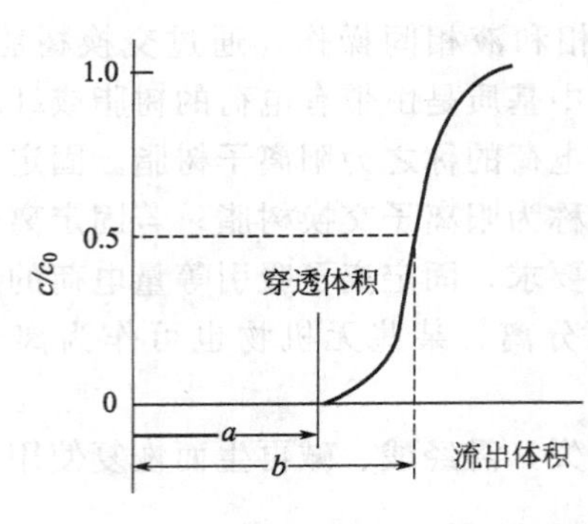

图 4-19 离子交换柱的穿透曲线

脂表现出的交换容量成正比。图 4-19 中流出体积 a 称穿透体积，它代表的容量称穿透容量。在穿透曲线为对称的情况下，体积 b 代表柱在该工作条件下的工作容量。但是穿透曲线通常并非是对称的，因而这个工作容量只是一个估计值。在上述例子的条件下，树脂为纯粹 Na 型，所用盐酸浓度又足够高，比如达到 1mol/L，则根据体积 b 计算出的容量可以认为是树脂的全交换容量。

体积 a 和 b 的差别，显然代表柱的利用率，亦即柱的容量对于一个交换过程能发挥的程度。柱的利用率 η 与 a、b 及柱中树脂层高 H 的关系为：

$$\eta=\frac{H-(b-a)}{H} \tag{4-6}$$

式中 η——柱的利用率；

H——树脂层高；

a——穿透体积；

b——柱在该工作条件下的工作容量。

可见，要提高柱的利用率就要减小（$b-a$），即压缩工作区的高度，增大穿透曲线的陡度。要做到这一点，最重要的是要降低流速。但降低流速会使生产能力下降，实际过程只能取优化值。此外，影响工作区高度的因素有溶液浓度、温度、树脂粒度等。高浓度、低温度意味着大的工作区高度。树脂粒度小一般会降低工作区高度，但如果粒度不均匀，大的树脂颗粒会产生不良影响。所以不仅粒度，还包括均一系数都起很大作用。当然如果装柱技术不佳，造成柱内有气泡和孔隙，则离子浓度分布不仅在纵向，而且在横向也会是不均匀的，穿透曲线因而变坏。

一个离子交换层析过程通常有以下五个步骤。

（1）溶液中的离子向交换剂的表面扩散，在均匀的溶液中此步骤进行的速率较快。

（2）溶液中离子进入交换剂颗粒内部，通过孔道向带电部位扩散，此扩散速率的大小受离子与孔道的相对大小的限制，对于尺寸较大的离子，扩散速率要慢一点，这一步骤是影响离子交换反应速率的主要因素。

（3）离子在颗粒的带电部位进行交换，此步骤可在瞬间完成。

（4）被交换下来的反离子扩散到交换剂颗粒的表面。

（5）这些离子从交换剂的表面扩散到溶液中。

（二）离子交换层析介质的结构

离子交换层析介质是一种离子交换功能的功能性材料。它主要由三部分组成：第一部分是交联的三维网状骨架，称为母体结构；第二部分是固定在骨架上的功能基团，是带电基团，表示出离子交换层析介质的基本性能；第三部分是与功能基团带相反电荷、可移动、能进行交换的活动离子。这种可移动的活动离子称为反离子或抗衡离子或平衡离子，与骨架上固定基团的电荷极性相反，二者之间以静电力相结合，同时反离子可与溶液中带同种电荷的离子进行离子交换反应，且这种交换反应是可逆的，在一定的条件下被交换的离子可以“解吸”，使离子交换层析介质又恢复到原来的离子形态，所以离子交换层析介质通过交换或再生可以反复使用。

（三）离子交换层析介质的分类

具有离子交换功能的材料可分为有机的和无机的两大类。无机离子交换剂是一些水合氧化物、多价金属的酸性盐、杂多酸盐、铝硅酸盐或亚铁氰化物。这些无机离子交换剂与有机的离子交换树脂相比，虽然具有耐高温、耐辐射、对碱金属有较好的选择性等优点，但它们的吸附容量小，一些物理和化学性能不够稳定，应用的方面是有限的。

离子交换树脂种类繁多，分类方法有以下几种。按树脂的物理结构分类，可分为凝胶型、大孔型和载体型；按合成树脂所用原料单体分类，可分为苯乙烯系、丙烯酸系、酚醛系、环氧系、乙烯吡啶系；按用途分类时，对树脂的纯度、粒度、密度等有不同要求，可以分为工业级、食品级、分析级、医药级、床层专用、混合床专用等几类。

最常用的分类法则是依据树脂功能基的类别分为以下几大类。

1. 强酸性阳离子交换树脂

此类树脂功能基为磺酸基（—SO_3H）的一类树脂。它的酸性相当于硫酸、盐酸等无机酸，在碱性、中性乃至酸性介质中都有离子交换功能。

以苯乙烯和二乙烯苯共聚体为基础的磺酸型树脂是最常用的强酸性阳离子交换树脂。在生产这类树脂时，使主要单体苯乙烯与交联剂二乙烯苯共聚合，得到的球状基体称为白球。白球用浓硫酸或发烟硫酸磺化，在苯环上引入一个磺酸基。磺化后的树脂为H型，为储存和运输方便，往往转化为Na型。

2. 弱酸性阳离子交换树脂

此类树脂以含羧酸基的为多，母体有芳香族和脂肪族两类。用二乙烯苯交联的聚甲基丙烯酸可以作为一个代表，聚合单体除甲基丙烯酸外，也常用丙烯酸。

含膦酸基（—PO_3H_2）的树脂，酸性稍强，有人把它从弱酸类分出来，称为中酸性树脂。膦酸基树脂的离解常数在10^{-3}～10^{-4}数量级，而羧酸基树脂的离解常数多在10^{-5}～10^{-7}数量级。膦酸基树脂往往是交联聚苯乙烯用三氯化磷在$AlCl_3$催化下与之反应，然后经碱解和硝酸氧化而得到。

3. 强碱性阴离子交换树脂

此类树脂的功能基为季铵基。其骨架多为交联聚苯乙烯。在傅氏催化剂，如$ZnCl_2$、$AlCl_3$、$SnCl_4$等存在下，使骨架上的苯环与氯甲醚进行氯甲基化反应，再与不同的胺类进行季铵化反应。季铵化试剂有两种。使用第一种（三甲胺）得到Ⅰ型强碱性阴离子交换树脂，Ⅰ型树脂碱性甚强，即对OH^-的亲和力很弱。当用NaOH使树脂再生时效率较低。为了略为降低其碱性，使用第二种季铵化试剂（二甲基乙醇胺），得到Ⅱ型强碱性阴离子交换树脂，Ⅱ型树脂的耐氧化性和热稳定性较Ⅰ型树脂略差。

4. 弱碱性阳离子交换树脂

此类树脂是一些含有伯胺（—NH_2）、仲胺（—NRH）或叔胺（—NR_2）功能基的树脂。基本骨架也是交联聚苯乙烯。经过氯甲基化后，用不同的胺化试剂处理。与六亚甲基四胺反应可得伯胺树脂，与伯胺反应可得仲胺树脂，与仲胺反应可得叔胺树脂。有的胺化试剂可导致多种氨基的生成。如用乙二胺胺化时，生成既含伯氨基，又含仲氨基的树脂。交联聚丙烯酸用多烯多胺$H_2N(C_2H_4N)_mH_2$作胺化剂时，也生成含两种胺的树脂。除与碳相连的氮原子外，其余氮原子均有交换能力，所以这种树脂的交换容量较高。

弱碱性树脂的品种较多。

5. 螯合性树脂

此类树脂功能基为胺羧基 [$-N(CH_2COOH)_2$]，能与金属离子生成六环螯合物。

6. 氧化还原性树脂

此类树脂功能基具氧化还原能力，如硫醇基（$-CH_2SH$）、对苯二酚基等。

7. 两性树脂

此类树脂同时具有阴离子交换基团和阳离子交换基团。比如同时含有强碱基团$-N(CH_3)_3^+$ 和弱酸基团—COOH，或同时含有弱碱基团$-NH_2$ 和弱酸基团—COOH 的树脂。

还有一些具有特殊功能或特殊用途的树脂，如热再生树脂、光活性树脂、生物活性树脂、闪烁树脂、磁性树脂等。

(四) 离子交换层析介质的选用

工业上进行离子交换层析操作，对离子交换层析介质的要求是：①交换容量高，以满足较大规模的生产的需求；②选择性好；③再生容易；④机械强度高，不易磨损破裂，能适合高流速的需要；⑤化学与热稳定性好，在很宽的 pH 范围内保持稳定，耐有机溶剂，耐高温；⑥具有亲水性，至少在颗粒的表面是亲水的；⑦价格低。

在进行离子交换层析操作分离产品时，对离子交换层析介质的选择时，具体来说还应注意以下问题。

1. 离子交换层析介质种类的选择

离子交换层析介质的种类很多，根据被分离产物所带电荷种类、分子大小、物理化学性质等因素选择适宜的离子交换层析介质，包括选择适宜的功能基团。首先是对离子交换剂电荷基团的选择，确定是选择阳离子交换剂还是选择阴离子交换剂。这要取决于被分离的物质在其稳定的 pH 值下所带的电荷，如果带正电，则选择阳离子交换剂；如带负电，则选择阴离子交换剂。例如待分离的蛋白等电点为 4，稳定的 pH 范围为 6～9，由于这时蛋白带负电，故应选择阴离子交换剂进行分离。强酸或强碱型离子交换剂适用的 pH 范围广，常用于分离一些小分子物质或在极端 pH 值下的分离。由于弱酸型或弱碱型离子交换剂不易使蛋白质失活，故一般分离蛋白质等大分子物质常用弱酸型或弱碱型离子交换剂。其次是对离子交换剂基质的选择。前面已经介绍了，聚苯乙烯离子交换剂等疏水性较强的离子交换剂一般常用于分离小分子物质，如无机离子、氨基酸、核苷酸等。而纤维素、葡聚糖、琼脂糖等离子交换剂亲水性较强，适合于分离蛋白质等大分子物质。一般纤维素离子交换剂价格较低，但分辨率和稳定性都较低，适于初步分离和大量制备。葡聚糖离子交换剂的分辨率和价格适中，但受外界影响较大，体积可能随离子强度和 pH 值变化有较大改变，影响分辨率。琼脂糖离子交换剂机械稳定性较好，分辨率也较高，但价格较贵。

2. 离子交换层析介质粒度的大小

离子交换层析介质的颗粒较细，交换速率快，交换过程达到平衡的时间也快；离子交换层析介质的颗粒较粗，交换速率慢，交换过程达到平衡的时间也慢；离子交换层析介质柱容易流穿。

3. 再生剂的消耗

强酸、强碱离子交换层析介质需要较多的再生剂，弱酸、弱碱离子交换层析介质仅用相当于理论量的酸或碱就可以完全地再生，再生剂的消耗量对弱型的阳离子交换层析介质的离子交换操作的影响较小。从经济的角度出发，再生剂的量不要过大，但同时再生剂过低也会影响离子交换层析介质的有效工作容量和处理液的纯度。所以应控制再生剂的消耗量。

（五）离子交换层析的制备

目前国内外离子交换层析介质或离子交换剂或离子交换树脂的商品化的品种及牌号达一百多个，年生产能力达 13 万吨。广泛应用于生物化工、医药和天然产物的有效成分的提取上。

1. 苯乙烯系列的制备

以聚苯乙烯类为母体结构的离子交换层析介质是目前产量最多、品种最多、用途最广的一种离子交换层析介质。

聚苯乙烯经过功能基团化后，可以衍生出多种不同类型的离子交换层析介质。如图 4-20 所示。

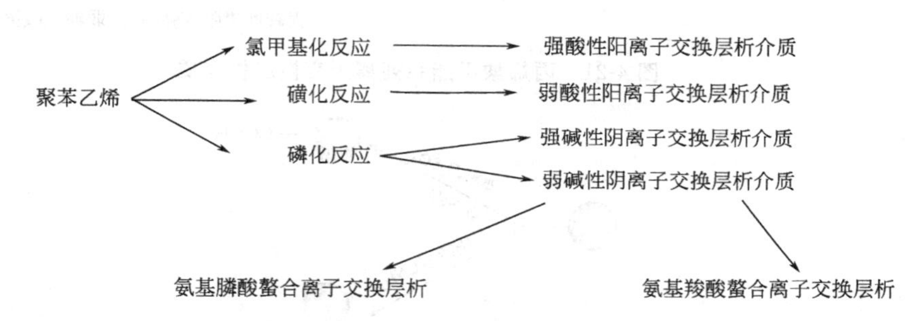

图 4-20　聚苯乙烯类离子交换层析介质

如聚苯乙烯以工业硫酸为磺化剂，在溶胀剂二氯乙烷存在下进行反应，磺化反应在分段升温下进行，在减压下蒸出溶胀剂，回收溶剂，磺化反应结束。然后采用不同浓度的废酸作为稀释剂滴加到磺化反应后的母液中，在不断稀释的过程中逐步进行水合，逐步膨胀，最后脱水烘干即可。

2. 丙烯酸系列的制备

丙烯酸类的离子交换层析介质具有交换容量高、抗有机污染强、易于再生等优点。通过多种功能化反应可衍生出弱酸性、弱碱性及强碱性等多种离子交换层析介质。图 4-21 所示为丙烯酸甲酯系列离子交换层析介质。

如丙烯酸甲酯与二乙烯基苯进行悬浮共聚反应，得到交联的共聚物，若在聚合过程中加入致孔剂，就可得到大孔的共聚物珠体，交联共聚珠体在碱性或酸性溶液中进行水解反应，可以得到含有羧基的弱酸性阳离子交换层析介质（树脂）。

3. 丙烯腈系列的制备

丙烯腈是一种具有化学活性的单体，其中含有的氰基可以进行化学修饰获得一系列性能各异的离子交换层析介质。这类离子交换层析介质具有较高的交换容量，对蛋白质有良好的分离能力，并有一定的抗污染能力，且易于再生。图 4-22 为丙烯腈系列离子交换层析介质的合成路线。

以丙烯腈作为单体，用新型交联剂 TAIC 进行共聚反应，若用甲苯作为致孔剂，可以得到孔径为 400～600nm 的大孔型的离子交换层析介质。

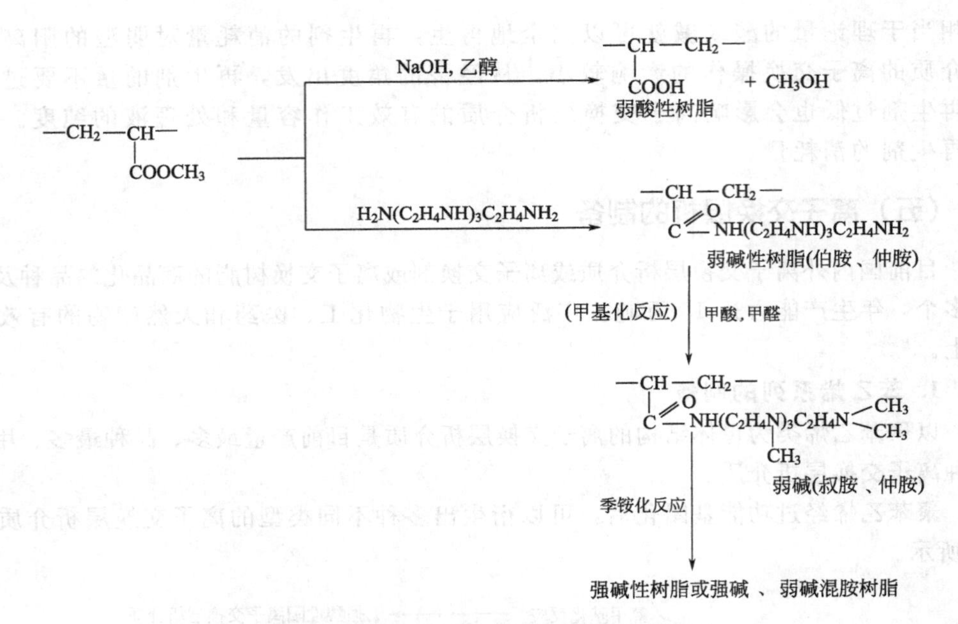

图 4-21 丙烯酸甲酯系列离子交换层析介质

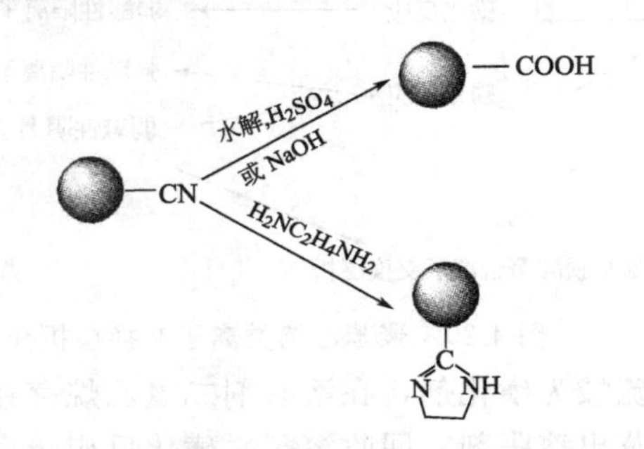

图 4-22 丙烯腈系列离子交换层析介质的合成路线

4. 多糖类系列的制备

以多糖为骨架的离子交换层析介质，是生物化工领域中经典的分离生物大分子的亲水性介质，由于它的高亲水性，与生物大分子良好的相容性及网状结构，使其成为应用广泛的分离材料。图 4-23 为多糖类离子交换层析介质的合成路线。

如多糖中加入氯乙酸，在碱性（碱液可以是碳酸钠溶液，也可以是氢氧化钠溶液）条件下，多糖中的羟基与氯乙酸反应，出料液经水洗至中性，所用的溶剂可以是有机溶剂，也可以是水，即可得到带有弱酸性功能基团的离子交换层析介质。

（六）离子交换层析介质的物理化学性能

1. 粒度

离子交换层析介质一般都做成球形的，粒度是指离子交换层析介质的颗粒的直径的大小。一般的直径都在 0.3～300μm 范围内。颗粒的大小直接关系到分离效果，颗粒越小，交换的容量变小，压力增大，流速下降，这类情况比较适用于分析型的分离；颗粒越大，离子交换剂的柱高对应的理论塔板数就越小，分离效果就越差，但交换的容量得以提高，压力减小，这类情况比较适用于实验室小规模分离及大规模工业化分离。同时颗粒的均匀程度对分

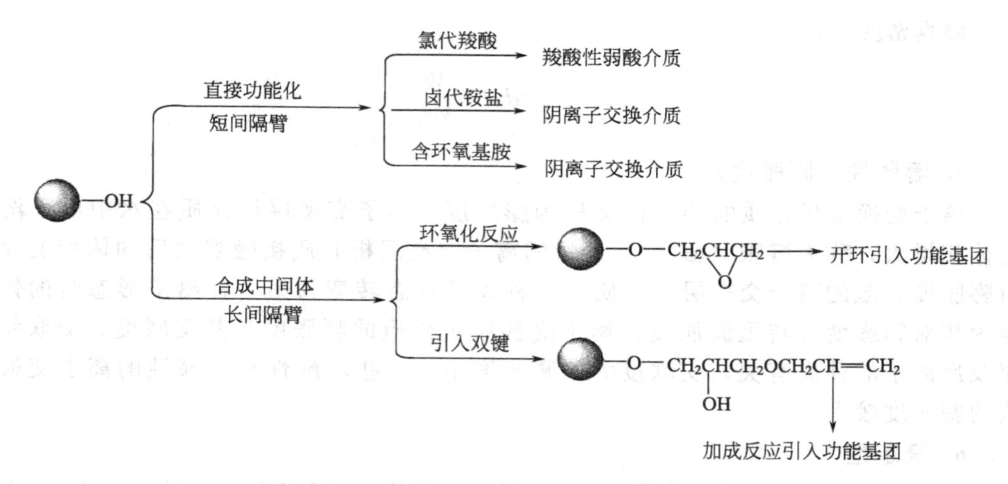

图 4-23 多糖类离子交换层析介质的合成路线

离效果的影响也很大，颗粒直径越均匀，分离效果越好。

2. 交联度和网孔结构

离子交换层析介质是通过交联剂将线型大分子交联形成网孔状颗粒。不同的离子交换层析介质使用不同的交联剂，如聚苯乙烯离子交换层析介质使用二乙烯苯作为交联剂，琼脂糖类使用二溴丙醇作为交联剂。交联度的大小影响着离子交换层析介质的很多特性，交联度大，离子交换层析介质的结构紧密，溶胀度就小，选择性就高，稳定性也好；交联度越高，网孔的孔径越小；交联度越低，网孔的孔径越大。而网孔结构的孔径的大小直接影响着被分离的分子能否进入颗粒的内部，与颗粒内部的功能基团结合，若分子的直径大于介质的孔径，只能排阻在外与颗粒表面的功能基团结合，此时其交换容量会受到很大的影响。

3. 含水量

含水量是离子交换层析介质的固有性质，通常所说的含水量，是指将离子交换层析介质放入水中，使其吸收水分达到平衡，然后用离心法在规定的转速和时间内除去外部水分，得到的离子交换层析介质。再将此离子交换层析介质烘干即干燥，达到平衡状态，得到了含有平衡水分的离子交换层析介质。比较烘干前后离子交换层析介质的质量，蒸发掉的水分量占烘干前离子交换层析介质的质量的百分数即为通常所说的含水量。离子交换层析介质是由亲水高分子构成的，含水量决定亲水基团的多少及离子交换层析介质孔隙的大小。它与离子交换层析介质的类别、结构、酸碱度、交联度、交换容量、离子形态等有关。所以含水量的变化也反映着离子交换层析介质内在质量的变化。

4. 密度

离子交换层析介质的密度有两种表示方式：湿视密度和湿真密度。

将质量为 W 的除去外部水分的离子交换层析介质加到水中，观察其排开水分的量，得到的体积为离子交换层析介质的真体积 $V_{真}$。将质量为 W 的除去外部水分的离子交换层析介质装入量筒，敲击振动使体积达到极小，得到了离子交换层析介质的空间体积，即为 $V_{视}$。以这两种方法得到的介质密度，则分别称为湿真密度和湿视密度。

湿视密度为：

$$d_{视}=\frac{W}{V_{视}} \tag{4-7}$$

湿真密度为：

$$d_{真}=\frac{W}{V_{真}} \tag{4-8}$$

5. 溶胀性（膨胀度）

离子交换层析介质的溶胀性又称为膨胀度。离子交换层析介质在水中由于溶剂化作用体积增大，称为溶胀（膨胀）。干燥的离子交换层析介质接触溶剂后的体积变化称为绝对膨胀度。湿的离子交换层析介质从一种离子形态转变为另一种离子形态时的体积变化称为相对膨胀度或转型膨胀度。离子交换层析介质的膨胀度与其交联度、交联结构、基团及反离子的种类有关，交联度大，膨胀度小。一些弱酸性和弱碱性的离子交换层析介质的膨胀度较大。

6. 稳定性

一般是指离子交换层析介质的热稳定性、化学稳定性和机械稳定性。机械稳定性是指离子交换层析介质在各种机械力的作用下抵抗破碎的能力。离子交换层析介质在使用中要经历交换再生周期操作，反复膨胀收缩，同时还要与器壁间不断摩擦碰撞，会使离子交换层析介质粉碎，影响操作和使用，所以说离子交换层析介质的机械强度是实际使用中很重要的一个因素。离子交换层析介质的热稳定性是指离子交换操作过程中受热而使离子交换层析介质分解，使操作无法进行，一般要求离子交换层析介质具有一定的热稳定性，避免受热分解，要求耐温达 120℃。而化学稳定性是指离子交换层析介质抗氧化剂和各种溶剂、试剂的能力。

7. 酸碱性

离子交换层析介质是聚电解质，其官能团释放出 H^+ 或 OH^- 能力的不同表示它们的酸碱性的不同。离子交换层析介质可视为固态的酸或碱，用酸碱滴定的方法可以测出其酸碱性。

8. 交换容量

交换容量是指离子交换层析介质能够结合溶液中可交换离子的能力。通常分为总交换容量和有效交换容量。总交换容量又称总离子容量或理论交换容量，是指单位质量（或体积）的离子交换层析介质中可以交换的化学基团的总数。实际操作时，溶液中的某种离子与离子交换层析介质中的离子进行交换的量称为有效交换容量（或工作交换容量），小于总交换容量。有效交换容量与离子交换层析介质的结构、溶液的组成、温度、流速及再生条件等操作因素有关。

9. 始漏量

需要分离的溶液流入离子交换层析的层析柱内，交换作用就不断地进行，但是当交换作用不能进行时，也就是流出液中出现未被交换的离子，这一工作点称为“始漏点”或“流穿点”。到达始漏点时的交换柱的交换容量称为始漏量。达到始漏点，离子交换层析操作中的离子交换层析介质并未被全部交换，所以其始漏量总是小于总交换容量。而对一定的离子交换操作而言，总交换量是一定的，而始漏量却与很多因素有关，离子交换操作过程式实际上只能进行到始漏点为止。因此始漏量在操作过程中比总交换容量更为重要。

10. 选择性

选择性是离子交换层析介质对不同反离子亲和力强弱的反映。亲和力强的离子选择性高，在离子交换层析介质上的相对含量高，可取代离子交换层析介质上的亲和力弱的离子。离子交换层析介质的选择性与其本身的性质、反离子的特性、温度及溶液浓度等操作条件有关。一般在室温的低浓度溶液中高价离子的选择性好；对一等价离子，选择性随原子序数的增加而增加；能与离子交换层析介质中固定离子团形成键合作用的反离子具有较高的选择性。

三、离子交换层析设备

离子交换过程为液、固相间的传质过程，其交换过程中所用的设备有搅拌槽、流化床、固定床和移动床等。

（一）搅拌槽

搅拌槽是带有多孔支承板的筒形结构，离子交换层析介质置于支承板上。操作时，将液体通入槽中，通气搅拌，使溶液与离子交换层析介质均匀混合，进行交换反应，待过程接近平衡时，停止搅拌，将溶液排出。见图 4-24。这种设备结构简单，操作方便，适用于小规模分离要求不高的场合。

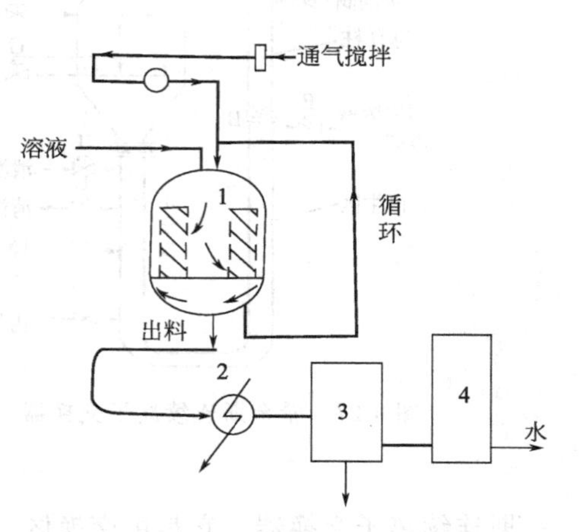

图 4-24　离子交换搅拌槽

1—搅拌槽；2—冷却器；3—分离器；4—废水处理装置

（二）固定床

固定床是目前应用最广的一类离子交换设备。如图 4-25 所示的活塞式固定床具有上、下两个支撑板。交换时，原液自下而上流动，依靠较大流速将离子交换层析介质层推到上方；再生时，再生剂自上而下流动，离子交换层析介质支撑在下部支撑板上。图 4-26 所示的部分流化的活塞式固定床的顶部是固定床，而下部是处于流化状态的离子交换层析介质。这类设备的主要缺点是离子交换层析介质的利用率低。使再生剂和洗涤液的用量大。

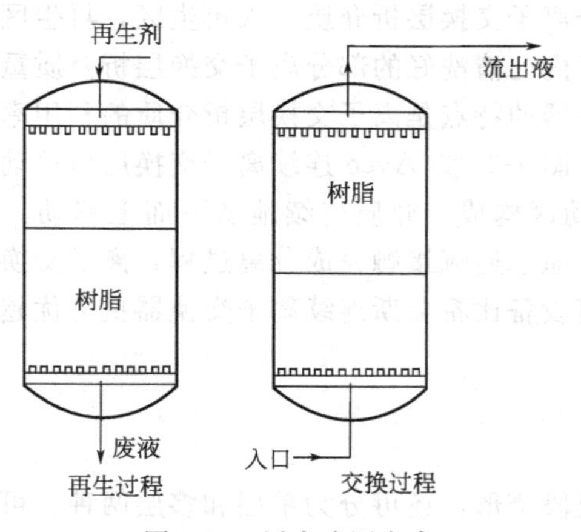

图 4-25　活塞式固定床

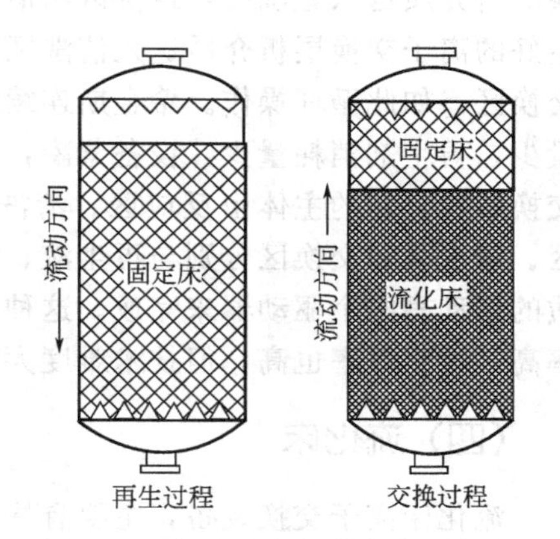

图 4-26　部分流化的活塞式固定床

（三）移动床

移动床的具体形式较多，图 4-27 和图 4-28 为两种不同形式的移动床。图 4-27 称为希金

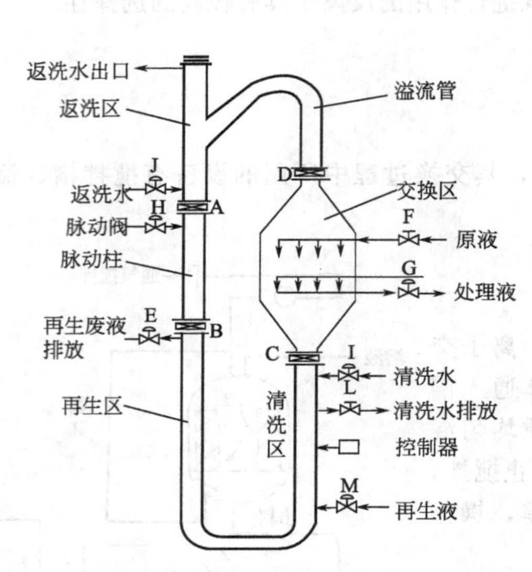

图 4-27 希金斯连续离子交换器

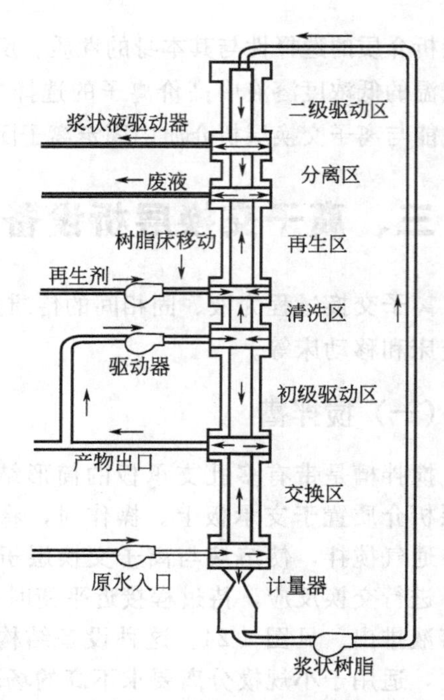

图 4-28 Avco 连续离子交换层析移动床离子交换装置

斯连续离子交换器。它是由交换区、返洗区、脉动柱、再生区、清洗区组成的循环系统，这些区域彼此间以自动控制阀 A、B、C、D 分开。操作过程分两个阶段进行，即液体流动阶段和离子交换层析介质移动阶段。在液体流动阶段，各控制阀关闭，离子交换层析介质处于固定床状态，分别通入原水、返洗水、再生液和清洗水，同时进行交换、离子交换层析介质的清洗和再生、再生后的离子交换层析介质的清洗等过程；然后转入到离子交换层析介质移动阶段，此时停止溶液进入，打开阀门 A、B、C、D，依靠在脉动柱中脉动阀通入液体的作用使离子交换层析介质按逆时针方向沿系统移动一段，即将交换区中已饱和的一部分离子交换层析介质送入返洗区，返洗区已清洗的部分离子交换层析介质送入再生区，再生区内已再生好的离子交换层析介质送入清洗区，清洗区内已清洗好的部分离子交换层析介质重新送入交换区，如此循环操作。希金斯连续离子交换器的特点是离子交换层析介质的利用率高，用量少，再生剂消耗量少，设备紧凑，占地少。图 4-28 为 Avco 连续离子交换层析移动床离子交换装置，它的主体由反应区、清洗区和驱动区构成。介质连续地从下而上移动，在再生区、清洗区和交换区分别与再生液、清洗液和原水逆流接触完成分离过程，离子交换层析介质的移动靠两个驱动器来完成。这种离子分离设备比希金斯连续离子交换器更为优越，利用率高，再生效率也高，但技术难度大。

（四）流化床

流化床离子交换设备，主要有柱形和多级段槽形，还可分为单层和多层两种。可以间歇操作，也可以连续操作。

图 4-29 为 Fluicon 连续逆流式多级流化床，用于水的软化处理。该流化床包括一系列的多孔配水盘，并带有导流管用于离子交换剂的逆流，该设备相对较小，处理量通常在 10～100m^3/h。

图 4-30 为 Himsley 连续逆流多级流化床，是改进的多层流化床。由离子交换层析介质和一液体进口管组成垂直床层，对处理含有悬浮固体微粒的溶液很有潜力。可处理大约含 5000mg/h 悬浮固体微粒的溶液。

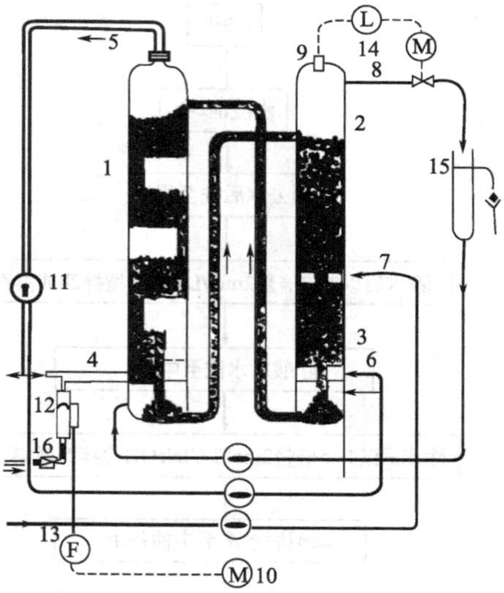

图 4-29　Fluicon 连续逆流式多级流化床操作工艺

1—负载柱；2—再生柱；3—洗涤柱；4—原水；5—软化水；6—洗涤水；7—再生水；8—盐水；9—料面计；10—计量泵；11—循环泵；12—流量计；13，14—调节器；15—收集器；16—减压器

四、离子交换层析操作

（一）树脂的处理

筛分至一定粒度范围的新的干树脂在使用前须用水浸泡使之充分溶胀，为除去杂质，还需经酸碱处理，一般流程如图 4-31 所示。图 4-31 中酸、碱用量倍数是与树脂总交换容量比较而言，这样处理得到的是 Na 型树脂，如欲得 H 型树脂，再用 4～5 倍量（按树脂体积计）的酸处理一次。分析用树脂床要求较高，除水需用去离子水外，酸碱用量也要大些。如果采用淋洗法，淋洗速率应不大于 1mL/(cm^2 • min)。

（二）装柱

较大型的离子交换床或交换柱比较容易装匀。小型柱的手工装填必须十分注意。装柱时要防止“节”和气泡的产生。“节”是指柱内产生明显的分界线，这是由于装柱不匀造成树脂时松时紧；气泡的发生往往是在装柱时没有一定量的液体覆盖而混入气体造成的。要做到

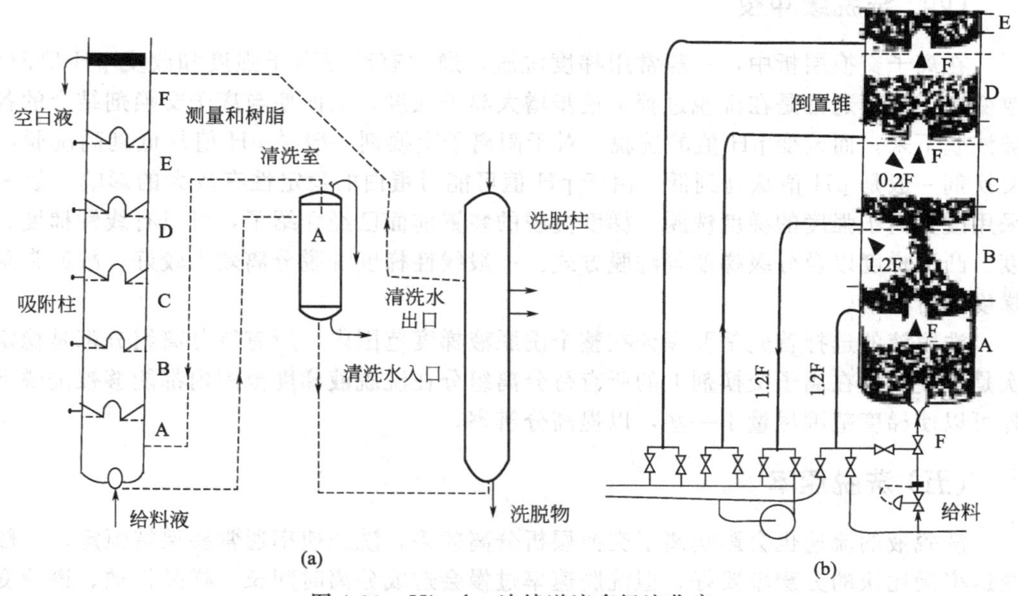

图 4-30　Himsley 连续逆流多级流化床

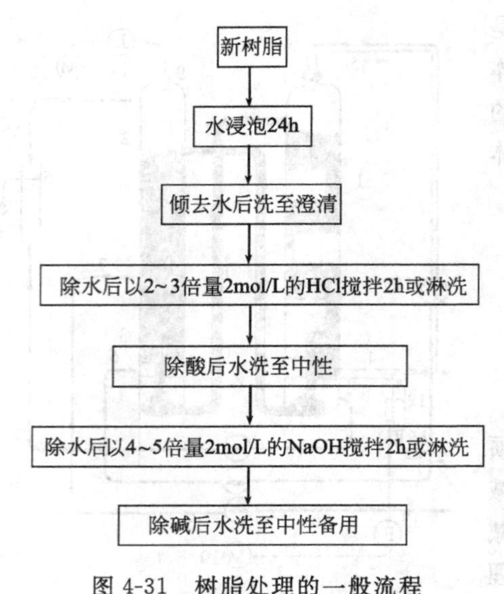

图 4-31 树脂处理的一般流程

均匀装柱，柱内要有一定高度的水面，树脂要与水混合倾入，借助水的浮力使树脂自然沉积，操作尽可能均匀连续。

离子交换层析要根据分离物质量选择合适的层析柱，离子交换用的层析柱一般粗而短，不宜过长。直径和柱长比一般在 1∶(10～50)，层析柱安装要垂直。

(三) 通液

溶液准备好（包括温度控制）之后，便可进行通液（交换）操作。通液的目的可以是吸附、洗涤、洗脱、再生等。无论哪种操作，速率控制都是十分重要的。流速可以通过计量泵、阀、闸、流量计、液位差等手段调节。小型实验中的简单装置，可通过收集量和滴数等方法控制。

实验室常用线流速表示速率，单位为 mL/(cm^2 · min)，即每分钟单位柱截面上通过的溶液的毫升数。工业上则常用空间流速（SV）表示：

$$SV=V_{流}/V_{交} \tag{4-9}$$

式中 $V_{流}$——单位时间流出液的体积，mL；

$V_{交}$——交换树脂的体积，mL；

SV——空间流速，min^{-1}。

流速的选择应服从交换或洗脱的质量要求，一般应寻求在质量保证下的最大流速。正确的流速需要经试验确定。在实验室条件下，流速往往控制在 1～2mL/(cm^2 · min)。在分离过程中，往往要分步收集流出液以获得纯物质。

(四) 洗脱缓冲液

在离子交换层析中，一般常用梯度洗脱，通常有改变离子强度和改变 pH 值两种方式。改变离子强度通常是在洗脱过程中逐步增大离子强度，从而使与离子交换剂结合的各个组分被洗脱下来；而改变 pH 值的洗脱，对于阳离子交换剂一般是 pH 值从低到高洗脱，阴离子交换剂一般是 pH 值从高到低。由于 pH 值可能对蛋白的稳定性有较大的影响，故一般通常采用改变离子强度的梯度洗脱。梯度洗脱的装置前面已经介绍了，可以有线性梯度、凹形梯度、凸形梯度以及分级梯度等洗脱方式。一般线性梯度洗脱分离效果较好，故通常采用线性梯度进行洗脱。

洗脱液的选择首先是要保证在整个洗脱液梯度范围内，所有待分离组分都是稳定的。其次是要使结合在离子交换剂上的所有待分离组分在洗脱液梯度范围内都能够被洗脱下来。另外可以使梯度范围尽量小一些，以提高分辨率。

(五) 洗脱速率

洗脱液的流速也会影响离子交换层析分离效果，洗脱速率通常要保持恒定。一般来说洗脱速率慢比快的分辨率要好，但洗脱速率过慢会造成分离时间长、样品扩散、谱峰变宽、分辨率降低等副作用，所以要根据实际情况选择合适的洗脱速率。如果洗脱峰相对集中某个区域造成重叠，则应适当缩小梯度范围或降低洗脱速率来提高分辨率；如果分辨率较好，但洗脱峰过宽，则可适当提高洗脱速率。

（六）再生和保存

树脂经过使用后欲使其恢复原状的操作就是再生。树脂再生可采用动态法，也可用静态法。静态法是将树脂倾入容器内再生，动态法是在柱上通过淋洗再生。动态法简便实用，效率也高。

要依据树脂失效原因选择再生剂，在通常情况下仍是酸和碱，有时是中性盐。再生时流速比通液交换时要低。柱内如存在气泡和孔隙，再生时应予除去，通常是在通过再生剂前用水反洗，水流逆向通过交换柱，使树脂松动，排除气泡。

再生处理的程度依要求而定，有时不一定都经过酸、碱处理，只需转型即可。如果仅是恢复容量，为避免浪费再生剂，只达到一定再生程度即可。但在分析或容量测定中，再生须进行彻底。

再生剂的选择依树脂类型、离子类型及再生目的而定，具体内容可参见其它资料。

树脂使用过程中有时会发生中毒现象，其原因是被某些物质污染，致使交换容量下降，用一般洗涤方法不能使其复原。树脂中毒后，需在一定阶段予以处理，以恢复交换能力。中毒树脂的再生处理有时称为复活。

单宁酸、腐殖酸等物质的大分子量阴离子，在被强碱性树脂吸附后很难再洗出来。它们使树脂颜色变深，能力下降，产品品质变坏。用0.5%的次氯酸钠溶液（浓度勿过高，否则会损伤树脂）或1%双氧水溶液处理，可使树脂在很大程度上复原。在用双氧水处理时，宜用静态法，因为有气泡产生。

对阳离子交换树脂，高电荷离子表现很强的吸附能力，难以洗脱，Fe^{3+}就是这样的离子。用浓 HCl 处理Fe^{3+}中毒的树脂发生如下反应：

$$(R—SO_3)_3Fe+4HCl \longrightarrow 3R—SO_3H+H[FeCl_4]$$

在处理时，HCl 浓度以 9～10mol/L 为宜，不加热，处理时间也不能过长。树脂在浓盐酸和水中溶胀情况有很大差别，解毒之后如骤然用水洗涤树脂颗粒会因突然膨胀而破碎，所以通常以相继使用 6mol/L 和 3mol/L 的 HCl 洗涤作中间过渡，最后再用水洗。

树脂上微粒沉积使其中毒。含铁的沉积物可以用还原剂（$NaHSO_3$ 等）或盐酸破坏。胶体硅常损害强碱性树脂，可用温热的 NaOH 处理，但浓度、温度、时间都应适当控制。其它沉积物可用针对性的试剂使其转化成可溶性配合离子而除去。

离子交换剂保存时应首先进行清洗，一般先用 2 个床体积的清水清洗，然后再用 2 个床体积的 20%的乙醇过柱。对于 SP 强酸性阳离子介质，要用含有 0.2mol/L 醋酸钠的 20%的乙醇溶液清洗，再用脱气的乙醇-水溶液以较慢的速率清洗。经过处理后，可在室温下储存，或在4～8℃下长期存放。储存过程中必须将层析柱全部封闭，以防止水分挥发，干柱。不用的介质必须储存在 20%的乙醇中，所有的离子交换层析介质，都要在 4～30℃储存，防止冷冻。

（七）离子交换层析操作时的故障及处理

离子交换层析操作中，有些故障在前面的凝胶层析过滤中已加以分析，不再重述。在离子交换层析操作时常见的故障及处理归纳见表 4-4。

五、离子交换层析的工业应用实例

离子交换层析在实践中的作业方式可分为静态交换和动态交换两类。

表 4-4 离子交换层析操作时常见的故障及处理

异常现象	原因	处理方法
层析过程中流速逐渐减慢	①层析柱出口小 ②气泡阻挡了洗柱缓冲液的流动 ③树脂顶部出现沉淀物 ④树脂的支撑物发生粘连 ⑤树脂被压太紧 ⑥层析柱太细 ⑦树脂滋生微生物 ⑧样品中或洗脱缓冲液中含有不溶颗粒将胶床表面阻塞	①层析柱出口关小,再打开 ②增加柱压,除去气泡 ③刮掉顶部 1～2cm 的树脂,换上新的树脂或层析时使用去垢剂 ④支撑物应取出并清洗 ⑤重新装柱,采用适当的操作压 ⑥调整层析柱长 ⑦层析柱不用时,在平衡缓冲液中加入 0.02%叠氮钠或 0.002%洗必泰,并使其充满柱床体积,以抑制细菌生长,暂时不用的柱应定期用缓冲液过柱冲洗,也可以防止微生物生长 ⑧采用离心或过滤法除去不溶颗粒,用滴管移去柱床表面 1～2cm 的凝胶,补加新凝胶至同样高度
层析柱床中有气泡	①装柱前,未抽气或煮沸,在离子交换层析介质中混入空气 ②加样不当使空气进入床层 ③装柱后被太阳暴晒	①用细头长滴管或细塑料管将气泡取出或赶走 ②小心加样,防止带进气泡 ③避免太阳直射
工作容量下降	①有效的功能基团减少 ②较大的分子被卡在孔道内,堵塞孔道 ③大分子的多点带电与介质之间进行多点结合而难以洗脱 ④工作液中的黏性物质覆盖了功能基团 ⑤纱网堵塞	①更换离子交换层析介质 ②用乙醇或丙酮浸泡离子交换层析介质 ③用离子较大的缓冲溶液过柱 ④通适量的水清洗,除去黏性物质 ⑤清洗纱网
分辨率不高	①离子交换层析柱装填不均匀 ②离子交换型号选择不当 ③加样量太大 ④柱床太短 ⑤样品浓度高,黏度大而形成拖尾 ⑥洗脱时流速太快 ⑦分步收集时每管体积过大	①将离子交换层析柱取出重新装柱 ②根据欲分离物质分离的情况,选择合适的离子交换型号与粒度 ③为提高分辨率,分析时加样量一般为柱长的 1%～2%,最多不能超过 5% ④将柱床高度适当加长 ⑤根据紫外测定的光吸收值将样品适当稀释 ⑥调节洗脱的流速 ⑦控制每管收集量,为便于紫外测定,每管收集量以 2.8～3mL 为宜
纯化的蛋白质产率低	①树脂上的蛋白质未洗净 ②pH 值不合适 ③蛋白质在初步过滤时有损失 ④辅助因子在层析时有损失 ⑤蛋白质水解酶破坏了目的蛋白 ⑥树脂中有微生物	①增强溶液离子强度,更换活性高的相反电荷离子或使用除垢剂 ②调整缓冲体系的 pH 值 ③减少其损失 ④减少其损失 ⑤避免微生物的生长 ⑥避免微生物的生长
蛋白质分辨效果差	①层析时流速太快 ②层析柱过短 ③柱蛋白过多 ④梯度洗脱时洗脱液浓度变化太快 ⑤蛋白质可在脱离层析柱后再次混合 ⑥不均匀的装柱以致产生碎屑 ⑦树脂未进行适当平衡 ⑧树脂中有微生物	①调整层析时的流速 ②加长层析柱 ③减少柱蛋白量 ④控制梯度洗脱时洗脱液浓度 ⑤避免蛋白质在脱离层析柱后再次混合 ⑥重新装柱 ⑦适当平衡树脂 ⑧避免微生物的生长

静态交换是一种间歇式交换。将溶液和离子交换剂共同放入同一容器，利用振荡、搅拌、鼓气等方式令它们充分接触。在接近或达到平衡后，用倾析、过滤或离心等方法使固、液两相分离，然后分别处理。这种方式在测定分配系数等实验研究中能够用到。但实用意义不大，因为效率低，操作繁琐，时间消耗多。

动态交换是指溶液与树脂层发生相对移动，包括固定床柱式交换和活动床的连续交换。活动床连续交换的特点是交换、再生、清洗等操作在交换装置的不同部位同时进行，床层不断按一定方式移动。这种方式效率高、连续化，但装置和操作要求复杂，树脂磨损也较大。

实践中使用最多的是固定床柱式操作。它的效率比较高，操作简便，实用价值很大。主要应用在以下几个方面。

（一）水处理

大量的离子交换树脂被用于水的净化处理，据统计，80%～90%的离子交换树脂用于此目的。目前，虽也有其它的水处理的方法，但离子交换法仍是一种简便有效的方法。

水的净化处理在工业生产、科学研究中是经常遇到的问题。最普通的是锅炉用水的软化。天然水中含有悬浮杂质（如泥沙等）、细菌，还有一些无机盐类。所谓水的硬度，主要是指水中含有的钙盐和镁盐。天然水中不仅含有 Ca^{2+}、Mg^{2+}、Na^{+}、K^{+} 等阳离子，也含有 HCO_3^-、SO_4^{2-}、Cl^- 等阴离子，而由它们形成的 $CaSO_4$、$CaCO_3$ 等将形成锅垢，给锅炉的运行带来严重影响，因而这些离子必须从水中事先除去。此外，随着科学技术的发展，对水质的要求不断提高。例如高压锅炉、原子反应堆的锅炉都要求高纯度的水，纺织工业、电子工业也要求高纯水。

典型的离子交换脱盐流程如图 4-32 所示。这是由三个柱串联的复合式流程。

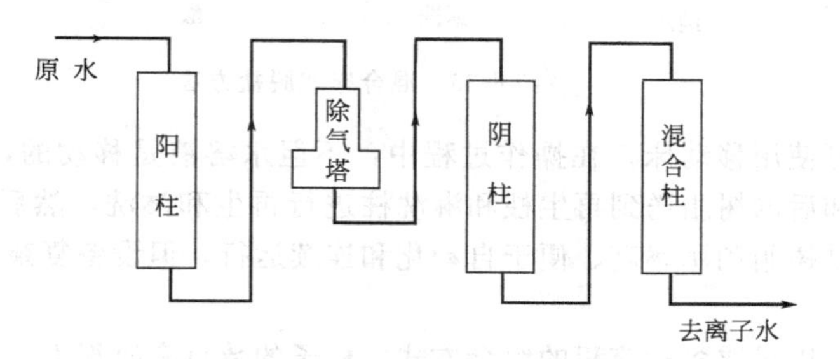

图 4-32　复合床式离子交换脱盐流程

原水首先通过阳柱，强酸性离子交换树脂事先已转变成 H^+ 型。由于 Na^+、K^+、Ca^{2+}、Mg^{2+} 等对树脂的亲和力大于 H^+，因此原水中的阳离子被吸附在树脂中，H^+ 则进入水中：

$$RH + Na^+ \rightleftharpoons RNa + H^+$$

$$2RH + Ca^{2+} \rightleftharpoons R_2Ca + 2H^+$$

……

故从阳柱中流出的水呈微酸性，其中的 H^+ 将与 HCO_3^- 或 CO_3^{2-} 发生反应：

$$2H^+ + CO_3^{2-} \rightleftharpoons H_2CO_3 \rightleftharpoons H_2O + CO_2\uparrow$$

$$H^+ + HCO_3^- \rightleftharpoons H_2CO_3 \rightleftharpoons H_2O + CO_2\uparrow$$

生成的 CO_2 可在除气塔中除去，即在装有填料的塔中，使水在填料上形成水膜，吹入空气，水中的 CO_2 被带入气相。这样可除去大部分的 CO_3^{2-} 和 HCO_3^-，从而减少阴柱的负担。

除气后的水再进入阴柱，由于 Cl^-、SO_4^{2-}、HPO_4^{2-}、HCO_3^- 等对阴离子树脂的亲和力

大于 OH^-，这些离子被吸附到树脂上：

$$ROH+Cl^- \rightleftharpoons RCl+OH^-$$

$$2ROH+SO_4^{2-} \rightleftharpoons R_2SO_4+2OH^-$$

……

交换下的 OH^- 和水中存在的 H^+ 结合形成 H_2O。一般情况下从阴柱中出来的水呈中性或微弱碱性，绝大部分阴、阳离子均已除去。

若要进一步提高水的净化效果及中和水的酸、碱度，可使水再进入一个装有阴、阳两种树脂的混合柱，这样出来的水的电导率一般可达 $10^{-7}\Omega^{-1}\cdot cm^{-1}$ 左右，pH 值接近 7。

树脂吸附饱和后，要分别用 HCl 或 NaOH 对阳、阴柱进行再生处理。

显然，如果原水不是先通过阳柱，而是先通过阴柱，则交换出来的 OH^- 有可能使得 Ca^{2+}、Mg^{2+} 等离子沉淀，从而影响离子交换操作的正常进行。

除上述复合床式外，尚有一种混合床式的脱盐方法。如图 4-33 所示。混合床操作的关键是再生。再生时先返冲以使阴、阳离子交换树脂分层，阴离子树脂密度小，故在上层。分层后分别用酸、碱对阳、阴极树脂进行再生，然后再用空气反吹使树脂混合。

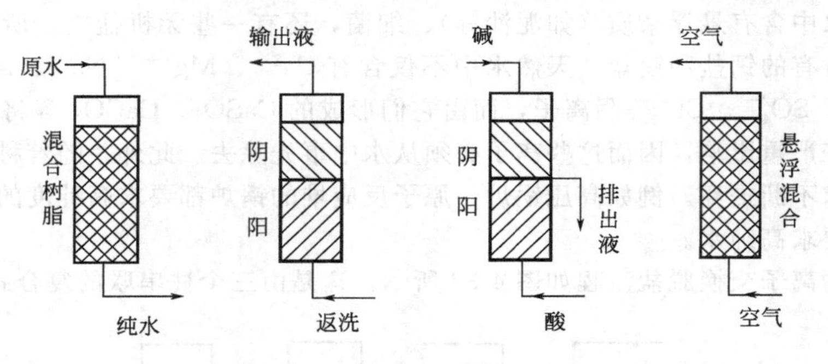

图 4-33 混合床式脱盐方法

水处理还可使用移动床。在操作过程中，不但水溶液是移动的，而且树脂层也是移动的。连续把饱和后的树脂送到再生柱和淋洗柱进行再生和淋洗，然后送回交换柱进行交换。移动床的优点是树脂利用率高、便于自动化和连续运行，但设备复杂，操作要求严格，树脂的磨损也严重。

在实用中可以采取多种流程的组合方式，柱子的数目有时很大。

显然离子交换法只能用于水中除盐，而不能用于去除水中细菌或消毒，同时，对于非电解质的去除效率也较低。

（二）稀土元素的分离

为取得单个的高纯度的稀土元素，离子交换层析具有一定的地位。这个流程中使用强酸性阳离子交换树脂进行排代法操作，并应用延缓离子。由于所用淋洗剂是与稀土元素有很强结合能力的配合试剂乙二胺四乙酸（EDTA），如无任何阻挡，所有稀土元素都会较快地从柱中流出而不能达到有效分离。所谓的延缓离子就是这样的离子（比如 Cu^{2+}），它与淋洗剂的结合能力比稀土强，事先充满整个树脂柱，当淋洗剂与稀土形成的配合物下行遇到 Cu^{2+} 时，Cu^{2+} 即与淋洗剂结合而将稀土元素离子释放出来使之滞留在树脂上。随着淋洗的继续，稀土元素经过反复地在淋洗剂和树脂间交换，最后按顺序在柱上排列，达到分离的目的。

EDTA 是四元酸，完全离解后的阴离子为：

$$\begin{matrix} ^{-}OOC—CH_2 & & & COO^{-} \\ & \diagdown & & \diagup \\ & N—CH_2—CH_2—N & & \\ & \diagup & & \diagdown \\ ^{-}OOC—CH_2 & & & COO^{-} \end{matrix}$$

简写为 Y^{4-} 。EDTA 与稀土元素形成的配合物稳定常数列于表 4-5。由表 4-5 可见，配合物的稳定常数随原子序数的增大而增大。对 Cu^{2+}，$\lg K=18.80$，因此 Cu^{2+} 对大多数稀土元素来说，都可起到延缓离子的作用。Cu^{2+} 的另一优点是它有鲜明的颜色，在操作中便于观察。

表 4-5 EDTA 与稀土元素的络合物稳定常数

元素	La^{3+}	Ce^{3+}	Pr^{3+}	Nd^{3+}	Sm^{3+}	Eu^{3+}	Gd^{3+}	Tb^{3+}	Dy^{3+}
$\lg K$	15.50	15.98	16.4	16.61	17.14	17.35	17.37	17.93	18.30
元素	Ho^{3+}	Er^{3+}	Tm^{3+}	Yb^{3+}	Lu^{3+}	Y^{3+}	Zn^{2+}	Cu^{2+}	
$\lg K$	18.74	18.85	19.32	19.51	19.83	18.09	16.50	18.80	

为了说明延缓离子的作用，安排两根离子交换柱，一根为吸附柱，一根为分离柱。分离柱的树脂事先已用 Cu^{2+} 饱和，即全部树脂已转变成 Cu^{2+} 型。La^{3+}、Pr^{3+}、Nd^{3+}、Sm^{3+} 四种离子的分离过程如下。

(1) 首先让 La^{3+}、Pr^{3+}、Nd^{3+}、Sm^{3+} 料液流过吸附柱，使它们吸附在柱上。由于稀土元素的性质很相近，仅由镧系收缩的原因，原子半径稍有差别，即重稀土的半径稍小、水化半径稍大，对树脂的亲和力由 La～Lu 稍有下降，故吸附时的分布基本上是均匀的，只是在柱子的上部轻的稀土稍多一些，柱子的下部中重的稀土稍多一些，并不能彼此分开。见图 4-34(a)。

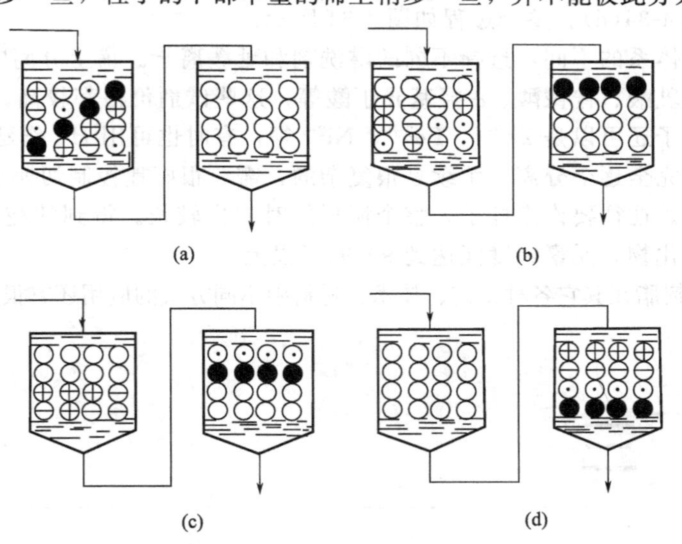

图 4-34 稀土元素排代分离过程

⊕ La^{3+}；⊖ Pr^{3+}；⊙ Nd^{3+}；● Sm^{3+}

(2) 开始用 EDTA 淋洗，本来在吸附时，Sm^{3+} 就稍偏下，Sm^{3+} 与 EDTA 的结合能力又稍强于其它离子，因此首先流出吸附柱。见图 4-34(b)。

$$Sm^{3+}+3NH_4^{+}+Y^{4-} \rightleftharpoons SmY^{-}+3NH_4^{+}$$

由于 EDTA 事先已转变成 NH_4^{+} 盐的形式，故在反应式中有 NH_4^{+} 的出现。淋洗下来的 SmY^{-} 进入分离柱，和分离柱上的 Cu^{2+} 进行交换，因为 Cu^{2+} 与 EDTA 的稳定常数大于 Sm^{3+} 与 EDTA 的稳定常数，所以 Cu^{2+} 与 EDTA 结合进入溶液，则重新被吸附在树脂上：

$$SmY^{-}+Cu^{2+} \rightleftharpoons Sm^{3+}+CuY^{2-}$$

(3) 继续淋洗，Nd^{3+} 开始从吸附柱上淋洗下来：

$$Nd^{3+} + 3NH_4^+ + Y^{4-} \rightleftharpoons NdY^- + 3NH_4^+$$

NdY^- 进入分离柱，遇到吸附在分离柱上的 Sm^{3+}，由于 SmY^- 比 NdY^- 更稳定，因此发生交换，Nd^{3+} 重新被吸附在分离柱上：

$$NdY^- + Sm^{3+} \rightleftharpoons Nd^{3+} + SmY^-$$

交换下来的 SmY^- 在沿分离柱向下移动时，和延缓离子 Cu^{2+} 又发生交换，Sm^{3+} 又再次被吸附在树脂上。见图 4-34(c)。

$$SmY^- + Cu^{2+} \rightleftharpoons Sm^{3+} + CuY^{2-}$$

(4) 再继续淋洗，Pr^{3+}、La^{3+} 先后从吸附柱上解吸下来：

$$Pr^{3+} + 3NH_4^+ + Y^{4-} \rightleftharpoons PrY^- + 3NH_4^+$$

$$La^{3+} + 3NH_4^+ + Y^{4-} \rightleftharpoons LaY^- + 3NH_4^+$$

在分离中又依次发生了一系列交换反应：

$$LaY^- + Pr^{3+} \rightleftharpoons La^{3+} + PrY^-$$

$$PrY^- + Nd^{3+} \rightleftharpoons Pr^{3+} + NdY^-$$

$$NdY^- + Sm^{3+} \rightleftharpoons Nd^{3+} + SmY^-$$

$$SmY^- + Cu^{2+} \rightleftharpoons Sm^{3+} + CuY^{2-}$$

这样稀土离子在沿分离柱向下移动的过程中，不断地重复吸附、解吸，在某一阶段，相互之间经过重新分配，形成了各自单独的吸附带，最后逐一从分离柱中淋洗出来，达到分离的目的。见图 4-34(d)。整个过程如图 4-34 所示。

根据分离体系的不同，选择不同的淋洗剂和延缓离子。稀土分离中用到的其它淋洗剂还有、酒石酸、乳酸、柠檬酸、α-羟基异丁酸等，这些试剂价格都较高。实际应用中也用到醋酸铵。延缓离子还可以是 Zn^{2+}、Fe^{3+}、Ni^{2+} 等，有时也可用 H^+ 作延缓离子。

为了达到完全逐个分离，手续是很复杂的，需要很好地控制切换点，重叠部分要在适当位置返回处理。往往要许多柱子，整个流程的时间也较长。得到的纯溶液用高纯草酸沉淀，然后灼烧成氧化物。元素纯度能达到 99.99%以上。

离子交换树脂在其它各种工艺、技术、材料中不同方式的应用还有很多，可查阅其它资料。

吸附层析

一、认识吸附层析

(一) 吸附层析

图 4-35 为一气体干燥流程，流程中有两个固定床吸附器，可以分离空气中的氧和氮。图 4-35 又可称为四塔变压吸附流程，四个塔可以循环使用，需要干燥的湿物料通入左边的吸附器后湿分被吸附剂（如活性氧化铝或硅胶）吸附掉，作为干成品送出，而右边的吸附器

由于加热蒸汽的通入将吸附剂上吸附到的湿分蒸发成为蒸汽而带出，完成了解吸过程。左右两个吸附器交替工作，不断地除去气体中的湿分，是一个连续操作过程。这种通过某一吸附剂来吸附某一物质而完成的分离过程，是一个吸附层析过程。

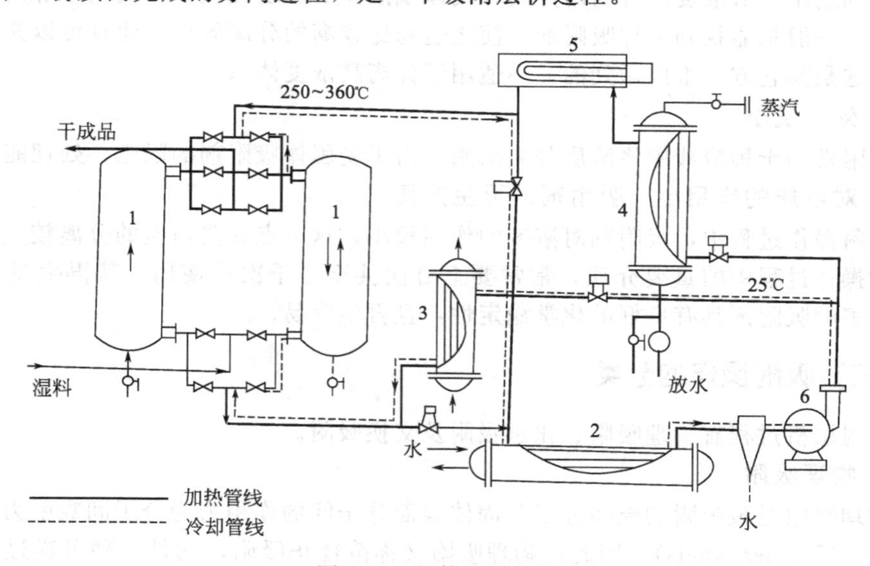

图 4-35 气体干燥流程

1—吸附器；2，3—冷却器；4—加热器（蒸汽）；5—电加热器；6—风机

固体表面对气体或液体的吸着现象称为吸附层析现象。固体称为吸附剂，被吸附的物质称为吸附质。

吸附层析主要是利用被分离组分对活性固体表面吸附亲和力的差异进行分离。亲和力则主要取决于物质分子极性的大小。有机化合物中基团的类别比碳链的长短对分离的影响更大。这种层析适于把混合物中各种物质按含基团的类型或数目分为若干大类。

用氧化铝、硅胶等固态物质作吸附剂，用适当溶剂淋洗分离混合物的吸附层析法是一种古老的方法。在各种现代色谱法迅速发展的近几十年中，吸附层析法也通过层析理论的发展、设备的改良，特别是复杂混合物分离的需要，使吸附层析有了新的发展。无论是在高压下的高效色谱仪中，还是普通的利用重力的吸附柱中，都利用了吸附色谱的特性，使用了新型吸附剂，完成了许多复杂的分析和制备任务。

（二）吸附层析的特点

1. 选择性广泛

吸附操作过程中，大多数的吸附剂可以通过人为的设计，控制骨架结构，得到符合要求的孔径、比表面积等，使吸附操作对某些物质具有特殊的选择性，可以应用于水溶液、有机溶液及混合溶剂中以及气体的吸附，可以用来分离离子型、极性及非极性的多种有机物。

2. 应用广，分离效果好

吸附层析分离的对象主要不是离子型物质，也不是高分子物质，而是中等分子量的物质，特别是复杂的天然物质。这类物质的极性可以有很大的范围，从非极性的烃类化合物到水溶性的化合物均可。对于性质相近的物质，特别是异构体或有不同类型、不同数目取代基的物质，吸附层析往往能提供更好的分离效果。像分子筛吸附剂能将分子大小和形状稍有差异的混合物分开。被分离物质绝大多数是不挥发性的和热不稳定的。

3. 适用于低浓度混合物的分离或气体、液体深度提纯

即使在浓度很低的情况下，固体吸附气体或液体的平衡常数远大于气-液或液-液平衡常数，特别适用于低浓度混合物的分离和气体或液体的深度提纯。即使对于相对挥发度接近1的物系，一般总能找到一种吸附剂，使之达到比较高的分离效果，而且可以获得很高的产品纯度，这是其它方法难以做到的。不适用于分离高浓度体系。

4. 处理量小

吸附常用于稀溶液中将溶质分离出来，由于受固体吸附剂的限制，处理能力小。

5. 对溶质的作用小，吸附剂的再生方便

吸附操作过程中，吸附剂对溶剂的作用较小，这一点在蛋白质的分离较重要，吸附剂作为吸附操作过程中的重要介质，常常要上百次甚至上千次的使用，其再生过程必需简便迅速。很多的吸附剂具有良好的化学稳定性，且再生容易。

（三）吸附操作的分类

吸附层析过程有物理吸附、化学吸附及交换吸附。

1. 物理吸附

物理吸附是被吸附的流体分子与固体表面分子间的作用力为分子间吸引力，即所谓的范德华力（Van der waals）。因此，物理吸附又称范德华吸附，它是一种可逆过程。当固体表面分子与气体或液体分子间的引力大于气体或液体内部分子间的引力时，气体或液体的分子就被吸附在固体表面上。物理吸附由吸附质与吸附剂分子间引力所引起，结合力较弱，吸附热比较小，容易脱附，如活性炭对气体的吸附。

2. 化学吸附

化学吸附是固体表面与被吸附物间的化学键力起作用的结果。这种类型的吸附需要一定的活化能，故又称“活化吸附”。这种化学键亲和力的大小可以差别很大，但它大大超过物理吸附的范德华力。化学吸附放出的吸附热比物理吸附所放出的吸附热要大得多，达到化学反应热这样的数量级。而物理吸附放出的吸附热通常与气体的液化热相近。化学吸附往往是不可逆的，而且脱附后，脱附的物质常发生了化学变化，不再是原有的性状，故其过程是不可逆的。如气相催化加氢中镍催化剂对氢的吸附。

3. 交换吸附

吸附剂表面为极性分子或离子所组成，会吸引溶液中带相反电荷的离子，它同时也要放出等物质的量的离子于溶液中去，这种吸附过程称为交换吸附。

另外，根据吸附过程中所发生的吸附质与吸附剂之间的相互作用的不同，还可将吸附层析分成亲和吸附、疏水吸附、盐析吸附、免疫吸附等。

此外，根据吸附过程中所发生的吸附质与吸附剂之间吸附组分的多少，还可将吸附分为单组分吸附和多组分吸附。

这里讨论的是物理吸附过程。

二、吸附层析的技术理论与必备知识

（一）吸附层析原理

吸附层析主要是通过样品在固定相和流动相之间的吸附、脱附作用而实现分离的，是一种物理吸附过程。可以是在单分子层或双分子层或多分子层。被分离样品与吸附剂之间产生静电引力、氢键、偶极分子之间定向力以及范德华力等，在不同的条件下各种作用力的作用强弱各不相同，占主导地位的可能是一种力，也有可能几种力同时作用。

一个吸附过程包括以下几个步骤。

(1) 外部扩散　吸附剂周围的流体相中，溶质分子穿过流体膜表面，到达固体吸附剂表面。

(2) 内部扩散　溶质分子从固体吸附剂表面进入吸附剂的微孔道，在微孔道的吸附流体相中扩散到微孔表面。

(3) 吸附　进入到微孔表面的溶质分子被固体吸附剂吸附，主要是通过与固体吸附剂的静电引力、氢键、偶极分子之间定向力等相互作用，由吸附剂对不同物质的不同吸附力而使混合物分离，完成吸附过程。

(4) 脱附　已被吸附的溶质分子从微孔内脱附，离开微孔道。

(5) 内反扩散　脱附的溶质分子从微孔道内的吸附流体相扩散至吸附剂外表面。

(6) 外反扩散　溶质分子从外表面反扩散穿过流体膜，进入外界周围的流体相，完成脱附。

如果以 C_s 表示溶质在固定相（吸附剂）中的浓度，C_m 表示溶质在流动相中的浓度，吸附平衡可用下式表示：

$$C_s \rightleftharpoons C_m \tag{4-10}$$

式中　C_s——表示溶质在固定相（吸附剂）中的浓度；

C_m——表示溶质在流动相中的浓度。

以 C_m 为横坐标，C_s 为纵坐标，标绘出来的曲线称为吸附等温线，其斜率表示为 $K_D = C_s/C_m$（线性关系时可这样表示），K_D 称为分配系数。表示了溶质分子在互不相溶的两相中的分配状况。吸附剂表面上具有的吸附能力强弱不同的吸附中心，溶质在其上的分配系数是不同的，吸附能力较强的吸附中心，溶质在其上的分配系数较大，溶质分子首先占据它们，其次再占据较弱的、弱的和最弱的。也就是说，在一定的温度和一定的压力下，不同物质的分配系数不同，分配系数越大就越容易分离。

（二）吸附剂的结构

吸附剂是一种有吸附性能的多孔性物质，具有较大的比表面积和适当的孔结构。图 4-36 的树脂类的吸附剂，是具有立体结构的多孔性海绵状、热固性聚合物。其中的化学孔是由于交联链形成的，只有在水合状态下大分子链伸张才会形成，这类孔的孔径很小，在干态下孔收缩，聚合物成为凝胶态，是均相结构，由于它的不稳定性，称它为化学孔或凝胶孔，可以通过交联剂的结构和交联剂的用量来进行控制。另一类大孔称为物理孔，它在非水溶液或干态下都存在真正的毛细孔，其孔径比分子间的距离大得多，孔径可达 3～50nm，是永久性孔道，而且还可以通过致孔剂的作用加以控制和调节孔结构，以满足孔道数量、大小及分布等特殊要求。当吸附剂处于溶胀态时，化学孔及物理孔两者同时存在。同时由于物理孔的存在，使这类吸附剂具有较大的比表

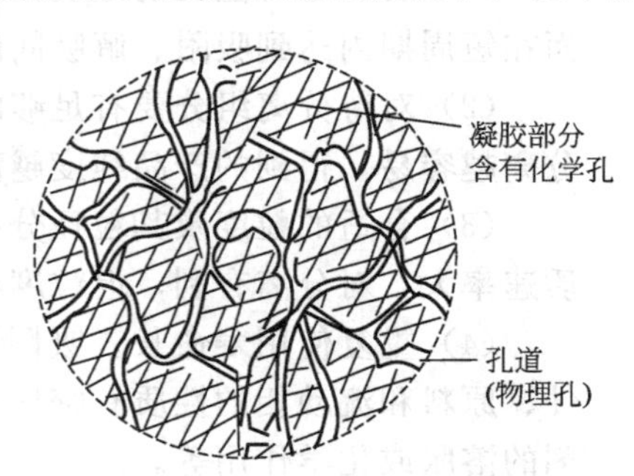

图 4-36　树脂类的吸附剂结构

面积。而吸附剂的比表面积越大，其吸附能力就越强。

（三）吸附剂的分类

1. 极性分类

吸附层析所用吸附剂多是具有一定极性的物质。根据其吸附剂的极性可分为四类：非极性、极性、中极性和强极性。

（1）非极性吸附剂　由苯乙烯系单体制备的不带任何功能基团的吸附剂为非极性吸附剂。这类聚合物中电荷分布均匀，表面疏水性较强，与被吸附物质中的疏水部分相互作用达到吸附的目的，适用于极性溶剂中吸附非极性或弱极性物质。

（2）中极性吸附剂　含有酯基基团类的吸附剂，由于骨架中酯基偶极的存在，使吸附剂具有了一定的极性，丙烯酸酯系列吸附剂为中等极性吸附剂。这类大分子结构既有极性部分也有非极性部分，所以既可从极性溶剂中吸附非极性物质，也可从非极性溶液中吸附极性物质。

（3）极性吸附剂　含有亚砜、酰氨基、氰基等功能基团的吸附剂为极性吸附剂。这类基团的极性比酯基强，是通过静电相互作用或氢键作用从极性溶液中吸附极性物质。

（4）强极性吸附剂　含有吡啶基、酚基及氨基等含有氮、氧、硫极性功能基团的吸附剂为强极性吸附剂。由于这些极性基团的存在，使聚合物结构单元存在大小不同的偶极矩，显示出各聚合物极性的不同。也是通过静电相互作用或氢键作用进行吸附，适用于从非极性溶液中吸附极性物质。

2. 骨架种类

吸附剂的骨架种类很多，以吸附剂的单体来分类的有苯乙烯系列、丙烯酸酯系列、丙烯腈系列、酚醛系列，还有新面世的碳质系列等。

3. 吸附机理

依据吸附机理，可将吸附剂分为范德华力吸附剂、偶极吸附剂、静电吸附剂及氢键吸附剂等。

（四）吸附剂的选用

吸附可用于滤除毒气、精炼石油和植物油、防止病毒和霉菌、回收天然气中的汽油以及食用糖和其它带色物质脱色等。若已知某一混合物体系，欲实现其产物的提取与纯化、物料流的净化或毒物的去除等目的，可通过吸附分离进行。其对吸附剂的选择一般有以下要求。

（1）要有尽可能大的比表面积，以增强其吸附能力。同时被吸附的杂质更易于解吸，从而在短周期内达到吸附、解吸间的平衡，确保分离提纯。

（2）对待分离组分要有足够的选择性，以提高被分离组分的分离程度，分离系数越大，分离越容易，得到的产品纯度越高，同时回收率也越高。

（3）合适的粒度及其粒径分布。粒度均匀能使分离柱中流量分布均匀，粒度小，表观传质速率大，对分离有利；但粒度小，填充床压力损失随之增大，操作压力增加。

（4）重复使用寿命长。吸附剂的寿命通常与其本身的机械强度有关，此外还与操作条件、原料和流动相的性质有密切关系。如原料中的杂质、细菌对吸附剂表面的污染、对吸附剂的溶胀或化学作用等。

（5）使用的吸附剂应有足够的强度，以减少破碎和磨损。

（6）分离组分复杂、类别较多的气体混合物，可选用多种吸附剂，这些吸附剂可按吸附分离性能依次分层装填在同一吸附床内，也可分别装填在多个吸附床内。

作为吸附剂，除要求对溶剂和被分离物质呈化学惰性外，它们应该在保持吸附可逆性的同时具有很高的吸附能力，吸附平衡要快，液相通过柱的速度均匀。经典吸附层析的吸附剂是多孔结构的颗粒，用在普通的重力层析上和高压层析上吸附剂的粒度是不同的，后者可以容许小粒度的吸附剂。

（五）吸附剂的制备

工业上常用的吸附剂有硅胶、活性氧化铝、活性炭、分子筛等，另外还有针对某种组分选择性吸附而研制的吸附材料。吸附剂可按孔径大小、颗粒形状、化学成分、表面极性等分类，如粗孔和细孔吸附剂，粉状、粒状、条状吸附剂，碳质和氧化物吸附剂，极性和非极性吸附剂等。常用的吸附剂有以碳质为原料的各种活性炭吸附剂和金属、非金属氧化物类吸附剂（如硅胶、氧化铝、分子筛、天然黏土等）。

1. 硅胶

硅胶是一种坚硬、无定形链状和网状结构的硅酸聚合物颗粒，分子式为 $SiO_2 \cdot nH_2O$，为一种亲水性的极性吸附剂。它是用硫酸处理硅酸钠的水溶液，生成凝胶，并将其水洗除去硫酸钠，后经干燥，便得到玻璃状的硅胶。控制pH值、温度和时间可得到比表面积小、孔径大的硅胶。硅胶结构中的羟基是它的吸附中心，其吸附特性取决于羟基与吸附质分子之间相互作用力的大小。硅胶易于吸附极性物质，难以吸附非极性物质，它主要用于干燥、气体混合物及石油组分的分离等。工业上用的硅胶分成粗孔和细孔两种。粗孔硅胶在相对湿度饱和的条件下，吸附量可达吸附剂重量的80%以上，而在低湿度条件下，吸附量大大低于细孔硅胶。

2. 活性氧化铝

活性氧化铝是一种极性吸附剂，对水有较大的亲和力。是由铝的水合物（铝盐、金属铝、碱金属铝盐、氧化铝等）加热脱水制成，具有高的比表面积，它的性质取决于最初氢氧化物的结构状态，部分水合无定形的多孔结构物质，其中不仅有无定形的凝胶，还有氢氧化物的晶体。由于它的毛细孔通道表面具有较高的活性，故又称为活性氧化铝。它的重要的工业应用是气体和液体的干燥、油品和石油化工产品的胶水干燥。是一种对微量水深度干燥用的吸附剂。在一定操作条件下，它的干燥深度可达露点－70℃以下。

3. 活性炭

活性炭是具有非极性的表面，为疏水性和亲有机物质的吸附剂。是一种非极性吸附剂。是将木炭、果壳、煤等含碳原料经炭化、活化后制成的。活化方法可分为两大类，即药剂活化法和气体活化法。药剂活化法就是在原料里加入氯化锌、硫化钾等化学药品，在非活性气氛中加热进行炭化和活化。气体活化法是把活性炭原料在非活性气氛中加热，通常在700℃以下除去挥发组分后，通入水蒸气、二氧化碳、烟道气、空气等，并在700～1200℃温度范围内进行反应使其活化。活性炭含有很多毛细孔构造，吸附容量大，耐酸碱化学稳定性好，解吸容易，在较高温度下解吸再生其晶体结构没有什么变化；热稳定性好，经多次吸附和解吸操作，仍能保持原有的吸附性能。因而它用途遍及水处理、脱色、气体吸附等各个方面。

4. 沸石分子筛

又称合成沸石或分子筛，是硅铝四面体形成的三维硅铝酸盐金属结构的晶体，是一种孔径大小均一的强极性吸附剂。其化学组成通式为：

$$[M_2(\mathrm{I})M(\mathrm{II})]O \cdot Al_2O_3 \cdot nSiO_2 \cdot mH_2O$$

式中，M_2（Ⅰ）和 M（Ⅱ）分别为一价和二价金属离子，多半是钠和钙，n 称为沸石的硅铝比，硅主要来自于硅酸钠和硅胶，铝则来自于铝酸钠和 $Al(OH)_3$ 等，它们与氢氧化钠水溶液反应制得的胶体，经干燥后成为沸石，一般 $n=2\sim10$，$m=0\sim9$。

沸石的特点是具有分子筛的作用，它有均匀的孔径，如 3Å[1]、4Å、5Å、10Å 细孔。有 4Å 孔径的 4Å 沸石可吸附甲烷、乙烷，而不吸附三个碳以上的正烷烃。具有很高的选择吸附能力，而且在较高的温度和湿度下，仍具有较高的吸附能力。它已广泛用于气体吸附分离、气体和液体干燥以及正异烷烃的分离。其不足之处是耐热稳定性、抗酸碱能力、化学稳定性、耐磨损性能都较差。

5. 碳分子筛

实际上也是一种活性炭，它与一般的碳质吸附剂的不同之处，在于其微孔孔径均匀地分布在一狭窄的范围内，微孔孔径的大小与被分离的气体分子直径相当，微孔的比表面积一般占碳分子筛所有表面积的 90% 以上。碳分子筛的孔结构主要分布形式为：大孔直径与碳粒的外表面相通，过渡孔从大孔分支出来，微孔又从过渡孔分支出来。在分离过程中，大孔主要起运输通道作用，微孔则起分子筛的作用。

以煤为原料制取碳分子筛的方法有碳化法、气体活化法、碳沉积法和浸渍法。其中炭化法最为简单，但要制取高质量的碳分子筛必须综合使用这几种方法。碳分子筛在空气分离制取氮气领域已获得了成功，在其它气体分离方面也有广阔的应用前景。

（六）吸附剂的物理化学性能

1. 孔体积 V_t

孔体积又称孔容，吸附剂中孔的总体积称为孔体积或孔容，通常以单位质量吸附剂中吸附剂的孔的容积来表示（m^3/kg）。

曾有文献指出，孔容是吸附剂的有效体积，它是用饱和吸附量推算出来的值，也就是吸附剂能容纳吸附质的体积，所以孔容以大为好。但吸附剂的孔体积不一定等于孔容，吸附剂中不是所有的孔都能起到有效吸附的作用，所以孔容要比总体积来得小，由于这种有效体积难以测算，现在所说的孔体积和孔容认为都是吸附剂中孔的总体积。

2. 比表面积

即单位质量吸附剂所具有的表面积，常用单位是 m^2/kg。总的表面积是外表面积和内表面积之和，由于吸附剂是一种多孔结构的物质，内表面积是很大的，吸附剂表面积每千克有数百至千余平方米。吸附剂的表面积主要是微孔孔壁的表面，吸附剂外表面是很小的。

3. 孔径与孔径分布

在吸附剂内，孔的形状极不规则，孔隙大小也各不相同。直径在数埃（Å）至数十埃的孔称为细孔，直径在数百埃以上的孔称为粗孔。细孔越多，则孔容越大，比表面积也越大，越有利于吸附质的吸附。粗孔的作用是提供吸附质分子进入吸附剂的通路。粗孔和细孔的关系就像大街和小巷一样，外来分子通过粗孔才能迅速到达吸附剂的深处。所以粗孔也应占有

[1] 1Å=0.1nm。

适当的比例。活性炭和硅胶之类的吸附剂中粗孔和细孔是在制造过程中形成的。沸石分子筛在合成时形成直径为数微米的晶体，其中只有均匀的细孔，成型时才形成晶体与晶体之间的粗孔。

孔径分布是表示孔径大小和与之对应的孔体积的关系，由此来表征吸附剂的孔特性。

4. 密度

(1) 表观密度 (ρ_l)　又称视密度。吸附剂颗粒的体积 (V) 由两部分组成：固体骨架的体积 (V_g) 和孔体积 (V_p)，即：

$$V=V_g+V_p \tag{4-11}$$

表观质量就是吸附颗粒的本身质量 (W) 与其所占有的体积 (V) 之比，表示为：

$$\rho_l=\frac{W}{V} \tag{4-12}$$

(2) 真实密度 (ρ_t)　又称真密度或吸附剂固体的密度，即吸附剂颗粒的质量 (W) 与固体骨架的体积 V_g 之比，表示为：

$$\rho_t=\frac{W}{V_g} \tag{4-13}$$

(3) 堆积密度 (ρ_b)　又称填充密度，即单位体积内所填充的吸附剂质量。此体积中还包括吸附颗粒之间的空隙，堆积密度是计算吸附床容积的重要参数。

5. 孔隙率 (ε_k)

即吸附颗粒内的孔体积与颗粒体积之比。表示为：

$$\varepsilon_k=\frac{V_p}{V} \tag{4-14}$$

常用吸附剂的物理性能如表 4-6 所示。

表 4-6　常用吸附剂的一些物理性能

化合物	粒度/mm	比表面积/(m^2/g)	平均孔径/nm
硅胶	0.04～0.5	400～600	30～100
氧化铝	0.04～0.21	70～200	60～150
合成硅酸镁	0.07～0.25	300	—
活性炭	0.04～0.05	300～1000	20～40
聚酰胺	0.07～0.16		

吸附剂的多孔结构、粒度和粒子形状是影响层析系统特性的基本因素。普通的吸附剂由于颗粒中都有许多深孔，液体在其中扩散较慢，致使色谱峰区带变宽，粒子的不规则使峰扩展更为严重。后来发展的新型吸附剂对这些缺点有很大改善。这些新型吸附剂颗粒中心是一个非多孔的核，外面涂有一层合适的多孔吸附剂，其厚度为 1～2μm，整个粒子大小为 5～10μm。用在高效液相层析上可以大大改善分离性能。其缺点是容量小（约为普通吸附剂的 1/20）。

吸附剂表面有时有一些具有特别强吸附力的点。为使吸附能力较均匀，可以用"缓和剂"减活，最常用的就是依一定的办法对吸附剂加适量的水。还可以通过化学键合改变吸附剂表面特性。比如硅胶上的 OH 与三甲基氯硅烷反应，生成一种表面覆盖一层有机分子的硅胶，使之成为非极性的吸附剂。这个过程叫硅烷化。

吸附剂大致可分为极性和非极性两类。极性吸附剂包括所有氧化物和盐。在吸附过程中，离子与偶极、偶极与偶极的相互作用起主导作用。非极性溶剂如活性炭、经化学键合的活性炭或硅胶，吸附作用主要是色散力作用的结果。吸附剂极性不同，被吸附分子中各基团与之作用的强度也就不同。对一种吸附剂，各基团吸附强度可按顺序排列。在硅胶上测定的各基团吸附强度按下列顺序递增：

$$—CH_2—<—CH_3<—CH{=}<—S—R<—O—R<—NO_2<—NH\ (\text{咔唑})$$
$$<—COOR<—CHO<—COR<—OH<—NH_2<—COOH$$

即使对硅胶，这个顺序也是粗略的。脂族和芳族上的基团就有差别，分子的极性和偶极矩也造成差异。对于不同的吸附剂，各基团吸附顺序可能不同。吸附剂的酸碱性、位阻因素、使用淋洗溶剂的特性对这个顺序也会有影响。在非极性吸附剂上，吸附主要受分子大小（随分子量增大，增至某一极大值后又减小）和空间排列的影响。

大多数应用中，特别是分析中，吸附剂应当标准化。吸附剂应当具有一定的制备方法，使制得的吸附剂具有相同的孔径和孔径分布、相同的表面基团、相同的活度。生产厂家应对产品粒度分级，使用者还应经过筛分或沉淀分离，必要时要用化学试剂和水洗涤并经干燥。加入水或醇类减活时，加入量决定减活的程度。

吸附剂的活度可用薄层法测定，其数值由某些偶氮染料在用四氯化碳为展开剂所得到的比移值确定。干燥的最大活度的产品定为活度Ⅰ级。含水量不同，级别也不同，表 4-7 是氧化铝、硅胶和硅酸镁不同含水量时的活度级别。

表 4-7 氧化铝、硅胶和硅酸镁的活度级别与加入水量的关系

活动级别	加入水量/%		
	氧化铝	硅胶	硅酸镁
Ⅰ	0	0	0
Ⅱ	3	5	7
Ⅲ	6	15	15
Ⅳ	10	25	25
Ⅴ	15	38	35

三、吸附层析设备

常用的吸附层析设备有搅拌槽、固定床、移动床和流化床。

（一）搅拌槽吸附器

搅拌槽主要是用于液体的吸附分离。将要处理的液体与粉末状吸附剂加入搅拌槽内，在良好的搅拌下，固-液形成悬浮液，在液-固充分接触中，吸附质被吸附。可以连接操作，也可以间歇操作。如图 4-37 所示。

（二）固定床吸附器

固定床吸附器中，吸附剂颗粒均匀地堆放在多孔撑板上，流体自下而上或自上而下地通过颗粒床层。固定床吸附器一般使用粒状吸附剂，对床层的高度可取几十厘米到十几米。固定床吸附器结构简单，造价低，吸附剂磨损少，操作方便，可用于从气体中回收溶剂、气体净化和主体分离、气体和液体的脱水以及难分离的有机液体混合物的分离。如图 4-38 所示。

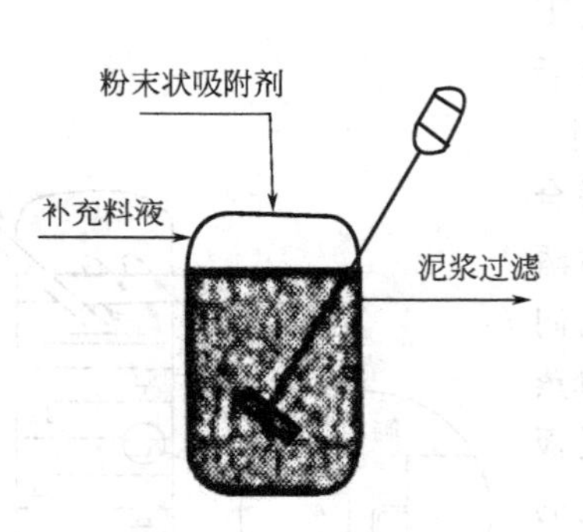

图 4-37 搅拌槽吸附器

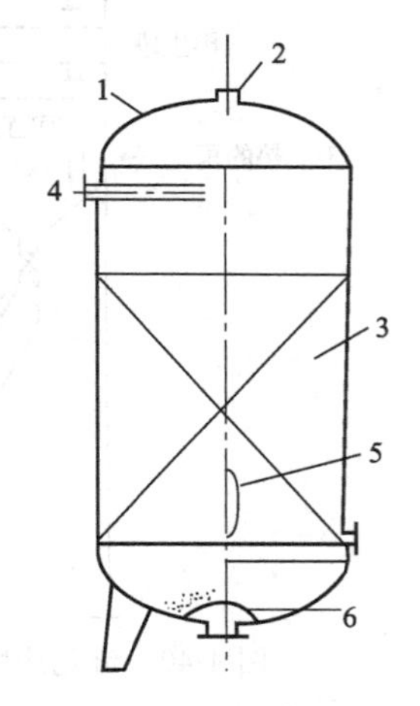

图 4-38 固定床吸附器

1—壳体；2—排气口；3—吸附剂床层；4—加料；5—视镜；6—出料

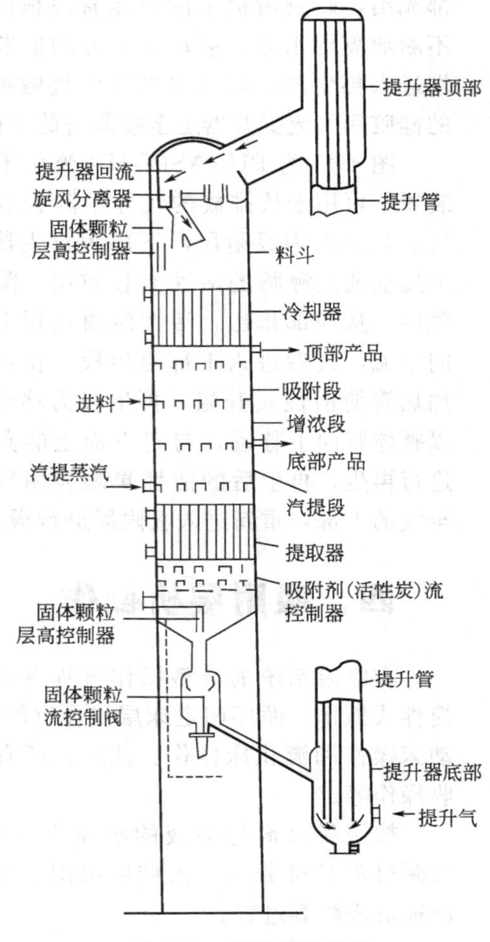

图 4-39 移动床吸附器

(三) 移动床吸附器

移动床吸附器又称超吸附塔。如图 4-39 所示，使用硬椰壳或果核制成的活性炭作固体吸附剂。进料气从吸附器的中部进入吸附段的下部，在吸附段中较易吸附的组分被自上而下的吸附剂吸附，顶部的产品只含难吸附的组分。

(四) 流化床吸附器

流化床吸附分离常用于工业气体中水分脱除、排放废气（如 SO_2、NO_2 等）、有毒物质脱除和回收溶剂。一般用颗粒坚硬耐磨、物理化学性能良好的吸附剂，如活性氧化铝、活性炭等。流化床吸附器的流化床（沸腾床）内流速高，传质系数大，床层浅，压降低，压力损失小。

图 4-40 所示为多层逆流接触的流化床吸附装置，它包括吸附剂的再生，图中以硅胶作为吸附剂以除去空气中的水汽。全塔共分为两段，上段为吸附段，下段为再生段，两段中均设有一层层筛板，板上为吸附剂薄层。在吸附段湿空气与硅胶逆流接触，干燥后的空气从顶

部流出，硅胶沿板上的逆流管逐板向下流，同时不断地吸附水分。吸足了水分的硅胶从吸附段下端进入再生段，与热空气逆流接触再生，再生后的硅胶用气流提升器送至吸附塔的上部重新使用。

图 4-41 为 PURASIV HR 流化床-移动床联合装置，可用于从排放的气体中除去少量有机物蒸气。其上部为吸附段，下部为再生段。进料气向上逐板通过沸腾的活性炭颗粒层，除去有机物蒸气后，从顶部排出，活性炭通过板上溢流管逐板向下流，最后进入下部再生段。在再生段内设的加热管使活性炭升温，再生段为移动床，活性炭以整体状向下移动，与自下而上的蒸气逆流接触进行再生，再生后的活性炭颗粒用气流提升器送至气的上部，重新进入吸附段进行操作。

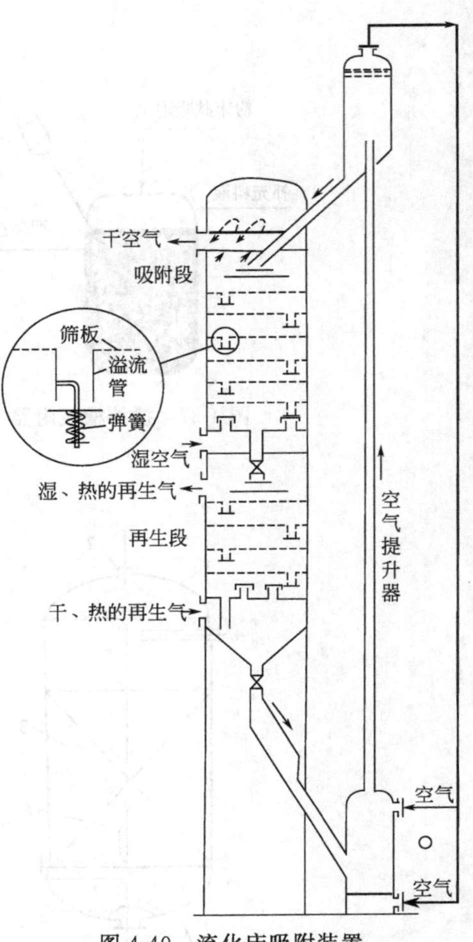

图 4-40 流化床吸附装置

四、吸附层析操作

在吸附系统的典型操作流程有四种，分别是搅拌式操作、循环固定床层操作（间歇操作）、移动床操作和流化床操作。此外，还有参数泵法吸收操作等。

按照吸附剂与溶液的物流方向和接触次数，吸附过程又可分为一次接触吸附、错流吸附、多段逆流吸附等过程。

（一）吸附操作

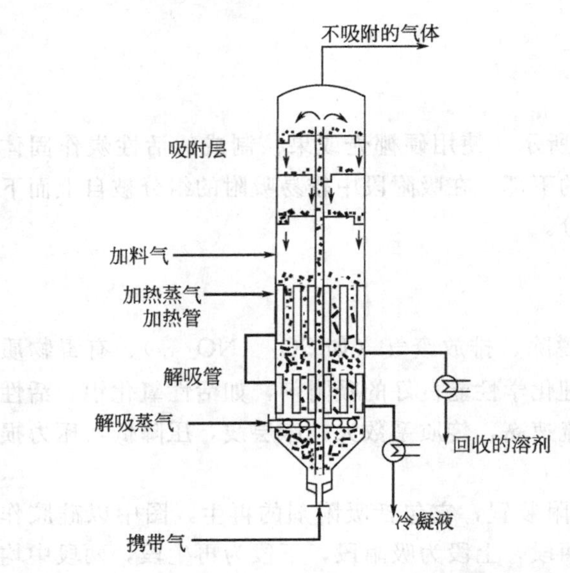

图 4-41 PURASIV HR 流化床-移动床联合装置

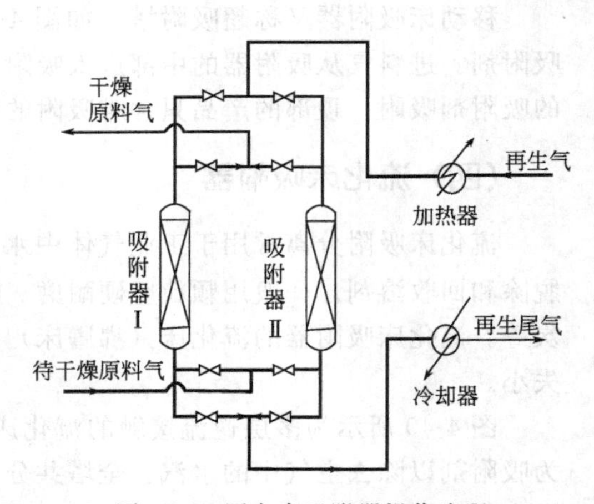

图 4-42 固定床吸附器操作流程

1. 固定床吸附器操作

图 4-42 为两个固定床吸附器轮流切换操作的流程。对需要干燥的原料气进行干燥的过程中，可以采用这种吸附操作。需要干燥的原料气由下方进入吸附器Ⅰ，经吸附后成为干燥气从顶部排出；同时吸附器Ⅱ处于再生阶段，再生所用气体经加热器加热至要求的温度，从顶部进入吸附器Ⅱ，再生气携带从吸附剂（干燥剂）上脱附出来的溶剂从吸附器Ⅱ的底部出来，再经冷却器，使再生气降温，溶剂冷凝成液体排出（大部分溶剂为水）。再生气可循环使用。加热后的再生气由顶部进入，在吸附器内的流向与原料气相反。

但若是间歇操作，再生时，设备就不能处理原料气，操作过程必须不断地周期性切换，这样相对比较麻烦。其次在处于生产运行的设备里，为保证吸附区高度有一定的富余，需要放置比实际需要更多的吸附剂，因而总吸附剂用量很大。此外，静止的吸附剂床层传热性差，再生时要将吸附剂床层加热升温，而吸附剂所产生的吸附热传导出去也不容易。所以固定床吸附操作中往往会出现床层局部过热的现象，影响吸附，再生加热和再生冷却的时间就长了。

2. 移动床吸附操作

在石油化工、食品工业和精细化工中，常遇到一些沸点相近、分子量大、热敏性的有机物，以及难以液化的气体的分离问题。例如前面叙述的乙烯的精制，就需要在深冷并在较高的压力下才能完成。C. Bery 利用移动的活性炭为吸附剂，吸附分离焦炉气的乙烯，其处理能力达 45300 m^3/h。

由图 4-39 可知，原料从吸附段的下部进入，在吸附段中较易吸附的组分被自上而下的吸附剂吸附，顶部的产品只包含着难吸附组分。吸附着一定物质的吸附剂在下降到加料点下面的增浓段，与上升的气流接触，将被吸附的易吸附组分置换出来。置换出来的物质上升，离开增浓段，在增浓段的固体吸附剂就起到了提浓作用。在下面的汽提段，被吸附的物质在此段中被加热并吹扫出，脱附出的物质一部分作为产品，另一部分回至增浓段作为回流。热的吸附剂在吸附柱外用气体提升至柱顶，经冷却后再进入吸附段循环使用。

这种连续循环移动床的操作特点是吸附剂受重力作用自上而下移动，原料气连续输入，轻组分和重组分在分离柱不同位置不断放出，在床层内形成稳定的浓度曲线。原料气的处理量大，产品纯度和回收率高，易于自动控制。缺点是大量的固体吸附剂在吸附柱内外循环，给操作上带来了不便，而且吸附剂的磨损和消耗也会增大，也增大了设备的运行费用。现在已开发出了模拟移动床，这里不再叙述。

3. 流化床吸附操作

流化床吸附分离常用于工业气体中水分脱除，排放废气中 SO_2、NO_2 等有毒物质和溶剂的回收。它采用颗粒坚硬耐磨、物理化学性质良好的吸附剂。如活性氧化铝、活性炭等。

前文图 4-29 所示的 Fluicon 连续逆流式多级流化床操作工艺，是利用流化床操作来处理水的工艺。该流化床包括一系列的多孔配水盘，并带有导流管用于吸附剂逆流。原水进入流化床，并在内停留一段时间便被吸附剂流化沉降。柱内的所有物料靠重力流动或沿给料流动相反方向用泵向下抽吸，以便盘与盘之间能转移更多的吸附剂。被吸附后的水（软水）从吸附器的顶部排出。已吸附了物质的吸附剂抽吸到另一个吸附器内，通过再生柱和洗涤柱后的吸附剂可循环使用。

流化床吸附的主要特点是流化床内流体的流速高，传质系数大，床层浅，因而压降低，压力损失小；能连续或半连续操作，液体的沟流小，吸附剂相和液体相的流量控制相对比较简单；吸附物质通常采用加热方法解吸，经解吸的吸附剂冷却后重复使用。它的处理量通常在 10～100m³/h。它的实际工业应用不多。目前有磁性拟稳态流化床操作。

（二）参数泵法吸附操作

参数泵法是一种循环的非稳态操作过程。如果是采用温度这个热力学参数作为其变换参数就称为热参数泵法。它分为两类，一类是直接式的，另一类是间接式的，后者其温度参数的变化是随流动相输入而作用于两相的，吸附器本身是绝热的。以间歇直接式热参数泵为例加以说明。如图 4-43 所示，吸附器内装有吸附剂，进料为组分 A 和 B 的混合物。对所选用的吸附剂而言，认为 A 为强吸附质，B 为弱吸附质或者是不能被吸附的物质。A 在吸附剂上的吸附平衡常数只是温度的函数，吸附器的顶端和底端各与一个泵相连接，吸附器外夹套与温度调节系统相连接。

参数泵每一个循环分前后两个半周期，吸附床温度有高温和低温，流动方向分别为上流和下流。当循环开始时，床层内两相在较高的温度下平衡，流动相中吸附质 A 的浓度与底部储槽内的溶液的浓度相同，第一个循环的前半期，床层温度保持在高温下，流体由底部泵输送自下而上流动。床层温度等于循环开始前的温度，吸附质 A 既不在吸附剂上吸附，也不从吸附剂上脱吸出来。床层顶端流入到顶部储槽内的溶液浓度就等于循环开始之前储存于底部储槽内的溶液浓度。到半个周期终了，改变流体的流动方向，同时改变床层温度为低温，开始后半个周期，流体由顶部泵输送由上而下流动，吸附质 A 由流体相向固体吸附剂相转移，吸附剂相上的浓度 A 增加，床层底端流入到底部储槽内的溶液的浓度低于原来此储槽内溶液的浓度。接着开始第二个循环，前半个周期，在较高床层温度的条件下，A 由固体吸附剂相向液相转移，床层顶端流入到顶端储槽内的溶液的浓度要高于第一个循环前半个周期收集到的溶液浓度。如此重复循环，组分 A 在顶端储槽内的浓度增浓，相应地组分 B 在底部储槽内增浓。在外加能量的作用下，可使吸附质 A 从低浓度区流向高浓度区，达到 A、B 组分的分离。

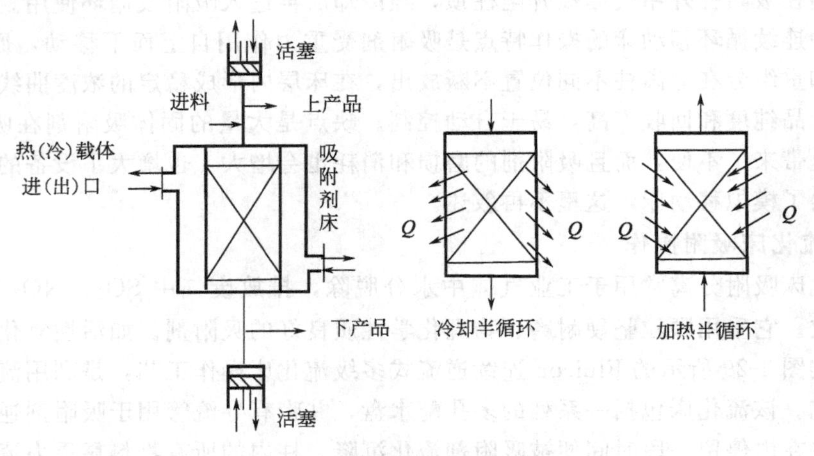

图 4-43 间歇直接式热参数泵

这种以温度作为参数的参数泵，由于流体正反流动，会造成设备的机械结构复杂，加上固体的热容量大，传热系数小，效率低，目前工业尚未应用。但由于它具有分离过程中无需引入另一种流体更新吸附剂床层，在较小的设备中可获得很高的分离效果这一优点，近年来已用于烷烃和芳烃异构物、果糖与葡萄糖的分离的研究。

（三）溶剂

为了获得物质的最佳分离，尤其是极性相差大的物质，应采用洗脱能力递增的流动相。由于竞争作用的存在，凡吸附力强的溶剂也就是较强的洗脱剂。度量溶剂洗脱能力大小的是溶剂强度 ε^0，它代表溶剂在单位标准活度吸附剂表面上的吸附能。对各种溶剂来说，采用以正戊烷的 ε^0 为零的相对值。表 4-8 列出了一些溶剂在氧化铝层析系统中的 ε^0 值，同时给出它们的一些物理性质。吸附剂不同，ε^0 值也不同，与氧化铝的 ε^0 值有一个折算系数。折算关系如 $\varepsilon^0(SiO_2)=0.77\varepsilon^0(Al_2O_3)$，$\varepsilon^0$（硅酸镁）$=0.52\varepsilon^0(Al_2O_3)$，$\varepsilon^0(MgO)=0.58\varepsilon^0(Al_2O_3)$。

对非极性吸附剂来说，非特异性的色散力是决定性因素，在这些情况下洗脱能力大概是随溶剂分子量增加而增加的。碳的洗脱能力的顺序与表 4-8 给出顺序相反，其递增顺序为水＜甲醇＜乙醇＜丙酮＜丙醇＜乙醚＜丁醇＜醋酸乙酯＜正己烷＜苯。对聚酰胺来说，递增顺序是水＜甲醇＜丙酮＜甲酰胺＜二甲基甲酰胺＜氢氧化钠的水溶液。

低黏度溶剂可以提高柱效。一般选择黏度在 $(0.4\sim0.5)\times10^{-3}$ Pa·s 的溶剂并不困难。有很多溶剂的黏度在 $(0.2\sim0.3)\times10^{-3}$ Pa·s，它们可与黏度较大的溶剂混合，以降低流动相黏度。

实际生产中，为了有效调节溶剂洗脱强度，常使用二元溶剂。好的溶剂搭配往往能提高分辨能力。洗脱强度直接与容量因子 k' 相关，而不同的“溶剂对”组成的流动相，即使强度相同，却可以有不同的分离因子。正确的溶剂选择是层析条件优化的重要方面。

吸附剂是用一定量水减活的，在操作过程中，如果含水量变化，会使柱性能变坏。要使吸附剂中的水分不变化，就要求溶剂中有适当的含水量。从理论上说，要维持一定的含水量就要使溶剂中水的热力学活度与吸附剂上水的热力学活度相等，这样才能避免水的宏观迁移。实践中做到这一点是很不容易的。为了得到溶剂的适当含水量，往往需要细心地调整，使得吸附柱对某一检测物质有重复不变的保留值。含一定量水的溶剂往往用饱和了水的溶剂与不含水的溶剂来配制。

表 4-8 吸附层析溶剂的 ε^0

$\varepsilon^0(Al_2O_3)$	溶剂	黏度(20℃)/10^{-3}Pa·s	折射率 n_D	透光率极限/nm	沸点/℃
−0.25	氟代烷烃		1.25		
0.00	正戊烷	0.23	1.358	210	36.1
0.01	石油醚	0.3		210	30～60
0.04	环己烷	1.0	1.427	210	80.7
0.05	环戊烷	0.47	1.406	210	49.3
0.18	四氯化碳	0.97	1.466	265	76.8
0.26	氯戊烷	0.26	1.413	225	108.2
0.26	二甲苯	0.62～0.81	1.500	290	138～144
0.29	甲苯	0.59	1.496	285	110.8
0.30	氯丙烷	0.35	1.389	225	46.6
0.32	苯	0.65	1.501	280	80.2
0.38	(二)乙醚	0.23	1.353	220	34.6
0.40	氯仿	0.57	1.443	245	61.3
0.42	二氯甲烷	0.44	1.424	245	40.0
0.45	四氢呋喃	0.51	1.408	220	64.7
0.49	1,2-二氯乙烷	0.79	1.445	230	84.1
0.51	丁酮		1.381	330	79.6
0.56	丙酮	0.32	1.359	330	56.2
0.56	二□烷	1.54	1.422	220	101.3

续表

$\varepsilon^0(Al_2O_3)$	溶剂	黏度(20℃)/10^{-3}Pa·s	折射率(n_D)	透光率极限/nm	沸点/℃
0.58	醋酸乙酯	0.54	1.370	260	77.2
0.60	醋酸甲酯	0.37	1.362	260	57.1
0.61	戊醇	4.1	1.410	210	137.3
0.64	硝基甲烷	0.67	1.394	380	101.2
0.65	乙腈	0.65	1.344	210	81.6
0.71	吡啶	0.71	1.510	305	115.3
0.82	正丙醇	2.3	1.385	210	97.2
0.88	乙醇	1.20	1.361	210	78.4
0.95	甲醇	0.60	1.329	210	64.6
大值	醋酸	1.26	1.372	230	118.1
大值	水	1.00	1.333	200	100.0

(四) 吸附操作中常见故障及处理

吸附操作中常见故障及处理方法见表4-9。

表4-9 吸附操作中常见故障及处理方法

异常现象	原因	处理方法
吸附柱堵塞	①粗物料堵塞 ②吸附剂受到了污染 ③吸附剂的再生不完全 ④预处理不完全,残留物质留在吸附剂内	①浸泡清洗除去粗物料 ②除去污染物,清洗 ③吸附剂的复处理,再生 ④预处理,清除残留物质
吸附剂污染	①吸附剂上堆积了杂质 ②吸附剂结块 ③吸附剂受到不可逆污染 ④合成的吸附剂中残留物质的污染	①除去吸附剂表面的杂质,浸泡清洗 ②疏松或填补新的吸附剂 ③吸附剂的复处理,再生 ④浸泡或反复冲洗
吸附能力下降	①吸附过程中气相的压力的波动 ②温度的影响 ③通气吹扫不干净 ④冲洗解吸不完全 ⑤置换解吸不完全 ⑥吸附剂的再生不完全 ⑦料液的性质和料液的流速 ⑧发生沟流或局部不均匀现象 ⑨溶剂的影响	①调整吸附过程中的压力 ②调整温度 ③通气吹扫干净 ④冲洗解吸完全 ⑤置换解吸完全 ⑥吸附剂的再生完全 ⑦控制料液的性质和料液的流速 ⑧避免沟流或局部不均匀现象 ⑨选择合适的溶剂
床层局部过热	①床层的热量输入和导出均不容易 ②吸附床层导热性差 ③吸附剂磨损不均匀性 ④发生沟流或局部不均匀现象	①再生后还需冷却,延长了再生时间 ②选择适宜的吸附剂 ③减少磨损或更换吸附剂 ④避免沟流或局部不均匀现象
操作不稳定	①固定床切换频繁 ②床层中的吸附量不断增加 ③床层中各处的浓度分布不均和变化 ④发生沟流或局部不均匀现象 ⑤料液的性质和料液的流速不稳定	①调整固定床切换频繁 ②及时地进行再生操作 ③避免床层中各处的浓度分布不均和变化 ④避免发生沟流或局部不均匀现象 ⑤控制料液的性质和料液的流速

五、吸附层析的工业应用实例

(一) 氧化铝对芳香族化合物的分离

虽然硅胶有很多优点，如化学惰性高、线性容量高（即增加样品量时保留时间恒定）、

柱效高、容易得到，但对某些类别的化合物，氧化铝有更高的分离因子 α，此时吸附剂类型的选择就变得重要了。对于苯系物，氧化铝的分离比硅胶好得多，氧化铝对于相似的苯系物，甚至同分异构体都能很好地分离。表 4-10 给出了氧化铝分离苯系异构体的 α 值。α 与溶剂有关，表中给出的是所得到的最大值。可以看到，给出的 α 有时是非常大的，一般液体色谱都难以达到。

表 4-10 以氧化铝为吸附剂分离芳香族化合物

化合物	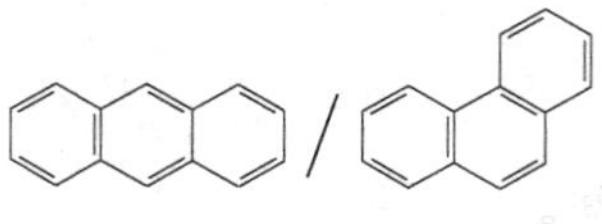	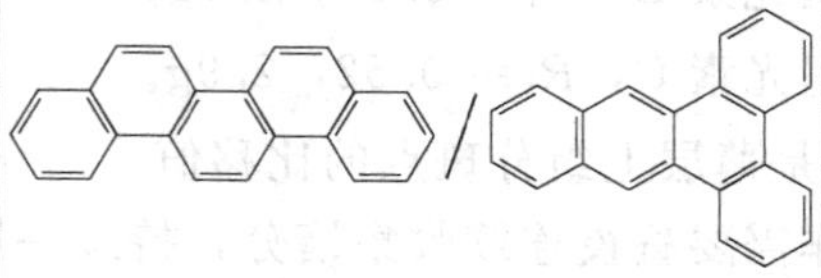	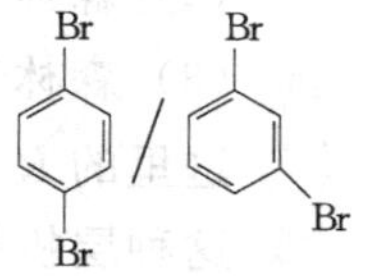
α 值	7.4	21	2.3
化合物	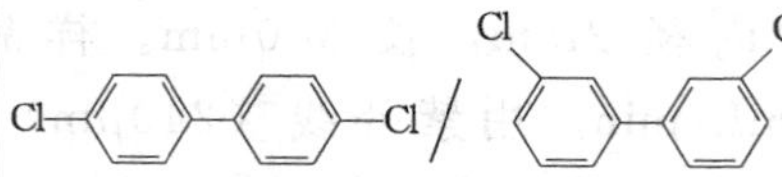	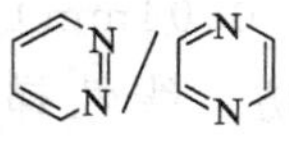	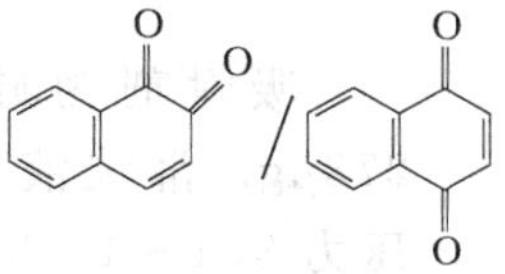
α 值	6.7	74	44
化合物	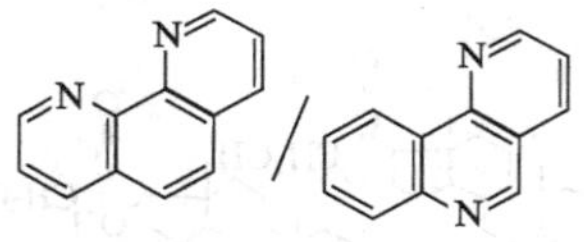	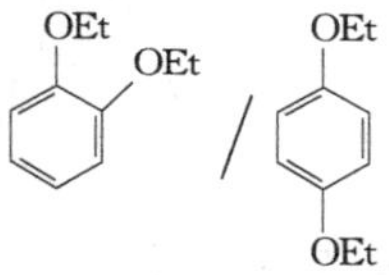	
α 值	190	2.0	

（二）倍半萜烯物的分离

这是一个较大规模分离的例子。25kg 含有倍半萜烯的植物组织经磨碎，以石油醚萃取，得 200g 萃出物。分离用的柱子内径 6cm，装 Al_2O_3 5.5kg，含水 6%。用洗脱能力递增的溶剂进行分步淋洗，萃出物被分成 14 个馏分。如表 4-11 所示。

表 4-11 吸附层析分离倍半萜烯流出液的 14 个馏分

馏 分	淋洗剂	体积/mL	含萃出物/g
1	石油醚	2000	0
2	石油醚	2000	3.5
3	石油醚-苯(1∶1)	3000	16.4
4	苯	1500	9.5
5	苯	2500	5.4
6	苯	1000	8.0
7	苯	1500	8.5
8	苯	2500	10.8
9	苯	2500	3.5
10	苯-5%乙醇	2000	10.8
11	苯-5%乙醇	2000	77.3
12	苯-5%乙醇	1000	16.0
13	苯-5%乙醇	500	4.5
14	苯-5%乙醇	1500	2.6

用石油醚-乙醚（4∶1）硅胶薄层层析法对各馏分进行分析，表明在馏分4.5～7和11～14中含有呋喃倍半萜烯化合物。

25g馏分11用5kg中性氧化铝装成的柱通过石油醚-乙醚（1∶1）再次进行分离，每一馏分是10～15mL。这些馏分用硅胶G（Merck）薄层层析，用石油醚-乙醚（6∶4）经5次展开，适当合并之后得到下列纯物质：

（1）森林千里光素A，$R_f=0.57$，7.2g；

（2）森林千里光素B，$R_f=0.55$，3.4g；

（3）森林千里光素C，$R_f=0.52$，2.9g。

这里的R_f值是薄层上组分斑点的比移值。

这种层析操作需要昼夜连续收集馏分，持续一周时间。

（三）高压吸附层析分离皮质甾类化合物

吸附剂为硅胶（粒径0.04mm），玻璃柱的内径2mm，长300mm。样品质量278μg。淋洗液为甲醇-氯仿，线性梯度，流速1mL/min。用紫外线（240μm）检测。压力3.4～4.08MPa。流出曲线如图4-44所示。横坐标是流出时间（t），纵坐标是检测器响应。

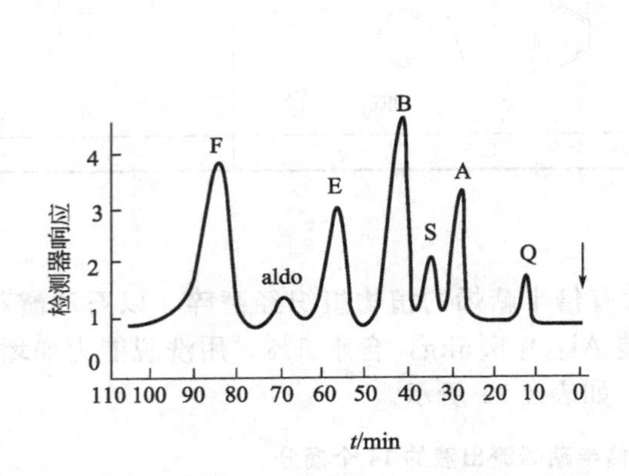

图4-44　皮质甾类化合物的高压吸附层析分离曲线

被分离物质：A—脱氢皮质甾酮；B—皮质甾酮；E—皮质酮；F—皮质醇；Q—脱氧皮质甾酮；S—11-脱氧皮质醇；aldo—醛固酮

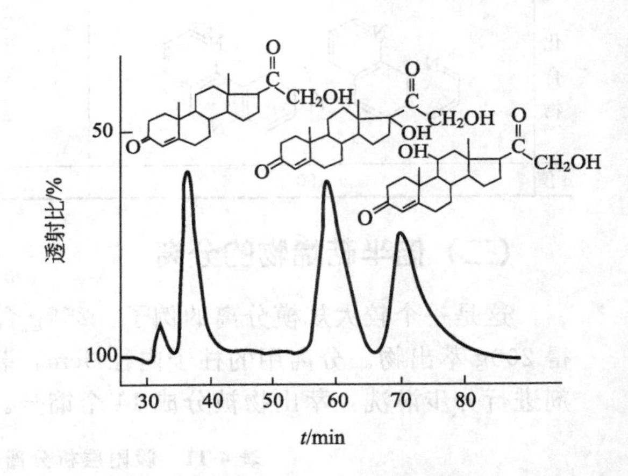

图4-45　制备高压层析分离皮质甾体的流出曲线

高压液相层析所用时间比重力层析大大缩短。在本例中操作物质量是很少的，主要用于分析目的。在许多情况下增大柱径会导致好的效果，这是因为吸附剂可以填充得更均匀，此外还有所谓“无限直径”效应，即溶液在洗脱过程中难以接触柱壁，使流速变得均匀。图4-45是制备高压层析分离皮质甾体的流出曲线。吸附剂为硅胶H（Merck），粒度20～50pm，样品脱氧皮质甾酮共200mg。淋洗液为二氯甲烷-甲醇(9∶1)，流速为60mL/min。压力1.05MPa。用紫外线（254nm）检测。纵坐标是透射比。

更大规模的制备色层的分离技术也是可能的，有可能分离数克乃至数百克的物质。对于某些生化物质和药物而言，这样的量是颇为可观的。

（四）查尔酮和黄烷酮的分离

这个例子可以说明粉状吸附剂和薄壳型吸附剂效能的差别。查尔酮和黄烷酮可在酸或碱催化下相互转换。这种转换很难完全，两者的分离相当困难。用的吸附剂是聚酰胺。图 4-46 给出两种形态吸附剂的不同效果。两种情形下柱子直径都是 0.4cm，长 45cm。图中（a）用的是粉状聚酰胺吸附剂，用甲醇淋洗，流速 1mL/min，压力 4.76MPa。图中（b）是薄壳球状聚酰胺吸附剂 Pcllidone，用甲醇-水（3∶1）淋洗，流速 2.5mL/min，压力 1.22MPa。横坐标是淋洗时间（min），纵坐标是检测器给出的折射率差。可以看出，在（b）的情形下分离更迅速，给出的峰更尖锐。

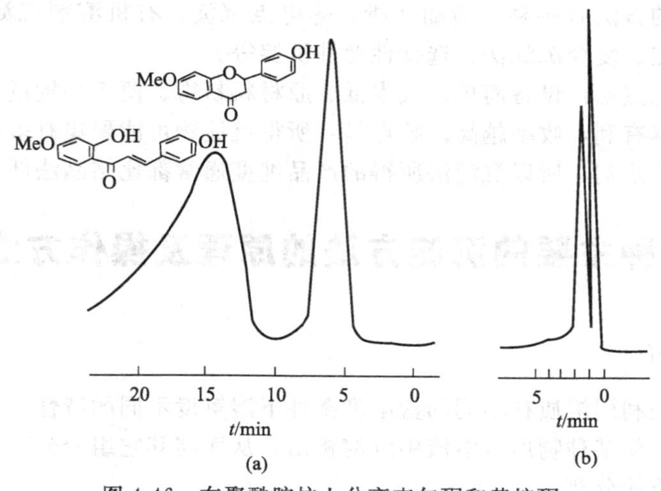

图 4-46　在聚酰胺柱上分离查尔酮和黄烷酮

复习思考题

1. 解释下列名词：凝胶层析、离子交换层析、吸附层析、亲和层析、分配层析？
2. 凝胶层析中对凝胶有何要求？举例说明凝胶的性能。
3. 凝胶层析中为何要进行洗脱？怎样洗脱？
4. 查阅资料说明如何利用凝胶萃取技术来分离牛血清蛋白和牛血红蛋白。
5. 离子交换树脂的分类。
6. 大孔离子交换树脂与凝胶离子交换树脂相比，有何特点？
7. 怎样处理树脂？怎样装柱？分别需要注意什么？
8. 说明阳离子交换树脂和阴离子交换树脂的交换过程和洗脱过程。
9. 查阅资料说明如何利用离子交换树脂来完成盐水（进入离子膜）的精制。
10. 吸附过程是怎样完成的？
11. 常用的吸附有哪些？举例说明。对吸附剂有何要求？
12. 吸附剂的再生方法有哪些？

知识拓展

沉 淀 分 离

一、沉淀分离的概念

沉淀分离是通过改变某些条件或添加某种物质，使溶液中某种溶质的溶解度降低，形成沉淀从溶液中析出，而与其它溶质分离的技术过程。沉淀分离是物质的分离纯化过程中经常采用的方法。

沉淀分离的方法有多种，诸如盐析、等电点沉淀、有机溶剂沉淀、非离子多聚体沉淀法、金属盐沉淀、复合沉淀法、选择性变性沉淀等。

沉淀法的优点是：设备简单、成本低、原材料易得、便于小批量生产，在产物浓度越高的溶液中沉淀越有利，收率越高。缺点是：所得沉淀物可能聚集有多种物质，或含有大量的盐类，或包裹着溶剂，所以沉淀法所得的产品纯度通常都比结晶法低，过滤也较困难。

二、几种主要的沉淀方法的原理及操作方法

（一）盐析

盐析沉淀是利用溶质在不同的盐浓度条件下溶解度不同的特性，通过在溶液中添加一定浓度的中性盐，使某种物质从溶液中沉淀析出，从而与其它组分分离的过程。盐析沉淀常用于蛋白质等物质的分离。

1. 盐析沉淀的原理

蛋白质在水中的溶解度受到溶液中中性盐浓度的影响。一般在低盐浓度的情况下，蛋白质的溶解度随着盐浓度的升高而增大，这种现象称为“盐溶”。而在盐浓度继续增加到一定浓度后，蛋白质的溶解度反随着盐浓度的升高而降低，以致使蛋白质沉淀析出，这种现象称为“盐析”。在某一浓度的盐溶液中，不同蛋白质的溶解度各不相同，由此可达到彼此分离的目的。

盐之所以会改变蛋白质的溶解度，是由于盐在溶液中离解为正离子和负离子，由于反离子作用，使蛋白质分子表面的电荷改变，同时由于离子的存在改变了溶液中水的活度，使蛋白质分子表面的水化膜改变。图 4-47 为盐析原理的示意图。

在浓盐溶液里，蛋白质溶解度的对数值与溶液里的离子强度呈线性关系。

$$\lg S=\lg S_0-KI=\beta-K_sI$$

式中 S——蛋白质的溶解度，g/L；

S_0——蛋白质在 $I=0$ 时（即在纯溶剂中）的溶解度，g/L；

K_s——盐析常数；

I——离子强度。

式中 $\beta=\lg S_0$ 主要决定于蛋白质的性质，也与温度和 pH 值有关。当温度和 pH 值一定时，β 为一常数。K_s 为盐析常数，主要取决于盐的性质。K_s 的大小与离子价数成正比、与离子半径和溶液的介电常数成反比，也与蛋白质的结构有关。不同的盐对某种蛋白质具有不同的盐析常数，同一种盐对于不同的蛋白质也有不同的盐析常数。

在一定的温度和 pH 值条件下（β 为常数），通过改变离子强度使不同的蛋白质分离的方法称为 K_s 分段盐析；而在一定的盐和离子强度的条件下（K_sI 为常数），通过改变温度和 pH 值以达到沉淀的目的，称为 β 分段盐析。前者常用于蛋白质粗品的分级沉淀，而后者则适用于蛋白质的进一步分离纯化。

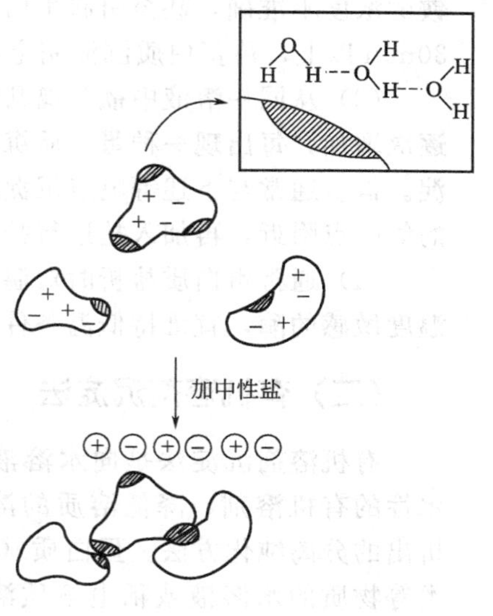

图 4-47　盐析原理
阴影部分表示蛋白质表面的疏水

2. 盐析操作要点

（1）盐的种类及选择　可使用的中性盐有 Na_2SO_4、$(NH_4)_2SO_4$、NaCl、NaAc、$MgSO_4$、Na_3PO_4、柠檬酸钠等。根据离子促变序列，单价盐类的盐析效果较差，多价的效果好；阴离子的效果比阳离子好。离子的主要排序如下：

柠檬酸根＞酒石酸根＞PO_4^{3-}＞F^-＞IO_3^-＞SO_4^{2-}＞醋酸根＞Cl^-＞ClO_3^-＞Br^-＞NO_3^-＞ClO_4^-＞I^-＞SCN^-

Al^{3+}＞H^+＞Ba^{2+}＞Sr^{2+}＞Ca^{2+}＞Mg^{2+}＞Cs^+＞Rb^+＞NH_4^+＞K^+＞Na^+＞Li^+

其中用于蛋白质盐析的以硫酸铵最为常用。这是由于硫酸铵在水中的溶解度大而且温度系数小（如在 25℃时，其溶解度为 767g/L；在 0℃时，其溶解度为 697g/L），不影响酶的活性，分离效果好，而且价廉易得。然而用硫酸铵进行盐析时，缓冲能力较差，而且铵离子的存在会干扰蛋白质的测定，所以有时也用其它中性盐进行盐析。硫酸钾和硫酸钠的盐析常数较大，且不含氮，不影响蛋白质的定量测定，但是由于在温度较低时溶解度低，所以应用不多。

（2）盐的加入方式

① 固体　根据所规定的温度，须在搅拌下分次加经研细的固体盐类，即缓慢加入，搅拌不能太剧烈，防止产生过多的泡沫，在达到溶解平衡后再继续加入。分次缓慢，主要可使盐浓度均匀，蛋白质充分聚集，易沉淀。

② 饱和盐溶液　要求所需盐析范围小于 50%饱和度下的情况才能使用。如果所需盐析范围较高，使用饱和盐溶液将很难达到最终所要求的浓度；而所需盐析范围较低的情况下使用溶解状态的饱和盐溶液，则可很容易均匀地达到溶解平衡。

③ 沉淀的再溶解　将沉淀溶于下一步所需的缓冲液中，一般只需 1～2 倍沉淀体积的缓冲液，若加了还不溶解，可能是杂质或变性蛋白质，可离心除去。

3. 脱盐

采用盐析方法得到的蛋白质沉淀，含有较大量的盐。盐析后，必须采用透析、凝胶层析、膜分离等方法进行脱盐处理，使蛋白质进一步纯化。

4. 盐析时的影响因素

（1）在相同盐析条件下，蛋白质浓度越高越易沉淀，使用盐的饱和度也越低。但蛋白质浓度不能过高也不能太低，浓度过高易引起杂蛋白的共沉作用，过稀时回收率太低。一般蛋白质浓度取 25～30mg/mL 较为合适。

（2）在盐析过程中，首先要注意所添加的硫酸铵的纯度要高，否则夹带的杂质会使硫酸铵的浓度不准确，甚至引起蛋白质的变性。其次添加硫酸铵后，要使其充分溶解，至少放置30min以上，待蛋白质沉淀完全，再将沉淀分离。

(3) 从同一溶液中欲分离几种蛋白质时，可采用分段盐析的方法。盐的饱和度由低到高逐次增加，每出现一种蛋白质沉淀，即分离出来，然后增加盐的饱和度，使另一种蛋白质沉淀。盐析通常与下述等电点沉淀法相配合，即将蛋白质溶液的pH值调节到欲分离的蛋白质的等电点附近，再加入盐进行盐析。

(4) 通常蛋白质盐析时对温度要求不太严格，盐析操作可在室温下进行。但对于某些对温度敏感的酶，宜维持低温条件，以免活力丧失。

（二）有机溶剂沉淀法

有机溶剂沉淀法是向水溶液中加入一定量亲水性的有机溶剂，降低溶质的溶解度，使其沉淀析出的分离纯化方法。蛋白质（酶）、核酸、多糖类等物质的水溶液或稀电解质溶液加入乙醇、丙酮等与水能互溶的有机溶剂后，它们的溶解度就显著降低，并从溶液里沉淀出来。其原理见图4-48。

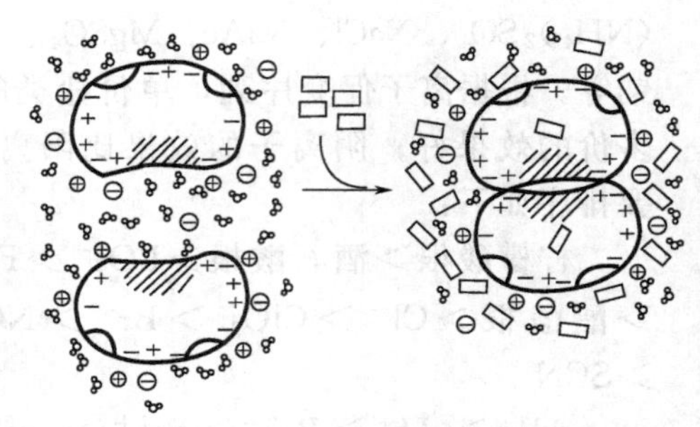

图 4-48　有机溶剂沉淀蛋白质原理

有机溶剂沉淀中常用的有机溶剂有乙醇、丙酮、异丙酮、甲醇等。

相对而言，此种方法的优点是分辨率比盐析高，且溶剂易除去并可以回收，但缺点是易使活性分子发生变性，适用范围有一定的限制。

有机溶剂能使蛋白质（酶）、核酸、多糖类等物质沉淀的机理主要在于以下两方面：①有机溶剂的加入会使溶液的介电常数大大降低，从而增加了蛋白质（酶）、核酸、多糖等带电粒子自身之间的作用力，相对容易相互吸引而聚集沉淀；②亲水的有机溶剂加入后，会争夺多糖、蛋白质等物质表面的水分子，使它们表面的水化层被破坏，从而使分子之间更容易碰聚在一起产生沉淀。

以上两个因素相比较，有机溶剂脱水作用较静电作用占更主要的地位，如图4-48所示。为了使溶液中有机溶剂的含量达到一定的浓度，加入有机溶剂的量可按下式计算。

$$V=V_0\frac{S_2-S_1}{100-S_2}$$

式中　V——需加入有机溶剂的体积，mL；

V_0——原溶液的体积，mL；

S_1——原溶液中有机溶剂的体积分数；

S_2——所需有机溶剂的体积分数。

如果所使用的有机溶剂体积分数是95%，则公式中的100改为95即可。

有机溶剂浓度通常以有机溶剂和水体积分数表示。

利用有机溶剂沉淀蛋白质（酶）时，必须控制好下列几个条件。

(1) 蛋白质浓度　为减少蛋白质之间的相互作用，防止共沉，蛋白质溶液浓度应低一些。但浓度低会导致有机溶剂的用量增加，且使蛋白质回收率降低。一般认为，合适的蛋白质起始浓度为5～30mg/mL，可以得到较好的沉淀分离效果。

(2) 温度　有机溶剂沉淀法容易引起蛋白质、酶等物质的变性失活，所以必须在低温条件下操作，加入的有机溶剂必须预先冷却至较低的温度。加入有机溶剂要缓慢且不断搅拌，防止溶液的局部升温。而且沉淀析出后要尽快分离，尽量减少有机溶剂的影响。

(3) pH 值　有机溶剂沉淀法的分离效果受到溶液 pH 值的影响，一般应将溶液的 pH 值调节到欲分离物质的等电点附近。

(4) 离子强度　中性盐会增加蛋白质在有机溶液中的溶解度。有机溶剂在中性盐存在的条件下可以减少蛋白质的变性，提高分离效果，所以在利用有机溶剂进行蛋白质的沉淀分离时，要添加 0.01～0.05mol/L 左右的中性盐。但是中性盐的存在会增加蛋白质在有机溶剂中的溶解度，故中性盐不宜多加。

（三）等电点沉淀法

蛋白质、氨基酸等两性电解质的溶解度，常随它们所带电荷的多少而发生变化。一般来说，不管酸性环境还是碱性环境，当它们所带的净电荷为零时，其分子间的吸引力增加，分子互相吸引聚集，使溶解度降低。因此调节溶液 pH 值至溶质的等电点，就可能把该溶质从溶液中沉淀出来，这就是等电点沉淀（图 4-49）。等电点沉淀适合于那些溶解度在等电点时较低的两性电解质。在调节等电点时，应该注意有些蛋白质、氨基酸易于同阴离子相结合，以至溶液中加入中性盐后，使它们的等电点偏离。选用等电点沉淀时，应该了解所分离的物质在该 pH 值条件下的稳定性。

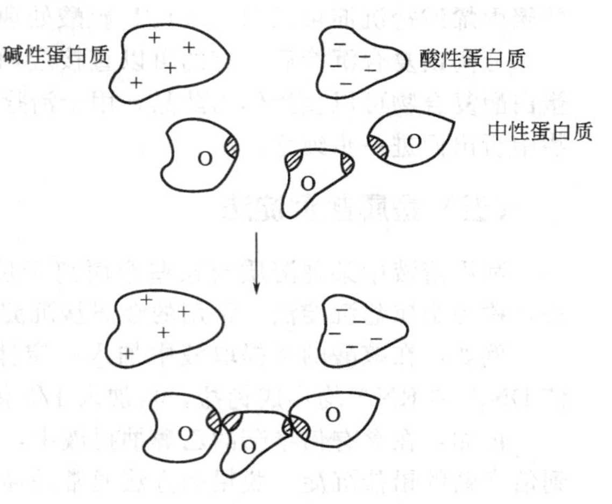

图 4-49　等电点沉淀

与盐析法相比，等电点沉淀的优点是无需后继的脱盐操作，但沉淀操作的 pH 值要考虑不能在所需物质的稳定 pH 范围外。

调节等电点沉淀蛋白质时，影响因素有以下几种。

1. 杂质种类的影响

一般如果混合液中存在许多等电点相近的两性电解质，有些两性电解质在等电点仍有一定的溶解度，此时应结合其它的方法，如盐析、有机溶剂沉淀法等。

2. 离子强度的影响

离子强度对等电点的沉淀作用影响较大，这是由于蛋白质类物质有盐溶和盐析的两面性，并且等电点的数值也会随溶液中中性盐离子的种类和浓度变化而变化。

3. 溶质表面极性的影响

等电点沉淀法一般适合于疏水性较大的蛋白质（如酪蛋白），因为这类蛋白质的分子表面的亲水性相对较弱而水化层较薄。而对于亲水性很强的蛋白质（如明胶），它们在水中的溶解度较大，水化层较厚，肢体稳定性较好，在等电点的 pH 值下不易产生沉淀。这种情况就往往要结合其它方法一起应用。

（四）复合沉淀法

在溶液中加入某些物质，使其与蛋白质等形成复合物而沉淀下来，从而达到分离的方法称为复合沉淀法。常用的复合沉淀剂有单宁、聚丙烯酸等高分子聚合物。

以单宁为沉淀剂进行酶的复合沉淀，在操作时先将酶液调节到一定的pH值（不同的酶应调节在不同的pH值，一般控制在pH＝4～7的范围内），然后加入一定量的单宁（一般单宁的加入量为酶液的0.1%～1%），生成酶-单宁复合物沉淀。分离出的酶-单宁复合物可以直接应用。如果要进一步纯化，可将沉淀分离出来后，用乙醇或丙酮处理以除去单宁；也可以用pH＝8～11的碘酸钠或者硼酸钠处理，使酶溶解出来，而单宁仍然为沉淀。单宁复合沉淀法适用于各种来源的蛋白酶、淀粉酶、糖化酶、果胶酶、纤维素酶等的沉淀分离。

聚丙烯酸也可以作为复合沉淀剂。在使用时，将酶液调节至pH＝3～5，加入适量的聚丙烯酸（一般为酶蛋白量的30%～40%），生成酶聚丙烯酸沉淀。进一步纯化是将沉淀分离出来后，用稀碱液调节pH值至6以上，则复合物中的酶与聚丙烯酸分开，再加入一定量的Ca^{2+}、Mg^{2+}、Al^{3+}等金属离子与聚丙烯酸反应生成聚丙烯酸盐沉淀而游离出来。分离得到的聚丙烯酸盐沉淀可以用1moL/L硫酸处理，回收聚丙烯酸循环使用。

分离出复合沉淀后，有的可以直接应用，如菠萝蛋白酶用单宁沉淀法得到的单宁-菠萝蛋白酶复合物可以直接作为药品，用于治疗咽喉炎等。也可以再用适当的方法，使酶从复合物中析出而进一步纯化。

（五）金属盐沉淀法

利用溶液中某种溶质与某些金属离子反应，生成金属盐沉淀，而与其它组分分离的方法，称为金属盐沉淀法。常用的金属盐沉淀法有钙盐沉淀法、铅盐沉淀法等。

例如，在核酸的水提取液中加入一定体积比（一般为10%左右）的10%氧化钙溶液，使DNA和RNA均形成钙盐，再加入1/5体积的乙醇，DNA-Ca即沉淀析出。

再如，在含有倍半萜的乙醇抽提液中，加入4%的醋酸铅溶液，减压除去乙醇，即可得到倍半萜的铅盐沉淀。脱铅的方法通常是通入硫化氢气体，生成溶解度更小的硫化铅，而得到倍半萜。

（六）选择性变性沉淀

选择一定的条件使溶液中存在的某些杂蛋白等杂质变性沉淀下来，而与目的物分开，这种分离方法称为选择性变性沉淀法。

根据各种蛋白质在不同物理化学因子作用下稳定性不同的特点，用适当的选择性沉淀法，即可使杂蛋白变性沉淀，有些被分离的有效成分能忍受一些较剧烈的实验条件（如温度、pH值、有机溶剂），则这些欲分离的有效成分就存在于溶液中，从而达到纯化有效成分的目的，此即为采用选择性变性沉淀的原理。应用选择性变性沉淀法时，事先应对溶液中需除去的杂蛋白以及欲提纯的蛋白质理化性质都有较为全面的了解。

常用的有热变性、选择性酸碱变性和有机溶剂变性等。

1. 热变性

利用生物大分子对热的稳定性不同，升高温度使杂蛋白变性沉淀而保留目的产物在溶液中。此方法简便且不需要消耗任何试剂。例如，对于α-淀粉酶等热稳定性好的酶，可以通过加热进行热处理，使大多数杂蛋白受热变性沉淀而被除去。

2. 选择性酸碱变性

利用不同蛋白质或酶分子对溶液中pH值的稳定性不同，选取适当的pH值使目的产物处于溶液中而杂蛋白变性沉淀。由于温度也是重要的影响因素，一般为减少目标物的损失，其pH值变性的温度应控制在0～10℃。

3. 有机溶剂变性

不同种类的蛋白质对有机溶剂的敏感程度各不相同。利用这一特点，使那些敏感性强的杂蛋白变性沉淀，而目的物仍留在溶液中。应用有机溶剂变性时，应注意选用合适的有机溶剂、操作温度等条件。一般采用有机溶剂沉淀蛋白质时都要注意低温、搅拌、快分离的操作模式，以减少目的蛋白质变性造成的损失。

三、沉淀技术应用

（一）蛋白质

蛋白质的提取在粗分离阶段大多要用到沉淀方法来进行分离，除去杂质。其中应用较广泛有盐析、有机溶剂沉淀、选择性变性沉淀等方法。

1. 等电点法提取鱼肉蛋白质

将最适酸溶解条件下的鱼肉蛋白质溶解液，用氢氧化钠溶液调节 pH 值，确定蛋白质等电点沉淀的最适 pH 值为 5.74。鱼体肌肉蛋白质可分为肌原纤维蛋白质、肌浆蛋白质和肌基质蛋白质，它们各占总蛋白质的 50%～70%、20%～50%和 10%以下。而在肌原纤维蛋白质中，肌球蛋白约占 50%（等电点为 pH＝5.4），肌动蛋白约占 20%（等电点为 pH＝4.7）；在肌浆蛋白质中，占大部分的肌浆蛋白等电点为 pH＝6.0～6.8。

用等电点沉淀法提取的鱼肉蛋白质无腥味，色泽洁白，蛋白质产率高，可达 90%左右，而且生产工艺简单易操作，可在生产实际中推广。

2. 一种新型的蛋白质沉淀体系加压 CO_2-乙醇-水体系

此体系将有机溶剂与高压气体等电沉淀技术结合起来建立了一种新的蛋白质纯化方法。实验以加压 CO_2 为挥发性酸、乙醇为助沉淀剂，对 BSA（牛血清白蛋白）的等电沉淀进行了研究。设定初始蛋白质酶溶液透光率为 100%，作为空白对照，于 550nm 处测定透光率。实验仪器如图 4-50 所示。

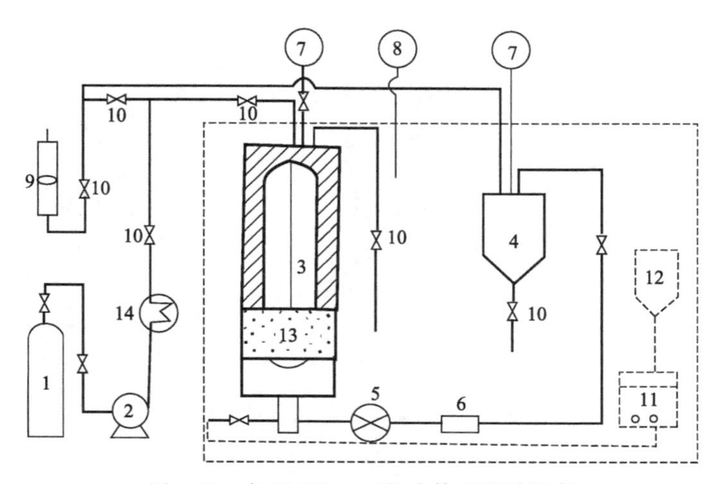

图 4-50　加压 CO_2-乙醇-水体系实验设备

1—CO_2；2—活塞泵；3—沉淀槽；4—分离器；5—球阀；6—过滤器；7—压力计；8—温度调节装置；9—流体流量计；10—阀；11—蠕动泵；12—储液罐；13—分光光度计；14—自动调温装置

结果表明，本方法可使BSA处理浓度提高，CO_2操作压力降低，其中乙醇既具有促进沉淀的作用，又具有降低BSA缓冲能力的作用，在实验操作条件下，BSA未发生不可逆的构象变化，能保持稳定。这些结果对该方法的进一步完善及其在蛋白质等生物活性成分分离纯化领域的应用具有借鉴作用。

在此新体系中，一方面，乙醇确实起到了助沉淀的作用；另一方面，乙醇的加入有效降低了BSA的缓冲能力，使体系可处理的蛋白质浓度大幅提高。同时，蛋白质缓冲能力的降低还给操作带来另一个好处，即在较低的操作压力下即可达到蛋白质等电点，因而得到蛋白质沉淀。由于所用的乙醇浓度一般不超过30%，比常规有机溶剂沉淀的浓度低得多，因此对蛋白质稳定性的影响不大。通过多种手段测定了蛋白质稳定性情况，结果表明在实验所用的各种操作条件下，BSA在体系中基本能稳定存在。

（二）多糖

沉淀技术在多糖的提取过程中应用较多，如多糖提取的初级阶段大多会用到乙醇沉淀或乙醇分级沉淀，也有一些植物胶体性多糖采用盐析法沉淀有较好的效果。此外，也常采用选择性沉淀的方法如三氯乙酸去除多糖中蛋白质杂质，下面是一些具体的例子。

果胶的提取。果胶是一种多糖类物质，广泛分布于植物体内，包括原果胶、水溶性果胶和果胶酸三大类。它是植物特有的细胞壁组分，存在于某些植物的叶、皮、茎及果实中，主要应用于果酱、果冻、食品添加剂和食品包装膜等的生产。

王宪青等探讨了以苹果渣为原料用盐析法提取果胶的工艺条件，系统地研究了几种盐对果胶提取的影响，通过对比实验，筛选出最佳沉淀剂为$CuCl_2$。

林曼斌等开展超声波、盐析法进行提取仙人掌果胶的研究，将醇沉淀法与盐析法进行比较，结果发现乙醇沉淀法所得的果胶量较少，产品性状和色泽都不好，且乙醇消耗大、滤液收集时损失大；而用盐析法所得果胶量比乙醇沉淀法多得多，产品质量较好，明显能缩短工时，节约能源，因而大大降低成本。所以，用盐析法提取仙人掌中的果胶较传统的乙醇沉淀法优越。

参 考 文 献

[1] 姚玉英等．化工原理（下册）．天津：天津科学技术出版社，1992.
[2] 潘文群等．传质与分离操作实训．北京：化学工业出版社，2006.
[3] 周立雪，周波．传质与分离技术．北京：化学工业出版社，2002.
[4] 汤金石，赵锦全．化工过程及设备．北京：化学工业出版社，1996.
[5] 伍钦等．传质与分离工程．广州：华南理工大学出版社，2005.
[6] 田亚平等．生化分离技术．北京：化学工业出版社，2006.
[7] 薛雪．化工原理（下册）．长沙：湖南科学技术出版社，2006.
[8] 贾绍义，柴诚敬．化工传质与分离过程．北京：化学工业出版社，2007.
[9] 陈欢林．新型分离技术．第二版．北京：化学工业出版社，2013.
[10] 张文清．分离分析化学．上海：华东理工大学出版社，2007.
[11] 邓修，吴俊生．化工分离工程．北京：科学出版社，2000.
[12] 宋华，陈颖．化工分离工程．哈尔滨：哈尔滨工业大学出版社，2003.
[13] 靳海波等．化工分离工程．北京：中国石化出版社，2008.
[14] 蒋维钧，余立新．化工分离工程．北京：清华大学出版社，2005.
[15] 廖传华等．分离过程与设备．北京：中国石化出版社，2008.
[16] [德] K. 松德马赫尔等编．反应蒸馏．朱建华译．北京：化学工业出版社，2004.
[17] 刘成梅，游海．天然产物有效成分的分离与应用．北京：化学工业出版社，2003.
[18] 法琪瑛执笔．当代石油和石化工业技术普及读本——乙烯．北京：中国石化出版社，2006.
[19] 刘茉娥等．膜分离技术．北京：化学工业出版社，1998.
[20] 王湛编．膜分离技术基础．第 2 版．北京：化学工业出版社，2006.
[21] 罗运柏．化工分离——原理、技术、设备与实例．北京：化学工业出版社，2013.